普通高等教育"十二五"规划教材

能源工程概论

主　编　吴金星

副主编　赖艳华　刘　泉

参　编　詹自力　刘利平　王任远

主　审　孙晓林

机 械 工 业 出 版 社

随着世界经济的快速发展，能源在经济发展过程中的作用越来越突出。而人类常用的化石能源正在日渐枯竭，使能源成为制约各国经济发展的瓶颈。同时，化石能源的使用导致许多不良后果，如地球变暖、生态环境恶化、局部地区酸雨等，使人类的生存空间受到威胁。为了改善生态环境，更加高效合理地利用常规能源，开发和利用新能源，同时也为了维护国家能源安全，使所有用能人员都具备能源开发与高效利用的相关知识，本书系统地阐述了能源的类型和特点、能量的形式、能源资源的概况及发展形势，常规能源的转换、储存和高效利用技术，新能源的开发利用技术，以及能源利用与环境保护的关系，并介绍了能源管理方法和新机制。本书兼顾专业性与通俗性，既适合用作高校教材，也适用于相关行业的技术及管理人员培训等，具有广泛的实用性。

本书配有电子课件，向授课教师免费提供，需要者可登录机工教育服务网（www.cmpedu.com）下载。

图书在版编目（CIP）数据

能源工程概论/吴金星主编. —北京：机械工业出版社，2013.12（2018.1 重印）

普通高等教育"十二五"规划教材

ISBN 978-7-111-44570-8

Ⅰ. ①能… Ⅱ. ①吴… Ⅲ. ①能源—高等学校—教材 Ⅳ. ①TK01

中国版本图书馆 CIP 数据核字（2013）第 253671 号

机械工业出版社（北京市百万庄大街 22 号　邮政编码 100037）

策划编辑：蔡开颖　责任编辑：蔡开颖　孙　阳　冯　铗

版式设计：霍永明　责任校对：陈立辉

封面设计：张　静　责任印制：孙　炜

北京中兴印刷有限公司印刷

2018 年 1 月第 1 版第 4 次印刷

184mm×260mm · 18.25 印张 · 446 千字

标准书号：ISBN 978-7-111-44570-8

定价：36.00 元

凡购本书，如有缺页、倒页、脱页，由本社发行部调换

电话服务　　　　　　　　　　　网络服务

服务咨询热线：010-88379833　　机 工 官 网：www.cmpbook.com

读者购书热线：010-88379649　　机 工 官 博：weibo.com/cmp1952

　　　　　　　　　　　　　　　　教育服务网：www.cmpedu.com

封面无防伪标均为盗版　　金 书 网：www.golden-book.com

前　言

能源是人类社会赖以生存和发展的资源，包括煤炭、石油、天然气、水能、核能、风能、太阳能、地热能、生物质能等一次能源和电力、热力、成品油等二次能源，以及其他新能源和可再生能源。随着世界经济的快速发展，对能源需求量逐年增加。而地球内部常规化石能源（即矿物能源）总量有限并日渐枯竭，能源已成为制约世界各国经济发展的瓶颈。同时，化石能源的使用会产生大量 CO_2、SO_2、NO_x 等有害气体，造成生态环境恶化、地球变暖、局部地区酸雨等环境问题，使农作物减产、生态遭到破坏，人类的身体健康受到严重威胁。因此，开发能源管理新机制并提高能源管理手段，更加高效合理地利用常规能源，改善生态环境的呼声越来越高。开发和利用新能源尤其是可再生能源，已在全球范围内得到强烈关注，各国纷纷加大资金投入，以促进新能源技术的发展和规模化利用，并逐步取代常规能源。

掌握常规能源的高效利用技术和新能源开发技术的基础知识，不但对能源动力类专业技术人员是必需的，而且对所有工科专业技术人员都是必需的，对工业企业管理人才的培养和未来发展也是不可缺少的。尤其在 21 世纪建设"资源节约型、环境友好型"社会的形势下，对培养和造就创新型的复合人才、全面提高各类人才的科学素质，特别是培养节能降耗的科学意识，都是十分必要的。

本书系统地阐述了能源的分类和特点、能量的形式、国内外能源资源的概况及发展形势，常规能源的转换、储存技术和高效利用方法，新能源和可再生能源的开发利用方法，以及能源利用与环境污染的关系，环境污染的防治措施等，阐述了能源管理方法和新机制，如固定资产投资项目节能评估和审查、清洁生产审核、企业能源审计、合同能源管理、节能产品认证、能效标识制度等。

本书可作为高等院校能源动力类专业本科生的专业必修教材，也可作为各工科专业学生了解能源工程和能源管理知识的选修课教材，同时可供工程热物理学科的教师和研究生、各级能源管理部门及企事业单位的节能管理人员、工程技术人员作为能源管理实施的参考书。

本书由郑州大学节能技术研究中心主任吴金星教授主编和统稿，由河南省节能监察局孙晓林高级工程师主审。本书具体编写分工为：吴金星负责编写第 1、6 章，山东大学赖艳华负责编写第 2、4 章，北京信息科技大学刘泉负责编写第 3、5 章。郑州大学詹自力参与编写了第 1、4 章部分内容，郑州大学刘利平参与编写了第 3 章部分内容，河南机电高等专科学校王任远参与编写了第 6 章部分内容。另外，郑州大学研究生李娜、朱登亮、乔慧芳、李泽、尹凯杰、潘彦凯、李俊超、郭桂宏、李亚飞、张灿、许克、王力等参与了资料收集和书稿整理、绘图等工作；编写过程中，郑州大学魏新利教授、王定标教授等提出了很好的修改意见和建议，在此一并表示感谢。在编写过程中还参阅了大量的国内外专著、教材和期刊论文，在此谨向这些文献的著者和相关单位表示诚挚的谢意。

由于作者水平和经验有限，书中难免出现疏漏和不足之处，敬请读者批评指正。

编　者

目　录

第1章　能源资源概述

1.1　能源与能量

能源不仅是人类社会生存与发展最为重要的物质基础，而且是发展社会生产力的基本条件。能源的开发利用程度是反映技术进步的重要标志。因而能源问题一直是世界各国普遍关注的重大问题，也是困扰工程技术人员的一大难题。随着常规能源的日益减少，如何更高效更合理地利用常规能源，开发和利用新能源尤其是可再生能源，是关系到全人类生存和发展的大事。

人类在认识和利用能源方面有四次重大突破，即火的发现、蒸汽机的发明、电能的利用、原子能的开发和利用。每次重大突破都推动了经济和科学技术的发展，而经济和科学技术发展对能源的需求量又相应增加。例如，20 世纪 50 年代世界总能耗为 26 亿 t 标准煤，70 年代增长到 72 亿 t 标准煤，80 年代增长到 80 亿 t 标准煤。从 20 世纪 70 年代初中东爆发石油危机以来，节能降耗和开发新能源已成为世界各国经济发展的核心问题。40 多年来虽取得了一定成效，但欠发达国家和地区的能源利用率仍然很低。

在当今社会，一个国家要发展，要提高电气化、机械化和自动化水平，要改善人民的物质文化生活条件，就意味着要消耗更多的能源。因此，一个国家人均能耗的多少。可直接反映出国民生活水平的高低。按 20 世纪 90 年代统计，工业发达国家约有 11 亿人口，消耗能量超过 70 亿 t 标准煤，平均每人约 6 t 标准煤，而发展中国家约有 28 亿人，人均消耗仅 0.5t 标准煤。可见，随着科技发展和人民生活水平的提高，发展中国家的人均能耗将大幅度增长。

我国既是能源生产大国，也是能源消耗大国，能源利用率较低，由此引起的环境污染和生态破坏问题比较严重。进入 21 世纪以来，我国的高速工业化和城市化又带来了能源消耗的迅猛增长。随着我国经济持续发展和人民生活水平的不断提高，能源短缺已成为制约经济发展的瓶颈。因此，从国家能源安全与能源战略的角度考虑，我国走节约能源与开发新能源两条并行之路势在必行。

1.1.1　能源的分类

能源是指煤炭、石油、天然气、生物质能和电力、热力等，能够直接或通过加工、转换而取得有用能的各种资源，是能量的载体。人们能够利用的能源形式很多，例如矿物能源（又称化石能源或化石燃料，包括煤、石油、天然气、油页岩等）、水力能、太阳能、风能、原子核能、地热能、海洋温差能、潮汐能及生物质能等。其中，太阳蕴含的能量最大，它每年投射到地球表面上的能量是人类每年所消耗能量的上万倍，而且它是无污染、可再生的能源。但由于技术原因，人类目前使用的能源仍以矿物能源为主。地球表面能源流动如图 1-1 所示。不论来自何方，能源的最终去向只有一个，那就是散失于宇宙空间。

能源在自然界存在的形式多种多样，也有多种分类方法，概括起来有以下六种：

1）按照能源的来源可分为：① 来源于太阳。除了直接来自太阳的辐射能以外，煤炭、石油、天然气及生物质能、水能、风能和海洋能等追根溯源也都间接地来源于太阳。② 来源于地球自身。一种是以热能形式储存于地球内部的地热能（如地下蒸汽、热水和干热岩体）；另一种是地球上的铀、钍等放射性核燃料所发出的能量，即原子核能。③ 来源于月球和太阳等天体对地球的引力，以月球引力为主，如海洋的潮汐能。能源的来源如图1-2所示。

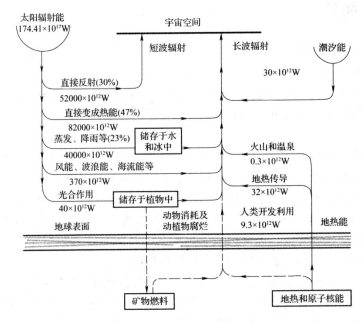

图 1-1 地球表面的能源流动

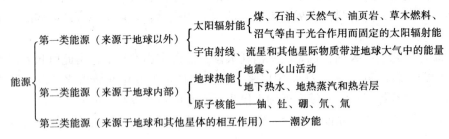

图 1-2 能源的来源

2）自然界中的能源按照成因或是否经过转换可分为：一次能源和二次能源。以现成的形式存在于自然界，未经加工和转换的能源，如煤炭、石油、天然气、植物燃料、水能、风能、太阳能、核能、地热能、海洋能、潮汐能等，称为一次能源。但能够直接用作终端能源（即通过用能设备供消费者使用的能源）的一次能源是很少的。天然气是少数几种可作为终端能源的一次能源之一。由一次能源经过加工或转换而成的能源产品，如煤气、石油制品、焦炭、电力、蒸汽、沼气、酒精、氢气等，称为二次能源。大部分一次能源均可转换成二次能源，这不仅使生产或生活更方便（或为了满足生产工艺要求），而且使能源的用途更广，例如电力和汽油。

一次能源转换成二次能源有不同的方法。例如，通过中心电站可生产电力，还可区域供热；石油通过不同的炼制工艺可转换成液体燃料——汽油、柴油、石脑油等。能源转换设备多数情况下是能源系统的起点，为后续设备提供二次能源，如锅炉、核反应堆等；有时也是能源系统的终点，即在能源转换的同时也在消耗能源，如窑炉、空调器等；有时则是能源系统的一个环节，即简单的机器，如电动机或风力机等。一次能源转换成二次能源无论如何都会有转换损失，把能源送到用户还会有输送损失。能源系统的最后阶段是二次能源转换成终端使用的能源，即汽车、炉灶、计算机、灯泡等所用的能源。随后终端能源变成有效能，能量实际上储存在产品中，或消耗于服务过程中。

一次能源按照能否再生又可分为两类：可再生能源和不可再生能源。可再生能源，即不会随着它本身的转化或人类的利用而日益减少的能源，这类能源大都直接或间接来自于太阳，例如太阳能、风能、水能、海洋温差能、潮汐能、生物质能、地热能等，是人类取之不尽、用之不竭的能源，"野火烧不尽，春风吹又生"，从字面上理解说明了生物质的可再生性。不可再生能源，是指随着人类的开发利用而越来越少的能源，例如煤炭、石油、天然气、油页岩，以及核燃料铀、钍、钚等。能源的分类如图1-3所示。

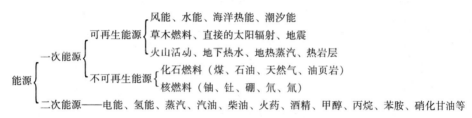

图 1-3　能源的分类

3）能源按照性质可分为：燃料能源和非燃料能源。燃料能源包括矿物燃料（如煤、石油、天然气）、生物燃料（如柴草、沼气等）、化工燃料（如丙烷、甲醇、酒精等）和核燃料（如铀、钍）四种；非燃料能源包括机械能（如风能、水能、潮汐能等）、热能（如地热能、海水热能等）、光能（如太阳光能、激光能）和电能四种。

4）按照使用的技术成熟程度和使用的普遍性，能源可分为：常规能源和新能源。在一定的历史时期和科学水平条件下，已被人们广泛应用的能源，称之为常规能源。现阶段的常规能源包括煤炭、石油、天然气、水力和核裂变能，世界能源消费几乎全靠这五大能源来供应。许多能源需采用先进的技术才能加以利用，如太阳能、风能、海洋能、地热能、生物质能、核聚变能等，称之为新能源。这些能源尚未被大规模利用，有的尚处于研究阶段。可见，这里的"新"不是时间概念，而是意味着技术不成熟。从能源利用数量的观点看，人类社会发展经历了三个能源时期，即柴草时期、煤炭时期和石油时期，正在走向新能源时期。在不同的历史时期，常规能源和新能源的分类是相对的。例如，原子核能在20世纪还属于新能源，进入21世纪后，利用核裂变产生的原子能作为动力的发电技术已比较成熟，并得到广泛应用，因此核裂变能已成为常规能源。但核聚变的和平利用仍存在大量技术难题，因而核聚变能仍被视为新能源。

5）按照对环境有无污染，能源可分为：清洁能源，如太阳能、风能、水能、氢能等；非清洁能源，如矿物燃料、核燃料等。

6）按照能源本身的性质可分为：① 含能体能源，是指集中储存能量的含能物质，如煤炭、石油、天然气和核燃料等；② 过程性能源，是指物质运动过程产生和提供的能量，此能量存在于某一过程中，并随着物质运动过程结束而耗散，如电能、风能、水能、海流、潮汐、波浪、火山爆发、雷电、电磁能和一般热能等。目前，过程性能源尚不能大量地直接储存，因此，机动性强的现代交通运输工具（如汽车、轮船、飞机等）主要采用含能体能源（如柴油、汽油），无法直接大量使用过程性能源（如电能）。

1.1.2 能源可持续利用的评价指标

能源的来源不同，形式多种多样，各有优缺点，因而实现能源合理利用的方式也不同。为了正确地选择与利用能源，监测我国能源的可持续利用状况，必须建立一套能源可持续利用的评估指标体系，如图1-4所示。

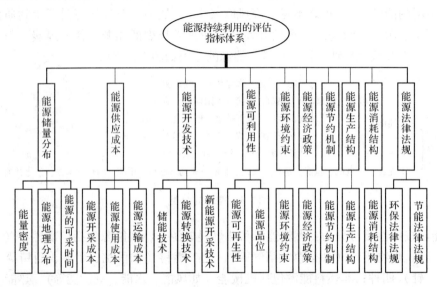

图1-4 能源可持续利用的评估指标体系

根据对每个指标的分析、计算，对各种能源进行正确的评价，从而获得整个能源系统的评估结果，以此为依据来制订我国的能源发展战略。通常能源评价的指标包括以下几方面：

1. 能源储量分布

储量是指具有经济价值的可开采的资源量或技术上可利用的资源量。作为能源的一个必要条件是储量要足够丰富，只有储量丰富且探明程度高的能源才有可能被广泛地应用。

（1）能量密度 也称为能流密度，是指在一定的空间或面积内，从某种能源中所能得到的能量多少。如果能量密度很小，就很难用作主要能源。例如，太阳能和风能的能量密度就很小，而各种矿物能源的能量密度都比较大，核燃料的能量密度最大，达到煤炭的几百万倍。水能的能量密度与落差有关。几种能源的能量密度对比见表1-1。我国水能资源比较丰富，在水电开发上具有很大的优势。许多河流的总落差都在1 000 m以上，主要大河流的总落差达2 000～3 000 m，有的甚至达4 000～5 000 m，例如长江、黄河、雅鲁藏布江、澜沧江、怒江等，天然落差高达5 000 m左右，形成了一系列世界上落差很大的河流，这是我国得天独厚的资源条件。

表 1-1　几种能源的能量密度对比

能源类别	能量密度/（kW/m²）	能源类别	能量密度/（kJ/kg）
风能（风速 3m/s）	0.02	天然铀	5.0×10^8
水能（流速 3m/s）	20	铀 235（核裂变）	7.0×10^{10}
波浪能（波高 2m）	30	氘（核聚变）	3.5×10^{11}
潮汐能（潮差 10m）	100	氢	1.2×10^5
太阳能（晴天平均）	1.0	甲烷	5.0×10^4
太阳能（昼夜平均）	0.16	汽油	4.4×10^4

（2）能源的地理分布　能源的地理分布与能源的利用关系密切。能源的地理分布不合理，则开发、运输、基本建设等费用都会大幅度增加。

1）煤炭资源分布。从煤炭资源的分布区域看，山西、陕北-内蒙古西部地区、新疆北部及川、黔、滇交界地区这 4 个地区的煤炭资源分别占全国煤炭资源总量的 9.6%、38%、31.4% 和 5.3%，共计约占 84.3%；而沿海工农业发达的 13 个省（自治区）总共仅占总资源的 3.4%；其余省（自治区）约占 12.3%。

2）风能资源分布。我国西北、华北和东北的草原或戈壁地区可以找到许多风功率密度大、面积广阔的风电场厂址；东部和东南沿海及岛屿风能资源也比较丰富，东部沿海的风能资源丰富而且稳定；离海岸较远的深海海域，风能资源更加丰富，随着深海风电技术的发展，也将在远期开发。

3）水能资源分布。我国可开发的水能资源分布很不均匀，大部分集中在西南地区，其次在中南地区，经济发达的东部沿海地区的水能资源较少。

4）燃气资源分布。我国是世界上第二大拥有煤层气资源的国家，目前已探明储量 31 万亿 m³，约占世界总量（240 万亿 m³）的 1/8，与天然气资源量大体相当；天然气探明储量主要集中在 10 个大型盆地，依次为渤海湾、四川、松辽、准噶尔、莺歌海-琼东南、柴达木、吐鲁番-哈密、塔里木、渤海、鄂尔多斯。

我国用能量大的工业区主要分布在东部沿海。因此，我国能源的地理分布对能源利用非常不利，需要建设"北煤南运""西气东输""西电东送"等诸多大型能源输送工程，从而消耗大量人力、物力及能源，大大增加了用能成本。

（3）能源的可采时间　据 2006 年理论推测，我国煤炭的剩余可采储量约为 1 100 亿 t，石油的剩余可采储量约为 24 亿 t，天然气的剩余可采储量约为 2 万亿 m³。从人均拥有量来看，煤炭、石油和天然气分别为世界人均水平的 70%、10% 和 5%。按照目前剩余可采储量和能源消费量来看，煤炭还可以开采 60 年，石油还可以开采 18 年，天然气还可以开采 40 年。

2. 能源供应成本

（1）能源开采成本　太阳能、风能、海洋能等不需要任何开采成本即可得到，但各种化石能源需要勘探、开采等各种复杂的过程，因而需要大量的开采成本。

（2）能源使用成本　利用能源的设备费用正好与能源的开采费用相反，利用太阳能、风能、海洋能的设备费用远高于利用化石能源的设备费用。核电站的核燃料费远低于燃油电站，但其设备费却高很多。

（3）能源运输成本　运输费用与损耗是能源利用中需要考虑的一个问题。太阳能、风能和地热能很难输送出去；煤炭、石油等化石能源则容易从产地输送至用户；核电站燃料的运输费用极少。因此，与核电站的燃料运输费相比，燃煤电站的输煤费用很高。

可见，在对能源的供应成本进行评价时，能源的开采费用、利用能源的设备费用、运输费用都是必须考虑的重要因素，要进行综合的经济分析和评估。

3. 能源开发技术

（1）能源转换技术　能源转换后，只有保证供能的连续性才能对其有效地利用，这要靠转换设备和相关技术来完成。目前，煤炭、水能、风能、核能都有成熟的设备及技术进行电能转换。

（2）储能技术　大多数情况下，用户对能源的使用是不均衡的，例如，白天用电多，深夜用电少，冬天需要取暖，夏天需要制冷。因此，把不用时多余的能源储存起来，需要时又能立即供应非常重要。在储能方面，化石燃料很容易储存，而太阳能、风能、海洋能则较难做到；采用蓄冷设备、蓄热设备可储存少量电能。

（3）新能源开发技术　新能源的开发除了太阳能、风能、地热能、生物质能、海洋能等以外，还包括天然气水合物、氢气、可控核聚变能等。天然气水合物主要蕴藏在水深300m以下的深海海底地层，全世界天然气水合物的储量可能超过已探明的石油、天然气和煤炭蕴藏量的总和，但目前开发利用技术还很不成熟。氢燃料作为一种优质、清洁的能源，将和电能一起并列成为二次能源的两大支柱。目前，利用太阳能和风能等制造氢燃料技术已获得较大进展，氢燃料的利用技术正在走向实用阶段。

4. 能源可利用性

（1）能源可再生性　煤炭、石油和天然气等化石能源一直是能源消费主体，但这些不可再生能源正在迅速枯竭，可再生能源如太阳能、生物质能、风能、水能等将获得快速的发展。预计到2050年，太阳能和生物质能等可再生新能源将占世界能源构成的30%左右；到2100年，可再生新能源将占世界一次能源构成的50%左右。

（2）能源品位　能源品位是指做功能力。例如，水的势能可以直接转换为机械能做功，再转换电能也很容易通过电动机做功，其品位比先由化学能转变为热能，再由热能转换为机械能的煤炭要高。燃气的品位要比煤炭的品位高，燃气机组的起动速度高于燃煤机组的起动速度。在热机中，热源的温度越高，冷源的温度越低，则循环的热效率就越高，因此，温度高的热源品位比温度低的热源品位高。在使用能源时，需要防止高品位能源被降级使用所产生的浪费现象。

5. 能源环境约束

使用能源时应尽可能采取各种措施来防止对环境的污染。众所周知，对环境产生污染主要是化石能源，而太阳能、风能、氢能等新能源基本对环境无污染。我国的能源供应以化石能源为主，能源消费对环境产生了严重的污染，目前已引起了政府和社会的高度重视。我国"十二五"期间的节能减排目标是，到2015年，全国万元国内生产总值能耗下降16%；化学需氧量和二氧化硫排放总量分别比2010年下降8%；氨氮（NH_3-N）和氮氧化物排放总量分别比2010年下降10%。

6. 能源节约机制

我国已经实施了《中华人民共和国节约能源法》，在工业节能方面还要制订一系列标准，包括电力、建筑、交通、化工、冶金等行业标准。电力作为煤炭的第一消费大户，其节能工作更为重要。我国"十一五"期间淘汰了高耗能机组，包括大电网覆盖范围内服役期满的单机容量在 10 万 kW 以下的常规燃煤凝汽火电机组，单机容量 5 万 kW 及以下的常规小火电机组，以发电为主的燃油锅炉及发电机组（5 万 kW 及以下）。国家能源局权威人士表示，"十一五"期间，我国累计关停了总量达 7 200 万 kW 的小火电机组，2010 年与 2005 年相比，火电供电煤耗（标准煤）由 370 g/（kW·h）降到 333 g/（kW·h），下降 10.0%。在"十二五"期间，电力行业的节能降耗行动还将继续，关停小火电机组无疑也将继续推行。

7. 能源生产结构

目前，我国的能源生产结构很不合理，主要以化石能源为主，核能及可再生能源所占比例较小。据统计，2005 年我国能源生产结构为：煤炭 77.13%、原油 12.59%、水电 6.32%、天然气 3.13%、核电 0.83%。从 2005 年的电能生产情况看，其结构也很不合理，燃煤火力发电所占比例过高，水电、核电、生物质等发电的比例过低。在总装机容量中，火电占 75.6%，水电占 22.7%，核电占 1.32%，生物质等发电占 0.38%。事实上，我国水电资源蕴藏量居世界第一，理论蕴藏量的总规模为 6.89 亿 kW，技术可开发量为 4.93 亿 kW，经济可开发量为 3.95 亿 kW。按照 2005 年年底我国水电装机容量计算，只占技术可开发量的 24%。可见，我国需要加快发展新能源与可再生能源。

8. 能源消费结构

我国的能源资源储量结构、能源生产结构状况决定了能源消费结构在一定时期只能是以煤炭为主体。据统计，2005 年我国能源消费结构为：煤炭 69.62%、原油 21.06%、水电 5.84%，天然气 2.72%，核电 0.76%。然而，有数据显示，2005 年全世界能源的消费结构为：原油 36.4%、煤炭 27.8%、天然气 23.5%、水电 6.3%、核能 6%。可见，我国能源消费对于煤炭的依赖性过高，需要改进。2006 至今，我国煤炭消费总体呈下降趋势，但其占比仍然维持在 65% 以上；石油消费总体呈缓慢上升的趋势，但其上升幅度不是太大，近年来都在 25% 上下浮动；天然气占比没有明显的上升或下降趋势，长时间内在 2% 左右徘徊；水电、核电及其他能源所占比例总体上呈现出缓慢上升的趋势。由此可见，我国能源消费严重依赖煤炭，石油消费虽有所增长，但与发达国家的石油所占比例相比差距很大。表 1-2 是根据《BP 世界能源统计 2006》计算得出的我国 1996 ~ 2005 年能源的生产结构和消费结构。

表 1-2　我国 1996 ~ 2005 年能源的生产结构和消费结构

年　份	生产总量/百万吨标准油	构成比例（%）					生产总量/百万吨标准油	构成比例（%）				
		煤炭	石油	天然气	水电	核电		煤炭	石油	天然气	水电	核电
1996 年	925.5	75.98	17.13	1.96	4.59	0.35	965.1	75.59	18.01	1.67	4.40	0.33
1997 年	918.2	75.15	17.44	2.22	4.84	0.36	960.5	72.86	20.40	1.78	4.6	0.34
1998 年	860.2	73.09	18.62	2.44	5.48	0.37	916.9	71.70	21.49	1.93	5.1	0.35
1999 年	878.3	73.54	18.24	2.58	5.25	0.39	934.1	70.25	22.44	2.01	4.9	0.36
2000 年	897.9	73.14	18.11	2.73	5.6	0.42	966.7	69.05	23.13	2.21	5.2	0.39
2001 年	956.5	72.93	17.23	2.85	6.57	0.42	1000.0	68.12	22.79	2.41	6.2	0.40
2002 年	1000.9	73.30	16.67	2.94	6.51	0.57	1057.8	67.48	23.39	2.43	6.1	0.54
2003 年	1143.5	75.94	14.83	2.75	5.61	0.86	1228.7	69.43	22.11	2.43	5.2	0.80
2004 年	1309.7	76.91	13.29	2.82	6.11	0.87	1432.5	68.71	22.40	2.47	5.6	0.80
2005 年	1436.1	77.13	12.59	3.13	6.32	0.83	1554.0	69.62	21.06	2.72	5.8	0.76

9. 能源经济政策

为了保证能源生产结构和能源消费结构的合理性，政府需要出台有关经济政策进行正确的引导。我国已经开始这方面的工作，例如，2006 年国家发展与改革委员会出台的《可再生能源发电价格和费用分摊管理试行办法》规定：风电等可再生能源发电优先上网，电网企业应当为可再生能源上网提供方便，并与发电企业签订并网协议和全额收购上网电量，风力发电项目上网电价按照招标形成的价格确定；水力发电项目上网电价按现行办法执行；生物质发电项目上网电价实行政府定价，由国务院价格主管部门分地区制定标杆电价，电价标准由各省（自治区、直辖市）2005 年脱硫燃煤机组标杆上网电价加补贴电价组成，标准为 0.25 元/（kW·h）；太阳能、海洋能、地热能发电项目上网电价按照合理成本加合理利润的原则分项目制定。我国出台这样的经济政策，有利于调动社会对可再生能源投资开发的积极性。

10. 能源法律法规

（1）**环保法律法规** 国家需要制订环保法律法规，公民应依法保护环境。例如，国务院划定了"两控区"——酸雨控制区和二氧化硫污染控制区，要求在"两控区"内 2015 年 SO_2 排放基数相对于 2010 年削减 7%。在以下地区新建燃煤电厂要求同步安装脱硫装置，并需对老厂加装脱硫装置，以抵消新建火电脱硫后 SO_2 排放增量，包括华北地区的北京、天津、山西、河北，西南地区的四川、重庆，华东的浙江、江苏省南部、安徽省南部，南方的广东、云南、广西、贵州等在控区以内的地区。在以下地区新建燃煤电厂原则上要求同步安装脱硫装置：东北的辽宁、吉林"两控区"内，山东，西北的陕西、甘肃、宁夏的"两控区"内，华中的河南、湖北、湖南，华东的江苏北部、安徽中北部、福建、江西等地区；在以下地区新建坑口燃煤电厂存在着目前不能同步安装脱硫装置、预留脱硫场地、分阶段建设脱硫设施的条件：东北的吉林、黑龙江"两控区"外，华北的内蒙古"两控区"，西北的陕西北部、甘肃、宁夏、青海"两控区"外，南方的云南、广西、贵州"两控区"外等。

（2）**节能法律法规** 能源问题已经成为制约我国经济和社会发展的重要因素，国家需要从能源战略的高度重视能源节约问题，从而推进节能降耗，提高能源利用效率。2006 年 8 月 31 日发布的《国务院关于加强节能工作的决定》指出，到"十一五"期末，万元国内生产总值（按 2005 年价格计算）能耗下降到 0.98 吨标准煤，比"十五"期末降低 20% 左右，平均年节能率为 4.4%。重点行业主要产品单位能耗总体达到或接近本世纪初国际先进水平。建立固定资产投资项目节能评估和审查制度。对未进行节能审查或未能通过节能审查的项目一律不予审批、核准，从源头杜绝能源的浪费。

通过以上能源可持续利用的评价指标说明及分析可以发现，能源既为社会经济发展提供动力，又受到资源、环境、社会、经济的制约，能源工业的整体发展水平关系到国民经济和社会生活的可持续发展，因此，能源工业的可持续发展具有重要的经济意义和社会意义。建立能源可持续利用的评价指标体系，能够描述能源的可持续发展状态，有效监控我国能源的发展状况，并能发现影响能源可持续发展的关键性因素，以便于今后有针对性地采取改进措施。

1.1.3 能量的基本形式

能源只是一种能量的载体，人们利用能源实质上利用的是能量。在物理学中，能量是指物质做功的能力。而作为哲学概念，能量是一切物质运动、变化和相互作用的度量。因此，任何物质都可以转化为能量，但转化的难易程度差别很大。利用能量实质上是利用自然界的某一自发变化的过程来推动另一人为变化的过程。例如，水力发电，就是利用水从高处流向低处这一自发过程，把水的势能转换为动能推动水轮机转动，水轮机又带动发电机，通过发电机将机械能转换为电能，电能可转换为人们需要的其他能量形式。显然能量的利用效率与转换过程和采用的设备技术等密切相关。

上述各种能源所包含的能量形式，归纳起来有以下六种：

（1）机械能　机械能是物体宏观机械运动或空间状态变化所具有的能量，又分别可称为宏观的动能和势能。如空气的流动形成风能，水的自然落差所形成的水能等，都是人类认识和利用最早的机械能形式。具体而言，动能是指系统（或物体）由于机械运动而具有的做功能力。势能与物体的状态有关。如物体由于受重力作用，在不同高度的位置而具有不同的重力势能；物体由于弹性变形而具有弹性势能；在不同物质或同类物质不同相的分界面上，由于表面张力的存在而具有表面能。

（2）热能　热能是构成物质的微观粒子不规则运动所具有的动能和势能的总和。粒子不规则运动包括粒子的移动、转动和振动，宏观上表现为温度的高低，反映了粒子不规则运动的剧烈程度。从表面上我们并不能感受到一个物体所含热能的多少，但我们可以明显分辨出物体的热或凉，也就是温度的高低。热能是人类使用最为广泛的基本能量形式，所有其他形式的能量都可以完全转换为热能。实际应用中有 $85\% \sim 90\%$ 的能量都要转换成热能后再加以利用，如常规能源中燃料含有的化学能一般需首先转化为热能，新能源中太阳能、核能均可转化为热能，地热能和海洋热能等本身含有的就是热能。地热能是地球上最为庞大的热能资源。

（3）化学能　化学能是物质结构能的一种，即在原子核外进行化学变化时释放出来的一种能量。按照化学热力学的定义，物质或物系在化学反应过程中以热能形式释放的内能称为化学能。人们普遍利用放热反应使化学能转变为热能。目前，矿物燃料如煤炭、石油、天然气的燃烧是化学能转化热能的典型过程，燃烧过程主要是碳和氢的化学变化，其基本反应式和释放的化学能为：

$$C + O_2 = CO_2 + 32\ 780\ kJ/kg$$

$$H_2 + \frac{1}{2} O_2 = H_2O + 120\ 370\ kJ/kg$$

矿物燃料中主要可燃成分是碳和氢。从反应式可见，燃烧相同质量的氢所释放的能量约为碳的 4 倍，所以燃料中含氢量越高越好。

（4）电能　电能是由带电荷物体的吸力或斥力引发的能量，是和电子的流动与积累相关的一种能量。电能是目前人们使用最多也最为方便的二次能源。目前使用的电能主要是由电池中的化学能或通过发电机由机械能转换来的。另外，电能也可由光能、核能转换，或由热能直接转换（磁流体发电）。反之，电能通过电动机也可以转换为机械能，从而显示出电能的做功本领。如驱动电子流动的电动势为 U，电流强度为 I，则其电能 E_e 可表述为

$$E_e = UI \tag{1-1}$$

（5）辐射能　辐射能包括电磁波、声波、弹性波、核射线所传递的能量。辐射能是我们接触最多而感受最少的能量形式，因为辐射能存在于无形之中。从理论上讲，任何物体只要其自身温度高于绝对零度（即 $-273.15℃$），都会不停地向外发出辐射能。不同的是，高温物体（如太阳）发出的辐射能属于短波，而低温物体（如地表物体）发出的辐射能属于

长波。太阳能是人类利用最多的最典型的辐射能。具有温度 T（热力学温度）的物体均能发出热辐射，所发出的辐射能为

$$E = \sigma \varepsilon T^4 \tag{1-2}$$

式中，σ 为斯忒藩—波耳兹曼常数 $[\sigma = 5.67 \times 10^{-8} \text{ W/(m}^2 \cdot \text{K}^4)]$；$\varepsilon$ 为物体表面的热发射率。

（6）核能　核能是蕴藏在原子核内部的物质结构能，是由于物质原子核内结构发生变化而释放出来的巨大能量，又称核内能。轻质量的原子核（如氘、氚）和重质量的原子核（如铀）其核子之间的结合力比中等质量原子核的结合力小，两类原子核在一定条件下可以通过核聚变和核裂变转变为自然界更稳定的中等质量原子核，同时释放出巨大的结合能即核能。因此，核反应可分为核裂变和核聚变两种，目前技术成熟的是利用核裂变的能量。1kg U^{235} 核裂变反应可释放出 69.5×10^{10} kJ 的热能，即使仅利用其中的 10%，也相当于 $2\,400$ t 标准煤的发热量。利用核反应释放的热能是一条重要的新能源利用新途径，目前核能主要是用来发电。值得注意的是，核能的产生过程不遵守质量守恒和能量守恒定律，在反应中都有所谓的"质量亏损"，但这种质量和能量之间的转换遵守爱因斯坦质能方程

$$E = mc^2 \tag{1-3}$$

式中，E 为能量（J）；m 为物体的质量（kg）；c 为光速（$c = 3.0 \times 10^8$ m/s）。

实际上，无论是化学反应还是核反应，在产生和释放能量的过程中，质量一定会相应减少。即反应物质量的一部分能够在某种类型的能量转换过程中，转换为另一种形式的能量。

在国际单位制中，能量、功及热的单位都是焦耳（J），单位时间内所做的功或吸收（释放）的热量称为功率，单位是瓦特（W）。在实际的能量转换和使用中，焦耳和瓦特的单位都太小，因而更多地使用千焦（kJ）和千瓦（kW），或兆焦（MJ）和兆瓦（MW）。在能源研究中还会用到更大的单位，有关的国际制词冠见表1-3。

表1-3　能源中常用的国际单位制词头

幂	词 头	国际代号	中文代号
10^{18}	艾可萨（exa）	E	艾
10^{15}	拍它（peta）	P	拍
10^{12}	太拉（tera）	T	太
10^9	吉珈（giga）	G	吉
10^6	兆（mega）	M	兆
10^3	千（kilo）	k	千
10^2	百（hecto）	h	百
10	十（deca）	da	十

在工程应用和有关能源的文献中，还会见到一些其他单位，如卡（cal）、千卡（kcal）、吨标准煤（tec）、吨标准油（toe）、百万吨标准煤（Mtec）、百万吨标准油（Mtoe）等。它们与国际单位之间的关系是

$$1\text{kcal} = 4.186 \text{ kJ} \tag{1-4}$$

$$1 \text{ kg 标准煤（kgce）} = 7\,000\text{kcal（千卡）} = 29\,300 \text{ kJ} \tag{1-5}$$

$$1 \text{ kg 标准油 (kgoe)} = 10\ 000 \text{kcal (千卡)} \tag{1-6}$$
$$1 \text{ kW · h} = 860 \text{ kcal} = 3\ 600 \text{ kJ} \tag{1-7}$$

据此可对有关数据进行换算。

标准煤亦称煤当量，标准油也称油当量，这是将不同品种、不同含热量的能源按各自不同的含热量折合成为一种标准含热量的统一计算单位的能源。能源的种类不同，计量单位也不同，如煤炭、石油等按吨计算；天然气、煤气等气体能源按立方米计算；电力按千瓦小时计算；热力按千卡计算。为了求出不同的热值、不同计量单位的能源总量，必须进行综合计算。由于各种能源都具有含能的属性，在一定条件下都可以转化为热，所以选用各种能源所含的热量作为核算的统一单位。常用的统一单位有千卡、吨标准煤（或吨标准油）。我国目前常采用"标准煤"作为能源的度量单位。

1.1.4　能量的性质

能量在利用过程中常表现有以下性质：状态性、可加性、传递性、转换性、做功性和贬值性。

（1）状态性　能量取决于物质所处的状态，物质的状态不同，所具有的能量（包括数量和质量）也不同。对于热力系统而言，其基本状态参数可以分为两类：一类与物质的量无关，不具有可加性，称为强度量，如温度、压力、速度、电势和化学势等；另一类与物质的量相关，具有可加性，称为广延量，如体积、动量、电荷量和物质的量等。对能量利用中常用的工质，其状态参数为温度 T、压力 p 和体积 V，因此，物质的能量 E 的状态可表示为

$$E = f(p, T) \quad \text{或} \quad E = f(p, V) \tag{1-8}$$

（2）可加性　物质的量不同，所具有的能量也不同，即可加性；不同物质所具有的能量亦可相加，即一个体系所获得的总能量为输入该体系多种能量之和，故能量的可加性可表示为

$$E = E_1 + E_2 + \cdots + E_n = \sum E_i \tag{1-9}$$

（3）传递性　能量可以从一种物质传递到另一种物质，或从物体的一部分传递到另一部分，也可以从一个地方传递到另一个地方。传热学就是专门研究热量传递规律的科学，在传热里，热能的传递性可表示为

$$Q = KA\Delta T \tag{1-10}$$

式中，Q 为传递的热量；K 为总传热系数；A 为传热面积；ΔT 为传热平均温差。

（4）转换性　能量的转换性是能量最重要的属性，各种形式的能量之间都可以相互转换（只有核能是单向转换），如图 1-5 所示，但其转换方式、转换数量、难易程度不尽相同，即它们之间的转换效率是不一样的。热力学就是研究能量转换方式和规律的科学，其核心任务是如何提高能量转换的效率。

（5）做功性　做功是能量利用的主要目的和基本手段，我们通常所说的功是机械功。各种能量转换成机械功的本领不同，转换程度也不一样。按照转换程度可以把能量分为全部转换能、部分转换能和完全不转换能，又分别称为高质能、低质能和废能。能的做功性通常以能级 ε 来表示。即

$$\varepsilon = \frac{Ex}{E} \tag{1-11}$$

式中，E 为物质的总能量；Ex 为完全转换能，即最大有用功，称为"㶲"。

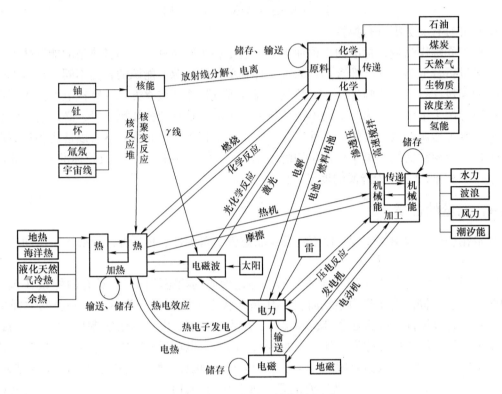

图 1-5　能量的相互转换示意图

（6）贬值性　根据热力学第二定律，能量不仅有量的多少，还有质的高低。能量在传递和转换过程中，由于存在多种不可逆因素，所以总是伴随着能量的损失，表现为能量质量和品位的降低，即做功能力的下降，直至与环境状态达到平衡而失去做功本领，即成为废能，这就是能的质量贬值。例如有温差的传热与有摩擦的做功，就是两个典型的不可逆过程，能量都会贬值。能量的贬值性就是能的质量损失（或称为不可逆损失、内部损失）。

1.1.5　能量传递的相关因素

能量的利用是通过能量的传递来实现的，即能量的传递过程就是能量的利用过程。在能量传递过程中，通常包括以下相关因素：

（1）传递条件　能量传递是有条件的，这个条件就是传递的推动力即"势差"。例如，热能传递要有温差，电能传递要有电位差，流体流动（势能传递）要有压差或势差。其他传递过程同样要有"势差"，如物质扩散要有浓度差、化学反应要有化学势差等。

（2）传递规律　能量传递遵循一定的规律，即能量传递的速率与传递推动力成正比而与传递过程阻力成反比。其计算式表示为

$$传递速率 = \frac{传递推动力}{传递过程阻力} \tag{1-12}$$

例如，对于热能传递，传热速率 $\Phi = \Delta t / R_t$；对于电能传递，电流强度 $I = U/R$。其中，Δt 为传热温差，U 为电动势，R_t、R 分别为热阻和电阻。

（3）传递形式　能量传递的形式包括转换和转移两种。转换是能量由一种形态变为另一种形态，目的是为了更便于人们利用；转移是某种形态的能量从一物到另一物，或从一地到另一地。在实际能量传递过程中，转换和转移往往是同时进行或交替进行。

（4）传递途径　能量传递的基本途径有两条：一是由物质交换和能源迁移而携带的能量，称为携带能；二是在体系边界面上交换的能量，称为交换能。对于开口系来说，两种传递途径同时存在，而对于封闭系则主要靠交换。

（5）传递方法　在体系交界面上的能量交换通常有两种方法：一是由温差引起的能量交换，即传热，是一种微观形式的能量传递；二是由非温差引起的能量交换，即做功（指广义功），是一种宏观形式的能量传递。

（6）传递方式　通过能量交换而实现能量传递的方法即传热和做功。传热有三种基本方式：热传导、热对流和热辐射。做功（这里指机械功）的三种基本方式是容积功、转动轴功和流动功（或推动功）。

（7）传递结果　能量传递的结果体现在两个方面，即能量使用过程中所起的作用及能量传递的最终去向。能量在使用过程中的作用有两方面：一是用于物料并最终成为产品的一部分；二是用于某一过程（包括工艺过程、运输过程和动力过程）并成为过程的推动力，消耗能量使过程得以进行。能量传递的最终去向通常有两个：转移到产品中或散失于环境中（包括直接损失和用于过程后再进入环境）。

（8）传递的实质　能量传递的实质就是能量利用的实质。产品的使用实际上是能量的进一步传递，那么能量的最终去向只能是唯一的，就是进入环境。即能量的利用实质是通过能量的传递，使能量由一次能源最终进入环境。可见，人类利用的是能量的质量（品质或品位）而不是能量的数量，在能量利用过程中能量的质量会急剧降低，直至进入环境而成为废能，但能量的总量仍然是守恒的，能量不会消失。

1.1.6　能源在国民经济中的地位和作用

纵观人类社会的发展历史可以发现，能源与人类社会发展有着密切的关系。远古人类和其他动物一样，只能利用无私的太阳所赐予的天然能源——太阳能；钻木取火是人类在能量转化方面最早的一次技术革命；蒸汽机的发明直接导致了第二次能源革命；反应堆拉开了以核能为代表的第三次能源革命的序幕。人类社会目前经历了三个能源时期，即薪柴时期、煤炭时期和石油时期。

在远古时期，人类就学会了"刀耕火种"，开始用薪柴、秸秆和动物粪便等生物质燃料来取暖和烧饭，主要用人力、畜力和简单的风力、水力机械从事生产活动。这个以薪柴等为主要能源的时代延续了很长时间，由于当时的生产和生活水平都很低，所以社会发展非常迟缓。

从 18 世纪的产业革命开始，以煤炭、电力、石油、天然气等取代了薪柴作为主要能源，社会生产力得到大幅度增长，人们的生活水平得到极大的提高，从而社会开始了飞速发展。可以看到，每一次大的工业革命或飞速发展，都是以新能源开发和广泛应用为先导的。

第一次工业革命是由于煤和石油的广泛使用。由于煤的使用，使蒸汽机成为生产中的主要动力，使生产逐步实现机械化和半机械化，大大提高了生产效率，工业得到迅速发展。由于石油的使用，出现了内燃机，使动力机械效率更高、体积更小、功率更大，从而实现了小型化。特别是交通运输业的飞速发展，对于石油的需求更加迫切。

第二次工业大发展是由于电的广泛应用。19 世纪 70 年代末，汽轮机和发电机的发明促进了电力工业的飞速发展。电力的应用是能源科学技术的一次重大革命，它把燃料热能转化为电能，而电能被称为"能的万能形式"，便于集中供应，也可分散供应，传输快且消耗低，输送、使用和管理非常方便，并能转化为多种形式的能量。电动机代替了蒸汽机，电灯代替了油灯和蜡烛，电能成了工业生产和日常生活的主要能源。如果没有电能，现代的高度文明是不可想象的。

第三次工业大发展是石油消耗量的大幅度增加带动了世界经济的迅猛发展。石油资源的发现开始了能源利用的新时期，特别是 20 世纪 50 年代，美国、中东、北非相继发现了巨大的油田和气田，西方发达国家很快从以煤炭为主要能源转换为以石油和天然气为主要能源。这是因为石油和煤炭相比有许多优点：① 石油勘探和开采容易；② 石油用作燃料热值高，使用和运输方便，且洁净；③ 石油可用作工业原料，以石油为原料的工业产品有五千多种；④ 石油可加工成高级润滑油，为动力机械提高单位质量的功率提供了条件。

可见，工业生产的发展和人民生活条件的提高都必然伴随着能源的消耗，因此，能源是发展国民经济和保障人民生活的重要物质基础，也是提高人们生活水平的先决条件。能源更是现代化生产的动力源泉，其中，现代工业、农业、交通运输、国防和生活方式都离不开能源动力。

在现代工业生产中，各种锅炉、窑炉都要用煤炭、油和天然气作为燃料，钢铁冶炼要用焦炭和电力，机械加工、物料传送、气动液压机械、各种电动机、生产过程的控制和管理都要用电力。任何机器的运转都需要机械动力驱动，没有能量（即动力），再先进的机器也会成为一堆废铁。另外，化石能源还是珍贵的化工原料，从石油中可以提炼出五千多种有机合成原料，其中最重要的基本原料有乙烯、丙烯、丁二烯、苯、甲苯、二甲苯、乙炔、萘等。由这些原料可以加工出塑料、合成纤维、人造橡胶、化肥、人造革、染料、炸药、医药、农药、香料、糖精等多种工业制品。一个国家的工业生产越发达，生产的产品越多，所消耗的能源也越多，因而能源工业的发展水平与速度是衡量一个国家经济实力的重要指标，特别是对消耗大量一次能源的部门如冶金、化工、电力等，其影响尤其显著。

在现代农业中，农产品产量的大幅度提高需要消耗大量的能源。如耕种、灌溉、收割、烘干、冷藏、运输等都需要直接消耗能源，化肥、农药、除草剂的使用也要间接消耗能源。例如，生产 1 t 合成氨需消耗相当于 2.5 ~ 3.0 t 标准煤的能源，生产 1 t 农药平均需要相当于 3.5 t 标准煤的能源。美国在 1945 ~ 1975 年间，平均每吨谷物的能源消耗由相当于 20 kg 标准煤增加到 67 kg 标准煤，而每亩产量由平均 204 kg 增加到 486 kg。即亩产量增加了 1.4 倍，而能耗却增加了 2.4 倍。随着我国农业现代化程度的不断提高，农业机械化、电气化正飞速发展，对化肥、农药、除草剂等的需要也越来越多，没有能源工业的发展加以保证，实现农业现代化只能是纸上谈兵。

在现代交通运输中，如果没有煤炭、石油和电力，无论汽车、火车、轮船，还是电车、飞机都不可能运行。因此，能源工业不发展，交通运输业也不可能发展。

在现代国防中，各种运输工具和武器，如汽车、坦克和摩托车等需要石油，现代的喷气式飞机、火箭和导弹等也要消耗大量的石油，而当前没有其他能源（除核能外）能替代石油。因此，要实现国防现代化也必须发展能源工业。

在日常生活中，随着人们生活水平的提高，家用电器越来越多，煤气或天然气等的使用越来越普遍，能源消耗必然越来越多。在发达国家，民用消费的能源占国家的全部能源的20%以上，而我国目前只有10%左右。

世界各国经济发展的实践表明，在经济正常发展的情况下，一个国家的国民经济生产总值及国民经济生产总值增长率与该国能源消耗总量及能源消耗增长速度近似成正比关系，这个比例关系通常用能源消费弹性系数来表示。表1-4正说明这一点，特别是日本，第二次世界大战以后，经济发展最快，平均每年增长8.7%，尤其在1955～1976年的20年间，工业增长了8.4倍，平均年增长率高达13.6%。这种高速度增长的直接原因是其优质能源尤其是石油的大量进口。

表1-4　1955～1976年能源消耗增长率和国民经济生产总值增长率

序　　号	国　　家	能源消耗年平均增长率（%）	国民经济生产总值年增长率（%）
1	日本	8.8	8.7
2	前苏联	6.5	8.3
3	德国	4.0	5.4
4	法国	3.9	4.8
5	美国	2.9	3.3
6	英国	1.2	2.6

能源消费弹性系数是能源消费的年增长率与国民经济年增长率之比。该比值越大，说明能源消费增长率大于国民经济增长率；该比值越小，说明能源消费增长率越低。能源消费弹性系数的大小与国民经济结构、能源利用效率、生产产品的质量、原材料消耗、原材料运输以及人民生活需要等因素有关。世界经济和能源发展的历史显示，处于工业化初期的国家，经济的增长主要依靠密集工业的发展，能源效率也较低，因此，能源弹性系数通常多大于1。例如，西方发达国家的工业化初期，能源增长率比工业产值增长率高一倍以上。到了工业化后期，一方面，经济结构转向服务业，另一方面，技术进步促进能源效率提高，能源消费结构日益合理，因而能源弹性系数通常小于1。尽管世界各国的实际条件不同，但只要处于类似的经济发展阶段，均具有大致相近的能源弹性系数。我国2000～2005年期间能源消费弹性系数及产值能耗见表1-5。

表1-5　2000～2005年期间我国能源消费弹性系数及产值能耗

年　份	GDP2000年可比价格/亿元	GDP可比价增长率（%）	一次能源消费量/万吨标准煤	一次能源消费增长率（%）	能源消费弹性系数	万元GDP能耗	
						吨标准煤/万元	指　　数
2000年	99 215.0	8.4	138 553	3.53	0.420	1.396 5	—
2001年	107 449.9	8.3	143 199	3.35	0.403	1.332 7	1.000
2002年	117 227.8	9.1	151 797	6.00	0.660	1.294 9	0.972
2003年	128 950.6	10.0	174 990	15.28	1.528	1.357 0	1.018
2004年	141 974.6	10.1	203 227	16.14	1.598	1.431 4	1.074
2005年	156 030.1	9.9	222 468	9.47	0.956	1.425 8	1.070

1.1.7 能源与经济的可持续发展

保证能源供应是人类社会赖以生存和发展的最重要条件之一。人类的生产和生活离不开对能源的开发和利用，然而资源的短缺和环境的恶化已成为当今人类社会面临的两大问题，走可持续发展的道路成为全世界的共识和未来发展的战略目标。21世纪初，基于对化石能源开始耗竭比较清晰的分析及大量使用化石能源引起的环境污染与气候变暖日益严重，全世界已普遍认识到，必须最大限度地提高能源生产与利用效率，清洁、高效地利用各种能源，在较长时期内向着减小化石能源份额，增大可再生能源份额的方向，逐步建立可持续发展能源体系。

"可持续能源"的含义是能源的生产和利用能够长期支持在社会、经济和环境等各个领域的发展，不仅是能源的长期供应，而且是能源的生产和利用方式应当促进人类的长远利益和生态平衡，或者至少是与之相协调。然而现行的能源活动并未达到这个要求。

"可持续发展"的概念始于20世纪80年代，是指既满足当代人的需求，又不损害子孙后代满足其需求能力的发展。可持续发展是一个涉及经济、社会、文化、科技、自然环境等多方面的一个综合概念，它以自然资源的可持续利用和良好生态环境为基础，以经济可持续发展为前提，以谋求社会的全面进步为目标。目前，我们以化石燃料为基础的能源体系则与这个目标相差甚远。随着经济的发展和能源消耗量的大幅度增长，能源的储量、生产和使用之间的矛盾日益突出，成为世界各国面临的亟待解决的重大问题之一。解决这个问题需要平衡三个相关联的方面——环境保护、经济增长和社会发展。可持续发展需要长期变化的生产模式和消耗模式，这些变化正在推动着国际政府间的协定，与所有企业和个人有着密切的联系。如何从自然界获取持续、高效的能源，同时又保证人类社会的可持续发展，成为挑战人类智慧的重大课题。

目前，国际社会呼吁全球要高度重视能源问题，大力采取节能措施，开发、利用新能源，为实现世界经济的可持续发展而共同努力。从我国的情况来看，由于人口众多，能源资源相对不足，人均拥有量远低于世界平均水平。据统计，我国人均煤炭占有量约为世界人均水平的1/2，石油约为1/10，天然气约为1/20。而且我国正处在工业化和城镇化快速发展阶段，能源需求量不断增加，特别是高投入、高消耗、高污染的粗放型经济增长方式，加剧了能源供求矛盾和环境污染状况，我国已成为世界上第二大能源消费国。同时，每年CO_2排放量已占全球总排放量的13%以上，是仅次于美国的排放大国。基于国家经济安全和能源发展战略的考虑，要高度重视能源安全，有效借鉴发达国家的节能经验，加大实施节约能源的力度，促进我国经济的可持续发展。

节能是一项系统工程，是一项实践性很强的活动，涉及政府、社会、企业及公民等方面，需要全社会的大力支持和协调配合。因此，要按照科学的能源发展战略和节能措施，加大产业结构调整和技术改造的力度，提高能源利用效率。我国有可能利用较少的能源投入保障经济持续快速增长，也有可能在低于目前发达国家人均能源消费量的条件下，进一步提高我国的综合国力。相反，如果过度消耗能源，不采取有效的节能措施，就会影响经济的可持续发展。因此，加快实施节能政策和措施，是保障经济可持续发展的必由之路。

1. 制订科学的能源发展战略规划，促进能源与经济的可持续发展

能源发展战略是国家发展战略规划的重要组成部分，是促进经济可持续发展的重要保障。未来我国能源发展战略的基本构想是："节能效率优先，环境发展协调，内外开发并举，以煤炭为主体、电力为中心，油气和新能源全面发展，以能源的可持续发展和有效利用支持经济社会的可持续发展"。如长江三角洲地区，为推动区域能源与经济的可持续发展，根据国家能源发展战略规划制订了《长江三角洲地区区域能源专题规划》，坚持"提高效率，保护环境，保障供给，持续发展"的原则，立足长江三角洲地区区域整体发展的理念，研究和规划区域内能源供应体系、能源加工基地和能源基础设施建设，优化重大能源项目布局，合理配置并共享有限的能源和基础设施资源，加强能源政策协调。

2. 提高能源安全意识，增强能源供应体系抗风险的能力

在世界石油价格不稳且难以控制的情形下，世界各国对能源资源安全关注的程度普遍上升，为保障我国能源安全，防范国际能源价格的剧烈波动带来不可控制的风险，我们要有战略眼光，增强能源供应体系抗风险的能力，把握好国家能源储备的时机和储备数量。目前，世界许多国家把90天的能源消费量作为（石油）资源储备的一般标准。我们应提高能源安全意识，尽快制订我国《资源储备法》，确保我国经济安全和国家安全。

3. 加大宣传和教育力度，提高公民节能意识

加强节能宣传和教育，可采取多种形式集中宣传节能在经济社会发展中的重要作用和战略意义。让社会公众了解国家有关节能的方针政策、法律法规和标准规范，提高全体公民的节能意识。充分运用电视、报纸、网络等各种媒体，广泛普及节能知识，并通过开展节能宣传周活动，免费发放《节能小窍门》《循环经济、清洁生产文件汇编》等使用手册，加大宣传教育力度。以企业、机关、学校和社区为单位，有针对性地开展形式多样的节能宣传活动。利用协会、中介机构开展节能专题研讨、技术推广、经验交流和成果展示，大力推广节能技术。应对重点用能单位的管理人员、技术人员进行培训和轮训，提高他们的节能意识和技术水平。通过各种渠道的节能宣传和普及活动，调动全社会节能的积极性和主动性，形成人人参与节能行动的良好氛围。

4. 转变经济发展方式，优化产业结构

为了彻底改变我国传统的高耗能、高耗水、高污染的产业发展模式，必须转变经济发展方式，调整产业结构，改善能源消费结构，降低对不可再生能源的绝对依赖。优化产业结构和升级，要做好以下几个关键环节：对新开工的项目，提高项目能耗审核标准，遏制高耗能行业过快增长；对传统产业，采用先进适用的技术进行改造、提升；对落后的生产能力、工艺技术和设备加快淘汰。转变经济发展方式，就要大力发展循环经济，走新型工业化道路，加大研究和推广发展循环经济的新技术、新手段、新工艺，包括污染物处理技术、环境无害化技术、替代技术、再利用技术、再回收技术等。通过实施节能技术和节能方法，集中解决制约发展的关键技术、重大装备、新的工艺流程，提高能源利用效率。通过加快发展高新技术产业和服务业，调整不合理的产业结构，促进经济结构向良性方向发展。

5. 建立推进实施节能的激励机制与约束机制

1）建立激励机制。根据国家制订的《节能设备（产品）目录》，对生产或使用《目录》所列节能产品实行税收优惠政策，并将节能产品纳入政府采购目录；对采用先进、高效的节能设备，实行特别加速折旧的政策，降低节能企业的成本，扶持节能企业的发展。

2）在信贷上重点支持一批节能企业。如对节能工程项目、重大节能技术开发等给予投资和资金补助、贷款贴息或进行融资担保机制。

3）建立节能发展专项资金，专门用于支持企业节能技术的研发和推广、节能工程的示范及相关的能力建设。

4）加强和完善节能管理制度。建立新建项目市场准入制度，实施产品能效标识制度，禁止达不到最低能效标准产品的生产、进口和销售。督促企业实施强制性能效标识制度，推行节能产品认证制度，规范企业认证领域的经济与产业经济行为，建立有效的国际协调互认制度。

6. 大力研究和开发可再生能源

当前，世界油价仍在高位徘徊，地球内不可再生的常规能源只会越用越少，即使要勘探开发和使用一次性能源，还需修建昂贵的基础设施。考虑到这些因素，许多国家在高效、环保地开发和利用非再生能源的同时，正在增加投资大力开发可再生能源。地球上的风、地热、海洋、生物、河流及接收的太阳能等都是人类可利用的可再生能源。开发利用这些新能源是当今世界节能发展的新趋势。我国要走能源多元化战略道路，确保能源供给的自主性，就应该加快研究和开发我国的新能源。近几年，我国已经在发展太阳能、风能、生物质能等新能源方面有所突破。

1.2　我国的能源资源及能源结构

能源是一个国家国民经济发展的重要物质基础，而能源资源又是能源工业发展的基本条件。虽然太阳能、风能、地热能等新能源在数量上非常巨大，完全可以满足人类的需要，但是大规模地开发利用技术还不成熟，实际应用成本太高。虽然核能在我国已开始应用，但所占比例很小，还不能从根本上解决能源短缺问题。从目前情况来看，我国国民经济的发展，在相当长的时期内仍然要依靠煤炭、石油、天然气和水力等常规能源。

目前，从我国能源资源生产总量来看，仅次于美国，位居世界第二，无疑是世界上拥有丰富能源资源的国家。能源总消费量仅次于美国，在发展中国家居于首位，居世界第二位。这些充分说明我国是能源生产和消费大国。但我国人口众多，按人均计算的可开采储量低于世界的平均水平。煤炭资源仅为世界平均水平的88.4%，石油为6.6%，天然气为1.5%，水力资源为0.7%。按人均计算的可开采能源资源占有量仅相当于世界平均数的1/2，美国的1/10，俄罗斯的1/7。由此可见，我国的能源资源并不丰富。另外，我国的能源资源还存在以下不利条件：① 能源资源分布不均衡，且远离消费中心，因而增加了运输量和能源建设投资；② 从能源资源的构成看，质量较差，致使能源的开采、运输和利用存在较多困难；③ 能源资源勘探程度不高，可供开发的后备精查储量不足。

随着我国社会经济的不断发展，对能源的需求量日益增加，我国能源领域的供求矛盾将越发明显，能源供应将越发紧张。据专家预测，到2050年，我国人均资源消费将达到甚至超过世界平均水平，能源的生产和消费间将产生较大缺口，能源供应将严重短缺，能源问题将成为制约我国经济社会发展的瓶颈。因此，为实现我国经济的快速持续发展，分析我国能源资源概况显得十分必要。

1.2.1　我国的能源资源概况

1.　煤炭

我国是煤炭资源大国，煤种齐全，分布面广，已探明的煤炭储量占世界煤炭储量总数的33.18%，煤炭可开采储量居世界第三位。2000年，我国煤炭产量915亿t，居世界第一位。我国煤炭资源占一次能源总产量的76%，占一次能源总消费量的75%。

（1）煤炭资源储量及其分布　按中国煤田地质总局第三次全国煤田资源预测，全国煤炭资源总量为45 521.04亿t。截止2000年，累计探明煤炭储量为10 421.35亿t，探明可经济开发的剩余总储量为1 145亿t。在探明储量中，烟煤占75%，无烟煤占12%，褐煤占13%。从数量上看，煤炭的数量可谓是个很大的数字，但如果按照1994年的开采量1.24亿t及1990~1994年煤炭产量的平均年增长率3%计算，仅可开采88年左右，如果再考虑煤炭开采中存在的浪费现象，则可开采时间更短，可见煤炭资源不是可长期依赖的能源。

而煤炭的分布也呈现相对集中的现象。昆仑—秦岭—大别山一线以北的我国北方省区已发现煤炭资源占全国的90.29%，北方地区的煤炭资源又相对集中在太行山—贺兰山之间，形成了包括山西、陕西、宁夏、河南及内蒙古中南部的北方富煤区，占北方地区的65%左右；南方地区的煤炭资源又相对集中在西南地区，形成了以贵州西部、云南东部、四川南部为主的南方富煤区，约占南方地区的90%。以大兴安岭—太行山—雪峰山为东西部分界，大致在该线以西的内蒙古、山西、四川、贵州等11个省区，已发现资源占全国的89%，而该线以东是我国经济最发达的地区，是能源的主要消耗地区，已发现资源量仅占全国的11%。

（2）煤炭资源消费及利用现状　表1-6列出了从1991年至2006年我国煤炭消费量。从表中可以看出，1996年我国煤炭消费量达到14.5亿t，创历史最高纪录。1997年，全国煤炭消费量13.8亿t，较1996年减少了4 993万t，是改革开放以来第一次出现负增长。1997年后，受亚洲金融危机以及国内经济结构调整的影响，煤炭消费量从1997年的13.8亿t，下降到2000年的13.2亿t。进入"十五"以来，随着我国经济的快速发展，特别是高耗能行业的过度发展，煤炭需求迅速回升。"十五"期间，煤炭消费年均增速达到10%，2005年，我国的煤炭消费量达到21.7亿t，比2000年增长64%。

表1-6　我国煤炭消费量变化情况

年份	1991年	1992年	1993年	1994年	1995年	1996年	1997年	1998年	1999年	2000年	2001年	2002年	2003年	2004年	2005年	2006年
煤炭消费占能源消费总量的百分比（%）	76.1	75.7	74.7	75	74.6	74.7	71.7	69.6	69.1	67.8	66.7	66.3	68.4	68	69.1	69.3
煤炭消费量/亿t	11.1	11.6	12.1	12.9	13.7	14.5	13.8	12.9	12.9	13.2	13.4	14.1	16.8	19.3	21.7	23.8

从我国煤炭需求构成来看，电力、钢铁、建材和化工是煤炭的主要消耗行业。这四大行业煤炭消费量在全国煤炭消费量中的比例已由 1990 年的 52.8% 上升到 2003 年的 80.5%。2004 年，电力、钢铁、建材及化工四大行业消耗的煤炭占我国煤炭消费的比例分别为 52.6%、8.8%、9.1%、5.5%，占我国煤炭消费总量的 76%。2005 年这一比例上升到 85%。

（3）我国煤炭资源总体评价 我国煤炭资源在储量、勘探程度、煤种、煤质等方面主要有以下特点：

1）煤炭资源丰富，但人均占有量低；勘探程度较低，经济可采储量较少。在目前经勘探证实的储量中，精查储量仅占 30%，而且大部分已经开发利用，煤炭后备储量相当紧张。我国人口众多，煤炭资源的人均占有量约为 234.4t，而世界人均的煤炭资源占有量为 312.7t，美国人均占有量更高达 1 045t，远高于我国的人均水平。

2）煤炭资源的地理分布极不平衡。我国煤炭资源北多南少、西多东少，煤炭资源的分布与消费区分布极不协调。从各大行政区内部看，煤炭资源分布也不平衡，如华东地区的煤炭资源储量的 87% 集中在安徽、山东，而工业主要在以上海为中心的长江三角洲地区；中南地区煤炭资源的 72% 集中在河南，而工业主要在武汉和珠江三角洲地区；西南煤炭资源的 67% 集中在贵州，而工业主要在四川；东北地区相对好一些，但也有 52% 的煤炭资源集中在北部黑龙江，而工业主要集中在辽宁。

3）各地区煤炭品种和质量变化较大，分布也不理想。我国炼焦煤在地区上分布不平衡，四种主要炼焦煤种中，瘦煤、焦煤、肥煤有一半左右集中在山西，而拥有大型钢铁企业的华东、中南、东北地区，炼焦煤很少。在东北地区，钢铁工业在辽宁，炼焦煤大多在黑龙江；西南地区的钢铁工业在四川，而炼焦煤主要集中在贵州。

4）适于露天开采的储量少。露天开采效率高，投资省，建设周期短，但我国适于露天开采的煤炭储量少，仅占总储量的 7% 左右，其中 70% 是褐煤，主要分布在内蒙古、新疆和云南。

2. 石油

我国的石油工业是从 1958 年开始迅速发展起来的。此前，世界上资本主义国家根据"海相"生油理论推断我国是贫油国，认为石油是由于海洋生物遗体经过地壳变迁被埋于地下若干年后而形成的，而我国内陆基本上没有地方是由海洋底变迁而形成的。我国伟大的地质学家李四光创立了"陆相"生油理论，即内陆湖泊中的生物遗体经过地壳变迁被埋于地下若干年后也可生成石油。据此理论，我国首先发现了大庆油田，摘掉了贫油国的帽子。

2005 年我国原油产量维持在 1.7 亿~1.8 亿 t 的水平。目前，我国石油消费量居世界第 4 位，约占世界石油消费总量的 5%。自 1993 年我国首次成为石油净进口国以来，每年的石油进口量迅速增长，对国际市场的依赖程度越来越大。据国家统计局统计，我国 2004 年和 2005 年净进口石油量分别为 1.5 亿 t 和 1.4 亿 t，可计算出 2004 年和 2005 年的石油进口依存度高达 40% 以上。2010 年，我国石油进口依存度已超过 50%。2012 年达到了 57%。因此，石油总量短缺的矛盾将在未来相当长的时期内不会改变。

（1）石油资源的储量及分布 自 20 世纪 50 年代初期以来，我国先后在 82 个主要的大中型沉积盆地开展了油气勘探，发现油田 500 多个。从盆地的分布上看，我国石油资源集中分布在渤海湾、松辽、塔里木、鄂尔多斯、准噶尔、珠江口、柴达木和东海大陆架等八大盆地，如图 1-6 所示。主要的陆上石油产地有：东北大庆油田、辽河油田、华北油田、山东胜利油田、河南中原油田、新疆克拉玛依油田等。除陆地石油资源外，我国近海海域沉积盆地也具有丰富的油气。这些沉积盆地自北向南主要包括：渤海盆地、黄海盆地、东海盆地、珠江口盆地、北部湾盆地及南海海域等。目前，我国海上油气勘探主要集中于渤海、黄海、东海及南海北部大陆架。

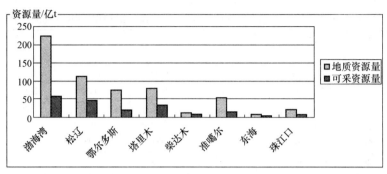

图 1-6　我国主要盆地的油田分布

截至 2004 年年底，我国累计探明包括原油和凝析油（指从凝析气田或油田伴生天然气凝析出来的液相组分，又称天然汽油）在内的石油地质储量为 248.4 亿 t，累计探明石油可采储量 67.91 亿 t，累计采出量 43 亿 t，剩余可采储量 24.91 亿 t。按照 1994 年的年产量 $1.46 \times 10^8 t$ 及 1990～1994 年石油产量的年增长率 0.3% 计算，可供开采 51 年。截至 2007 年年底，全国拥有待发现的常规石油地质资源量约 $490 \times 10^8 t$，待发现的常规石油地质可采资源量 $136 \times 10^8 t$。

我国石油资源赋存条件差，陆上有 35.8% 的资源分布在较恶劣的环境中，56% 埋深在 2000～3500m 之间，西部石油资源埋深多大于 3500m，而待探明的可采资源量中大都是难动用的资源。资源赋存特点决定了我国可采石油资源量相对不足，石油资源增储难度大，勘探成本高。

我国现有的可采储量主要分布在陆上几个大盆地，还有大片国土都没有做过石油资源储量评价，近海海域勘探工作也远远不够。国家已经批准中石油、中石化、中海油进驻到我国海域进行勘探开发，同时成立了海洋工程公司。随着海上投入和工作量的加大，预计在海上会有重大发现。

（2）石油资源的消费及利用现状　自 1990～2005 年，我国石油消费年均增长 6.8%，高于同期生产速度 5 个百分点，2001～2005 年虽然产量有所上升，但同期消费增长更快，达到 7.7%，同比增长 5.6 个百分点。见表 1-7。

表 1-7　1990～2005 年我国原油消费量与生产量变化

年份 指标	1991～1995 年	1996～2000 年	2001～2005 年
消费量平均增长率（%）	4.82	7.36	7.7
生产量平均增长率（%）	1.64	1.67	2.1

在一次能源消费结构中，石油消费占能源消费总量的比例，1991～1995 年期间平均为 17.5%，1996～2000 年期间平均为 21.5%，2001～2005 年期间平均为 23.4%，总体为逐期上升趋势；这三个时期石油生产量占一次能源生产总量的比例分别为 18.2%、19.1%、16.3%，到 2001～2005 年期间石油生产量占能源生产总量的比例出现明显下降。

从表 1-8 可以看出：一方面，石油消费量增速明显高于生产量增速；另一方面，石油消费在能源结构的比例在上升，而石油生产在能源生产结构的比例在下降，这必然造成供需缺口的扩大，使我国石油的对外依存度不断上升。

表 1-8　2000～2005 年，每年我国石油生产量、消费量、进口量、出口量及对外依存度

年　份 项　目		2000 年	2001 年	2002 年	2003 年	2004 年	2005 年
原油生产量/万 t		16275.0	16493.1	16686.6	16931.9	17426.0	18175.0
原油消费量/万 t		23235.3	22984.4	24071.8	26670.4	29137.5	29985.5
出口量/万 t	原油	1043.8	1755.1	720.8	813.3	549.2	806.7
	成品油	827.2	923.5	1068.4	1384.4	1145.2	1400.9
	石油	187.0	1678.6	1789.2	2198.0	1694.3	2207.6
进口量/万 t	原油	7026.5	6025.0	6940.8	9112.6	12281.6	12708.3
	成品油	1804.7	2144.9	2033.0	2823.9	3786.8	3146.7
	石油	8831.2	8170.0	8974.4	11936.5	16068.3	15855.1
净进口量/万 t	原油	5982.8	5270.5	6220.0	8299.3	11732.3	11901.6
	成品油	977.5	1221.4	964.4	1439.2	2641.6	1745.9
	石油	6960.3	6491.4	7180.0	9738.5	14374.0	13647.5
对外依存度（%）		29.96	28.24	29.83	36.51	49.33	45.51

从消费结构看，我国石油消费主要在工业部门和交通运输业，它们分别占我国石油消费总量的 41.1% 和 33.6%。工业和农业石油需求有逐年回落的趋势，交通运输和生活消费需求增长较快，见表 1-9。

表 1-9　中国石油消费构成

年　份 行　业		1990 年	1995 年	2000 年	2004 年	2005 年	2006 年	2007 年
石油消费量/万 t		11485.6	16064.9	22439.32	31699.91	32535.41	34875.93	36570.1
占比（%）	农业	9.00	7.49	6.67	6.31	6.37	6.35	5.83
	工业	63.75	58.20	48.66	46.87	44.45	42.93	41.13
	建筑业	2.85	1.51	3.70	4.49	4.62	4.73	4.99
	交通运输和邮政业	14.65	17.83	24.55	27.19	29.84	31.45	33.62
	商业、餐饮业	0.68	2.08	2.43	2.58	2.81	2.84	3.05
	其他	6.60	8.65	8.39	6.95	6.39	5.99	5.18
	生活消费	2.48	4.25	5.60	5.61	5.52	5.71	6.20

（3）我国石油资源总体评价　我国石油资源存在以下特点：

1）石油资源现有数量不足和发展前景不容乐观。大庆等油田的发现和开发，虽然使我国基本摘掉了贫油的帽子，但石油资源仍然很不足，特别是按人均计算则更为有限。采储比只有 22% 左右，而这一指标的世界平均水平为 46%。从 1993 年开始，我国已成为石油净进口国。2009 年，我国石油保有储量为 29.5 亿 t，2010 年我国石油消费量为 3.8 亿 t，而产量仅为 2.03 亿 t，大量原油需要进口。

2）勘探难度越来越大。我国石油剩余资源主要分布在中西部勘探条件比较困难的山

地、沙漠和黄土高原，且油藏深、构造复杂，开采环境恶劣、运输手段滞后。

3）资源量与探明储量分布不均衡。石油资源量相对集中在一些大型盆地内，已探明的石油储量，东部地区占79%，中西部地区占15.6%，海域占4.7%，其他地区比例极小。迄今为止占油田总数7.2%的大油田，其储量占了石油总探明储量的58.6%，反映了我国石油资源量与探明储量分布不均的特点。

3. 天然气

天然气是一种埋藏于地下的可燃性气体，无色无味，主要成分中85%～95%为甲烷，密度轻于空气，极易挥发，并在空气中扩散迅速。与煤炭、石油等黑色能源相比，天然气燃烧过程中，所产生的影响人类呼吸系统健康的氮化物、一氧化碳、可吸入悬浮微粒极少，几乎不产生导致酸雨的二氧化硫，而产生导致地球温室效应的二氧化碳的排放量为煤的40%左右，燃烧之后也没有废渣、废水。天然气具有转换效率高、环境代价低、投资省和建设周期短等优势，积极开发利用天然气资源已成为全世界能源工业的主要潮流。

（1）天然气资源储量及其分布 我国天然气储量并不丰富，主要分布在四川、贵州、陕西等地，储量大约为 1.2×10^{12} m³，相当于 1.6×10^9 t 标准煤。按照1994年的产量 1.75×10^{10} m³ 及1990～1994年天然气产量的年平均增长率2.8%计算，约可开采27年。

我国近几年天然气资源探明程度进展较快。从已探明的情况来看，天然气储量明显具有区域性，并呈现出相对集中的特点：一是所发现的气田主要分布在9个含油气盆地；二是集中分布在中、西部地区。在新发现的气田中，中、西部地区37个占60.7%，按储量计算占68.3%。

天然气资源量主要分布在中部地区和西北地区，它们各占全国的1/3，而经济发达的东部地区却仅占7%（见表1-10）。其中，在西北地区内，新疆（主要指塔里木和准噶尔两大盆地）占全国的29.8%，甘青（主要指柴达木盆地）仅占全国的4.5%。从南北分布上看，天然气资源明显集中于北方，松辽、渤海湾、鄂尔多斯等盆地和西北的资源量为6.002万亿m³，占全国陆地的73.5%，长江及四川盆地以南的南方地区资源量很少。从纵横两个方向联合看，我国陆地天然气资源分布不平衡，东南部天然气资源贫乏。而海域的天然气资源量占全国的22%，对缺乏天然气的东部地区，特别是东南部地区形成良好匹配。

表1-10 我国天然气资源总量及待探明的气层气资源量大区分布对比

类 别	东部地区 万亿m³	占全国天然气资源总量的百分比（%）	中部地区 万亿m³	占全国天然气资源总量的百分比（%）	西北地区 万亿m³	占全国天然气资源总量的百分比（%）	南方地区 万亿m³	占全国天然气资源总量的百分比（%）	陆地 万亿m³	占全国天然气资源总量的百分比（%）	大陆架 万亿m³	占全国天然气资源总量的百分比（%）	全国 万亿m³	占全国天然气资源总量的百分比（%）
资源总量	0.799	7.0	3.854	34.0	3.887	34.3	0.303	2.7	8.843	78.0	2.497	22.0	11.340	100
待探明气层气资源量	0.201	2.2	3.105	34.6	3.247	36.2	0.289	3.2	6.842	76.2	2.130	23.8	8.972	100

由于我国天然气资源集中分布在中西部地区，远离东部消费市场，两地之间输气管线建设滞后，以及气价不合理、下游消费市场不健全等多种因素，使天然气开发严重滞后于勘探，天然气产量长期增长缓慢。2000 年天然气产量为 26.88 亿 m^3，其中气层气产量为 18.84 亿 m^3，占全国的 70.1%，溶解气产量 8.04 亿 m^3，占全国的 29.9%。

（2）天然气资源的消费及利用现状　据预测，在世界一次能源消费结构中，石油所占的比例将由 1994 年的 40% 逐渐降低到 2010 年的 36.2%；而天然气将由 21% 提高到 24%。由于我国天然气勘探已经取得了重大成果，因此，21 世纪将会大力开拓天然气市场和综合利用天然气。天然气的利用按通常的行业分类可以分成发电、化工原料、工业燃料、民用燃气。由于天然气的清洁能源特点，其应用领域将会显著增加。

目前，天然气的主要用途是发电。以天然气为燃料的燃气轮机电厂的废物排放水平大大低于燃煤与燃油电厂，而且发电效率高，建设成本低，建设速度快。另外，燃气轮机起停迅速，调峰能力强，耗水量少，占地省。

天然气也可用作化工原料。以天然气为原料的一次加工产品主要有合成氨、甲醇、炭黑等近 20 个品种，经二次或三次加工后的重要化工产品则包括甲醛、醋酸、碳酸二甲酯等 50 多个品种。以天然气为原料的化工生产装置投资省，能耗低，占地少，人员少，环保性好，运营成本低。

天然气广泛应用于民用及商业燃气灶具、热水器、采暖及制冷，也用于造纸、冶金、采石、陶瓷、玻璃等行业，还可用于废料焚烧及干燥脱水处理。此外，新型天然气汽车的一氧化碳、氮氧化物与碳氢化合物排放水平都大大低于汽油、柴油发动机汽车，不积炭，不磨损，运营费用很低，是一种环保型汽车。

国内市场天然气需求将高速增长。目前我国能源消费以煤为主，占 72%，而天然气仅占 2.5%，所占比例远低于世界平均水平（25%），也低于亚洲平均水平（8.8%）。目前世界人均消费天然气 403 m^3/年，而我国仅为 25 m^3/年。我国天然气主要用于化工、油气田开采和发电等领域，在天然气消费中所占比例为 87% 以上，其中化肥生产就占了 38.3%。居民用气在天然气消费结构中所占比例不到 11%。随着天然气工业的发展和环保要求的进一步提高，我国天然气的利用将进一步向"以气发电""以气代油""城市气化"方面发展。表 1-11 给出了我国天然气未来 20 年消费结构的发展目标。

表 1-11　我国天然气发展目标和消费结构

年 份 项 目	天然气消费量发展目标/ $\times 10^8 m^3$			天然气消费结构（%）		
	2000 年	2010 年	2020 年	2000 年	2010 年	2020 年
发电	48	250	650	16	30	41
民用燃料	110	310.	500	38	38	32
化工原料	110	170	290	38	21	18
煤油制氢	15	50	70	5	6	4
汽车燃料	10	40	80	3	5	5
合计	293	820	1 590	100	100	100

（3）我国天然气资源总体评价

1）从世界范围看，天然气将成为 21 世纪能源主力。根据最近 20 年的统计，世界天然气消费量大致以平均每年 2% ~3% 的速度增长；在当今世界能源消费结构中，达到 24%，成为三大主力能源之一。而且，天然气在能源消费结构中已占较大比例的一些发达国家如美国、俄国、日本、西欧等，天然气消费比例的增长速度还在提高，有的发展中国家和地区如中东、北非等天然气消费增长速度更快。可以说，目前世界正处在天然气取代石油而成为世界首要能源的过渡时期。国际能源界普遍认为，今后世界天然气产量和消费量将会以较高的速度增长，2020 年以后世界天然气产量将要超过煤炭和石油，成为世界最主要的能源，21 世纪将是天然气的世纪。

2）我国天然气开发利用战略还不明朗。目前，我国天然气主要用在工业（锅炉）燃料、化工（合成氨、尿素、甲醇）原料等工业生产领域，其中作为能源使用的约占 70%，作为化工原料使用的约占 30%。从天然气利用的经济效益看，工业利用尤其是深加工化工利用效益最好。化工利用尽管技术难度大、投资高，但它对社会的作用和贡献也大。所以，要明确以化工利用为重点，加大工业市场开发的力度，以力求天然气开发利用总体效益优化。当然，在专家层面中，对天然气用途也存在争议。

3）天然气发展要求上下游一体化。和石油等不同，天然气难以大量储存，其开发与使用是同步的，要求输气管线、下游用户相互衔接。因此，天然气的开发和利用状况还将取决于大量基础设施的建设情况。

4. 水力

我国幅员辽阔，地形多变，河流众多，且大部分地区雨量充沛，因而水力资源极为丰富。世界上共有水力资源 $2 \times 10^9 \mathrm{kW}$，我国约为 $6.8 \times 10^8 \mathrm{kW}$，占世界第一。其中有 $3.8 \times 10^8 \mathrm{kW}$ 可以利用，现装机容量约为 $2 \times 10^7 \mathrm{kW}$。我国可开发的主要水力资源分布见表 1-12，其中西南占 67%，其他地区总共占 33%。由于水力资源为可再生能源，无污染，一次投资长期受益，包括我国在内的世界上很多国家都在大力发展水电事业。我国继葛洲坝水电站建成后，现又开发了长江三峡和黄河小浪底的水力资源，长江三峡的总装机容量为 $1.82 \times 10^7 \mathrm{kW}$，共安装 $7 \times 10^5 \mathrm{kW}$ 机组 26 台。

表 1-12　我国可开发的主要水力能资源分布

编　号	流　域	装机容量/万 kW	年发电量/亿 kW·h	占全国总量的比例（%）
	全国	37 853.24	19 233.04	100
1	长江	19 724.33	10 274.98	53.4
2	黄河	2 800.39	1 169.91	6.1
3	珠江	2 485.02	1 124.78	5.8
4	海滦河	213.48	51.68	0.3
5	淮河	66.01	18.94	0.1
6	东北诸河	1 370.75	439.42	2.3
7	东南沿海诸河	1 389.68	547.41	2.9
8	西南国际诸河	3 768.41	2 098.68	10.9
9	雅鲁藏布江及西藏其他河流	5 038.23	2 968.58	15.4
10	北方内陆及新疆诸河	996.94	538.66	2.8

（1）水力能资源总量及其分布　根据2005年11月发布的水力资源复查显示，我国大陆水力资源理论蕴藏量在1万kW及以上的河流共3 886条，水力资源理论蕴藏量年电量为60 829亿kW·h，平均功率为69 440万kW；理论蕴藏量1万kW及以上河流上单站装机容量500kW及以上水电站技术可开发的装机容量为54 164万kW，年发电量为24 740亿kW·h；其中，经济可开发水电站装机容量为401 79.5万kW，年发电量为17 534亿kW·h，分别占技术可开发装机容量和年发电量的74.2%和70.9%。我国水力资源总量，包括理论蕴藏量、技术可开发量和经济可开发量均居世界首位。

由于我国幅员辽阔，地形与雨量差异较大，因而形成水力资源在地域分布上的不平衡，呈现出西部多、东部少。按照技术可开发装机容量统计，我国西部云、贵、川、渝、陕、甘、宁、青、新、藏、桂、蒙等12个省（自治区、直辖市）水力资源约占全国总量的81.46%，特别是西南地区云、贵、川、渝、藏就占66.70%；其次是中部的黑、吉、晋、豫、鄂、湘、皖、赣等8个省占13.66%；而经济发达、用电负荷集中的东部辽、京、津、冀、鲁、苏、浙、沪、粤、闽、琼等11个省（直辖市）仅占4.88%（见表1-13）。我国的经济东部相对发达、西部相对落后，因此西部水力资源开发除了西部电力市场自身需求以外，还要考虑东部市场，实行水电的"西电东送"。

表1-13　全国水力资源复查成果汇总（分流域）

流　域	理论蕴藏量		技术可开发量			经济可开发量		
	年电量/亿 kW·h	平均功率/MW	电站数/座	装机容量/MW	年发电量/亿 kW·h	电站数/座	装机容量/MW	年发电量/亿 kW·h
长江流域	24 335.98	277 808.0	5 748	256 272.9	11 878.99	4 968	228 318.7	10 498.34
黄河流域	3 794.13	43 312.1	535	37 342.5	1 360.96	482	31 647.8	1 111.39
珠江流域	2 823.94	32 236.7	1 757	31 288.0	1 353.75	1 538	30 021.0	1 297.68
海河流域	247.94	2 830.3	295	2 029.5	47.63	210	1 510.0	35.01
淮河流域	98.00	1 118.5	185	656.0	18.64	135	556.5	15.92
东北诸河	1 454.80	16 607.4	644+26/2	16 820.8	465.23	510+26/2	15 729.1	433.82
东南沿海诸河	1 776.11	20 275.3	2 558+1/2	19 074.9	593.39	2 532+1/2	18 648.3	581.35
西南国际诸河	8 630.07	98 516.8	609+1/2	75 014.8	3 731.82	532	55 594.4	2 684.36
雅鲁藏布江及西藏其他河流	14 034.82	160 214.8	243	84 663.6	4 483.11	130	2 595.5	119.69
北方内陆及新疆诸河	3 633.57	41 479.1	712	18 471.6	805.86	616	17 174.0	756.39
合计	60 829	694 400	13 286+28/2	541 640	24 740	11 653+27/2	401 795	17 534

我国水力资源富集于金沙江、雅砻江、大渡河、澜沧江、乌江、长江上游、南盘江、红水河、黄河上游、湘西、闽浙赣、东北、黄河北干流以及怒江等13大水电基地，其总装机容量约占全国技术可开发量的50.9%。特别是地处西部的金沙江中下游干流总装机规模5 858万kW，长江上游干流3 320万kW，长江上游的支流雅砻江、大渡河以及黄河上游、澜沧江、怒江的装机规模均超过2 000万kW，乌江、南盘江红水河的装机规模均超过1 000万kW。这些河流水力资源集中，有利于实现流域、梯级、滚动开发，有利于建成大

型的水电基地，有利于充分发挥水力资源的规模效益，实施"西电东送"。

（2）水力能资源利用现状 到2006年年底，全国发电装机623 698.2MW，其中水电装机容量130 292.2MW（2006年年底国内已建成抽水蓄能电站8 495MW），占全国总容量的20.89%，比上年增长10.99%，全国水力资源的开发利用率约为24.0%（按技术可开发量计，下同）。到2006年年底，西藏自治区已建水电站装机容量不足500 MW，开发利用率不到5‰；四川省已建成水电站装机容量17 652.7MW，开发利用率为14.7%；云南省已建成水电站装机容量9 700MW，开发利用率为9.5%；贵州省已建成水电站装机容量3 931 MW，开发利用率为20.2%。

主要河流水电开发建设情况如下：

1）长江上游干流。长江上游干流指长江干流四川宜宾至湖北宜昌河段，位于四川、重庆及湖北境内。该河段规划按5级开发，自上而下依次为：石硼、朱杨溪、小南海、三峡和葛洲坝水电站，总装机容量31 105MW。目前，葛洲坝水电站已经建成，三峡工程也于2009年全部建成投产（2006年底已投产9 800MW）。石硼、朱杨溪和小南海水电站在进一步研究论证。

2）金沙江。金沙江自青海玉树至四川宜宾长约2 330 km，可开发装机容量超过76 000MW，是我国最大的水电基地。目前，金沙江中下游（石鼓至四川攀枝花雅砻江口为中游，雅砻江口至四川宜宾为下游）河段已有水电开发规划。中游和下游河段分别按8级和4级开发，总装机近62 000MW。下游河段溪洛渡和向家坝水电站已正式开工建设；下游河段的白鹤滩和乌东德水电站以及中游河段各水电站正在开展前期工作，上游河段正在进行水电开发规划工作。

3）大渡河。大渡河为长江支流岷江的主要支流，位于四川省境内。大渡河干流河段规划按26级开发，总装机容量近26 000MW，目前龚嘴和铜街子水电站已经建成，总装机1300MW；瀑布沟、龙头石和深溪沟水电站已经建成发电，规模为4 960MW。此外，大岗山水电站正在核准之中，双江口和长河坝等各水电站正在建设之中。

4）雅砻江。雅砻江为金沙江的主要支流，位于四川省境内。目前，中下游河段（两河口至江口段）水电规划已经完成，上游河段（两河口以上）水电规划正在开展。雅砻江中下游规划按11级开发，总装机容量超过26 000MW，其中，二滩水电站已经建成，锦屏一级和锦屏二级水电站正在建设，官地水电站正在核准，其他水电站正在开展前期工作。

5）怒江。怒江中下游河段大都位于云南省境内，采取13级开发方案，总装机容量超过21 000MW。上游河段正在进行水电开发规划工作。怒江水电基地具有较丰富的水力资源，装机容量位于十三大水电基地的第6位，目前未开发。

6）乌江。乌江为长江右岸的最大支流，主要位于贵州省境内。干流规划按12个梯级开发，分别为普定、引子渡、洪家渡、东风、索风营、乌江渡、构皮滩、思林、沙沱、彭水、银盘、白马水电站，总装机容量11 270MW。其中，乌江渡以上6座电站已经建成，总装机容量3 395MW，构皮滩、思林和彭水3座水电站正在建设，总装机容量5 750 MW，其他水电站正在开展前期工作，彭水以下梯级正在开展前期工作。

7）南盘江、红水河。南盘江、红水河是珠江流域西江的上游，位于广西壮族自治区境内。规划11个梯级开发，自上而下依次为鲁布革、天生桥一级、天生桥二级、平班、龙滩、岩滩、大化、百龙滩、乐滩、桥巩和大藤峡水电站，总装机容量超过13 000MW。目前，鲁布革、天生桥一级、天生桥二级、平班、岩滩、大化、百龙滩和乐滩 7 座水电站已经建成，总装机容量 6 127 MW；龙滩和桥巩水电站正在建设，在建规模 5 856MW。

8）澜沧江。澜沧江中下游河段位于云南省境内，中下游河段规划按 8 个梯级开发，总装机超过 17 000 MW。其中，漫湾一期和大朝山水电站已经建成，总装机容量 2 600MW，小湾和景洪水电站正在建设，在建规模 5 950 MW。糯扎渡水电站（5 850 MW）正在核准，其他水电站正在开展前期工作。上游河段正在进行水电开发规划工作。

9）黄河上游。黄河上游龙羊峡至青铜峡河段规划按 25 个梯级开发，总装机容量超过 17 000MW。目前，龙羊峡、李家峡、刘家峡等 13 座电站已经建成，总装机容量 7 973.5MW，拉西瓦、康扬、乌金峡和炳灵 4 座水电站在建，在建规模 4 863.5 MW，积石峡水电站（1 020MW）正在核准。黄河上游龙羊峡以上茨哈峡至羊曲河段规划按 3 级开发，总装机容量 3 540MW。茨哈峡以上上游河段正在进行水电开发规划工作。

5. 风能

我国陆地风能资源储量达 32.26 亿 kW，实际可供开发的有 2.53 亿 kW；近海可开发的风能资源储量为 7.5 亿 kW。至 2005 年年底，我国的并网风电装机容量已经达到 126 万 kW，当年实现装机约 50 万 kW，并网风电场达 59 个，风电机组 1 854 台；2006 年，风电装机超过 100 万 kW。目前，我国风电装机已位居世界第 8 位，亚洲第 2 位。根据国家发改委规划，我国风电发展在 2010 年已实现装机 500 万 kW，2020 年将实现装机 3 000 万 kW。按照这一目标，我国未来 15 年风电市场规模将扩大近 24 倍，年平均增长率达 25%。

1.2.2 我国的能源结构

能源结构包括生产结构和消费结构。能源生产结构是指各种能源的生产量占国家能源生产总值的比例；消费结构则指各经济部门消费的能源量占国家能源消费总量的比例。通过分析能源结构及其发展，可以看出一个国家在能源生产和能源消费方面的特点、能源有效利用情况及发展趋势，为国家确定能源发展方向，制订能源发展规划和政策方针提供科学依据。

世界各国的能源生产结构和能源消费结构不同，主要受制于本国能源资源品种、开发利用成本及科学技术水平等诸多因素。表 1-14 和表 1-15 分别给出了我国在 20 世纪末和 21 世纪初能源生产和消费总量及其构成。从我国多年来能源生产和能源消费情况看，我国能源结构和使用方面的特点是：

表 1-14 我国能源生产总量及其构成

年 份	能源生产总量/万吨标准煤	占能源生产总量的份额（%）			
		煤炭	石油	天然气	水电
1980 年	63 735	69.4	23.8	3.0	3.8
1985 年	88 546	72.8	20.9	2.0	4.3
1990 年	103 922	74.2	19.0	2.0	4.8
1995 年	129 034	75.3	16.6	1.9	6.2
1996 年	132 616	75.2	17.0	2.0	5.8
2000 年	106 988	66.6	21.8	3.4	8.2
2001 年	121 000	68.0	20.2	3.4	8.4

表1-15　我国能源消费总量及其构成

年　份	能源消费总量/万吨标准煤	占能源消费总量的份额（%）			
		煤炭	石油	天然气	水电
1980 年	60 275	72.2	20.7	3.1	4.0
1985 年	76 682	75.8	17.1	2.2	4.9
1990 年	98 703	76.2	16.6	2.1	5.1
1995 年	131 176	74.6	17.5	1.8	6.1
1996 年	138 948	74.7	18.0	1.8	5.5
2000 年	130 297	66.1	24.6	2.5	6.8
2001 年	132 000	67.0	23.6	2.5	6.9

1) 以煤炭为主。我国煤炭资源丰富，煤炭生产和煤炭消费在我国能源构成中占据绝对地位，均在 66% 以上，而在发达国家一般只占 20%。这样就导致了能源工业的落后，能源利用率低。从表1-15 可以看出，我国能源消费结构已发生变化，煤炭占能源消费总量的比例在逐年下降，石油、天然气的比例则逐年上升。

2) 工业能耗比例大。工业部门能耗占总能耗的 60% 以上，该比例比发达国家高得多。这是由于我国重工业战线过长，能耗过高造成的。

3) 几乎全部依靠常规能源。在 1993 年以前，我国 100% 使用常规能源。从 1994 年开始有新能源——核电投入生产，但在我国总能耗中其所占比例很小。而法国 1994 年核电已占整个国家发电量的 75.5%。

4) 能源的有效利用率低。能源的有效利用率包括整个系统，从能源生产、加工、转换、储存，直到终端利用等各个环节效率的乘积。我国的能源有效利用率只有 33% 左右，而美国已接近 50%，日本也接近 57%。如果我国能将能源利用率提高到 40%，就相当于增加了 33% 的能源产量，相当于 4×10^8 t 标准煤。

5) 我国水力能资源特别丰富，尽管水电站建设周期长、初投资大，但其应用比例增长速度仍十分显著。截至 2000 年年底，我国水电装机容量达 7.7×10^4 MW，位居世界第二，2000 年发电量 2.224×10^8 MW·h，占我国总发电量的 16.41%。

我国能源有效利用率低的原因有以下四个方面：① 设备落后；② 管理水平低，能源综合利用非常差；③ 操作人员素质不高，能源浪费严重；④ 能源政策不够完善。因此，我国的节能潜力很大。

能源消费结构也反映一个国家的工业技术水平和物质生活水平。在 20 世纪末，我国工业部门的能耗占总能耗的 67.9%，而美国只占 36%。这正说明了我国的工业技术水平低，能源利用率低，单位能耗高。民用能耗的消费水平反映人民生活水平的高低。我国民用能耗只占总能耗的 15.51%，美国要占到 36%。电能是使用最方便的二次能源，电能消耗的多少也反映一个国家的生产和生活水平。工业发达国家的电能消耗占总能耗的 30% 以上，而我国还只有 24.7%。2001 年部分国家一次能源消费及结构见表 1-16。

表 1-16 2001 年部分国家一次能源消费及结构　　　　（单位：Mt 标准油）

国　家	2000 年总消费量	2001 年总消费量	2001 年消费结构				
			石油	天然气	煤	核电	水电
美国	2 287.4	2 237.4	895.6	554.6	555.7	183.2	48.3
中国	804.3	839.7	231.9	24.9	520.6	4.0	58.3
俄罗斯	640.3	643.0	122.3	355.4	114.6	30.9	39.8
日本	515.9	514.5	247.2	71.1	103.0	72.7	20.4
德国	330.5	335.2	131.6	74.6	84.4	38.7	5.8
印度	313.3	314.7	97.1	23.7	173.5	4.4	16.1
加拿大	284.8	274.6	88.0	65.4	28.9	17.4	75.0
法国	254.8	256.4	95.8	36.6	10.9	94.9	18.1
英国	222.2	224.0	76.1	85.9	40.3	20.4	1.5
韩国	191.1	195.9	103.1	20.8	45.7	25.4	0.9
意大利	176.4	177.2	92.8	58.0	13.9		12.5
巴西	177.3	173.6	85.1	9.8	14.0	3.2	61.4
西班牙	132.6	131.3	12.7	59.2	39.0	17.0	3.0
乌克兰	129.2	134.6	72.7	16.4	19.5	14.4	11.6
墨西哥	131.0	127.7	82.7	30.4	6.3	2.0	6.4
伊朗	115.0	114.3	54.2	58.5	0.8		0.8
沙特	107.2	111.0	62.7	48.3			
澳大利亚	108.4	107.0	23.0		80.6	2.6	0.8
南非	108.1	109.9	38.1	20.3	47.6		3.9
波兰	88.4	87.7	19.0	10.2	57.5		1.0
世界总计	9 095.6	9 124.8	3 510.6	2 164.3	2 255.1	601.2	594.5

注：水电和核电按转换效率 38% 计算。

从能源结构的变化也可看出一个国家的发展。与 1979 年相比，我国轻工业能耗的比例从 10.1% 增加到 22.33%。反映国民生产总值增加及人民生活水平提高较快。交通运输部门的煤炭消耗从占部门能耗的 59.8% 下降为 27.4%，说明效率低下的蒸汽机车已逐渐被淘汰。

我国的能耗消费结构中，以煤为主的工业部门能耗占总能耗的 60% 以上，比工业发达国家高得多，但同样存在以下问题：

1）单位产品能耗高。主要用能产品的单位产品相对能耗比发达国家高 25% ~ 90%，加权平均高 40% 左右。例如：我国火电厂供电煤耗为每千瓦时 404g 标准煤，国际先进水平为 317g 标准煤，高出 27.4%；我国吨钢可比能耗平均为 966kg 标准煤，国际先进水平是 656kg 标准煤，高出 47.3%。我国国内企业主要耗能产品的单耗，落后的与先进的相差 1 ~ 4 倍。

2）单位产值能耗高。中国的产值能耗是世界上最高的国家之一。我国每千克标准煤能源产生的国内生产总值为 0.36 美元，世界平均值为 1.86 美元，日本是中国的 15.5 倍，法国是中国的 9 倍。因此，耗能工业的能源节约显得非常突出，节能潜力巨大。如何提高主要耗能工业的能源利用率，成为我国节能的首要任务。目前节能已成为我国国民经济和社会发展的重大需求。因此，提高耗能工业的能源利用率具有十分重要的意义。

当前，我国是世界上唯一以煤炭为基本能源的大国，而且煤炭仍是我国未来十几年的基础能源。尽管石油、天然气消耗迅速增加，但到 2020 年，煤炭在我国一次能源消耗结构中仍占第一位，达 60% 左右，依然是我国的基础能源。中国煤炭工业协会负责人在国务院发展研究中心主办的中国发展高层论坛能源战略和改革国际研讨会上说，目前，煤炭在我国的一次能源消耗中占 67%，而世界平均水平是 25%。

在同等发热量情况下，煤炭是最廉价的能源。国务院发展研究中心在《国家能源战略的基本构想》研究报告中提出，受我国"丰煤少油"的资源禀赋制约，煤炭在我国能源结构中还需要担当重要角色，这一情况可能持续较长时间。单纯从资源量的角度看，我国煤炭资源是有中长期保证能力的，如果按年产 25 亿 t 原煤来推算可供应 80 年。

针对目前我国的能源结构，要实现我国能源的高效清洁利用，重点要：关注国民经济增长，走提高能源利用效率、节约能源的新型工业化道路；改变经济增长方式，从短期的能源供需平衡转向能源、经济和环境的协调发展；逐步降低煤炭消费比例，加速发展天然气，依靠国内外资源满足国内市场对石油的基本需求，积极发展水电、可再生能源，适度发展核电，逐渐形成多元化的能源结构，提高优质能源的比例。

1）加快产业结构调整，促进服务业比例大幅上升，降低环境和资源依托型产业的比例，对能源可持续发展意义重大。加大服务业比例，一方面，可使我国的经济增长更多地依赖于资源耗费少、附加值高的增值产业；另一方面，又能发挥服务业吸纳就业能力强的优势，减轻城市化水平不断提高带来的就业压力，为人口和资源的协调发展创造条件。

2）转变经济增长方式，提高经济增长质量和效益，以进一步提高能源利用率。能耗高是设备陈旧、技术落后、管理不力等多方面原因造成的，关键是要大力推进经济增长方式由粗放型向集约型转变。坚决压缩低水平的重复建设，鼓励提升产品结构、降低资源消耗型的技术改造，更多依靠人力资本、技术要素等非物质要素的投入，走新型工业化道路，要以提高能源要素质量、能源利用效益为中心，加快企业改革、改组、改造步伐，形成有利于提高经济增长质量和效益的社会环境。

3）促进能源的高效清洁利用。煤作为我国目前的主要能源对未来的贡献，依赖于其他能源的价格竞争以及它对环境的危害程度。应用洁净煤技术并使之转化为二次清洁能源——电能，是可持续应用煤炭资源的重要途径之一；积极应用煤炭的气化和液化技术，可大大减少煤炭对环境的危害。另外，加速发展天然气，改善能源消费结构，适度发展核电，提高能源自给率，都有利于促进我国的能源高效清洁利用。

4）加大可再生能源利用力度。扩大水电，尤其是小水电发展规模，加快发展风力发电；充分利用新能源如太阳能，大力开展氢能的基础和应用研究，重视天然气水合物的勘探研发。

1.3　我国的能源形势与发展战略

1.3.1　我国的能源形势

能源是人类生存和发展的重要物质基础，党中央、国务院历来高度重视，把能源作为关系经济发展、国家安全和民族根本利益的重大战略问题，摆在重要地位。在党中央、国务院的正确领导下，在各地区、各部门长期的共同努力下，我国能源工业的发展取得了举世瞩目的成就。

（1）能源供给能力逐步增强　2005 年，一次能源生产总量达到 20.6 亿 t 标准煤，是新中国成立初期的 87 倍、改革开放初的 3.29 倍。煤炭产量达到 21.9 亿 t，已多年位居世界第一；原油产量达到 1.81 亿 t，居世界第六位；天然气 500 亿 m^3；电力发电装机突破 5 亿 kW，年发电量达到 24 747 亿 kW·h，均居世界第二位；可再生能源近年来发展迅速，截至 2006 年，小水电的装机容量达到 3800 万 kW，太阳能热水器总集热面积 8000 万 m^3，占世界的一半以上，核电装机近 700 万 kW，年产沼气约 80 亿 m^3，拥有户用沼气池 1 700 多万口。

（2）能源消费结构有所优化　2005 年，我国能源消费总量达 22.25 亿 t 标准煤，是世界第二大能源消费国。近年来，通过积极调整能源消费结构，总的趋势是：煤炭消费的比例趋于下降，优质清洁能源消费的比例逐步上升，1990～2005 年，煤炭消费比例由 76.2% 降到 68.7%，油气比例由 18.7% 提高到 24%，水电及核电由 5.1% 提高到 7.3%。

（3）能源技术进步不断加快　经过半个多世纪的努力，石油天然气工业，从勘探开发、工程设计、施工建设到生产加工，形成了比较完整的技术体系，复杂段块勘探开发、提高油田采收率等技术达到国际领先水平。煤炭工业，已具备设计、建设、装备及管理千万吨级露天煤矿和大中型矿区的能力，综合机械化采煤等现代化成套设备广泛使用，国有重点煤矿采煤机械化程度 1990 年为 65%，目前已超过 80%。电力工业，火电单机容量从 1978 年的 5 万 kW 级和 10 万 kW 级，发展到 2006 年主力为 30 万 kW 级和 60 万 kW 级机组，百万千瓦超临界、超超临界及核电机组正在成为新一代主力机组。三峡左岸最后一台机组国产化水平达到 85%。500kV 直流输电设备实现了国产化，750kV 示范工程建成投运。

（4）节能环保取得进展　单位 GDP 能耗总体下降。按不变价格计算，2005 年万元 GDP 能耗比 1980 年下降了 64%。改革开放以来，累计节约和少用能源超过 10 亿 t 标准煤，以能源消费翻一番支持了 GDP 翻两番。主要用能产品单位能耗逐步降低，能源效率有所提高，截至 2006 年达到 33%，比 1980 年提高了 8 个百分点。能源领域污染治理得到加强。新建火电厂配套建设了脱硫装置，已有火电厂加大了脱硫改造力度，电厂水资源循环利用率逐步提高，东北等地采煤沉陷区治理工程加快建设。

（5）体制改革稳步推进。电力体制改革取得重要突破，2002 年，国家出台了电力体制改革方案，确定了改革的总体目标，目前已实现了政企分开、厂网分开。煤炭生产和销售已基本实现市场化。中石油、中石化、中海油等大型国有石油企业基本实现了上下游、内外贸一体化。能源需求侧管理取得积极成效，推广完善了峰谷电价、丰枯电价、差别电价办法。

（6）能源立法明显加强　近年来，相继出台了《中华人民共和国电力法》《中华人民共和国煤炭法》《中华人民共和国节约能源法》和《中华人民共和国可再生能源法》，制定和完善了《电力监管条例》《煤矿安全监察条例》《石油天然气管道保护条例》等一系列法规。

我国能源工业的发展虽取得了很大成绩，但也要看到，随着经济社会快速发展，多年积累的矛盾和问题会进一步凸显。概括起来，一是资源约束明显，供需矛盾突出。由于经济结构不合理，经济增长方式粗放，快速增长的能源供应赶不上更快增长的能源需求，靠过度消耗能源支撑经济快速增长难以持久。二是能源技术依然落后，能源效率明显偏低。能源开发利用的重大核心装备仍不能自主设计制造，节能降耗、污染治理等技术的应用还不广泛，我国单位 GDP 能耗和主要用能行业可比能耗都远远高于国际先进水平。三是能源结构尚不合理，环境承载压力较大。我国富煤、缺油、少气的能源消费结构在一定时期内难以改变，煤炭大量消费加大了环境保护的难度，目前，在全国烟尘和二氧化硫的排放量中，由煤炭燃烧产生的分别占 70% 和 90%。四是石油储备体系不健全，安全生产存在隐患。油气资源储备和应急机制的建立任重道远，能源特别是煤炭安全生产形势严峻，重特大事故未能得到有效遏制。五是能源体制改革尚未到位，法律法规有待完善。煤炭流通体制和企业机制转换滞后，适应 WTO 要求的原油、成品油和天然气市场体系尚不健全，电力体制改革有待进一步深化。体现我国能源战略、维护能源安全、衔接能源政策的基本法律还不完备。为此，我们要从顺利实现全面建设小康社会宏伟目标、保障中华民族长远发展和子孙福祉的高度，充分认识做好能源工作的极端重要性，进一步增强忧患意识和危机感，切实采取有效措施，积极化解我国能源发展中面临的突出矛盾和问题。

党的十六届五中全会提出了"十一五"期间单位国内生产总值能源消耗降低约 20% 的奋斗目标。十届全国人大四次会议通过的"十一五"规划《纲要》，进一步明确了我国能源发展的总体要求，坚持节约优先、立足国内、煤为基础、多元发展，优化生产和消费结构，构筑稳定、经济、清洁、安全的能源供应体系。今后一个时期，要突出做好以下工作：

（1）节约优先，效率为本 这是解决我国能源问题的根本途径。我们要从战略和全局的高度，充分认识节能工作的极端重要性和紧迫性，把节能摆在首要位置，采取综合的、更加有力的措施，进一步强化节能工作。一是通过调整结构节能。节能不仅是微观层面的问题，它首先是宏观层面的问题，即要通过不断优化经济结构，建立节约型的国民经济体系。为此，要努力提高低耗能的第三产业和高技术产业在国民经济中的比例。大力发展现代物流业，有序发展金融服务业，积极发展信息服务业，规范发展商务服务业。促进高技术产业从加工装配为主向自主研发制造延伸。推进工业结构优化升级，调整原材料工业结构和布局，降低消耗，减少污染，提高产品档次、技术含量和产业集中度。加快制造业信息化，深度开发信息资源。二是通过技术进步节能。大力支持节能重点项目，优先扶持采用自主知识产权解决共性和关键技术的示范项目，促进节能技术产业化，加快应用高技术和先进适用技术改造提升传统产业。同时，要加快淘汰钢铁、有色金属、化工、建材、电力等高耗能行业的落后生产能力、工艺装备和产品。三是通过加强管理节能。建立节能目标责任和评价考核制度，把"十一五"规划确定的降低能耗的约束性指标分解落实到各省、自治区、直辖市，层层落实责任。加强重点耗能行业和企业的节能管理，抓紧实施十大重点节能工程，突出抓好 1 000 家高耗能企业的节能工作。完善能效标识管理和节能产品认证制度。四是通过深化改革节能。加快资源性产品价格市场化改革进程，逐步形成有利于节约、能够反映稀缺程度的价格形成机制。加大财税政策对节能的支持。加快制订《节能产品目录》，对生产和使用目录中的产品，给予一定的税收优惠。实施节能产品政府强制性采购政策，特别是将企业研发的首台、首套节能产品优先纳入政府采购目录。五是通过强化法治节能。把实践中、改革中形成的节能措施和有益经验上升为法律，进一步完善节能法律法规体系和相关的标准体系。严格执行强制性建筑节能标准，制订和完善主要工业耗能设备、家用电器、照明器具、机动车等能效标准，组织修订和完善主要耗能行业的节能设计规范。六是通过全民参与节能。增强公众的能源忧患意识和节约意识，发挥政府机关的带头作用，进一步加大宣传力度，从我做起，从现在做起，从身边点滴事情做起，使"节约光荣、浪费可耻"的社会氛围更加浓厚。总之，解决我国能源问题的根本出路，在于节约能源。节约能源，从本质上讲，就是要加快转变经济增长方式和优化经济结构，形成健康文明、节约能源的消费模式，把我国建设成为节约型社会。

（2）立足国内，多元发展　这是维护我国能源安全的基本方略。多年来，我国的能源自给率一直保持在90%以上。作为以煤炭为主的国家，国内能源供应有巨大的潜力，煤炭资源丰富，3/4的水电资源尚未开发，核电、风力发电、太阳能以及生物质能的应用刚刚起步，燃料乙醇、煤基醇醚燃料以及煤炭液化等替代能源发展前景广阔。我们将继续坚持把主要依靠国内解决能源供给问题，作为维护我国能源安全的基本方略，加快能源工业发展，增强国内能源供给能力。坚持煤为基础，高效清洁地开发利用煤炭资源。加快现代化大型煤炭基地建设，大力提升煤炭生产和设备制造技术水平，加快高产高效矿井建设，发展煤炭液化、气化，鼓励瓦斯抽采利用。积极发展电力，以大型高效环保机组为重点优化发展火电，积极推进核电建设，加强电网建设。加快发展石油天然气，加大石油天然气资源勘探力度。实行油气并举，稳定增加原油产量，提高天然气产量。逐步完善全国油气管线网络。大力发展新能源和可再生能源。加快开发风能和生物质能，积极开发利用太阳能、地热能和海洋能。到2020年，使可再生能源在能源结构中的比例，从目前的7%左右提高到16%左右。

（3）保障安全，保护环境　这是维护我国能源安全的基本要求。继续加大工作力度，打好煤矿瓦斯治理和整顿关闭两个攻坚战，多渠道增加煤矿安全投入，加强安全教育，强化监督管理，坚决遏制重特大事故频发的势头。20多年来，我国能源环境保护取得显著进展，在火电装机大幅增加的情况下，电厂烟尘排放总量仍维持在1980年的水平。我国今后的能源发展将兼顾经济性和清洁性的双重要求，规范开发秩序，大力发展循环经济，提高清洁能源比例，做好矿区生态保护工作，实现人与自然的和谐发展。鼓励发展煤炭洗选、加工转化、先进燃烧、烟气净化等先进能源技术。新（扩）建燃煤电厂要同步建设脱硫设施，加快现有燃煤电厂脱硫改造。在今后5年里，我国二氧化硫等主要污染物排放总量预计将下降10%。

（4）对外合作，互利共赢　这是维护我国能源安全的战略选择。统筹国内发展和对外开放，积极参与世界石油天然气等资源的开发与合作，提高把握国际市场变化的能力和规避市场风险的能力，建立多元、稳定、可靠的能源供给保障体系，在开放的格局中维护我国能源安全。在能源对外合作中，我们坚持优势互补、互利共赢的原则。我国过去不曾、现在没有、将来也不会对世界能源安全构成威胁。我国政府已参与多个多边能源合作机制，是国际能源论坛（IEF）、世界能源大会（WEC）、亚太经合组织（APEC）、亚太伙伴关系（APP）等机制的正式成员，是能源宪章的观察员，与国际能源署（IEA）等国际能源组织也保持着密切联系。同时，我国与美国、日本、英国、印度、欧盟、欧佩克等建立了能源双边对话机制。今后，我们将继续充分利用各方资源、经济、技术等方面的互补性，积极开展能源领域的国际合作。

（5）加快石油储备，搞好运行调节　这是维护我国能源安全的应急保证。近期，要重点做好第一、二期石油储备基地项目建设工作。高度重视煤电油运的供需衔接，强化引导、搞好协调，确保居民生活用电，确保农业生产用电，确保医院、学校、金融机构、交通枢纽、重点工程等重点单位正常用电，确保高科技等优势企业的合理用电。进一步强化电力需求侧管理，调整完善峰谷电价、丰枯电价、季节电价办法，在有条件的地区研究制订可中断电价、高可靠性电价等新的电价制度，坚持对高耗能行业的差别电价政策不动摇。采取有力措施，着力确保电网安全，提高安全可靠供电的能力。

（6）深化体制改革，加强法制建设　这是维护我国能源安全的必由之路。按照"市场取向、政府调控，统筹兼顾、配套推进，总体设计、分步实施"的原则，加大能源价格改革力度。完善石油、天然气定价机制，积极推进电价改革，进一步健全市场化的煤炭价格形成机制。积极稳妥地推进电力体制改革，深化油气行业改革，健全能源监管体系。加快《能源法》的出台，做好《中华人民共和国煤炭法》《中华人民共和国电力法》等法律法规的修订工作。

做好能源发展工作，事关经济社会发展全局，也与广大人民群众的切身利益密切相关，既是一个经济问题，也是一个政治问题，责任重大，任务艰巨。要进一步增强全局意识、责任意识和忧患意识，齐心协力，扎实工作，努力为全面建设小康社会提供稳定、经济、清洁、安全的能源保障。

1.3.2　我国的能源发展战略

我国 21 世纪的能源发展战略是：贯彻开发与节约并重，改善能源结构与布局，能源工业的发展以煤炭为基础，以电力为中心，大力发展水电，积极开发石油、天然气，适当发展核电，因地制宜地开发新能源和可再生能源，依靠科技进步，提高能源效率，合理利用能源资源，减少环境污染。

我国能源结构长期存在过度依赖煤炭的问题，能源结构调整和优化势在必行。为保证我国经济的可持续发展，实现全面建设小康社会的目标，我国的能源发展必须从依据国内资源的"自我平衡"转变到国际化战略，充分利用国内外两种资源、两个市场，也就是要从国际视角来制订我国的能源战略。按这个原则着眼解决能源发展遇到的严峻挑战，在未来 20 年我国将实行"节能优先、结构多元、环境友好、市场推动"的能源发展战略，依靠体制创新和技术进步，力争实现 GDP 翻两番、能源消费翻一番的宏伟目标。

（1）节能优先　2012 年我国一次能源消费量 36.2 亿 t 标准煤，单位 GDP 能耗是世界平均水平的 2.5 倍，美国的 3.3 倍，同时高于巴西、墨西哥等发展中国家。我国每消耗 1t 标准煤的能源，仅能创造 14000 元人民币的 GDP，而全球平均水平是，消耗 1t 标准煤创造 25000 元人民币的 GDP。这说明，我国能源利用率很低，节能和提高效能有着巨大的潜力。如果采用强化节能措施和履行提高效能政策，到 2020 年，能源消费总量可以减少 15% ~ 27%，我国可累计节能 10.4 亿 t 标准煤。因此，要积极制订实施细则和配套法规，全面贯彻执行《中华人民共和国节约能源法》确定的"坚持开发与节约并举，把节约放在首位"的方针，以较少的能源投入来实现经济增长的目标。

将节能放在能源战略的首要地位，做到需求合理，消费适度，引导国民经济走上资源节约型的道路，从而大幅度减少能源需求总量，对保障我国能源安全和减少能源开发与利用引起的环境污染都将有重要作用。为了满足能源需求的增长，节能要比增加能源供应更需优先考虑。地球村的每一个公民，都应自觉地合理使用和节约利用每一种能源。例如，在日常生活中要节水节电等。

（2）结构多元　从我国能源消费总量及其构成可见，从 1990 年以来，我国一次能源消费构成中煤炭的比例下降趋势比较明显，从 1990 年的 76.2% 下降到 2000 年的 66.1%。但我国能源结构长期存在的过度依赖煤炭的问题并没有得到根本解决。这样就造成了以下问题：① 当前的环境严重污染；② 煤炭长期无节制消耗对能源的可持续供应能力构成潜在的威胁；③ 影响我国的能源利用效率，因为煤炭的利用率要比石油、天然气分别低23%和30%左右。

半个世纪以来，世界上大多数国家已完成由煤炭时代向石油时代的转换，现正向石油、天然气时代过渡。为了优化能源结构，实现能源供应多元化，我国必须尽力提高油、气在一次能源结构中的比例，积极发展水电、核电和可再生能源。研究表明，能源消费结构中煤炭比例每下降1%，相应的能源需求总量可降低2 000万t标准煤。应充分利用结构优化产生的节能效果，逐步降低煤炭消费比例，形成结构多元的局面。

从未来走势看，由于石油、天然气等优质能源的消费需求快速增长，将会出现由需求侧推动的结构性变动。这就为我国能源结构的调整和优化提供了较好的市场基础。另外，结构多元化在立足国内资源的同时，还要充分利用国际资源，包括进口产品、进口方式多样化和石油来源多元化，直接进口、合作开发，在国外建立石油基地，开放国内部分市场等。

（3）环境友好　在世界各国经济社会的发展过程中，环境约束对能源战略和能源供应技术产生的影响异常显著。在许多场合，环境因素比能源因素所起的作用更具决定性。

我国煤炭的大量开采和利用已造成了严重的大气污染。我国二氧化硫的排放量居世界之首，目前酸雨覆盖的国土面积已达国土总面积的40%；二氧化碳的排放量仅次于美国，为世界第二。据粗略统计，仅二氧化硫所造成的经济损失总量达到我国GDP的2%以上。因此，环境保护理所应当成为决策我国能源战略的内部因素。也就是说，应将环境容量及小康社会对环境的需求作为能源政策的重要决策变量。

我国能源发展受制于环境容量、全球温室气体减排和环境小康的需求三个方面。如果基于空气质量要求，我国二氧化硫总量应控制在1200万t左右，才能使全国大部分城市的二氧化硫浓度达到国家二级标准。环境小康是我国全面建设小康社会的重要内容之一，环境质量乃是衡量的重要指标。大家要提高环保意识，从我做起，让我们生活的家园更加充满生机。

（4）市场推动　我国能源领域的改革严重滞后于全国总体改革和经济社会发展的要求，在一定程度上已成为我国经济增长和深化改革的制约因素。未来20年必须深化体制改革，特别要重视和解决能源领域市场化改革的滞后问题，让市场竞争机制充分发挥其优化配置能源的基础性作用，提高我国能源部门的国际竞争力，不断满足全社会日益增长的能源需求，以应对未来能源领域中的各种挑战，提高对于突发事件的抵御能力。要切实做到为相关产业和用户提供低价、优质、稳定、充足、清洁的能源产品，以实现经济、社会、能源的可持续发展目标。

能源与经济、能源与社会、能源与人民生活、能源与环境的关系越来越密切。为全面建设小康社会提供稳定、经济、清洁的能源保障，是我们责无旁贷的责任。在今后一段时期，我国将以煤炭为基础，以电力为中心，石油、天然气、可再生能源、新能源全面发展，把能源节约放在首位，以能源的可持续发展和有效利用支持我国经济社会的可持续发展。

1.3.3　我国的能源发展目标

我国2020年的宏伟目标是全面建成小康社会，在社会经济发展、人民生活水平提高、环境和生态保护、资源合理利用等方面全面协调地发展。可持续发展是应对各种挑战的长远战略。能源是我国经济和社会发展的动力，是我国社会经济发展目标能否实现的具体保证。我国正处于工业化过程中，社会经济发展对能源的依赖要比发达国家大得多。例如，2001年全国能源费用支出达 1.25 万亿人民币，占 GDP 的 13%。能源的开采、转换和利用对环境、公众身体健康、全球气候变化、经济发展、国家能源安全产生巨大的影响。

按照目前的能源消耗方式预测，我国在 2020 年需要一次能源 33 亿 t 标准煤以上。其中，煤炭 28 亿 t，原油 6 亿 t。能源消费比 2000 年增长 2.5 倍多，碳排放量达到 19.4 亿 t。我国目前是仅次于美国的第二大温室气体排放国。如果延续目前的排放状态，我国有可能在 2030 年左右成为第一排放大国，将面临着强大的国际压力。按照这种发展趋势估算，2020年仅 SO_2 产生量就可能达到 5000 万 t，比 2000 年增长 2.6 倍。目前，全国的环境形势严峻，生态平衡脆弱，污染排放总量远远超过环境容量和承载能力。土地荒漠化和沙化仍在扩大，大气空气质量继续降低。2001 年世界银行发展的报告中列出世界上污染最严重的 20 个城市，我国占 16 个，大众的身体健康受到很大的威胁。如果情况不加改善，2020 年将会有4.5 亿人暴露在空气污染中（超过国家二级空气质量标准）。据保守估计，大气中 SO_2 浓度增加一倍，则总死亡率增加 11%，而悬浮颗粒每增加一倍，则总死亡率增加 4%。我国的大气污染损失已经占到 GDP 的 3%~7%，如果持续下去到 2020 年估计将高达 13%，经济损失惊人。

当前我国的能源利用效率为 34%，比国际先进水平低 10 个百分点左右。我国无论在能源消费强度和单位产品能耗都高出国际水平许多，节能潜力巨大。宝贵的能源资源没有得到合理高效的利用，加剧了能源资源开采的强度，使得资源迅速枯竭，那么我国人均能源消费在 2020 年仍达不到世界平均水平。我国在经济结构、行业发展和产品结构调整有着巨大的节能潜力。节能和提高能效应是能源可持续发展的重中之重。

2002 年我国进口石油达 7000 多万 t。2020 年预计进口达到 2.5 亿 t 左右，进口依存度将高达 70%。我国电力改革中，急需解决电网投资不足、电价偏高、技术落后等状况，全力避免大面积停电所造成的经济损失。我国天然气工业监管缺位，输网中断的风险高。能源供应安全和可靠性已是经济发展的心腹之患，急需建立应对措施和预警机制。

在市场经济中，能源节约和开发是完全不同的。政府的作用应注重市场失灵的领域。节能的市场缺陷和市场障碍很多，包括市场价格不能反映长远利益、投资者偏向近期的能源开发项目、能源生产利用的环境成本和健康成本并未计入能源价格、消费者缺乏节能信息和技能等。财税政策和管制政策不足以使节能潜力充分发挥。节能同环保一样，政府必须起主导作用，克服市场机制失灵，同时也应充分利用市场手段推动节能。

节能是我国能源战略和政策的核心。要以终端节能为主，政策引导，辅以激励政策，重点抓好交通、建筑和工业节能。在 33 亿 t 标准煤的基础上，强化节能措施，争取节约8 亿~10 亿 t 标准煤。能源开发应强调电力先行，清洁开发，多元互补，立足长远。2020 年装机容量预测为 9.5 亿 kW，通过优质能源调整和提高效率，争取少装 1 亿~1.5 亿 kW。可再生能源装机 1 亿 kW 和开发 5 亿 t 标准煤可再生能源。大力发展天然气，适当发展核电，强力推行清洁煤技术。充分利用国内外资源和市场，以长远的利益和社会成本、效益评价能源开发政策和项目。

环境不仅是我国能源部门发展的制约因素，更是引导和推进能源开发利用的杠杆。2020

年环境的各项污染指标应低于2000年30%~60%，社会经济损失要减少一半。温室气体排放在2020年只增加60%左右，达到13亿~15亿t碳排放，人均0.8~1t。加强环境法规、政策和标准的制订，推动能源向排放少的清洁化和低碳发展。能源供应安全是保障社会经济发展的基本保证，要建立预警机制和强有力的应对措施，保障经济和人民生活的能源需要。能源发展长期的根本的出路在于技术的创新和发展。我们应利用进入WTO的机遇和市场机制，改造和更新技术和设备，高效地利用能源。协调国际合作和突出国内技术研发重点，增强竞争优势。能源部门的改革在2020年要建立一套完善的市场和监管机制，优化资源配置，投入少产出大，充分发挥市场功能。

在1980年至2000年期间，我国政府制定了"能源开发与节约并重，将节能放在优先"的战略，使能源消费增长翻一番，保证了国民经济翻两番目标的实现，使能源消费结构更趋合理和高效，节能效果和成绩举世瞩目。新的2020年国家能源战略和政策，将强调能源、环境和社会的协调发展，增强各级政府的政策制订能力和职能转变，加速市场化改革，减少投资和发展的不确定性和风险。

思 考 题

1-1 什么是能源？什么样的物质可作为能源使用？

1-2 能源有哪些类型？各有什么特点？

1-3 能源可持续利用的评价指标有哪些？

1-4 能量的基本形式有哪几种？

1-5 能量具有哪些性质？

1-6 能量传递的相关因素有哪些？

1-7 如何实现能源与经济的可持续发展？

1-8 简述我国未来的能源发展战略。

1-9 简述我国的能源资源及结构。我国如何实现能源的高效清洁利用？

1-10 简述我国的能源形势及发展战略。

第 2 章　能量的转换与储存

人类的一切生产和生活活动都离不开能源的消耗与利用。实际上，能源的利用过程就是能量的转换和传递过程。在自然界里，许多自然资源本身就拥有某种形式的能量，如煤、石油、天然气、风能、水能、地热能、核能等，即我们常说的能源，它们在一定条件下能够转换成人们所需的能量形式。在工业生产过程中涉及的主要能量形式有热能、机械能、电能、化学能等。

能量转换是能源最重要的属性，也是能源利用中重要的环节。人们通常所说的能量转换是指能源形态或能量形式上的转换，例如煤炭的液化和气化是形态的转换，燃料的化学能通过燃烧转换成热能、热能通过热机再转换成机械能等是能量形式上的转换。广义地说，能量转换还应包括以下两项内容：① 能源或能量在时间上的转移，即能量的储存；② 能源或能量在空间上的转移，即能量的输送。本章从能量的转换形式和储存技术两个方面阐述和分析能源的利用过程。

2.1　能量的转换原理与效率

2.1.1　能量转换的方式

能源除了作为工业原料以外，其本身一般不直接被利用，而是利用由能源直接提供或通过转换而提供的各种能量。能源或能量的形态可以相互转换，以便于人们直接应用。例如，矿物燃料首先通过燃烧将化学能转变为热能，然后通过汽轮机将热能转换成机械能，再通过发电机将机械能转换成电能，电能又可以通过电动机、电灯或电灶等设备转换为机械能、光能或热能。由此可见，人类利用的各种形式的能量都是由一次能源转换而来的。任何能源的转换过程都需要一定的转换条件，并在一定的设备或系统中实现。图 2-1 所示为各种主要能源的转换和利用途径，图中双图框表示最常用的能量形式；虚线框表示能源可通过化工设备作为工业原料使用，不属于能源转换过程。表 2-1 给出了能量转换过程及实现转换所需的设备或系统。

表 2-1　能量转换过程及实现转换所需的设备或系统

能　源	能量形态转换过程	转换设备或系统
石油，煤炭，天然气等化石燃料 氢和酒精等二次能源	化学能→热能 化学能→热能→机械能 化学能→热能→机械能→电能 化学能→热能→电能 化学能→电能	炉子，燃烧器 各种热力发电机 热机，发电机，磁流体发电，压电效应 热力发电，热电子发电 燃料电池
水能，风能潮汐能，海流能，波浪能	机械能→机械能 机械能→机械能→电能	水车，水轮机，风力机 水轮发电机组，风力发电机组，潮汐发电装置，海流能发电装置，波浪能发电装置

（续）

能　源	能量形态转换过程	转换设备或系统
太阳能	辐射能→热能 辐射能→热能→机械能 辐射能→热能→机械能→电能 辐射能→热能→电能 辐射能→电能 辐射能→化学能 辐射能→生物能	热水器，采暖，制冷，太阳灶，光化学反应 太阳热发电机 太阳热发电 热力发电，热电子发电 太阳电池，光化学电池 光化学反应（水分解） 光合成
海洋温差能	热能→机械能→电能	海洋温度差发电（热力发电机）
海洋盐度差能	化学能→电能 化学能→机械能→电能 化学能→热能→机械能→电能	浓度发电 渗透压电动机 浓度差发电
地热能	热能→机械能→电能 热能→电能	热力发电机－发电机 热电发电
核能	核分裂→热能→机械能→电能 核分裂→热能 核分裂→热能→电能 核分裂→电磁能→电能 核聚变→热能→机械能→电能	核发电，磁流体发电 核能炼钢 热力发电，热电子发电 光电池 核聚变发电

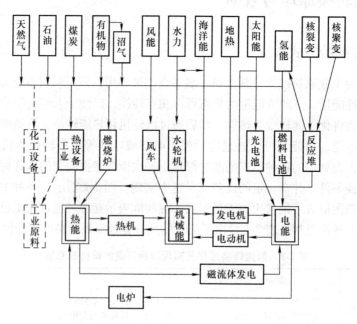

图 2-1　各种主要能源的转换和利用途径

2.1.2　能量转换的基本原理

各种形式的能量可以相互转换，但其转换方式、难易程度均不相同。研究能量转换方式和规律的学科是热力学。从热力学的角度看，能量是物质运动的度量，运动是物质存在的方式。因此，一切物质都具有能量。物质的运动可分为宏观运动和微观运动。物质宏观运动的能量包括宏观动能和势能，物质微观运动的能量就是"热力学能"。广义的热力学能包括分子热运动形成的内动能、分子间相互作用所形成的内势能、维持一定分子结构的化学能和原子核内部的核能。只要物质运动状态一定，物质拥有的能量就确定了。

物质的运动状态是多种多样的，就其形态而论，只有有序运动和无序运动两类，因而能量也可分为有序能和无序能。有序能指的是一切宏观整体运动的能量和大量电子定向运动的电能，无序能指的是物质内部分子杂乱无章的热运动。有序能是可以完全、无条件地转换为无序能，但相反的转换是有条件的、不完全的。这就导致了能量有量和质的区别。

能量在量方面的变化遵循能量守恒与转换定律。热能是人类使用最为广泛的一种能量形式，其他形式的能量（如机械能、电能、化学能等）都很容易转换成热能。热能与其他形式能量之间的转换也必然遵循能量守恒和转换定律——热力学第一定律。热力学第一定律指出：能量可以由一种形式转换为另一种形式，从一个物体传递给另一个物体，但在转换和传递过程中，其总量是保持不变的。对任何能量转换系统来说，能量守恒定律可写成下列简单的文字表达式

$$【输入能量】-【输出能量】=【存储能量的变化】 \qquad (2\text{-}1)$$

能量不仅有量的多少，还有质的高低。热力学第一定律说明了不同形式的能量在转换时数量上的守恒关系，但它没有区分不同形式的能量在质上的差别。例如摩擦生热，由于摩擦，机械能可以完全转换为热能，即有序能转换为无序能。从能量的数量上没有发生变化，但从品质上看却降低了，即它的使用价值变小了。而热能却不可能全部转换为机械能，因为有序能之间可以无条件地转换，而无序能却不能，有序能比无序能更宝贵和更有价值。这种情况称为能量贬值。因此，从能量的品质上看，摩擦使高品质的能量贬值为低品质的能量。

热力学第二定律的实质就是能量贬值原理。它指出：能量转换过程总是朝着能量贬值的方向进行。高品质的能量可以全部转换成低品质的能量，能量传递过程也总是自发地朝着能量品质下降的方向进行；反之，能量品质提高的过程不可能自发地单独进行。一个能量品质提高的过程必然伴随有另一个能量品质下降的过程，并且这两个过程是同时进行的。在以一定的能量品质下降作为补偿的条件下，能量品质的提高也必定有一个最高理论限度。显然，这个最高的理论限度是：能量品质的提高值正好等于能量品质的下降值。此时系统总的能量品质不变。

热力学第二定律还指出了能量转换的方向性。它指出：自然界的一切自发的变化过程都是从不平衡态趋于平衡态，而不可能相反。例如，热能自发地从高温物体传向低温物体，高压流体自发地流入低压空间等。相反的过程，如让一杯温水中的一半放出热量变为冷水，另一半吸收热量变为热水，虽不违反热力学第一定律，但这样的过程不可能自发地发生。绝热节流过程是节流前后能量不变的过程，但是节流后的压力降低，能量的质量下降。

热力学第一定律和热力学第二定律是两条相互独立的基本定律。前者揭示在能量转换和传递过程中，能量在数量上必定守恒；后者则指出在能量转换和传递过程中，能量在品质上必然贬值。一切实际过程必然同时遵守这两条基本定律，违背其中任何一条定律的过程都是不可能实现的。

2.1.3 能量转换的效率

由能量贬值原理可知,不是每一种能量都可以连续地、完全地转换为任何一种其他形式的能量。为了衡量能量的可用性,提出了衡量能量质量的物理量"可用能"或"㶲"。它定义为:在一定环境条件下,通过一系列的变化(可逆过程),最终达到与环境处于平衡时所能做出的最大功。或者说,某种能量在理论上能够可逆地转换为功的最大数量,称为该能量中具有的可用能,用 Ex 表示。由此可见,㶲是指能量中的可用能部分。即能量可分为可用能和不可用能两部分,将可用能称为㶲;不可用能称为㶲,用 An 表示。即

$$E = Ex + An$$

不同能量的可转换性不同,反映了其可利用性不相等,也就是它们的质量不同。当能量已无法转换成其他形式的能量时,它就失去了利用价值。能量根据可转换性的不同,可以分为三类:

第一类,可以不受限制地、完全转换的能量。例如电能、机械能、势能(水力等)、动能(风力等),称为高级能。从本质上来说,高级能是完全有序运动的能量。它们在数量上和质量上是统一的。其 $E = Ex$,$An = 0$。

第二类,具有部分转换能力的能量。例如热能、物质的热力学能、焓等。它只能一部分转变为第一类有序运动的能量。即根据热力学第二定律,热能不可能连续地、全部变为功,它的热效率总是小于1。这类能属于中级能。它的数量与质量是不统一的。对热能这样的中级能,$E > Ex$,$E = Ex + An$。

第三类,受自然环境所限,完全没有转换能力的能量。例如处于环境状态下的大气、海洋、岩石等所具有的热力学能和焓。虽然它们具有相当数量的能量,但在技术上无法使它转变为功。所以,它们是只有数量而无质量的能量,称为低级能。即对于低级能,$Ex = 0$,$E = An$。

从物理意义上说,能量的品质高低取决于其有序性。第二、三类能量是组成物系的分子、原子的能量总和。这些粒子的运动是无规则的,因而不能全部转变为有序的能量。

根据热力学第一定律,在不同的能量转换过程中,总㶲与总㶲(即总能量)应保持不变;根据热力学第二定律,总㶲只可能减少,最多保持不变。

在能量的转换系统中,当耗费某种能量,转换成所需的能量形式时,一般来说不可能达到百分之百地转换,实际总会存在各种损失。损失的大小并不能确切评价转换装置的完善程度,一般需采用"效率"这个指标。

效率的一般定义为效果与代价之比,对能量转换装置,就是取得的有效能(收益能)与供给装置耗费的能(支付能)之比。

实际上,由于各种过程都不可能避免地存在各种损失,都是不可逆过程,因此,即使对高品质能量而言,其传递和转换的效率也不可能是100%。例如,在机械能的传递过程中,由于传动机构(如变速箱)或支撑件(如轴和轴承)之间的摩擦必然会损失一部分能量,即部分机械能被转换成热能。这部分热能不但毫无用处,而且还需设置专门的冷却装置以带走变速箱和轴承中的热量。在机械能转换成电能的装置(如汽轮发电机组、水轮发电机组)中,由于摩擦、电阻和磁耗等因素,发电的效率也不是100%。

在热平衡中,用"热效率"的概念来衡量被有效利用的能量与消耗的能量在数量上的比值。它没有考虑到质量上的差别,往往不能反映装置的完善程度。例如,利用电炉取暖,

单从能量的数量上看，它的转换效率可以达到100%，但是，从能量的质量上看，电能是高级能，而供暖只需要低质热能，所以用能是不合理的。对利用燃料热能转换成电能的凝汽式发电厂来说，它的发电效率就是发出的电能与消耗的燃料热能之比。目前，大型高参数发电装置的最高效率也不到40%，冷凝器冷却水带走的热损失在数量上占燃料提供热量的50%以上。但是，热能在转换成机械能的同时，向低温热源放出热量是不可避免的。冷却水带走的热能质量很低，很难被利用。因此，要衡量热能转换过程的好坏和热能利用装置的完善性，热效率并不是一个很合理的尺度。

为了全面衡量热能转换和利用的效益，应该综合热能的数量和质量，用"㶲效率"来表示系统中进行的能量转换过程的热力学完善程度，或热力系统的㶲的利用程度。㶲效率是指能量转换系统或设备，在进行转换的过程中，被利用后收益的㶲 Ex_g 与支付或耗费的㶲 Ex_p 之比，用 η_e 表示。即

$$\eta_e = \frac{Ex_g}{Ex_p} \tag{2-2}$$

当考虑系统内部不可逆㶲损失及外部㶲损失时，支付㶲中需扣除这些㶲损失之和剩余的才为收益㶲，因此，收益㶲的㶲效率为

$$\eta_e = \frac{Ex_p - \sum I_i}{Ex_p} = 1 - \frac{\sum I_i}{Ex_p} = 1 - \sum \xi_i \tag{2-3}$$

式中，$\xi_i = I_i / Ex_p$，称为局部㶲损失率或㶲损失系数。

当只考虑内部不可逆㶲损失时，它的㶲效率将大于外部㶲损失时的㶲效率。这种㶲效率能够反映装置的热力学完善程度。此时的㶲损失已转变为炕，并反映为系统熵增。因此，㶲效率可表示为

$$\eta_e' = 1 - \frac{An}{Ex_p} = 1 - \frac{T_0 \Delta S}{Ex_p} \tag{2-4}$$

㶲效率与热效率有本质的不同。㶲效率是以㶲为基准，各种不同形式的能量的㶲是等价的。而热效率只涉及能量的数量，不管能量品位的高低。但是，它与㶲效率 η_e' 有一定的内在联系。现以动力循环为例加以说明。循环的热效率 η_t 为循环做出的有效功 W 与从热源吸取的热量 Q_1 之比。即

$$\eta_t = \frac{W}{Q_1} \tag{2-5}$$

而㶲效率为收益㶲（即为净功 W）与热量㶲之比。即

$$\eta_e' = \frac{W}{Ex_Q} \tag{2-6}$$

因此，热效率可表示为

$$\eta_t = \frac{W}{Q_1} = \frac{Ex_Q}{Q_1} \frac{W}{Ex_Q} = \lambda_Q \eta_e' \tag{2-7}$$

式中，λ_Q 为热量的能级，即为卡诺因子。

对可逆过程，内部不可逆㶲损失为零，$\eta_e' = 100\%$，则最高热效率等于卡诺循环的效率。装置的不可逆程度越大，η_e' 越小，则热效率离卡诺效率越远。由此可见，㶲效率可以反映整个热能转换装置及其组成设备的完善性，也便于对不同的热能转换装置之间进行

性能比较。

从热力学的两个基本定律可以看出：节约能源应从能的量和质两个方面综合考虑。

2.2 能量转换的形式与设备

在各种能源转换和利用方式中，最重要的能量转换过程是将燃料的化学能通过燃烧转换为热能，热能再通过热机转换为机械能。机械能既可直接利用（例如驱动汽车和各种运输机械），也可通过发电机再将机械能转化为更便于应用的电能。

将燃料的化学能转变为热能是在燃烧设备中实现的。主要的燃烧设备有锅炉和各种工业炉窑等。

将热能转换为机械能是目前获得机械能的主要方式。这一转换通常是在热机中完成的。热机可以为各种机械提供动力，故通常又将其称之为动力机械。应用最为广泛的热机是内燃机、蒸汽轮机、燃气轮机等。内燃机主要为各种车辆、工程机械提供动力，也用于可移动的发电机组。蒸汽轮机主要用于发电厂中，用它带动发电机发电，也作为大型船舶的动力，或拖动大型水泵和大型压缩机、风机。燃气轮机除用于发电外，还是飞机的主要动力源，也用作船舶的动力。

根据热力学第二定律，不可能制造出只从一个热源取得热量，使之完全变成机械能而不引起其他变化的热机。也就是说，在热机中工质从高温热源所得到的热量不可能全部转换为机械能，总有一部分热量必须放给低温热源。因此，在一个热力循环中要使工质实现将热能转换为机械能，至少要有两个热源，热效率不可能达到100%。高温热源与低温热源的温差越大，热机的效率越高。

2.2.1 化学能转换为热能

1. 燃料燃烧

燃料燃烧是化学能转换为热能的主要方式。燃料是可以用来取得大量热能的物质。目前世界上所用的燃料可分为两大类，一是核燃料，二是有机燃料。锅炉大多用的是有机燃料。有机燃料就是可以与氧化剂发生强烈化学反应（燃烧）而放出大量热量的物质。有机燃料按其形态分为固体燃料、液体燃料和气体燃料。

固体燃料有煤、木材、油页岩等。我国是世界上少数以煤为主要能源的国家，目前和今后若干年内都将以固体燃料——煤为主要燃料，我国正在要求多采用洁净煤技术和大力推行清洁燃烧技术。液体燃料有石油及其产品（汽油、煤油、柴油、重油等）。燃料油一般是指重油，它实际是渣油、裂化残油及燃料重油的通称。燃料重油则是将渣油、裂化残油或其他油品按一定比例混合调制而成。天然气体燃料有气田煤气和油田伴生煤气两种，人工气体燃料有高炉煤气、焦炉煤气、发生炉煤气、地下气化煤气和液体石油气等。

为了使燃料高效地燃烧，必须对燃料进行分析，以了解各种燃料的成分和化学组成。对于固体燃料，主要进行元素分析和工业分析；对于液体燃料，使用元素分析；对于气体燃料，使用成分分析。

燃料的燃烧是燃料中的可燃物质与氧进行剧烈的氧化反应过程，既发光又发热，生成烟气，残剩灰渣。燃料是极为复杂的碳氢化合物的组合体，它所含元素主要有碳、氢、硫、氧和氮五种，此外，还有一定数量的灰分和水分。其中，碳、氢和硫是可燃成分，其余均为不可燃成分。碳的发热量大，但着火温度也高；氢不但极易着火燃烧，而且发热量更高；硫发热量不大。氮和氧是不可燃成分，是外部杂质，水分和灰分是燃料的主要不可燃成分，是外部杂质。

各种燃料在温度很低时，只能进行缓慢氧化，当温度升高到一定值后，便着火和燃烧，由缓慢氧化状态转变为高速燃烧状态的瞬间过程称为着火，转变的瞬间温度称为着火温度。燃料的着火温度取决于燃料的组成，此外还与周围的介质压力、温度有关。

汽油、酒精之类的液体燃料极易挥发，即使在较低温度下挥发物也能够与空气混合而形成可燃的混合气体。它们遇到火源发生瞬间闪光（火）现象时的温度称为闪点。

燃料与空气组成的可燃混合物，其着火、熄灭及燃烧过程是否能稳定进行，都与燃烧过程的热力条件有关。热力条件对燃烧过程可能有利，也可能不利，它会使燃烧过程发生（着火）或者停止（熄灭）。

2. 燃烧完全的条件

为保证燃烧过程良好进行，也就是尽量接近完全燃烧，必须创造如下几个条件：

1）保证一定的高温环境，以利于产生剧烈的燃烧反应。根据阿累尼乌斯定律，燃烧反应速度与温度成指数关系。因此，温度越高，燃烧速度越快，燃烧过程进行得越猛烈，燃烧越易趋于完全。但温度不能过高，否则会使逆反应（还原反应）速度加快，将有较多燃烧产物又还原为燃烧反应物，这同样等于燃烧不完全。通过实验证明，锅炉的炉温在 1000 ~ 2000°C 范围内比较合适，此时燃烧反应速度相当高，尽管可燃物在炉内停留时间短，仍能完全燃烧。

2）供应充足而适量的空气。提供充足的空气是完全燃烧的必备条件。燃烧所需要空气量的多少，主要取决于燃料中可燃元素的含量。单位燃料完全燃烧所需的空气量，称为理论空气量。

固体及液体燃料理论空气量的单位为 m^3/kg（燃料），气体燃料理论空气量的单位为 m^3/m^3（燃料）。理论空气量计算公式可由各可燃元素的完全燃烧反应方程式导出。

每 1kg 碳完全燃烧时需要的理论空气量为 8.89 m^3。

每 1kg 氢完全燃烧时需要的理论空气量为 26.7 m^3。

每 1kg 硫完全燃烧时需要的理论空气量为 3.33 m^3。

对于不同的燃料，由于燃料中所含可燃元素碳、氢、硫的比例不同，因而其燃烧时所需的理论空气量也不同。理论空气量的准确值需依据燃料的工业分析结果再加以计算。但实际燃烧时，由于操作水平和炉子结构等原因，空气与燃料不可能达到理想混合，因此，对于任何燃料，都要根据其特性和燃烧方式供应比理论空气量更多些的空气。

为了使燃料完全燃烧而实际供应的空气量，称为实际空气量。把实际空气量多于理论空气量的那部分空气称为过量空气。实际空气量与理论空气量的比值称为过量空气系数（或空气系数）。过量空气系数过小，即空气量不足，会增大不完全燃烧热损失，使燃烧效率降低；若过量空气系数过大，会降低炉温，也会增加不完全燃烧热损失。因此，最佳的空气量应根据炉膛出口最佳过量空气系数来供应。过量空气系数的最佳值与燃烧的种类、燃烧的方式以及燃烧设备结构的完善程度等因素有关。

知道了过量空气系数，即可由理论空气量求出实际燃烧时所需供应的空气量。工业锅炉常用的层燃炉，炉膛出口处的过量空气系数一般在 1.3～1.5 之间，油炉为 1.05～1.10。通常燃烧设备中的过量空气系数均大于 1，只有对陶瓷窑炉，由于工艺上的需要，有时要求烟气中含有 CO，以采取还原焰烧成作业，此时过量空气系数小于 1。

3）采用与燃料特性相适应的燃烧设备，并采取适当措施促使空气和燃料的良好接触混合，同时提供燃烧反应所必需的时间和空间。就煤粉燃烧来说，煤粉燃烧是多相燃烧，燃烧反应主要在煤粉表面进行。煤粉的化学反应速度和氧气扩散到煤粉表面的扩散速度决定了燃烧的反应速度。因此，要想完全燃烧，除了保证足够高的炉温和供应充分而适量的空气外，还必须使煤粉和空气充分混合。这就要求燃烧器的结构优良，一、二次风混合良好，并有良好的炉内空气动力场。

在一定的炉温下，一定细度的煤粉要有一定的时间才能燃尽。煤粉在炉内的停留时间，是煤粉从燃烧器出口一直到炉膛出口这段行程所经历的时间。这段行程中，煤粉要完成从着火一直到燃尽，才能燃烧完全，否则将增大燃料热损失。如果在炉膛出口处煤粉还在燃烧，会导致炉膛出口烟气温度过高，使过热器结渣和过热；还会使气温升高，影响锅炉运行的安全性。煤粉在炉内的停留时间主要取决于炉膛容积、炉膛截面积、炉膛高度及烟气在炉内的流动速度，这都与炉膛容积热负荷和炉膛截面热负荷有关，即要在锅炉设计中选择合适的数据，并且在锅炉运行时切忌超负荷运行。

4）及时排除燃烧产物——烟气和灰渣。如果仅供应理论空气量，燃料又达到完全燃烧，即烟气中只有 CO_2、SO_2、H_2O 和 N_2，此时这些烟气具有的体积为理论烟气量。与燃料所需的空气量一样，烟气量可根据燃烧的化学反应式计算，同样，理论烟气量也可采用经验公式近似计算。

由于实际的燃烧过程是在有过量空气的条件下进行的，因此，烟气中还有过量氧气，相应的氮气和水蒸气含量也随之有所增加。当完全燃烧时，实际烟气量［m^3/kg（燃料）或 m^3/m^3（燃料）］可按下式计算

$$V_a = V_0 + (\alpha - 1)L_0 \tag{2-8}$$

式中，V_a 为实际烟气量；V_0 为理论烟气量；α 为过量空气系数；L_0 为理论空气量。

3. 燃烧设备

将燃料燃烧的化学能转变为工质热能的设备称为锅炉。图 2-2 所示为煤粉锅炉设备结构示意图。锅炉产生的蒸汽或热水也是一种优质的二次能源，除了用于发电外，也广泛用于冶金、化工、轻工、食品等工业部门，而且是采暖的热源。锅炉本体是由锅和炉两部分组成。

所谓炉，是指锅炉的燃烧系统，它通常包括炉膛、燃烧器、烟道、炉墙构架等，其作用在于提供尽可能良好的燃烧条件，以求把燃烧的化学能最大限度地转化为热能。燃烧设备的配置及其结构的完善程度，将直接关系锅炉运行的可靠性。按照燃烧过程的基本原理和特点，锅炉可分为三类：层燃炉、室燃炉和沸腾炉。

锅是指锅炉的汽水系统，由锅筒、下降管、集箱、导管及各种受热面组成，其作用是吸收燃料系统放出的热量，完成由水变成高温高压蒸汽的吸热过程。

吸收燃烧产物——高温烟气热量的锅炉受热面是由直径不等、材料不同的管件组成。根据受热面作用的不同，可以分为：

1）水冷壁。布置在炉膛四周，紧贴炉墙形成炉膛周壁，接受炉内火焰和高温烟气的辐射热，大容量锅炉将部分水冷壁布置在炉膛中间，两面分别吸收高温烟气的辐射热形成所谓

两面曝光水冷壁。水冷壁主要用以加热其内的工质水，并对炉墙起保护作用。

2）过热器。其作用是将饱和蒸汽加热成具有一定温度的过热蒸汽。在锅炉负荷或其他工况变动时应保证过热蒸汽温度正常，并处在允许的波动范围之内。

3）再热器。其作用是将汽轮机高压缸的排汽加热到与过热蒸汽温度相等（或相近）的再热温度，然后再送到中压缸及低压缸中膨胀做功，以提高汽轮机尾部叶片蒸汽的干度。

过热器和再热器是锅炉用于提高蒸汽温度的部件，其目的是提高蒸汽的焓值，以提高电厂热力循环效率。

4）省煤器和空气预热器。它们是现代锅炉不可缺少的受热面。由于它们装在锅炉的尾部烟道内，故统称为尾部受热面。

省煤器利用锅炉尾部烟气的热量加热锅炉给水，一般布置在烟道内，吸收烟气的对流热，个别锅炉有与水冷壁相

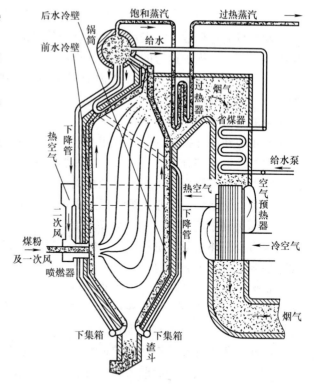

图 2-2　煤粉锅炉设备结构示意图

同的布置，以吸收炉膛的辐射热。省煤器对锅炉有节省燃料、改善锅筒的工作条件和降低锅炉造价的作用。

空气预热器的作用是利用锅炉尾部烟气的热量加热燃料燃烧所需的空气。空气预热器对锅炉的作用是进一步降低排烟温度，提高锅炉效率；改善燃料的着火与燃烧条件，降低不完全燃烧热损失；节省金属，降低造价；改善引风机的工作条件。

为了保证锅炉能正常运行，锅炉还有许多辅助设备。例如，向炉子供应燃烧所需空气的送风装置，将烟气引出排向大气的引风设备，用以除去水中杂质、保证给水品质而设置的水处理设备，把符合标准的给水送入锅炉的给水装置，储存和运输燃料的燃料供应装置，将煤磨成很细的煤粉并将煤粉送入炉膛燃烧的磨煤装置，改善环境卫生和减少烟尘污染的装置。另外，还有对锅炉运行进行自动检测、自动控制和自动保护的自控装置。

锅炉设备的工作特性，主要是指锅炉的产汽能力、运行的经济性和金属消耗等指标，为我们鉴别锅炉的性能提供依据。通常用以下指标描述锅炉的特性：

1）蒸发量。表示锅炉的容量，一般是指锅炉在额定蒸汽参数（压力、温度）、额定给水温度和使用设计燃料时，每小时能连续提供的最大蒸发量，单位为 t/h。

2）蒸汽参数。是蒸汽质量的指标，主要指锅炉出口的蒸汽额定压力和温度，或过热器出口过热蒸汽的压力和温度，以及再热器出口再热蒸汽的温度。对于生产饱和蒸汽的锅炉，只需标明其蒸汽压力；对于热水锅炉，除标明允许工作压力外，还需要注明其出水和进水温度。通常所说的蒸汽压力，都是指工作压力，即表压力，单位为 MPa。

3）给水温度。是指省煤器入口处的水温。

4）锅炉热效率。是指单位时间内锅炉有效利用用于生产蒸汽（或热水）的热量占输入燃料发热量的百分数。它表示锅炉中燃烧热量的有效利用程度，热效率越高，锅炉的燃料消耗就越低，它是锅炉运行的热经济性指标。

5）金属耗率及电耗率。金属耗率指的是锅炉单位蒸发量所耗用的钢材量，单位为 t/(t·h)。显而易见，金属耗率低，锅炉结构紧凑，制造成本也低。电耗率为单位蒸发量耗用的电功率，单位为 kW/(t·h)。与锅炉热效率一样，锅炉的金属耗率和电耗率也是锅炉的重要经济性指标，且三者相互制约，所以需综合考虑。

锅炉的形式和分类方法很多。按照燃料种类可分为燃煤锅炉、燃油锅炉和燃气锅炉。我国的能源消费以煤炭为主，因此燃煤锅炉居多，发达国家则燃油和燃气锅炉占优势。按其用途可分为电站锅炉、工业锅炉、船舶锅炉和机车锅炉。一般来说，电站锅炉的容量大，蒸汽参数（压力和温度）高，而工业锅炉的容量小，参数也低。大工业锅炉量大面广，每年耗用煤量占全国耗煤量的份额很大，因此，进一步完善这类锅炉，对于提高热效率、节约燃料和保护环境有着十分重要的意义。

将燃料的化学能转换为热能的设备除锅炉外还有工业炉窑。工业炉窑量大面广，类型繁多。例如冶金工业中就有炼铁高炉、炼钢平炉、转炉、轧钢连续加热炉、罩式退火炉、炼钢反射炉等；建材工业中有水泥回转窑、立窑、砖瓦焙烧窑、陶瓷和砖瓦隧道窑、玻璃池窑等；机械工业中的各种热处理炉、冲天炉等。这些工业炉窑有的烧煤，有的采用重油、焦炭或天然气作燃料，都是能耗大的装置。目前我国大多数工业炉窑技术较为落后，热效率低，节能潜力大，是技术改造的重点。

2.2.2 热能转换为机械能

热能转换为机械能是在热机中完成的。主要的热机有内燃机、蒸汽轮机和燃气轮机。

1. 内燃机

使燃料直接在气缸内燃烧，把化学能变成热能，并利用其所产生的高温、高压燃气，在气缸内膨胀，推动活塞做功，这种把热能转变成机械能的热机，称为内燃式热机，简称内燃机。内燃机是应用最为广泛的热机。大多数内燃机是往复式，有气缸和活塞。它做功的高温高压气体——工质，是燃料在产生动力的空间——气缸或燃烧室内直接燃烧产生的。

（1）内燃机的分类 内燃机有很多分类方法，但常用的分类方法是根据点火顺序或气缸排列方式。

1）按照点火（着火）顺序或行程（冲程）分类。按照点火顺序或按照完成一个工作循环所需的行程数，内燃机可分为四行程（冲程）内燃机和二行程（冲程）内燃机，如图 2-3所示。

活塞在气缸内上下往复运动两次四个行程，即曲轴旋转两圈（720°），依次完成一个工作循环的吸气、压缩、膨胀和排气四个工作过程的内燃机，称为四冲程内燃机。四冲程发动机的工作过程如图 2-4 所示，它完成一个循环要求有四个完全的活塞行程：

第一行程为进气行程。开始时，活塞从气缸的上止点向下止点运动，活塞上部气缸容积扩大形成真空，进气阀打开，空气被吸入而充满气缸。

第二行程为压缩行程。进气行程结束时，活塞位于下止点，进气和排气阀均处于关闭状态。由于飞轮的惯性作用，使曲轴继续旋转，并通过连杆推动活塞向上止点运动，空气被压

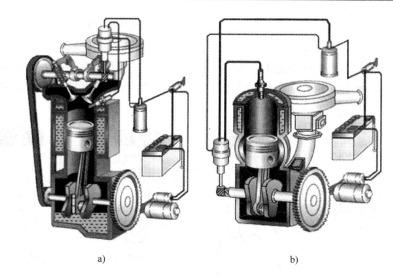

a)　　　　　　　　　　　b)

图 2-3　内燃机按照行程分类

a）四行程　b）二行程

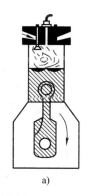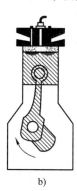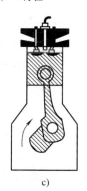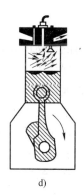

a)　　　　　　　b)　　　　　　　c)　　　　　　　d)

图 2-4　四冲程发动机的工作过程

a）进气　b）压缩　c）膨胀　d）排气

缩，在接近上压缩行程终点时，开始喷射燃油。

第三行程为膨胀行程。所有气门关闭，燃烧的混合气膨胀，推动活塞下行，高温高压燃气在气缸内膨胀，推动活塞向下止点运动而对外做功。因此，膨胀行程是内燃机对外做功的行程，也称做功行程。

第四行程为排气行程。膨胀行程结束时，活塞位于下止点，随着曲轴旋转，活塞再次向上止点运动，此时排气阀打开，燃烧后的废气排出气缸，开始下一个循环。但由于气缸存在余隙体积，活塞到达上止点时，废气并不能全部排尽，在下一个工作循环的进气行程中，气缸内尚留有少量废气。

活塞在气缸内上下往复运动一次两个行程，即曲轴旋转一圈（360°）依次完成一个工作循环的吸气、压缩、膨胀和排气工作过程的内燃机，称为二冲程内燃机。

二冲程发动机的工作原理如图 2-5 所示。当活塞在膨胀行程中沿气缸下行时，首先开启排气口，高压废气开始排入大气。当活塞向下运动时，同时压缩曲轴箱内的空气——燃油混合气；当活塞继续下行时，活塞先开启进气口，使压缩的空气——燃油混合气从曲轴箱进入气缸。在压缩冲程（活塞上行），活塞先关闭进气口，压缩气缸中的混合气。在活塞将要到达上止点之前，火花塞将混合气点燃。于是，活塞被燃烧膨胀的燃气推向下行，开始另一膨胀做功冲程。当活塞在上止点附近时，化油器进气口开启，新鲜空气——燃油混合气进入曲轴箱。在这种发动机中，润滑油与汽油混合在一起对曲轴和轴承进行润滑。这种发动机的曲轴每转一周，每个气缸点火一次。

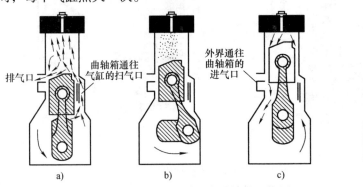

图 2-5 二冲程发动机的工作原理
a) 进气 b) 压缩 c) 膨胀 d) 排气

从目前内燃机的使用情况来看，由于四冲程经济性好，润滑条件好，易于冷却，所以内燃机以四冲程为主。汽车发动机广泛使用四冲程内燃机。但在某些领域中二冲程内燃机的应用却占重要地位。例如，中低速大功率船用内燃机以及小型农用动力方面，广泛采用二冲程柴油机。小型二冲程汽油机，因其部件少、体积小、质量轻及使用方便等一系列优点，广泛地应用于摩托车、小汽艇以及手提式工具等。

2）按照气缸排列方式分类。按照气缸排列方式不同，内燃机可以分为单列式和双列式，如图 2-6 所示。单列式发动机的各个气缸排成一列，一般是垂直布置的，但为了降低高度，有时也把气缸布置成倾斜的甚至水平的；双列式发动机则把气缸排成两列，两列之间的夹角小于 180°（一般为 90°），称为 V 型发动机，若两列之间的夹角为 180°，称为对置式发动机。

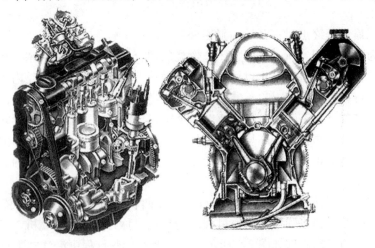

图 2-6 内燃机的气缸排列方式
a) 直列 b) V 型

3）按照所用燃料分类。按照所使用燃料的不同，内燃机可分为汽油机和柴油机，如图 2-7 所示。使用汽油为燃料的内燃机称为汽油机；使用柴油为燃料的内燃机称为柴油机。汽油机与柴油机相比各有特点。汽油机转速高，质量小，噪声小，起动容易，制造成本低；柴油机压缩比大，热效率高，经济性能和排放性能都比汽油机好。

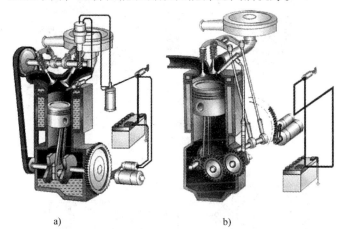

a)   b)

图 2-7　内燃机按照所用燃料分类

a）汽油机　b）柴油机

4）按照冷却方式分类。按照冷却方式不同，内燃机可分为水冷发动机和风冷发动机，如图 2-8 所示。水冷发动机是利用在气缸体和气缸盖冷却水套中进行循环的冷却液作为冷却介质进行冷却的；而风冷发动机是利用流动于气缸体与气缸盖外表面散热片之间的空气作为冷却介质进行冷却的。水冷发动机冷却均匀，工作可靠，冷却效果好，被广泛地应用于现代车用发动机。

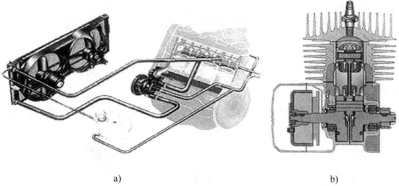

a)   b)

图 2-8　内燃机按照冷却方式分类

a）水冷　b）风冷

5）按照气缸数目分类。按照气缸数目不同，内燃机可分为单缸发动机和多缸发动机，如图 2-9 所示。仅有一个气缸的发动机称为单缸发动机；有两个以上气缸的发动机称为多缸发动机，如双缸、三缸、四缸、五缸、六缸、八缸、十二缸等都是多缸发动机。现代车用发动机多采用四缸、六缸、八缸发动机。

6）按照进气系统是否采用增压方式分类。按照进气系统是否采用增压方式，内燃机可分为自然吸气式（非增压）发动机和强制进气式（增压）发动机，如图 2-10 所示。汽油机常采用自然吸气式；柴油机为了提高功率有采用增压式的。

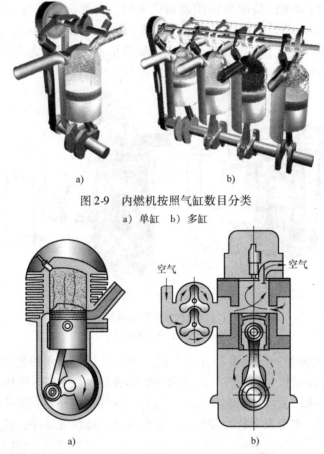

a)   b)

图 2-9　内燃机按照气缸数目分类

a）单缸　b）多缸

空气　　　　　　　　　空气

a)   b)

图 2-10　内燃机按照进气系统是否采用增压方式分类

a）自然吸气　b）增压

（2）发动机的基本结构　发动机是一种由许多机构和系统组成的复杂机器。无论是汽油机还是柴油机，无论是四冲程发动机还是二冲程发动机，无论是单缸发动机还是多缸发动机，要完成能量转换，实现工作循环，保证长时间连续正常工作，都必须具备以下一些机构和系统。

1）曲柄连杆机构（图 2-11）。曲柄连杆机构是发动机实现工作循环，完成能量转换的主要运动部件。它由机体组、活塞连杆组和曲轴飞轮组等组成。在做功行程中，活塞承受燃气压力在气缸内作直线运动，通过连杆转换成曲轴的旋转运动，并由曲轴对外输出动力。而在进气、压缩和排气行程中，飞轮释放能量又把曲轴的旋转运动转化成活塞的直线运动。

2）配气机构（图 2-12）。配气机构的功用是根据发动机的工作顺序和工作过程，定时开启和关闭进气门和排气门，使可燃混合气或空气进入

图 2-11　曲柄连杆机构

气缸，并使废气从气缸内排出，实现换气过程。配气机构大多采用顶置气门式配气机构，一般由气门组、气门传动组和气门驱动组组成。

图 2-12　配气机构

3）燃料供给系统（图 2-13）。汽油机燃料供给系统的功用是根据发动机的要求，配制出一定数量和浓度的混合气，供入气缸，并将燃烧后的废气从气缸内排出到大气中去；柴油机燃料供给系统的功用是把柴油和空气分别供入气缸，在燃烧室内形成混合气并燃烧，最后将燃烧后的废气排出。

4）润滑系统（图 2-14）。润滑系统的功用是向做相对运动的零件表面输送定量的清洁润滑油，以实现液体摩擦，减小摩擦阻力，减轻机件的磨损，并对零件表面进行清洗和冷却。润滑系统通常由润滑油道、机油泵、机油过滤器和一些阀门等组成。

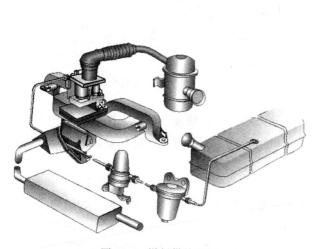

图 2-13　燃料供给系统

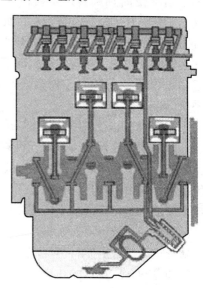

图 2-14　润滑系统

5）冷却系统（图 2-15）。冷却系统的功用是将受热零件吸收的部分热量及时散发出去，以保证发动机在最适宜的温度状态下工作。水冷发动机的冷却系统通常由冷却水套、水泵、风扇、水箱、节温器等组成。

6）点火系统（图2-16）。在汽油机中，气缸内的可燃混合气是靠电火花点燃的，为此，在汽油机的气缸盖上装有火花塞，火花塞头部伸入燃烧室内。能够按时在火花塞电极间产生电火花的全部设备称为点火系统。点火系统通常由蓄电池、发电机、分电器、点火线圈和火花塞等组成。

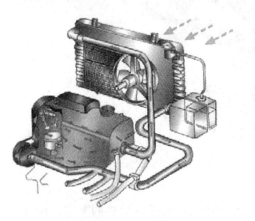

图2-15　冷却系统

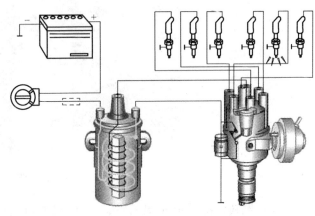

图2-16　点火系统

7）起动系统（图2-17）。要使发动机由静止状态过渡到工作状态，必须先用外力驱动发动机的曲轴，使活塞作往复运动，气缸内的可燃混合气燃烧膨胀做功，推动活塞向下运动使曲轴旋转，发动机才能自行运转，工作循环才能自动进行。因此，曲轴在外力作用下开始转动到发动机开始自动地怠速运转的全过程，称为发动机的起动。完成起动过程所需的装置，称为发动机的起动系统。

汽油机由以上两大机构和五大系统组成，即由曲柄连杆机构、配气机构、燃料供

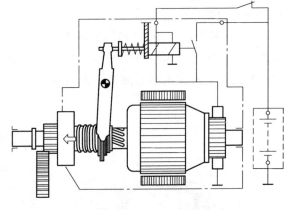

图2-17　起动系统

给系统、润滑系统、冷却系统、点火系统和起动系统组成；柴油机由以上两大机构和四大系统组成，即由曲柄连杆机构、配气机构、燃料供给系统、润滑系统、冷却系统和起动系统组成，柴油机是压燃的，不需要点火系统。

热机的热效率以内燃机最高，但也只能将燃料产生热能中的25%～45%转换为机械能，大部分进入气缸的燃料燃烧产生的热能由于各种原因而损失掉了。内燃机最主要的热损失是废气和冷却介质带走的热量，这两项损失约占燃料总发热量的2/3。目前，在我国以及其他一些国家正在开展研制的陶瓷隔热复合内燃机，就是采用耐高温的陶瓷结构，使燃烧室高度隔热，尽可能减少冷却介质带走的热量，以提高内燃机的热效率和降低油耗率。

根据热力学第二定律，内燃机动力循环的废气排放以及运行中各种摩擦产生的热损失是不可避免的。为了尽可能利用这些散失于机体之外的热量，目前正在研究将大型内燃机排出的废热用来供热、制冷，甚至发电，以提高燃料利用率，减少能源消耗。

随着科学技术的发展，绝热柴油机、全电子控制内燃机、燃用天然气、醇类代用燃料和氢的新型发动机都已相继问世。进入 21 世纪，由于环境问题日益突出，研制新一代低排放的发动机已成为科学家们共同努力的目标。

2. 蒸汽轮机

（1）蒸汽轮机的结构　蒸汽轮机，简称汽轮机，是利用蒸汽膨胀做功，将蒸汽的热能转换为机械功的热机，是蒸汽动力装置中的旋转原动机。汽轮机虽有各种不同的形式，但其工作原理基本相同。汽轮机的基本工作原理是：高压蒸汽从进汽管进入汽轮机，通过喷管时发生膨胀，压力降低，流速增加，蒸汽的热能转换为汽流的动能。离开喷管的高速汽流冲击叶片，使转子旋转做功，蒸汽的动能转换为机械功。汽轮机的单机功率大、效率高、运行平稳，广泛用于现代火力发电厂、核电站中。汽轮发电机组所发的电量占总发电量的80%以上。此外，汽轮机还用来驱动大型鼓风机、水泵和气体压缩机，也用作舰船的动力装置。

汽轮机本体由气缸和转子两大部件构成，如图 2-18 所示。大功率、高参数汽轮机通常由高压、中压（或高中压）及低压缸组成；超大功率汽轮机可以有两个或两个以上的中压缸和低压缸。每个缸体采取反向对称结构。高、中压缸体由铬钼钢铸造后加工而成，低压缸多用钢板焊制。大容量汽轮机高压缸多采用双层结构，在内、外缸间的夹层中通以适当参数的蒸汽，以减少气缸厚度，降低起动热应力。

图 2-18　蒸汽轮机的主体结构

转子由主轴、叶轮和动叶组成，如图 2-19 所示。高、中压部分主轴和叶轮由铬钼钒高强度钢锻件车削而成；动叶由高铬不锈合金钢铣制成形并镶嵌组合在轮缘上。低压部分叶轮与轴采用红套组合成整体；动叶加工成形后铆接在轮缘上。静叶栅（喷嘴）装在隔板上。隔板制成两个半圆形，分别组装在上、下气缸内，上、下缸的法兰对口后用螺栓紧固。

为防止和减少高、中压气缸内的高压蒸汽从气缸与转轴的间隙向缸外漏泄，在间隙内有多组交替安装在气缸或转轴上的密封圈，称为迷宫式汽封。

汽轮机除主轴承外，设有推力轴承，以承受转子轴向推力，并确定转子的轴向位置。为了平

图 2-19　蒸汽轮机的转子

衡转子轴向推力,高、中压转子多采用气流反向布置;低压缸多采用镜像布置。为了防止运行中发生共振,叶片的自振频率、转子的临界转速,以及基础的振动频率,均应避开汽轮机的工作转速。

调速保安系统是汽轮机的重要组成部分。其功能是:随负荷的变化,调节进入汽轮机的蒸汽流量,维持汽轮机转速在额定范围之内,满足负荷需要(图2-20)。为了防止外界负荷发生大幅度变化时汽轮机发生超速事故,一般汽轮机装设有超速保护系统,当汽轮机转速超过一定限度时,保安器起动,将主汽门迅速关闭,切断汽轮机汽源,以确保安全。

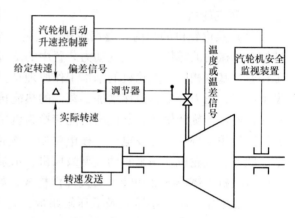

图2-20 汽轮机自动起动升速控制系统

汽轮机做功的基本单元由喷嘴叶栅和动叶栅构成,称为汽轮机的级。驱动发电机的汽轮机均为多级汽轮机。自1883年瑞典人拉瓦尔(C. G. P. de)制成第一台冲动式汽轮机,1884年英国帕森斯(C. A.)制成第一台反动式汽轮机并用于发电以来,汽轮机向大容量、高蒸汽参数方向不断发展。1956年出现超临界压力汽轮机。1965年出现二次中间再热式汽轮机。到20世纪80年代中期,最大单机功率已达1 200 MW(单轴)和1 300 MW(双轴)。20世纪50年代后期以来,用于核电站的大功率汽轮机迅速发展,最大单机功率达1 550 MW。

2005年,哈尔滨汽轮机厂有限公司具有自主知识产权的国内最长的"全转速汽轮机1200mm钢制末级长叶片"开发研制成功。以前此叶片主要从国外进口,进口价格昂贵,国内叶片价格一般是国外价格的50%~60%。哈汽1 200mm叶片研制成功将大幅度降低机组造价,预计每只叶片可节约人民币约6万元,每台机组有叶片120只或240只,则每台机组可节约人民币约720万元或1440万元。1200mm长叶片的研制成功,标志着我国汽轮机行业长叶片科研设计力量已达到国际前沿水平。

(2)蒸汽轮机的分类 汽轮机的种类多,分类方式各异,主要有按工作原理、蒸汽参数、排汽方式等分类方式。

1)按能量转换时的工作原理不同,汽轮机可分为冲动式和反动式两大类。在冲动式汽轮机中,蒸汽的热能转换为动能的全部过程在喷管中实现,在叶片中仅发生动能转换为机械能的过程。蒸汽主要在喷嘴叶栅中膨胀降压,增加流速,蒸汽热能被转换为动能;进入动叶栅改变流动方向,推动叶栅作周向运动,蒸汽的动能进一步转化为机械能。在反动式汽轮机中,蒸汽不但在静叶栅中膨胀,而且在动叶栅中同样膨胀加速,蒸汽不但给动叶片以推动力,而且在流出动叶片时给动叶片以反作用力。蒸汽在动叶片中焓降占一级总焓降的百分比称为级的反动度。反动式汽轮机反动度常取50%,以使动叶和静叶可取相同叶型,从而简化制造工艺。为防止叶片根部出现倒吸现象,减少流动损失,冲动级动叶片中也设计为具有一定的焓降,其反动度视叶片长度而定,一般取5%~30%。冲动级具有较大的热-功转换能力,并且变工况性能好,所以两类汽轮机都采用冲动级作为第一级(调节级)。中、小型汽轮机常采用复速级作为第一级,它是指在一个叶轮上装有两列动叶,在两列动叶之间装有导向叶片。由喷嘴射出的高速汽流在第一列动叶内将一部分动能转变为机械功，经过导向叶片改变流动方向后，再进入第二列动叶片继续做功，因此，复速级的焓降及做功能力比单列级大。

2）汽轮机按蒸汽参数一般分为低压（1.3 MPa）、中压（6 MPa）、高压（≤9 MPa）、超高压（≤13.5 MPa）、亚临界（≤16.5 MPa）或超临界（≤24 MPa）汽轮机。由于高温金属材料性能的限制，目前汽轮机中使用的最高蒸汽温度在565 ℃左右。世界一些先进国家正在研究发展超超临界汽轮机，其蒸汽参数为：压力≤35 MPa，温度≤600℃。

3）按照排汽方式或热力特性，汽轮机可分为凝汽式和背压式两类。凝汽式汽轮机（图2-21）带有凝汽器，它的排汽压力低于大气压，即排汽在低于大气压的状态下进入凝汽器凝结成水。它具有较高的热能-电能转换效率，广泛应用于大功率发电机组。在凝汽式汽轮机中，若在某一级后将部分蒸汽于该点压力下引出，并用作工业过程用汽或生活用汽，这类汽轮机称为抽汽式汽轮机（图2-22）。抽汽式汽轮机可以在不同压力点多次抽汽。这类机型广泛用于热-电联产，以提高整个电厂的循环效率。

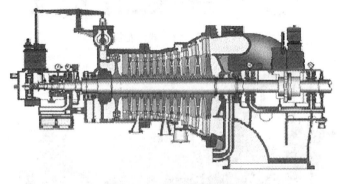

图 2-21　凝汽式汽轮机

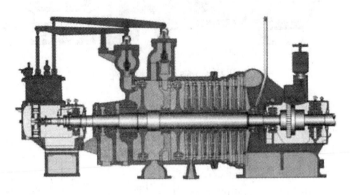

图 2-22　抽汽式汽轮机

背压式汽轮机（图2-23）是以蒸汽进行冲动的原动力设备，无凝汽器，其排汽压力（背压）高于大气压力，汽轮机做功后的排汽恰好用来满足工业用汽源，一般功率较小，是一种蒸汽梯级利用的节能设备。它是企业节能降耗、投资少见效快、行之有效的节能措施。它可以代替电动机用来拖动水泵、油泵、风机等各类转动设备，也可以拖动发电机，广泛应用于石油、化工、冶金、纺织、印染、造纸、酿酒、制糖、榨油等各种行业中。如果用于驱动发电机,其发电量取决于工业所用蒸汽的需要量。若背压式汽轮机的排汽用作其他中、低压汽轮机的汽源,以代替老电厂的中、低压锅炉,则该汽轮机称为前置式汽轮机(图2-24)。它不但可以增加原有电厂的发电能力,而且可以提高原有电厂的热经济性。

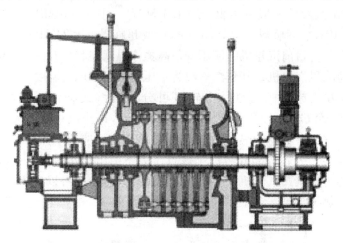

图 2-23 背压式汽轮机

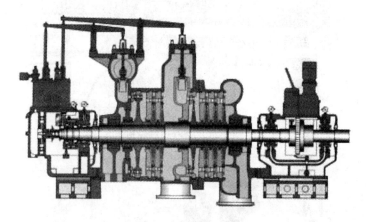

图 2-24 前置压式汽轮机

供热用背压式汽轮机的排汽压力设计值视不同供热目的而定;前置式汽轮机的背压常大于 2 MPa,视原有机组的蒸汽参数而定。排汽在供热系统中被利用之后凝结为水,再由水泵送回锅炉作为给水,如图2-25所示。一般供热系统的凝结水不能全部回收,需要补充给水。

背压式汽轮机发电机组发出的电功率由热负荷决定,因而不能同时满足热、电负荷的需要。背压式汽轮机一般不单独装置,而是和其他凝汽式汽轮机并列运行,由凝汽式

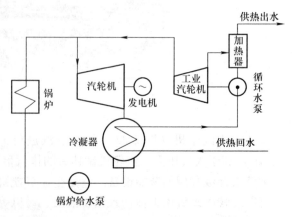

图 2-25 背压式汽轮机驱动循环水泵供热系统

汽轮机承担电负荷的变动,以满足外界对电负荷的需要。前置式汽轮机的电功率由中、低压汽轮机所需要的蒸汽量决定。利用调压器来控制进汽量,以维持其排汽压力不变;低压机组则根据电负荷需要来调节本身的进汽量,从而改变前置式汽轮机的排汽量。因此,不能由前置式汽轮机直接根据电负荷大小来控制其进汽量。

此外,汽轮机还可按气流方向分为轴流式、辐流式和回流式;按其用途分为电站汽轮机、船用汽轮机和用于工厂蒸汽动力装置的工业汽轮机;按结构分为单级和多级。以发电为主要目的的现代大功率汽轮机广泛采用轴流式、多级、高初参数、凝汽式(或抽汽式)机组。

(3)蒸汽轮机的蒸汽参数　提高汽轮机的蒸汽初参数不但能提高装置的热循环效率,而且可以提高设备本身的效率。选择合理的蒸汽初参数不仅决定于装置的热效率,还要考虑随着蒸汽初参数的提高,对金属材料的品质和设备的制造技术水平、造价、金属消耗量以及发电成本和运行可靠性等因素的影响。中压(及以下)汽轮机的蒸汽初温一般为 400 ~ 450℃,以便采用碳素钢;高压(及以上)汽轮机初温采用 520 ~ 565℃,一般多取 535℃,以便采用低合金元素的珠光体钢,避免采用高价的奥氏体钢。蒸汽初压的选择主要受到末级叶片容许最大湿度(12% ~ 14%)的限制。大容量热能动力装置由于采用蒸汽中间再热和给水回热,有利于初压的提高。大型汽轮机的蒸汽初压一般采用超高压和亚临界压力,个别的采用超临界压力。我国制造的汽轮机的功率及进汽参数已系列化(表 2-2)。当蒸汽初参数不变时,降低汽轮机的背压可明显提高装置的热循环效率。但过低的背压会导致末级蒸汽湿度增加,降低了汽轮机的相对内效率,还会使汽轮机的末级排汽面积和凝汽器结构尺寸随之增大,循环冷却水泵的容量也得相应增加。事实上,一些大功率的汽轮机采用了较高的背压。我国制造的汽轮机的排汽参数见表 2-3。

表 2-2　我国产电站用凝汽式汽轮机参数

额定功率/MW	进汽参数	
	初压/MPa	初温/℃
0.75、1.5、3	2.4	390
6、12、25	3.5	453
50、100	9.0	535
125、200	13.0 ~ 13.5	535/535
300、600	16.5	535/535

表 2-3　凝汽式汽轮机排汽参数

冷却水温度/℃	背压值/MPa
10	0.003 ~ 0.004
20	0.005 ~ 0.0065
27	0.007 ~ 0.008

单机容量较大的汽轮机,每千瓦的设备投资较低。因装置热效率较高,发电成本也较低。但另一方面,在电力系统中,如果较大容量的单机机组经常处于低负荷状态运行,装置的热效率会降低很多,因而很不经济。此时应将建设费用与运行费用等技术经济指标进行综合,以确定是否代之以若干台较小容量的机组。我国的 DL 5000—2000《火力发电厂设计技术规程》中规定,在新建的发电厂中,最大机组的单机容量一般为电力系统总容量的 8% ~ 10%。而在电力负荷增加迅速的电力系统中,也可选用单机容量更大的机组。

(4)蒸汽轮机的运行　蒸汽轮机的运行车间现场如图 2-26 所示。

1)起动与停运。采用高温、高压参数的汽轮机,在起动、停运的过程中由于温度的急剧变化,可能导致气缸发生变形、裂纹。因此,必须制定合理的起动、停运操作程序,保证汽轮机各部位的温度梯度在安全值以内，同时也能有效缩短起停时间。一般规定，蒸汽与金属的温差应在 -30~55℃ 范围内。金属温度的上升率应小于 278℃/h，下降率应小于 42℃/h。

图 2-26　汽轮机的运行车间现场

　　起动加热时气缸的膨胀滞后于转子，起动速度过快会引起气缸与转子的膨胀差过大，使轴向间隙消失，导致动、静部件发生摩擦。摩擦部位局部过热会产生残余应力，进而导致转子永久性弯曲变形。为了随时监视胀差，汽轮机装有相对胀差指示器。大功率汽轮机转子直径达 600~700mm，转子表面与中心部位的温差会产生热应力。因起动与停机时的热应力正负符号相反会形成交变应力。在交变应力作用下将产生疲劳损伤及至裂纹，特别是在转子锻件存在固有缺陷的地方。如不能及时发现并采取预防措施，裂纹扩展会造成严重的转子断裂事故。因此，应定期对大型汽轮机的转子进行无损探伤。尤其对起停频繁的调峰机组，除在设计和材料选用方面作特殊考虑外，还应加强预防性检查以保证安全。为消除因转子上下温度不均引起的转子热变形，汽轮机备有盘车装置。汽轮机在起停过程中都要盘车数小时以减小温度变化率。

　　2）运行。汽轮机的运行方式可按负荷分为低负荷运行、过负荷运行及变负荷运行。汽轮机的负荷随电力系统负荷常处在变动中。在汽轮机设计负荷的一定范围内，汽轮机能安全经济地运行。一般情况下过负荷在 5% 以内是允许的，但要采取增大进汽流量、减少抽汽量或提高进汽压力等措施。汽轮机的过负荷能力还受到不同季节冷却水温的影响。火力发电设备有一个不能稳定连续运行的最低负荷限度。低负荷运行时常发生汽轮机气缸热应力增大、排汽湿度过大等问题，热效率也显著降低。

　　运行方式也可按蒸汽参数分为定压运行和滑压运行。滑压运行是指来自锅炉的蒸汽压力随汽轮机负荷降低而降低的运行方式。滑压运行能显著提高低负荷运行状态的热效率并基本维持汽轮机内温度不变。

　　负荷变化率也是影响汽轮机正常运行的因素之一。由于负荷急骤变化和自动调整装置的迟延，汽温及蒸汽流量的过大波动会导致气缸热应力过大，出现裂纹、转子胀差增大以致发生强烈振动。汽轮机运行中最常见的故障是不正常的振动。运行良好的汽轮机，轴承部位的振幅不应超过 0.03~0.05mm。引起振动异常的常见原因有转子不平衡，轴弯热变形，动、静部件摩擦等。转子上萌发的疲劳裂纹也会引起振动。

　　3）调峰汽轮机的运行。机组的设计与其运行方式密切相关。承担基本负荷的凝汽式汽轮机常为大功率机组，要求运行负荷稳定在经济负荷左右。电力系统的负荷在一天内可能发生幅度较大的周期性变化。调峰机组承担负荷变化的主要部分。在用电高峰的时间，调峰机组投入运行；在用电低谷的时间，调峰机组处在低负荷运行或停机。承担调峰负荷的机组，要求：① 起动带负荷速度快。主要方法是改进汽轮机设计，如紧凑的整体结构，增大圆角半径，采用新型材料，采用全周进汽的节流配汽方式，增加汽轮机保温措施等，以降低快速起动时的热应力水平。② 具有长期低负荷运行的经济性。主要方法是将机组的经济负荷设计为额定负荷的 75% ~ 90%，采取滑压运行等。

3. 燃气轮机

燃气轮机是继汽轮机和活塞式内燃机之后出现的另一种热力发动机。它是以气体燃料燃烧后所产生的连续流动气体为工质带动叶轮高速旋转，将燃料的化学能转变为有用功的内燃式动力机械，是一种旋转叶轮式热力发动机。它的结构类似汽轮机，但是和汽轮机最大的不同在于，它不是利用水蒸气做工质而是以气体燃烧产物作为工质。

燃气轮机装置主要由燃气轮机（燃气涡轮机）、燃烧室和压气机三部分组成。燃气涡轮机一般为轴流式，在小型机组中有用向心式的。压气机有轴流式和离心式两种，大型燃气轮机的压气机为多级轴流式，中小型的为离心式。轴流式压气机效率较高，适用于大流量的场合。在小流量时，轴流式压气机因后面几级叶片很短，效率低于离心式。功率为数兆瓦的燃气轮机中，有些压气机采用轴流式加一个离心式作末级，因而在达到较高效率的同时又缩短了轴向长度。燃烧室和涡轮机不仅工作温度高，而且还承受燃气轮机在起动和停机时因温度剧烈变化而引起的热冲击，工作条件恶劣，因而它们是决定燃气轮机寿命的关键部件。为确保有足够的寿命，这两大部件中工作条件最差的零件如火焰筒和叶片等，须用镍基和钴基合金等高温材料制造，同时，还须用空气冷却来降低工作温度。对于一台燃气轮机来说，除了主要部件必须有完善的调节保安系统外，还需要配备良好的附属系统和设备，包括起动装置、燃料系统、润滑系统、空气过滤器、进气和排气消声器等。

燃气轮机装置的工作原理如图 2-27 所示。压气机连续地从大气中吸入空气并将其压缩；压缩后的空气送入燃烧室；同时供油泵向燃烧室喷油，并与高温高压空气混合，在定压下进行燃烧；生成的高温燃气进入燃气轮机（燃气涡轮机）膨胀做功，废气则排入大气。可见，燃气轮机的绝热压缩、等压加热、绝热膨胀和等压放热等四个过程分别在压气室、燃烧室、燃气涡轮机和回热器或大气中完成。加热后的高温燃气的做功能力显著提高，因而燃气轮机所做的功一部分用于带动压气机，其余部分（称为净功）对外输出，用于带动发电机或其他负载。燃气轮机由静止起动时，需用起动机带着旋转，待加速到能独立运行后，起动机才脱开。

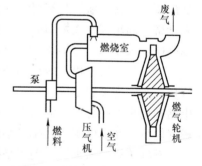

图 2-27 燃气轮机装置的工作原理

燃气轮机的工作过程中温度和压力的变化如图 2-28 所示。燃气初温和压气机的压缩比是影响燃气轮机效率的两个主要因素，提高燃气初温并相应提高压缩比，可使燃气轮机效率显著提高。20 世纪 70 年代末，燃气轮机压缩比最高达到 31；工业和船用燃气轮机的燃气初温最高达 1200℃ 左右，航空燃气轮机的燃气初温超过 1350℃。

燃气轮机的工作过程是最简单的，称为简单循环；此外，还有回热循环和复杂循环。燃气轮机的工质来自大气，最后又排至大气，是开式循环；工质被封闭循环使用的称为闭式循环。燃气轮机与其他热机相结合的称为复合循环装置。燃气轮机结构有重型和轻型两种，后者主要由航空发动机改装。重型的零件较为厚重，大修周期长，寿命可达10万h以上。轻型的结构紧凑且轻，所用材料一般较好，其中以航机的结构为最紧凑、最轻，但寿命较短。

燃气轮机组单机容量小的约为10～20 kW，最大的已达140 MW。热效率为30%～34%，最高达38%。不同

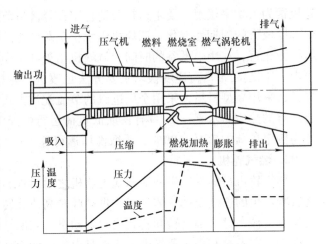

图 2-28 燃气轮机装置的工作过程（等压加热循环）

的应用部门，对燃气轮机的要求和使用状况也不相同。功率在10 MW以上的燃气轮机多数用于发电，而30～40 MW的几乎全部用于发电。与活塞式内燃机和蒸汽动力装置相比较，燃气轮机的主要优点是小而轻。单位功率的质量，重型燃气轮机一般为2～5 kg/kW，而航机一般低于0.2 kg/kW。燃气轮机占地面积小，当用于车、船等运输机械时，既可节省空间，也可装备功率更大的燃气轮机以提高车、船速度。燃气轮机的主要缺点是效率不够高，在部分负荷下效率下降快，空载时的燃料消耗量高。

和汽轮机相比，燃气轮机具有体积小、质量轻、投资省，安装快、起动快，操作方便，用水少或不用水，润滑油消耗少，能使用多种液体或气体燃料，经济性高、安全可靠、有害排放量低等特点。以燃气轮机作为热机的火力发电厂主要用于尖峰负荷，对电网起调峰作用。此外，燃气轮机装置在航空、舰船、油气开采输送、交通、冶金、化工等领域也得到广泛应用，尤其在航空和舰船领域，燃气轮机是最主要的动力机械。目前，飞机上的涡轮喷气发动机、涡轮螺旋桨发动机、涡轮风扇发动机都是以燃气轮机作为主机后起动辅助；高速水面舰艇、水翼艇、气垫船也广泛采用燃气轮机作动力。

燃气轮机发电机组能在无外界电源的情况下迅速起动，机动性好，在电网中用它带动尖峰负荷和作为紧急备用，能较好地保障电网的安全运行，所以应用广泛。在汽车（或拖车）电站和列车电站等移动电站中，燃气轮机因其轻、小，应用也很广泛。此外，还有不少利用燃气轮机的便携电源，功率最小的在10kW以下。

燃气轮机的未来发展趋势是提高效率、采用高温陶瓷材料、利用核能和发展燃煤技术。提高效率的关键是提高燃气初温，即改进涡轮机叶片的冷却技术，研制出能耐更高温度的高温材料。其次是提高压缩比，研制级数更少而压缩比更高的压气机。再次是提高各个部件的效率。高温陶瓷材料能在1360℃以上的高温下工作，用它来做涡轮机叶片和燃烧室的火焰筒等高温零件时，就能在不用空气冷却的情况下大大提高燃气初温，从而较大地提高燃气轮机效率。适于燃气轮机的高温陶瓷材料有氮化硅和碳化硅等。按闭式循环工作的装置可利用核能，它用高温气冷反应堆作为加热器，反应堆的冷却剂（氦或氮等）同时作为压气机和涡轮机的工质。

近年来，随着全球范围内的能源与动力需求以及环境保护等要求的变化，燃气轮机得到

了电力、动力等有关部门的高度重视，美、欧、日等国先后制订了先进燃气轮机技术研究发展计划，以极大的热情推动着燃气轮机的发展。从上世纪 80 年代以来，燃气轮机技术迅速发展。例如，寻求耐高温材料、改进冷却技术，使燃气初温进一步提高，提高压比、充分利用燃气轮机余热、研制新的回热器等。燃气轮机的技术日趋完善，作为一种高效、节能、低污染的发动机，燃气轮机在动力工程中必将得到日益广泛的应用。

2.2.3 机械能转换为电能

通过同步发电机可以将蒸汽轮机或燃气轮机的机械能转换成电能。同步发电机由定子（铁心和绕组）、转子（钢心和绕组）、机座等组成。转子绕组中通入直流电并在汽轮机的带动下高速旋转，此时转子磁场的磁力线被定子三相绕组切割，定子绕组因感应会产生电动势。当定子三相绕组与外电路连接时，则会有三相电流产生。这一电流又会同步产生一个顺着转子转动方向的旋转磁场，带有电流的转子绕组在该旋转磁场的作用下，将产生一个与转子旋转方向相反的力矩，这一力矩将阻止汽轮机旋转，因此，为了维持转子在额定转速下旋转，汽轮机一定要克服该力矩而做功，也就是说汽轮机的机械能通过同步发电机中的电磁相互作用而转变为定子绕组中的电能。汽轮发电机的基本结构如图 2-29 所示，表 2-4 为大型汽轮发电机的主要技术参数。

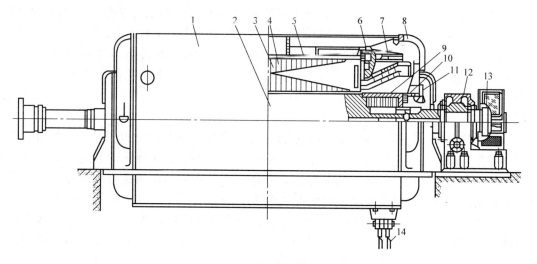

图 2-29　汽轮发电机的基本结构

1—定子　2—转子　3—定子铁心　4—定子铁心的径向通风沟　5—定位筋　6—定子压圈　7—定子绕组
8—端盖　9—转子护环　10—中心环　11—离心式风扇　12—轴承　13—集电环　14—定子电流引出线

表 2-4　大型汽轮发电机的主要技术参数

型　　　号	QFSS-200-2	QFQS-200-2	QFS-300-2	QFSN-600-2
额定容量/MVA	235	235	353	670
额定电压/kV	15.75	15.75	18	20
额定功率因数	0.85	0.85	0.85	0.90
额定电流/kA	8.625	8.625	11.32	19
额定转速/(r/min)	3000	3000	3000	3000

2.3 能量的储存技术

能源或能量的储存是能量在时间上的转换。如矿物燃料实质上是储存了若干万年前的太阳能，被今天的人类利用。目前，我国使用的电能绝大部分采用火力发电，如果满足了白天的用电高峰，则夜间的用电低谷必然造成电力浪费。因此，如何将用电低谷时的电能储存起来，是有待进一步研究的课题。

储能又称为蓄能，是指使能量转化为在自然条件下比较稳定的存在形态的过程。也可以说，在能量富余的时候，利用特殊装置把能量储存起来，并在能量不足时释放出来，从而调节能量供求在时间和强度上的不匹配。储能包括自然储能和人为储能两类：自然储能，如植物通过光合作用把太阳辐射能转化为化学能储存起来；人为储能，如旋转机械钟表的发条、儿童玩具中的弹簧等把机械能转化为势能储存起来。

按照储存状态下能量的形态，可分为机械储能、化学储能、电磁储能（或蓄电）、风能储存、水能储存等。与热有关的能量储存，不管是把传递的热量储存起来，还是以物体内部能量的方式储存能量，都称为蓄热。

无论是工业生产还是日常生活中，能量储存都非常重要。例如，对电力工业，电力需求的最大特点是昼夜负荷变化很大，巨大的用电峰谷差使峰期电力紧张，谷期电力过剩。我国东北电网最大谷峰差已达最大负荷的37%，华北电网峰谷差更大，达40%。如果能将谷期（深夜和周末）的电能储存起来供峰期使用，将大大改善电力供需矛盾，提高发电设备的利用率，节约投资。在太阳能利用中，由于太阳昼夜的变化和受天气、季节的影响，需要有一个储能系统（储热箱或蓄电池）来保证太阳能利用装置（过热水或光电）连续工作。

在能源的开发、转换、运输和利用过程中，能量的供应和需求之间往往存在数量、形态和时间的差异。为了弥补这些差异，有效地利用能源，常采取储存和释放能量的人为过程和技术手段，称为储能技术。储能技术有如下用途：① 防止能量品质的自动恶化。自然界一些不够稳定的能源，容易发生能量的变质和耗散，逐渐丧失其可转化性，例如水自发地由高处流向低处。采用储能技术，就可以避免能量自动变质造成的浪费。② 改善能源转换过程的性能。例如矿物燃料和核燃料本身性质稳定，它们用于发电时，电能却是不易储存的能量，并且电量随时间的变化出现电力系统负荷的高峰和低谷。因此，需要大容量、高效率的电能储存技术对电力系统进行调峰。③ 为了方便经济地使用能量，也要用到储能技术。例如汽车利用蓄电池解决发动机起动的难题。④ 为了减少污染、保护环境也需要储能技术。综上所述，储能技术是合理、高效、清洁利用能源的重要手段，已广泛用于工农业生产、交通运输、航空航天乃至日常生活。

衡量储能材料及储能装置性能优劣的主要指标有：储能密度、储能功率、蓄能效率、储能价格及对环境的影响等。表2-5给出了常用储能材料和装置的储能密度。

显然，作为核能和化学能的储存者，即核燃料、化石燃料有很大的储能密度，而电容器、飞轮等储能装置的储能密度就非常小。储能系统的种类繁多、应用广泛。按照储存能量的形态分为机械的储能、热能的储存、化学能的储存和电磁储能。

表 2-5 常用储能材料和装置的储能密度　　　　（单位：kJ/kg）

储能材料	储能密度[1]	储能装置	储能密度[1]
反应堆燃料（2.5% 浓缩 UO_2）	7.0×10^{10}	银氧化物-锌蓄电池	437
烟煤	2.78×10^7	铅-酸蓄电池	112
焦炭	2.63×10^7	飞轮（均匀受力的圆盘）	79
木材	1.38×10^7	压缩气（球形）	71
甲烷	5.0×10^4	飞轮（圆柱形）	56
氢	1.2×10^5	飞轮（轮圈-轮辐）	7
液化石油气	5.18×10^7	有机弹性体	20
一氢化锂	3.8×10^3	扭力弹簧	0.24
苯	4.0×10^7	螺旋弹簧	0.16
水（落差为 100m）	9.8×10^3	电容器	0.016

[1] 与能流密度概念不同。

2.3.1　机械能储存技术

机械能以动能或势能的形式储存。动能通常储存于旋转的飞轮中，利用飞轮储能是一项早已在机械工业中广泛采用的技术。飞轮储存的动能 E_k 可以用下式计算

$$E_k = \frac{1}{2}J\omega^2$$

式中，ω 为飞轮旋转的角速度；J 为飞轮的惯性矩。

在许多动力装置中采用旋转飞轮来储存机械能。例如空气压缩机、带连杆曲轴的内燃机及其他工程机械中，都是利用旋转飞轮储存的机械能使气缸中的活塞顺利通过上止点，并使机器运转更加平稳；曲柄式压力机更是依靠飞轮储存的动能工作。在核反应堆中的主冷却剂泵也必须带一个巨大的重约 6t 的飞轮，这个飞轮储存的机械能即使在电源突然中断的情况下仍能延长泵的转动时间达数十分钟之久，而这段时间是确保紧急停堆安全所必需的。

机械能以势能方式储存是最古老的能量储存形式之一，如重力装置、压缩空气、水电站的蓄水池、汽锤、弹簧、扭力杆、机械钟表的发条等。其中机械钟表的发条、弹簧和扭力杆储存的能量都较小。压缩空气储能和抽水储能可以储存较多所得势能。

压缩空气是工业中常用的气源，除了吹风、清砂外，还是风动工具和气动控制系统的动力源。现在大规模利用压缩空气储存机械能的研究已呈现诱人的前景。它是利用夜间多余的电力制造压缩空气，使之储存在地下洞穴（例如废弃的矿坑、封闭的含水层、废弃的油田或气田、天然洞穴等）。白天用压缩空气混入燃料并进行燃烧，然后利用高温烟气推动燃气轮机做功，所发的电能供高峰时使用。与常规的燃气轮机相比，因为省去了压缩机的耗功，故可使燃气轮机的功率提高 50%。

抽水蓄能电站利用可以兼具水泵和水轮机两种工作方式的蓄能机组，在电力负荷出现低谷（夜间）时作水泵运行，用基荷火电机组发出的多余电能将下水库的水抽到上水库以势能的形式储存起来，在电力负荷出现高峰（下午及晚间）时作水轮机运行，将水放下来发电。

2.3.2　热能储存技术及其应用

在现有的能源结构中，热能是最重要的能源之一。但目前的大多数能源如太阳能、风能、地热能以及工业余热、废热等，都具有间断性和不稳定的特点，因而人们还不能随意地利用它们。尤其是热能在急需时却不能及时提供，而在不需要时却可能存在大量的热量，热量得不到合理利用。于是，人们希望找到一种方法，就像蓄水池储水一样把暂时不用的热量以某种方式储存起来，等到需要时再把它释放出来。热能储存就是这样一种技术。

热能储存技术是提高能源利用效率和保护环境的重要技术。它是一般以物理热的形式将暂时不用的余热或多余的热量储存于适当的介质中，当需要使用时再通过一定方式将其释放出来，从而解决了由于时间或地点上供热与用热的不匹配和不均匀所导致的能源利用率低的问题，最大限度地利用加热过程中的热能或余热，提高整个加热系统的热效率。

热能储存技术的应用已有很长的历史。古代的人们就知道利用天然冰来保存食物和改善环境，或者利用地窖将冬天的冰储藏起来以备炎热的夏季使用。而现代热能存储技术主要出现在20世纪70年代发生石油危机以后。因为世界上一些工业大国开始重视太阳能、核能等新能源的开发研究，而这些新能源是不连续的，所以高效、经济的热能储存技术的研究显得非常重要。热能储存技术可用于解决热能供给与需求失配的矛盾，在太阳能利用、电力的"移峰填谷"、废热和余热的回收利用、工业与民用建筑及空调的节能等领域具有广泛的应用前景，目前已成为世界范围内的研究热点。热能储存除了适用于具有周期性或间断性的加热过程，还可应用于工业连续加热过程的余热回收。实践证明，热能储存技术具有广阔的应用前景。

目前，热能储存技术主要研究显热、潜热和化学反应热三种热能的存储。其主要研究内容可归纳为两大类，一类是热能储存材料的研究，包括材料的物性及材料与容器的相容性、材料的寿命及稳定性等；另一类是热物理问题的研究，包括热能存储过程中传热的基本机理、储热装置的强化传热、储热（换热）器的设计及运行工况的控制等。

热能储存的方法一般可分为显热储存、潜热储存和化学反应热储存，下面分别予以说明。

1. 显热储存

任何物质随着吸热而温度升高，或随着放热而温度降低的现象称为显热变化。显热储存是通过蓄热材料的温度升高来达到蓄热的目的。显热储存是所有热能储存方式中原理最简单、技术最成熟、材料来源最丰富、成本最低廉的一种，因而也是实际应用最早、推广使用最普遍的一种。但一般的显热储存介质的储能密度都比较低，相应的装置体积庞大，因此，它在工业上的应用价值不高。

众所周知，任何一种物质均具有一定的热容，在物质形态不变的情况下随着温度的变化，它会吸收或放出热量。显热储存技术就是利用物质的这一特性，其储热效果与材料的比热容、密度等因素有关。从理论上说，所有物质均可以被应用于显热蓄能技术，但实际应用的是比热容较大的物质（如水、岩石、土壤等）。因为蓄热材料的比热容越大、密度越大，所蓄的热量也越多。

常用的显热蓄热介质有水、水蒸气、砂石等。水具有清洁、廉价、比热容高的优点。水的比热容大约是石块比热容的4.8倍，而石块的密度是水的2.5~3.5倍，因此，水的蓄热容积密度比石块大。石块的优点是不像水那样有漏损和腐蚀等问题。显热蓄热主要用来储存温度较低的热能，液态水和岩石等常被用作这种系统的储存物质。显热储存技术达到的温度较低，一般低于 150℃，仅用于取暖，因为其转换成机械能、电能和其他形式的能量效率不高，并受到热动力学基本定律的限制。

2. 潜热储存

潜热储能是利用物质在凝固/熔化、凝结/汽化、凝华/升华以及其他形式的相变过程中，都要吸收或放出相变潜热的原理进行蓄热，因而也称为相变储能。相变的潜热比显热大得多，因而潜热储存有更高的储能密度。与显热蓄热比较，潜热蓄热的优点是容积蓄热密度大，在蓄热和取热过程中蓄热设备的温度变化小，可使集热器的面积做得较小。因此，蓄存相同的热量，潜热蓄热设备所需的容积要比显热蓄热设备小得多，从而可提高集热器的热效率，改善集热系统的经济性。

潜热储能中的相变可以是固-液、液-气及固-气，其中以固-液相变最为常见。虽然液-气或固-气转化时伴随的相变潜热远大于固-液转化时的相变热，但液-气或固-气转化时容积的变化非常大，很难用于实际工程。目前，有实际应用价值的只有固-液相变式蓄热。因此，衡量蓄热材料性能的主要指标包括：熔化潜热大、熔点在适当范围内、冷却时结晶率大、化学稳定性好、热导率大、对容器的腐蚀性小、不易燃、无毒、价格低廉等。

常见的潜热储存方法有冰蓄热、蒸汽蓄热、相变材料蓄热等。根据相变温度高低，潜热蓄热又可分为低温和高温两类。

低温潜热蓄热主要用于废热回收、太阳能储存及供暖和空调系统。低温相变材料主要采用无机水合盐类、石蜡及脂肪酸等有机物。无机水合盐类经过多次循环使用后，出现固液分离、过冷、老化变质等不利现象，因此需添加增稠剂等稳定性物质。石蜡和脂肪酸以及此类化合物的低共熔体，在融化时吸收大量的热，虽然低于水合盐，但它们不产生固液分层，能自成核，无过冷，对容器几乎无腐蚀，因而也得到广泛应用。冰作为低温相变材料也比较常用，其特点是成本低，且不存在腐蚀及有毒等问题。

高温潜热蓄热可用于热机、太阳能电站、磁流体发电以及人造卫星等方面。高温相变材料主要采用高温熔化盐类、混合盐类和金属及合金等。高温熔化盐类主要是氟化盐、氯化物、硝酸盐、碳酸盐、硫酸盐类物质。混合盐类温度范围广，熔化潜热大，但盐类腐蚀性严重，会在容器表面结壳或发生结晶迟缓现象。因此，应用时要求较高。

3. 化学反应热储存

化学反应热储存是利用储能材料相接触时发生可逆的化学反应来储、放热能。例如，化学正反应吸热，热被储存起来；逆反应放热，则热能被释放出去。这种方式的储能密度虽然较大，但是技术复杂并且使用不便，目前仅在太阳能领域受到重视，离实际应用尚较远。

热化学蓄热方式大体可分为三类：化学反应蓄热、浓度差蓄热以及化学结构变化蓄热。化学反应蓄热是指利用可逆化学反应的结合热储存热能，发生化学反应时，可以有催化剂，也可以没有催化剂，这些反应包括气相催化反应、气固反应、气液反应、液液反应等。浓度差蓄热是利用酸碱盐溶液在浓度发生变化时产生热量的原理来储存热量。化学结构变化蓄热是指利用物质化学结构的变化而吸热/放热的原理来蓄放热的方法。

实际中上述三种蓄热方式很难截然分开，例如，潜热型蓄热液同时会把一部分显热储存起来，而反应型蓄热材料则可能把显热或潜热储存。三种类型的蓄热方式中以潜热蓄热方式最具有实际发展前途，也是目前应用最多和最重要的储能方式。

4. 蓄热技术的应用

蓄热技术作为缓解人类能源危机的一个重要手段，主要有以下几方面的应用。

（1）太阳能热储存 太阳是一颗炽热的恒星，地球上的万物生长都有赖于它的光和热。太阳能是地球上一切能源的主要来源，是可再生的清洁能源，因而是 21 世纪以后人类可期待的最有希望的能源。但到达地面的太阳能有昼夜变化造成的间断性，有季节更替以及天气多云、阴雨而造成的不稳定性，而且太阳能到达地球表面的能量密度极低。要利用太阳能，就必须解决这些问题。在太阳能利用系统中设置蓄热装置是解决上述问题最有效的方法之一。

要想实际利用太阳能，必须将其转换为热能、电能、化学能、动能或生物能，然后存储起来，在需要时再将存储的能量直接应用或转换为所需形式的能量。几乎所有用于采暖、供应热水、生产过程用热等太阳能装置都需要储存热能。即使在地球外部空间的地球轨道上运行的航天器，由于受到地球阴影的遮挡，对太阳能的接收也存在不连续的特点，因此，空间发电系统也需要蓄热系统来维持连续稳定的运行。太阳能蓄热系统流程图如图 2-30 所示。

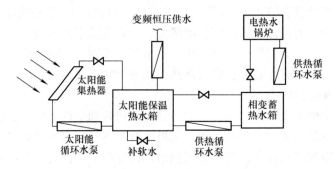

图 2-30　太阳能蓄热系统流程图

太阳能短期蓄热是太阳能蓄热中一种简单常见的形式，它的充放热循环周期较短，最短可以以 24h 作为一个循环周期。一般来说，短期蓄热的蓄热容积较小。例如目前居民家庭中使用的太阳能热水器，其中的热水箱就属于短期蓄热。

与太阳能短期蓄热相对应，蓄热容积比较大、充放热循环周期比较长（一般为一年）的称为长期蓄热（或季节性蓄热）。长期蓄热的蓄热装置可置于地面以上，一般较常见的有钢质蓄热水塔。从长期运行的经济性来看，置于地面以下的蓄热装置更为有效。长期蓄热主要用于与集中供热系统联合运行的大型蓄热，其热损失不仅与热装置的尺寸和形状有关，而且和蓄热温度、土壤的绝缘性能以及蓄热装置的位置有关。

目前，国际上太阳能蓄热的发展重点正在转向地下工质（土壤、岩石、地下水等）作为蓄热介质的长期蓄热。用户和蓄热装置之间的管路一般以水作为能量输送介质，这种蓄热方法成本低，占地少，是一种很有发展前途的储热方式。

为了保持太阳能采暖系统供热的连续性和稳定性，在该系统中必须配备蓄热装置。以空气为吸热介质的太阳能采暖系统通常选用岩石床作为热储存装置中的蓄热材料，如图 2-31 所示。以水为吸热介质的太阳能采暖系统则选用水作为蓄热材料，如图 2-32 所示。

（2）电力调峰及电热余热储存 电力资源的短缺是人类长期面临的问题。尽管如此，在目前的电力资源使用中却存在严重的浪费现象。例如，我国的葛洲坝水利枢纽工程，其高

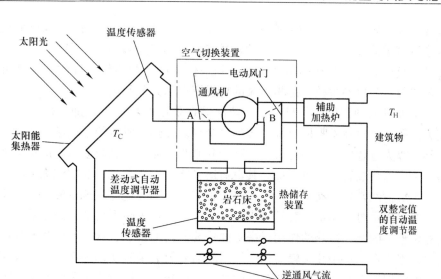

图 2-31　以空气为吸热介质的太阳能采暖系统

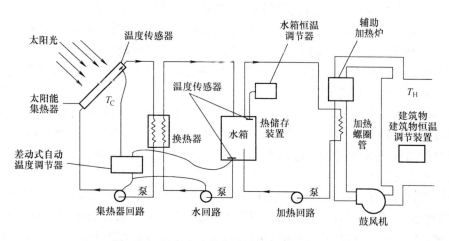

图 2-32　以水为吸热介质的太阳能采暖系统

峰与低谷的发电输出功率之比为 220 万 kW/80 万 kW，用电低谷发不出的电能只是通过放水解决。若能把这部分能源回收，则可大大缓解能源紧张状况，并减少电力资源浪费。

　　在电厂中采用蓄热装置，可以经济地解决高峰负荷填平需求低谷，以缓冲蓄热方式、调节机组负荷。采用蓄热装置可以节约燃料，降低电厂的初投资和燃料费用，提高机组的运行效率并改善机组的运行条件，从而提高电厂的运行效益和电能的利用率，降低排气污染，改善环境。

　　在太阳能电站中，当负荷降低时，利用蓄热装置可以把热能暂时存储起来。由于太阳能自身不可避免的非连续性，蓄热器的放热不仅是由于高峰负荷的需要，抑或由于供能的不足（日照少或为零），或兼而有之；蓄热器的蓄热不仅是由于负荷降低，抑或由于供能过多（日照过多），或兼而有之。因此，蓄热不仅削峰，而且填平了低谷。

　　蓄热技术在核电站中具有更大的吸引力。采用蓄热技术可使反应堆运行更安全、更经济。对高峰负荷采用核电机组与蓄能相结合的形式，可以减少单独的高峰负荷机组的需要量，同样还可减少低效率高峰机组使用的优质燃料（轻油、煤油、天然气等）。这样，核电站可以按基本负荷运行，燃料的温度交变降到最低限度，对燃料元件的损害就可以降到最低。采用蓄热技术，也使得核电站相当大的初投资得到充分利用。

（3）工业加热及热能储存　目前工业热能储存采用的是再生式加热炉和废热蓄能锅炉等蓄热装置。采用蓄热技术来回收锅炉的烟气余热及废热，既节约了能源，又减少了空气污染以及冷却、淬火过程中水的消耗量。在造纸和制浆工业中，燃烧废木料的锅炉适应负荷的能力较差，采用蓄热装置后，可以提高其负荷适应能力。在食品工业的洗涤、蒸煮和杀菌等过程中，由于负荷经常发生波动，采用蓄热装置后就能很好地适应这种波动。纺织工业的漂白和染色工艺过程也可采用蓄热装置来满足负荷波动。在采暖系统中，热能的生产随需求的变化要随时调整，因此，蓄热的作用显得更加重要。借助蓄热装置，可以降低能量转换装置的设计功率，因为在一年中只有较短的一段时间需要最大采暖功率。在电热采暖和供应热水的过程中，可以把用电时间安排到非高峰时期，从而降低运行成本。采用蓄热装置后，不存在部分负荷运行情况，能量的转换效率提高。采暖锅炉由于需求的波动导致锅炉起停频繁，起停过程的能量损失非常大。采用蓄热装置后，有效地增加了系统蓄热容量，在一定范围内可以满足波动负荷的要求，从而降低锅炉起停的频率，降低能量消耗。

（4）蓄冷技术　长期以来，对相变蓄热技术的研究主要偏重于高温蓄热和太阳能的利用方面。随着经济的发展和人们生活水平的提高，空调应用的范围日益扩大，作为在用户侧进行电力负荷管理、减小电力负荷昼夜峰谷差和用电高峰期电力短缺的重要手段之一，蓄冷空调技术得到了人们的广泛关注。

空调用电负荷是典型的与电网峰谷同步的负荷。据统计，其年峰谷负荷差可达 $80\% \sim 90\%$，日峰谷差可达 100%。据报道，发达地区大中城市空调负荷已达电网总负荷的 25% 以上，并以每年 20% 的速度递增，远远超过发电量的增长速度。因此，如何平衡空调用电的峰谷负荷变得十分重要。

采用空调蓄冷技术是平衡空调用电峰谷最好的办法。所谓空调蓄冷技术，是指利用电力负荷很低的夜间用电低谷期，采用电动压缩制冷机制冷，利用蓄冷介质的显热或潜热特性，用一定方式将冷量储存起来。在电力负荷较高的白天，也就是在用电高峰期，把储存的冷量释放出来，以满足建筑物空调或生产工艺的需要。

空调工程的蓄冷方式种类较多，按储存冷能的方式可分为显热蓄冷和潜热蓄冷两大类；按蓄冷介质区分，有水蓄冷、冰蓄冷、共晶盐蓄冷、气体水合物蓄冷等几种。目前，冰蓄冷及水蓄冷技术在我国已经得到认可和普遍应用。

水是自然界最易得的廉价蓄冷材料，可以利用 $4 \sim 7℃$ 冷水储存冷量。水蓄冷具有系统简单、技术要求低和维护费用少等特点，在空调蓄冷中可以使用常规制冷机组。但其缺点是蓄冷能力小，因此蓄冷装置体积大，占地多。这种蓄冷方式早期使用很多，目前随着地价上升，已较少应用。

冰蓄冷充分利用水的相变潜热（335kJ/kg），蓄冷能力达水蓄冷的十几倍，因此，冰蓄冷系统蓄冷装置体积小，蓄冷量大，是目前蓄冷装置中应用最为广泛的一种方式。冰蓄冷的缺点是，在制冷与储冷、储冷和取冷之间存在更大的温差，传热温差损失更大。因此，冰蓄冷的制冷性能系数 COP 较水蓄冷低。

共晶盐的蓄冷系统正是为了克服水蓄冷和冰蓄冷的缺点而研发的。其特点是既利用相变潜热大的优点，又尽量减少传热温差。但一般的水合盐都有一定的腐蚀性，多次使用也容易老化失效，对蓄冷设备要求高，蓄冷、释冷过程换热效率低，所以，推广使用共晶盐蓄冷受到一定限制。

目前，国内蓄冷空调技术发展很快。我国从 1992 年开始发展水蓄冷和冰蓄冷空调，目前已有上百座大型建筑物采用了蓄冷空调系统。

2.3.3　化学能储存技术

化学能是各种能源中最易储存和运输的能源形态。化学物质（储能材料）所含的化学能通过化学反应释放出来，反之，也可通过反应将能量储存到物质中，实现化学能与热能、机械能、电能、光能等能量之间的相互转换。从广义上讲，储存原油和各种石油产品、液化石油气（LPG）、液化天然气（LNG）、煤等化石燃料本身就是对化学能的储存。

系统发生化学变化时常常伴随发生吸热或放热现象，因此，化学能与热能之间的转换是最为频繁的。从远古时代利用燃烧木头等来取暖，到现在燃烧管道煤气、石油天然气等无一不是利用储存在物质内部的化学能。热化学制冷和制热是典型的热能的化学储存。

制氢储能电站是化学能储存电能的一个例子。抽水蓄能电站日益被人们重视，它在削峰填谷方面确实发挥着越来越大的作用。但是，其致命的缺点是对地形的依赖性太强。

化学能储电中化学电源是很典型的。化学电源是将物质化学反应所产生的能量直接转换为电能的一种装置。按其工作性质和储存方式不同，可分为原电池（一次电池）、蓄电池（二次电池）、储备电池和燃料电池。用完即丢弃的电池称为一次电池，作为小型便携式电源产品而被广泛使用。可以充放电的电池叫做二次电池，广泛用作汽车的辅助电源。在当今社会中，化学电源已被广泛应用，如锰干电池和汽车上使用的铅蓄电池。目前正在以储存电能为目的研制多种类型的蓄电池。

燃料电池（FC）是一种等温进行、直接将储存在燃料和氧化剂中的化学能高效而无污染地转化为电能的发电装置。它的发电原理与化学电源一样，但其工作方式又与常规的化学电源不同，更类似于汽油、柴油燃料电池，是一种将氢和氧的化学能通过电极反应直接转换成电能的装置。燃料电池应用日益广泛，存在潜在的应用前景。

有些物质在吸收热能时，会发生化学反应。科学家们利用这种特性，将太阳能储存在化学物质中，到需要时，又利用化学反应将能量释放出来。这就是利用化学能储存太阳能。

高分子材料也是储存化学能的介质，它可以将机械能、声能和电磁辐射能转变为化学能储存起来。高分子换能材料是一大类重要的功能材料，它在高新技术领域特别是军事领域已经得到了广泛的应用。高分子介质中能量转换的机理和不同形式是有待深入研究的重要理论领域。今后应该继续研究大分子结构与能量转化性能之间的关系，为高效换能材料的分子设计打下理论基础。另一重要的研究方向是高分子材料与其他换能材料的复合技术，该技术是用高分子作粘合剂，将不同功能的材料结合在一起，发挥高分子材料与其他材料的协同作用。

2.3.4　电能储存技术

在能源发生危机的今天，应积极大力开发和利用自然能源，如太阳能、风能、生物质能和波浪能等。然而，这些自然能源常常随自然条件的变化而变化。为有效地利用这些自然能源，必须采用能量储存设备，以保证连续稳定地供能。

许多自然能源通常要转换为电能，因此，发展电能储存技术，对提高发电设备利用率、降低成本、保证供电质量、节约能源都是非常必要的。目前，世界各国已经使用或正在研究开发的电能储存方式有：抽水蓄能、压缩空气储能、超导电感储能、新型蓄电池储能、飞轮蓄能等。

1. 抽水蓄能的应用

目前，我国以热力机组为主的发电系统由三部分组成：使用单机容量大、经济性好的燃煤机组来承担负荷中不变的部分（称为基荷），使用调节性能好的燃煤或燃油调峰机组和某些水电机组来承担负荷中有规律变化的部分（称为腰荷），使用水电机组或燃气轮机来承担负荷中变化频繁的部分（称为峰荷）。电力系统如装有抽水蓄能机组，则可以用来替代承担腰荷及峰荷的热力机组。

抽水蓄能电站原理示意图如图 2-33 所示，它是利用兼有水泵和水轮机两种工作方式的蓄能机组，在电力负荷处于低谷时作水泵运行，用基荷火电机组发出的多余电能将下水库的水抽到上水库储存起来，在电力负荷出现高峰时作水轮机运行，将上水库储存的水放下来发电。

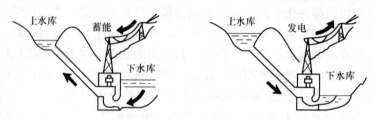

图 2-33　抽水蓄能电站原理示意图

抽水蓄能机组可以改善电网的运行。在能源利用上，降低了电力系统燃料消耗，改变了能源结构，提高了火电设备的利用率，降低了运行消耗；在提高水电效益方面，抽水蓄能电站缓解发电与灌溉的用水矛盾，调节长距离输送的电力，充分利用水力资源，对环境没有不良的影响。

2000 年 3 月 14 日，广东省广州抽水蓄能电站 8 号机组移交生产，标志着该电站的建设已全面完成，成为世界上最大的抽水蓄能电站。其总装机容量 240 万 kW，一期工程总投资约 27 亿元，二期工程总投资近 30 亿元。

2. 超导磁能技术

超导技术的进步为电能储存开辟了一条新的技术途径。超导储能装置具有储能密度大、效率高、响应快的优点，而且也能够以小型化、分散储能的形式应用，正在受到人们的关注。

超导储能技术有超导磁储能和磁悬浮飞轮储能两种，前者将电能以磁场的形式储存，后者将电能以机械能的形式储存。超导磁储能技术具有以下优点：储能密度高，并且节省送变电设备和减少送变电损耗；可以快速起动和停止，即可以瞬时储电和放电，从而缩短停电事故修复时间；在系统输入、输出端使用交直流变换装置，短路容量的稳定度较高。当遇到电网以暂态波动时，它对电网以有功与无功的支持来稳定电压和频率，可以避免系统解裂甚至崩溃。超导磁储能技术在电力工业中有广泛的商业应用前景。

在超导储能装置中，超导磁悬浮飞轮储能较磁储能起步晚，是在高质量、高温超导块材技术形成后才发展起来的，与超导磁储能装置相比，超导磁悬浮飞轮储能密度更高、泄漏磁场较小。而且，超导磁储能的效率、单位容量成本与储存能量大小密切相关，储存能量太小则经济效益较差。在这方面，超导磁悬浮飞轮储能的效率、单位容量成本与储能容量的相关性较小，从而更容易实现小型化。

3. 电容器储能技术

在脉冲功率设备中，作为储能元件的电容器在整个设备中占有很大的比例，是极为重要的关键部件，广泛应用于脉冲电源、医疗器材、电磁武器、粒子加速器及环保等领域。我国现有的大功率脉冲电源中采用的电容器基本上是按电力电容器的生产模式制造的箔式结构的电容器，其存在储能密度低、发生故障后易爆炸的缺陷。目前国内脉冲功率电源中所用电容器的储能密度一般为 100～200 J/L，少数达到 500 J/L。国际上所用脉冲电容器的储能密度水平在 500～1 000 J/L，形成商品的电容器的储能密度约为 500 J/L。提高电容器的储能密度，将有效地减小大功率脉冲电源的体积。

4. 压缩空气储电技术

压缩空气储能技术的概念是在 20 世纪 50 年代提出来的，它像蓄电池、抽水蓄能电站等技术一样，在电力供应方面用作电力削峰填谷的工具。

压缩空气储能系统由两个独立的部分组成：充气（压缩）循环和排气（膨胀）循环。压缩时，电动机/发电机作为电动机工作，使用相对较便宜的低谷电驱动压缩机，将高压空气压入地下储气室，这时膨胀机处于脱开状态。用电高峰时，合上膨胀端的联轴器，电动机/发电机作为发电机发电，这时从储气室出来的空气先经过回热器预热（是用膨胀机排气作为加热气源），然后在燃烧室内进一步加热后进入膨胀系统。

思　考　题

2-1　能量的转换方式有哪些？

2-2　简述能量转换的基本原理。

2-3　何谓能量转换的效率？何谓㶲效率？

2-4　能量转换的形式与设备有哪些？

2-5　简述内燃机的运行过程。

2-6　蒸汽轮机的结构组成有哪些？

2-7　蒸汽轮机的蒸汽参数有哪些？

2-8　简述蒸汽轮机的运行过程。

2-9　能量的储存技术有哪些？储能材料及装置的主要指标有哪些？

2-10　机械能储存技术有哪些？

2-11　有哪些常见的热能储存方法？

2-12　目前太阳能的热储存技术有哪些？

2-13　电力调峰及电热余热储存技术有哪些？

2-14　蓄冷技术有哪些？

2-15　电能和化学能储能技术分别有哪些？

第3章 常规能源的高效利用

3.1 概述

化石能源是地球亿万年来形成的宝贵财富，也是人类生存和发展不可或缺的血脉。当今世界常规能源资源的消耗速率远远超过了其再生能力和人类开发新能源的能力。目前，全世界煤炭探明剩余可采储量约为1万亿t，可采年限为200年左右；天然气的探明剩余可采储量约为140万亿m^3，也将在60年内采完。第15届世界石油大会认为，石油资源的探明程度为79%。全球石油探明剩余可采储量约为1 400亿t，可采年限为40年。

我国化石燃料储量及可开采年限估算见表3-1。我国煤炭储量丰富，列世界第3位，但煤炭储量人均值只有世界平均值的一半；石油和天然气储量较少，分别列世界第10位和第11位，石油储量人均值只有世界平均值的11%，天然气储量人均值只有世界平均值的4%。我国的能源资源储量有限，特别是优质的石油和天然气资源短缺，已成为我国能源供应的最突出问题。

表3-1　我国化石燃料储量及可开采年限估算

能源种类	探明储量	折合标准煤/亿t	1992年开采量	可开采年限/年
煤炭	1 145亿t	817	11.2亿t	102
石油	32.6亿t	47	1.42亿t	23
天然气	11 270亿m^3	15	185亿m^3	61

在能源资源紧缺的情况下发展国民经济，就需要提高国内生产总值（Gross Domestic Prooduct，简称GDP）能耗强度。国际上通常采用GDP能耗强度（即单位国内生产总值所消耗的能源量）作为衡量能源使用效率的宏观指标，GDP能耗强度越低，表示能源的利用效率越高。1995年，我国的GDP能耗强度为1.64 kgce/美元，而世界平均水平为0.39 kgce/美元，我国的GDP能耗强度是世界平均水平的4.2倍。同年，经济合作发展组织（Organisation for Economic Co-operation and Development，简称OECD）国家的平均水平为0.25 kgce/美元，我国的GDP能耗强度是OECD国家的6.56倍。这表明，我国的能源利用效率比OECD国家乃至世界大多数国家低得多，我们要比世界大多数国家多消耗3倍多的能源，才能生产出一美元的GDP。

除GDP能耗强度外，能源利用效率常用的能源强度指标还有单位产值能耗、单位产品能耗、单位服务量能耗等指标。能源消耗强度是指所消耗的能源量与某项经济指标、实物量或服务量的比值，计量单位多为tce/万元GDP、tce/单位产值（高耗能行业）、tce/单位产品。一般而言，能源消耗强度（如万元GDP能耗、单位产值能耗）越低，说明该地区的能源经济效率越高。

能源利用效率是反映能源与经济发展关系最核心的指标。具体内涵包括三个方面：

① 反映能源消费和经济发展数量关系的指标。在工业化以前，以传统的农业经济为主，生产用能很少，生活用能也很少，因此能源消耗很低。在工业化过程中，产业结构逐渐发生变化，社会财富大部分依靠消耗大量能源产生，因而能源消耗上升。到了工业比例达到一定数量，第三产业得到发展，并由于科学技术的进步和管理的改善，能源消耗将在一个比较合理的水平上稳定发展。② 能源消耗既同能源技术效率有关，还同经济效率有关。它们之间的关系为：能源消耗（$\eta_{能经}$）＝能源技术效率（$\eta_{能}$）×经济效率（$\eta_{经}$），其中，$\eta_{能}$（N'/N）为能源技术效率，N 为总消耗能量，N' 可以指最后利用的有效能量，也可以指产品有效利用的能源数量；$\eta_{经}$ 为工业增加值率（$GDP_{工}/J$），J 为工业总产值。能源技术效率一般指产出的有用能量与投入的总能量之比，这个技术效率的上限受物理学原理的约束，实际值是随科技和管理水平的提高而不断提高。因此，要提高能源经济利用效率，必须既提高能源技术效率，又要提高经济效率。③ 在进行能源消耗横向水平比较时，不宜单一地采用万元 GDP 能耗指标，也不要把它作为节能潜力分析的主要依据。因为万元 GDP 能耗是一个宏观指标，节能潜力分析则要细化到行业、部门、企业、产品，属于介观或微观的层次，介观和微观的指标则有单位产品综合能耗、产业可比能耗乃至能源系统效率等。进行节能潜力分析，需要采用综合指标、产品单耗等具体的能源经济效率指标和能源技术效率指标。

随着我国经济发展、人口增多和人民生活水平的提高，能源的需求将急剧增加。专家估计，到 2050 年，如果我国人口保持在 16 亿以下，人均能耗将为 2 377 kgce，我国能源总需求将为 37 亿 tce，这一数值相当于目前水平的 2.75～3.75 倍。我国化石能源资源难以保证本世纪我国经济和社会发展的需求，并且浪费依然严重，走可持续发展之路是我国能源工业的必然选择，节能与提高能源效率是实现可持续发展最重要的战略之一。节能与提高能源效率意味着用较少的能源消耗来获取较多的产值和服务，并且减少污染物排放。

目前，我国常用的常规一次能源包括煤炭、石油、天然气、水能和生物质燃料；常规二次能源包括电力、蒸汽、热水、煤气、焦炭、汽油、柴油、重油、液化石油气、丙烷、甲醇、酒精、苯胺、火药等，其中，电力、蒸汽和热水是工业生产中普遍应用的二次能源。2008 年我国与世界的一次能源消费结构对比见表 3-2。本章重点介绍煤炭、石油、天然气、水能及电能这几种常规能源的高效利用问题。

表 3-2　2008 年我国和世界的一次能源消费结构对比

	煤　炭	石　油	天然气	其　他
中国	68.7%	18.7%	3.8%	8.8%
世界	29.2%	34.8%	24.1%	11.9%

3.2　煤炭

3.2.1　煤炭高效清洁利用总论

煤炭的高效清洁利用是指把经过洁净加工的煤炭作为燃料或原料使用。煤炭高效利用包括高效燃烧和高效转化。煤炭作为燃料使用，是将煤炭的化学能转化为热能直接加以利用，或将煤炭的化学能先转化为热能再转化为电能而加以利用。煤炭的洁净转化是将煤炭作为原料使用，可将煤炭转化为气态、液态、固态燃料或化学产品及具有特殊用途的炭材料。

1. 我国煤炭的种类

煤（又称煤炭）是地球上最丰富的化石燃料，由有机物和无机物混合组成。煤中的有机物主要由碳（C）、氢（H）、氧（O）和氮（N）四种元素构成，碳、氢、氧的质量分数占95%以上，一般碳的质量分数为80%～85%，氢的质量分数为4%～5%；煤中的无机物质主要有硫（S）、磷（P）及氟（F）、氯（Cl）和砷（As）等稀有元素。碳和氢是煤中的可燃物质，而硫和磷则是煤中的有害成分。煤在利用中，常用煤质指标有水分、灰分、挥发分和发热量（或热值）。原煤的平均低位发热量为 20.93MJ/kg。

煤的科学分类为煤炭的合理开发利用提供了依据。根据煤中干燥无灰基挥发分的含量 V_{daf}，将煤分为褐煤、烟煤和无烟煤三大类。根据煤的用途不同，每大类又可细分为几小类。我国现行煤炭类型及用途如下：

（1）泥煤 泥煤又称泥炭，或称草炭。它在自然状态下含有大量水分，其固相物质主要是由未完全分解的植物残体和完全腐殖化的腐殖质以及矿物质，前两者为有机物质，一般占固相物质的半数以上。泥炭分为低位泥炭（富营养泥炭）、中位泥炭（中营养泥炭）和高位泥炭（贫营养泥炭）三种。泥煤可作生活燃料和动力燃料，由于它的腐植酸含量较高，所以还可用于提取各种腐植酸或制取高效复合肥料。

（2）褐煤 褐煤是煤中埋藏年代最短、炭化程度最低的一类。褐煤大多呈褐色，光泽暗淡或呈沥青光泽，因此称为褐煤。褐煤是一种只经过成岩作用而变质作用不充分的煤，是煤化作用程度最低的一类煤。有的褐煤仍保持植物原貌，其木质与年轮尚清晰可辨，是植物转化成煤的最好印记。褐煤易点燃，燃烧彻底，灰呈粉状，易排出，并具有低硫、低磷、高挥发分、高灰熔点的特点，主要用于火力发电厂、化工、气化、液化，有时也作民用燃料。

（3）长焰煤 长焰煤是变质程度最低的一种烟煤，从无粘结性到弱粘结性的都有，其中最年轻的还含有一定数量的腐植酸。长焰煤通常呈褐黑色，燃烧时发出较长火苗。长焰煤储存时易风化碎裂。对于煤化度较高的年老煤，加热时能产生一定量的胶质体。单独炼焦时也能结成细小的长条形焦炭，但强度极差，粉焦率高。长焰煤的挥发分产率较高，可作动力、民用燃料和气化原料，也可作低温干馏。

（4）不粘煤 不粘煤的发热量比一般烟煤低，可作动力和民用燃料，也可作气化原料。

（5）弱粘煤 弱粘煤是还原程度较弱的煤种，从低变质程度到中变质程度，可作气化原料及电厂和机车燃料，有时可作炼焦配煤。

（6）气煤 气煤的挥发分和焦油产率较高，有一定的结焦性。气煤一般多用作炼焦配煤，可采用高温干馏用于制造城市煤气，也可作各种动力、民用燃料和气化原料。

（7）肥煤 煤化度中等、粘结性极强的烟煤称为肥煤。肥煤是炼焦用煤的一种。肥煤挥发物一般较高，胶质层较厚，粘结性强。肥煤属中变质程度的烟煤，干馏时产生大量胶质体。肥煤一般不单独用来炼焦，而作为炼焦配煤。

（8）焦煤 焦煤干馏时能产生热稳定性很高的胶质体，是优质的炼焦原料。

（9）瘦煤 瘦煤干馏过程中能产生一定量胶质体，可单独结焦，但形成烧炭块度大，裂纹少，不耐磨，可作炼焦配煤和动力燃料。

（10）贫煤 贫煤是烟煤中变质程度最高的煤种，干馏过程中不产生胶质体，不结焦，燃烧时火焰短，一般可作动力和民用燃料。

（11）无烟煤　无烟煤是变质程度最高的煤。无烟煤除常用作民用燃料外，某些化学反应性好、热稳定性较高的块煤，或将粉煤成型后，可作气化原料用以合成氨。优质、低灰、低硫、高发热量的无烟煤磨细后可作高炉喷吹燃料和用以制造碳电极等高级碳素制品，此外，还可用高质量的无烟煤制造活性炭等。

2. 煤炭的转换利用技术

我国每年消耗十几亿吨煤，其利用途径十分广泛。图 3-1 所示为煤的主要利用方式，其中，煤炭燃烧是主要利用方式。煤炭的转化利用技术主要有以下四种：

（1）煤气化技术　煤气化有常压气化和加压气化两种，这两种技术分别是在常压或加压条件下保持一定温度，通过气化剂（空气、氧气和蒸汽）与煤炭反应生成煤气。煤气的主要成分是一氧化碳、氢气、甲烷等可燃气体。在煤气化过程中要脱硫除氮、排去灰渣后，煤气才成为洁净燃料。一般用空气和蒸汽做气化剂的煤气发热量低；用氧气做气化剂的煤气发热量高。

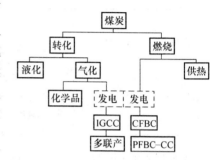

图 3-1　煤的主要利用方式
IGCC—整体煤气化联合循环
CFBC—循环流化床燃烧
PFBC-CC—增压流化床燃烧联合循环

（2）煤液化技术　煤液化有间接液化和直接液化两种。间接液化是先将煤气化，然后再把煤气液化，如煤制甲醇，可替代汽油，我国已有应用。直接液化是把煤直接转化成液体燃料，例如直接加氢将煤转化成液体燃料，或煤炭与渣油混合成油煤浆后反应生成液体燃料。

（3）煤气化联合循环发电技术　先把煤制成煤气，再用燃气轮机发电，排出高温废气烧锅炉，再用蒸汽轮机发电，整个发电效率可达 45%。

（4）燃煤磁流体发电技术　当燃煤得到的高温等离子气体高速切割强磁场时，就直接产生直流电，然后把直流电转换成交流电，发电效率可达 50% ~60%。燃煤磁流体发电技术正在研究与开发阶段。

3. 洁净煤技术

我国能源结构以煤炭为主，其中 80% 的煤炭作为燃料使用。我国煤炭资源的特点是含硫量高，高灰煤的比例较大。煤炭直接燃烧，产生大量的 CO_2、SO_2 和 NO_x 等有害气体，同时还伴有大量煤尘，这是造成环境危害的主要原因。主要防治措施有：① 对产生的污染物进行处理；② 在加工和转化过程中控制有害气体产生；③ 采用先进能量转换技术与节能技术。

为使煤炭清洁高效利用，各国都在推进洁净煤技术（Clean Coal Technology）。洁净煤技术是指在煤炭开发利用过程中，旨在减少污染排放和提高利用效率的加工、燃烧、转化及污染控制等高新技术总称。洁净煤技术关注煤炭利用的经济效益、社会效益和环保效益的综合情况，是能源工程的一个主要技术领域。

洁净煤技术的内容和范围很广。广义的洁净煤技术涉及煤炭的开采、运输、加工、转化及利用等各个环节，以"提高效率，保护环境，资源节约，促进发展"为宗旨。洁净煤技术是以煤炭洗选为源头，以煤炭气化为先导，以煤炭高效洁净燃烧为核心，以污染物控制为重要组成内容的技术体系。其基本内容包括四方面：煤炭加工、煤炭转化、煤炭高效洁净燃烧及污染控制与废弃物管理。其主要内容是煤炭的洁净加工与高效利用。污染控制与废弃物管理包括：烟气净化，粉煤灰综合利用，煤矸石、煤层气、矿井水和煤泥水的矿区污染治理。

　　洁净煤技术可分为煤炭燃前技术、燃中技术、燃后技术、煤炭转化技术、煤系共伴生资源利用及有关新技术等五类。洁净煤技术分类见表 3-3。根据我国的具体情况，我国洁净煤技术选择的原则是：在提高效率的前提下，减少污染；推广现有成熟技术；研究开发和引进经济有效的实用技术；终端用户以电力和工业锅炉为主。

表 3-3　洁净煤技术分类

分　　类		技 术 项 目	
煤炭加工：燃前净化技术		选煤、型煤、水煤浆	
煤炭燃烧及后处理技术	燃烧中净化	高效低污染的粉煤燃烧、燃烧中固硫、流化床燃烧、涡旋燃烧	煤气化联合循环发电（IGCC）、流化床燃烧联合循环发电（FBC）、循环流化床锅炉、燃烧中固硫和烟道气脱硫等技术
	燃烧后净化	烟气净化、灰渣处理、粉煤灰利用	
煤炭转化技术		煤气化、煤的地下气化、煤的液化、煤的干馏、燃料电池、磁流体发电	
煤炭开发利用中的污染控制技术		煤层气资源开发利用，煤系有益矿产利用，废弃物处理与利用，炼焦厂、水泥厂、化肥厂等污染控制技术	

　　我国的煤种和煤质多变，而且总体煤质较差，应当加强选煤和煤炭加工利用的研究，尤其是加强深度脱硫和脱灰技术研究。开展高效煤气化和煤液化工艺对煤种适应性的研究，具有重要意义。应开发新型高效煤基多联产技术，以实现煤的综合利用。新一代洁净煤技术研究领域列于表 3-4。

表 3-4　新一代洁净煤技术优先发展的研究领域

技 术 领 域	加工阶段	关键技术与优先发展领域
煤炭深度加工与净化技术	煤炭利用前	选煤：浮选柱、重介选流器、干法选煤技术、高惰质组分煤煤岩组分分选与富集 型煤：新一代清洁型煤、气化型煤、焦化型煤 配煤：劣质煤提质改性 水煤浆：代油煤浆的开发
煤炭清洁燃烧及先进发电技术	煤炭燃烧过程	循环流化床：大型化、推广应用 超临界气化发电：大型化 煤气化联合循环发电：新型高效气化技术
煤炭转化技术	煤炭利用环节	煤炭焦化：弱粘结煤大规模焦化试验 煤炭气化：低灰熔点煤的气化技术、气体组成优化 煤炭液化：提高液化转化率、优化油品组成 煤制氢—燃料电池：提高煤的转化率和氢气产率 煤炭化工：甲醇、二甲醚、乙烯、聚乙烯等
煤利用过程中污染控制技术	加工转化过程	废渣、废水和废气治理：先进的治理与回收技术
	燃烧后	烟气后处理：节水型高效脱硫、脱硝、脱 VOC，高效除尘装置开发和应用
煤系废弃资源的回收利用	开采过程	共、伴生矿产的综合利用：包括煤层气的抽放和利用
	加工过程	煤矸石的综合利用：提取有益矿产，材料利用
	使用后	灰、渣的综合利用：材料回收和加工利用

4. 煤基多联产技术

煤基多联产是指以煤为原料，集煤气化、化工合成、发电、供热、废弃物资源化利用等单元工艺构成的煤炭综合利用系统，也称为煤基多联产系统。煤基多联产的龙头工艺是煤气化，核心是煤化工和发电的有机结合，获得电、甲醇、城市煤气、氢等多种二次能源、多种高附加值的化工副产品及产生用于生产工艺过程有效能的过程。煤基多联产系统概念示意如图 3-2 所示。

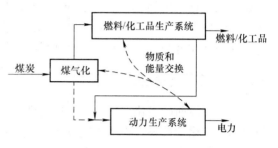

图 3-2　煤基多联产系统概念示意图

煤基多联产是煤化工的发展方向。煤的多联产技术是一个非常复杂的系统工程，它不是多种煤炭转化技术的任意简单叠加，而是以煤炭资源合理利用为前提，在相关技术发展水平的基础之上，以提高煤炭资源利用价值、利用效率、经济效益和减轻环境污染等为综合目标函数的系统优化集成，强调煤炭资源的分级利用、高效率利用、高经济效益及低污染排放。

煤-电-气多联产技术分为以下几种情况：

（1）以煤热解为基础的热-电-气多联产技术　挥发分是煤组成中最活跃的组分，通常在较低的温度下析出，同时也是煤中较容易利用的组分。以煤热解为基础的多联产技术，是将煤加入热解气化炉，经热裂解析出挥发分，产生的热解气可作为工业用气和民用煤气，热解煤气和焦油也可进一步工艺处理获得苯、萘、蒽、菲及多种目前尚无法人工合成的稠环芳香烃类化合物和杂环化合物，热解产生的半焦可直接送到燃烧炉中燃烧产生蒸汽，用于发电或供热。这种技术可以获得热值较高的热解煤气，且 CO 含量较低，经简单净化处理即可作为城市煤气；煤的热解工艺与半焦燃烧相集成，在同一系统中产生高热值热解煤气、蒸汽、电力及其他产品，从而实现在一个系统同时向城镇供给煤气、蒸汽及电力；煤炭中硫、氮等污染源绝大部分在煤的热解过程中以 H_2S、NH_3 的形式析出，与直接燃烧产生烟气中的 SO_2、NO_x 等相比，前者脱除要容易得多。

（2）以煤部分气化为基础的热-电-气多联产技术　由于煤的组成、结构及固体形态等特点，煤转化过程特别是煤气化过程的固体颗粒反应速度，随转化速度的增加而减缓，若要在单一气化过程中获得完全或较高的转化率，则需要采用高温、高压和长停留时间，由此增加了技术难度，生产成本也相应增加。另外，煤炭的燃烧反应速度远高于其气化速度，若采用燃烧方法处理煤中的低活性成分，则可以简化气化要求，不追求很高的碳转化率，从而可降低生产成本。根据煤中不同组分在化学反应性质上的巨大差别及煤不同成分和不同转化阶段的反应性质不同，可实施煤热解、气化、燃烧的分级转化，使煤炭气化技术简化，减少投资，降低成本，同时，还能经济地解决煤中污染物的脱除问题。以煤部分气化为基础的热-电-气多联产技术的主要特点有：① 实现煤炭的分级转化利用，对煤气化技术和设备要求较低，从而降低了系统投资及运行成本；② 部分气化技术采用较低的气化温度，此技术与目前相对较成熟的煤气低温净化技术可直接集成；③ 煤炭中的硫、氮在气化炉中被转化成 H_2S、NH_3 等，可在气化炉内或煤气净化过程中脱除，半焦中残余的硫、氮、磷、氯和碱金属等污染物相对于原煤大为降低，系统污染物控制成本降低。

（3）以煤完全气化为基础的热-电-气多联产技术　此技术是将煤在一个工艺过程——气

化单元内完全转化，将固相炭燃料转化为合成气，合成气用作燃料、化工原料、联合循环发电及供热制冷，从而实现以煤为主要原料，联产多种高品质产品，如电力、清洁燃料、化工产品以及热能。这种技术的主要特点是：① 以目前已相对成熟的煤炭完全气化技术为核心，使煤炭在气化炉中转化为煤气，随着合成气利用技术的发展，系统技术还可进一步优化；② 系统中的颗粒物、SO_2、NO_x 和固体废物等污染物可以有效控制。采用纯氧气化技术，系统废气是高纯度的 CO_2，可直接加以利用与处理。

3.2.2　煤炭洁净加工技术

煤炭燃烧前的净化加工主要是进行洗选、型煤加工和水煤浆加工。原煤洗选采用筛分、物理选煤、化学选煤和细菌脱硫方法，可以除去或减少灰分、矸石和硫等杂质；型煤加工是把散煤加工成型煤，同时加入石灰固硫剂，减少二氧化硫排放及烟尘，还可节煤；水煤浆是用优质低灰原煤制成，以代替石油。

1. 选煤

煤的洗选叫选煤。选煤是煤炭进一步深加工的基础。选煤技术是利用机械加工或化学加工方法，根据使用需求，把原煤脱灰、降硫并加工成不同质量、不同规格煤炭产品的过程。"十一五"期间原煤入选率已提高到约50%。煤炭洁净加工技术，按方法不同，有物理净化法、化学净化法和微生物净化法。煤炭的物理净化法有较长的历史，广泛采用的是跳汰法、重介质选煤法和浮游选煤法；化学净化法和微生物净化法则处于研究发展阶段。我国选煤以湿法选煤为主，其中跳汰选煤占50%以上，重介质选煤约占30%，浮游选煤约占15%，其他选煤方法约占5%。常规的选煤技术可去除原煤中60%以上的灰分及40%以上的黄铁矿硫。典型的跳汰——浮游选煤联合洗煤流程示意如图3-3所示。

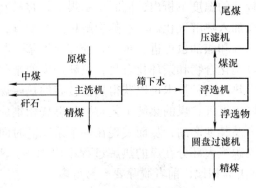

图3-3　洗煤流程示意图

不同的选煤方法适用于不同颗粒煤的分选，跳汰选煤工艺设备的入料粒度为 0.5 ~ 120mm；重介质选煤工艺，浅槽式分选设备入料粒度为 13 ~ 157mm，圆锥形选流器分选设备的入料粒度为 0.5 ~ 80mm。对于细粒煤（小于 0.5mm），则采用浮游选煤工艺。

选煤厂是将煤炭按不同质量分类、脱除杂质、生产精煤的加工厂。选煤厂有两种类型，即炼焦选煤厂和动力选煤厂。从广义来说，它们也包括炼焦配煤和动力配煤。炼焦配煤主要用于炼焦，要求灰分低、硫分低、含磷低等，其选煤厂工艺相对复杂；动力配煤主要用于发电锅炉和工业炉窑等，对发热量、挥发分和灰熔融性有一定的要求，其工艺相对简单。各选煤厂入洗原煤煤泥含量、煤泥性质差异较大，煤层夹矸及顶底板岩相各不相同。在工艺设计中，首先必须认真分析研究煤泥煤质特性（煤泥岩相成分、煤泥含量、粒度组成、泥化程度等），确定适宜的分选方法，制订合理的工艺流程，然后进行工艺设备选型计算，确定设备的工作台数、组数。

新型的物理选煤技术是把粉煤磨得更为细小，能从煤中分离出来更多杂质。超细粉技术可以除去 90% 以上的硫化物和其他杂质。由于开采、运输等原因，粒度小于 0.5mm 的煤泥逐渐增多。因此，细粒煤、极细粒煤分选，脱硫、脱水设备是今后选煤研究开发的重点。大型浮选机是发展方向之一。微泡浮选技术由于能较好地分选极细粒煤而受到关注。加压过滤机和隔膜压滤机是有发展前途的新型细粒煤脱水设备，滤饼水分比盘式真空过滤机平均降低 10 个百分点，生产能力提高 2 ~ 4 倍。目前，我国在跳汰选煤、重介质选煤、浮游选煤等方面引进了国外一些先进的选煤工艺，并在高梯度磁选方面有所突破。

选煤技术的主要研究发展方向为：① 选煤工艺创新。重点开发重介质选煤新工艺，适用于干旱缺水地区和原煤易泥化的干法选煤技术，适用高灰、高硫煤降灰脱硫的有效选煤工艺。② 研究开发大型高效脱硫、脱水设备，加强极细粒煤分选设备的研究，开发适合我国技术水平的模块组合式选煤厂成套装备。例如研制跳汰面积为 40m² 的高效跳汰机、处理能力为 1 000 ~ 1 500m³/h 的浮选机、120m² 及以上的加压过滤机、500m² 及以上的穿流式自动精煤压滤机、大型（18m² 及以上）筛机、直径大于 1 300mm 的离心机。③ 加快选煤过程的自动化测控技术研究，提高自动化控制水平及选煤机械装备的可靠性。实现在线检测灰分、水分、发热量、硫分，完善介质密度自动化调控，继续完善跳汰机和浮选机自动化装置。

2. 配煤与型煤

（1）配煤技术 配煤技术是以煤化学、煤的燃烧动力学和煤质测试等资料和技术为基础，将不同类别不同质量的各种煤，通过筛选、破碎后按一定比例配合，同时加入脱硫剂，以满足各种用煤要求。配煤对于中小锅炉和电力公司非常重要，配煤可以减少使用低硫煤带来的发热量变化，从而改善锅炉的运行状况。我国每年用于直接燃烧的动力煤约占煤炭总消耗量的 80%，其中，发电用约占 32%，工业炉窑用约占 35%，民用和其他占 10% 以上。

配煤有多种不同的工艺。动力煤分级配煤技术是将分级与配煤相结合的技术，首先将各种原料煤按粒度分级，分成粉煤和粒煤，然后根据配煤理论，将各粉煤按比例混合配制成粉煤配煤燃料，配制出发热量、挥发分、硫分、灰分、灰熔融温度等煤质指标稳定，符合锅炉燃烧要求的燃料煤，以适应不同类型的锅炉或窑炉。动力煤分级配煤技术是对单纯配煤技术的重要发展，特别符合我国层燃炉量大面宽、耗煤量大、效率低、污染严重的国情，有很好的市场前景。配煤原理性流程如图 3-4 所示。

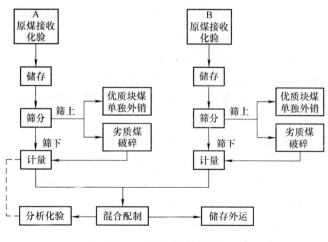

图 3-4 配煤原理性流程

（2）型煤技术 由于机械化开采，粉煤产量大，块煤产量相对减少，对一些应用块煤的工矿企业所需要的煤种，可通过配煤、制备型煤的方法解决。型煤是将粉煤或低品位煤加工成具有一定几何形状（椭圆形、菱形、圆柱形等）、尺寸和一定理化性能指标的块状煤制品。型煤产品分类见表3-5。

表3-5 型煤产品分类

类型	型 煤													
	工 业 型 煤							民 用 型 煤						
	气 化 型 煤		燃 料 型 煤			炼 焦 型 煤			蜂 窝 煤				煤 球		
应用	工业燃气	化肥造气	工业锅炉	工业窑炉	交通运输动力	冷压型焦	热压型焦	炼焦配用	普通	上点火	航空	烧烤	炊事与取暖	手炉类取暖	烧烤	火锅

型煤是各种洁净煤技术中投资少、见效快、适宜普遍推广的技术。与直接燃用原煤相比，燃用型煤可以减少烟尘 50% ~ 80%，减少 SO_2 排放 40% ~ 60%，燃烧热效率可提高 20% ~30%，节煤率达15%，具有节能与环保效益。此外，型煤还有粒度均匀、空隙率大、反应活性高等优点。

工业型煤按使用的粘结剂来划分，可以分为沥青煤球、黄黏土煤球、白黏土煤球、腐植酸煤球、纸浆煤球、水玻璃煤球和石灰炭化煤球等；从形状分，还可以分为圆柱形、椭圆形和球形型煤等。型煤的生产工艺有三类：无粘结剂冷压成型工艺、有粘结剂冷压成型工艺和无粘结剂热压成型工艺。与民用型煤相比，我国工业型煤发展慢，特别是锅炉用工业型煤。国内对工业型煤的研究也提出以开发新一代工业型煤技术和设备为重点，推动了型煤整体技术水平的提高。目前，工业型煤正朝着高效、洁净燃烧、生产工艺简化及多功能的方向发展，开发重点为免烘干高强度防水型煤，高固硫率型煤，可利用煤泥、生物质的工业型煤等。此外，还需改进和提高现有的成型技术及设备，扩大锅炉型煤的推广应用。

3. 水煤浆

水煤浆（Coal Water Mixture，CWM）是指将煤粉与水及其他流体混合调制成煤浆进行燃烧的浆体燃料，但由于当时的石油资源非常廉价，从而导致了水煤浆技术发展缓慢。直到 20 世纪 70 年代石油危机的出现，水煤浆才作为代替石油资源而引起了世界各国的广泛关注。20 世纪 80 年代初，发达国家开展了水煤浆的开发研究。水煤浆是一种煤基流体燃料，是煤炭深加工的新型产品之一。它是由 65% ~70% 的煤粉和 29% ~ 34% 的水及 1% 左右的微量化学添加剂制备而成的浆体。水煤浆是新型洁净环保燃料，要求其具有良好的流变特性和粉煤颗粒悬浮的稳定性。

水煤浆的主要特点有：① 水煤浆为多孔隙的煤粉和水的固液混合物，具有类似于 6 号油的流动特性，可以长距离管道输送，又可用汽车槽车、铁路罐车及船舶运输。② 水煤浆在制造过程中可净化处理，原煤制成水煤浆其灰分低于 8%，硫分低于 1%，且燃烧时火焰中心温度较低，燃烧效率高，烟尘、SO_2、NO_x 等排放都低于燃油和散煤的相应排放量，可以减轻环境污染。③ 水煤浆加压气化技术在 20 世纪 80 年代得到迅速发展，其原因是水煤浆容易在压力下给煤，因此对于燃煤的联合循环电站，无论对加压煤气炉、加压流化床或循环床锅炉，水煤浆是一种理想的燃料形式。

根据水煤浆的性质和用途，可将其划分为精煤水煤浆、精细水煤浆、经济型水煤浆（中灰煤水煤浆、中高灰煤泥水煤浆）、气化用水煤浆、环保型水煤浆等。油水煤浆（OWCM）是继油煤浆（COM）和水煤浆（CWM）之后发展起来的一种新型煤基代油流体燃料，OWCM 与 COM 和 CWM 相比，有粘度较低、稳定性好、燃烧效率高、污染轻的优点。

水煤浆制备技术主要包括：制浆煤种选择、级配技术、制浆工艺、制浆设备及添加剂等。目前水煤浆制备工艺趋于多样化，制浆方法有干法和湿法两种，主要用湿法。湿法制浆工艺从原料上分为末精煤和浮选精煤制浆工艺两种，从制浆浓度上分为高浓度湿法制浆、中浓度湿法制浆以及高、中浓度两磨机级配制浆。在我国的水煤浆制备工艺中，最具代表性的是利用浮选精煤制浆，此工艺具有制浆工艺简单、投资少、制浆成本低的优点，同时，还有利于改善选煤厂产品结构，降低精煤水分和灰分，提高精煤质量。

水煤浆雾化后高效燃烧。水煤浆燃烧技术主要包括喷嘴雾化技术和水煤浆燃烧器技术。我国的水煤浆燃烧技术已趋成熟。

把水煤浆作为一种以煤代油储备技术进行开发，是许多国家的能源发展战略之一。水煤浆技术的发展受原油价格的制约，其制备与运行成本与原油价格相差不多时，水煤浆技术的发展就受到影响。国外利用纳米气泡冷冻抽真空法制备煤、水分散体系（及煤、油、水分散体系），以代替使用添加剂制备水煤浆（油水煤浆）技术，现正处在实验室研究阶段。目前，我国的水煤浆技术已达到国际领先水平，正向工业化和生产装置大型化方向发展。水煤浆现作为一个正式的能源产品，由国家能源标准委员会制定了 GD/T 18855—2008《水煤浆技术条件》国家标准，从 2009 年 5 月 1 日起实施。

3.2.3 煤炭清洁转化技术

煤炭洁净转化是将煤炭作为原料使用，将煤炭转化为气态、液态、固态燃料、化学产品及有特殊用途的炭材料。几种典型的煤转化工艺比较列于表3-6。

表3-6 几种典型的煤转化工艺比较

项　目	燃　烧	气　化	高温干馏	低温干馏	液　化
反应温度/℃	750~1 100	800~1 400	900~1 200	550~650	400~450
反应压力	常压/中压	常压/中压	常压	常压	高压
污染程度	严重	轻	较严重	较严重	轻
产品	热、电	煤气	焦炭、煤气、焦油	半焦、焦油	燃料、化学品

1. 煤炭焦化技术

煤炭干馏是煤热加工之一。所谓煤炭干馏，是指煤在隔绝空气条件下加热，使之热分解而产生气态（煤气）、液态（焦油）和固态（焦炭）等产物的过程。按干馏最终温度不同，煤炭干馏可分为三种：500~600℃低温干馏，700~900℃中温干馏，900~1 100℃高温干馏。

煤在 500~600℃温度下进行干馏时得到的煤气，称为低温干馏煤气，其中含有大量甲烷、饱和烃及氢；低温干馏时得到的焦油称为一次焦油，其组成及某些特性与石油相似，化学组成为石蜡、烯烃、芳香烃、环烷烃、酚类和树脂等；低温干馏时所得的非挥发性产物称为半焦，它含有一定数量的挥发分，半焦反应性好，适于作还原反应的炭料。中温干馏的温度为800℃左右，主要用于生产城市煤气。当煤最终干馏温度为900~1 100℃时，则该过程称为高温干馏。由于高温干馏主要用于生产焦炭，所以高温干馏也可称为焦化，高温干馏时得到的煤气称为高温干馏煤气，或称焦炉煤气，其中含有大量氢气；高温干馏时得到的焦油称为高温焦油，其组成中低沸点组分较少；高温干馏时所得到的非挥发性产物称为焦炭，它主要用于冶金工业，也可用于造气或制造电石等其他工业。

煤炭干馏过程也可称为煤炭热解过程，煤在干馏过程中经历了干燥、开始分解、软化、焙融产生胶质体，胶质体膨胀、粘结、固化形成半焦，半焦进一步分解、收缩变成焦炭等阶段。在各个阶段中形成煤气和（或）其他化学产品，其中最主要的阶段是生成胶质体并固化形成半焦的粘结阶段与半焦收缩形成焦炭的收缩阶段。典型烟煤的热解过程如图3-5所示。

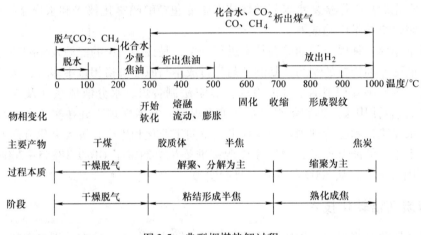

图3-5 典型烟煤热解过程

扩大炼焦煤源是煤炭焦化技术的一个重要发展内容。扩大炼焦煤源是指增大弱粘结煤、不粘结煤在炼焦配煤中的比例，并保证或提高焦炭质量。为此，对炼焦煤料的预处理便成为研究的主要方向。近年来，国内外做了大量工作，并取得一定成果，如捣固炼焦、配型煤炼焦、添加剂炼焦、干燥煤和预热煤炼焦、型焦等工艺已经实现工业化。

型焦技术是扩大炼焦煤源的重要途径之一。所谓型焦，就是利用非粘结性煤，通过不同的工艺成型后，再进一步炭化制成型焦，型焦主要用于冶炼，也可以用于造气。国外的型焦技术已实现工业化，正在研究开发的型焦方法有20多种，其中发展较快的有德国的BFL法和Ancit法、美国的FMC法及日本的DKS法等。我国从20世纪50年代就开始进行高炉用型焦的研究工作，至今还采用型焦炼铁或炼铝。型焦成型工艺按成型时煤料状态，可分为冷压成型和热压成型。冷压成型煤料在远低于塑性状态温度下成型，热压成型煤料在塑性状态温度下成型。冷压成型又分为粘结剂成型和无粘结剂成型两种。借助粘结剂作用，成型压力较低，工业上便于实现，但必须提供充分优质价廉的粘结剂。无粘结剂成型只靠外力成型，多数用于泥炭和褐煤；变质程度较高的煤常采用粘结剂成型。新一代焦炭生产工艺与设备有型焦生产工艺、巨型炼焦反应器、双产品工艺及无回收焦炉与发电工艺。针对现代室式焦炉存在的弊病和高炉冶炼技术对焦炭质量的要求，开发先进焦炉及炼焦新工艺已势在必行。

2. 煤炭液化技术

煤的液化是一种将煤转化为液态的技术。从工艺角度看，煤液化是指在特定的条件下，利用不同的工艺路线，将固体原料煤转化为与原油性质类似的有机液体，并利用与原油精炼相近的工艺对煤液化油进行深加工以获得动力燃料、化学原料和化工产品的技术系统。煤与石油的主要成分都是碳、氢、氮和硫，与石油相比，煤炭具有 H/C 比小、氧含量高、分子大、结构复杂的特点。此外，煤中还含有较多的矿物质、氮和硫杂质。因此，煤液化的实质是提高 H/C 比，破碎大分子及提高纯净度的过程，即需要加氢、裂解、提质等工艺过程。

煤液化技术，从广义上来讲，包括直接液化（加氢液化）、间接液化和高温热解。热解是煤热加工的基础，一般情况下，煤液化技术分为直接液化和间接液化两大类，而不包括煤的全热解技术（低温干馏、高温炼焦和加氢热解）。

（1）煤的直接液化　直接液化是将煤在较高温度和压力下与氢反应使其降解和加氢，转化为液体油类的工艺，故又称加氢液化。在煤的加氢液化中，煤先发生热解反应生成自由"碎片"，然后在有氢供应的条件下与氢结合然后稳定。经直接液化后所得液化油可加工成液体燃料和化学品。

煤的直接液化工艺一般可以分为两大类，即单段液化（SSL）和两段液化。典型的单段液化工艺主要是通过单一操作的加氢液化反应器来完成煤的液化过程。两段液化是指煤在两种不同反应条件的反应器内进行加氢反应。图 3-6 所示为德国 IG 公司的煤炭直接液化工艺流程。

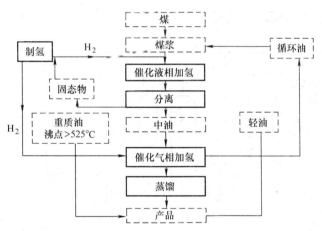

图 3-6　德国 IG 公司的煤炭直接液化工艺流程

影响煤炭直接液化的关键因素有原料煤的组分、供氢溶剂、催化剂及操作条件等。对影响煤炭液化的因素进行改进，即可得到一些各具特色的工艺方法。改进煤炭液化的措施有循环溶剂加氢、寻找高活性催化剂（如开发纳米级煤液化催化剂）、改善反应床、开发更加可靠的液固分离手段及对各种过程进行优化等。

（2）煤的间接液化　煤气化产生合成气（$CO + H_2$），再以合成气为原料合成液体燃料或化学产品，称为煤的间接液化。属于这种工艺的有费托（Fisher Tropsch）合成（FT 合成）、莫比尔（Mobil）——甲醇转化制汽油、伊斯特曼煤制醋酐工艺等。中科院山西煤化所的低温浆态床 FT 合成技术，已开始建设产量为 16 万 t/a 的工业示范工厂。兖矿集团的低温浆态床FT合成技术，已建成每年5000t油品中试装置，2004年连续运行4706h，正在进行1Mt/a间接液化示范厂建设的前期准备工作。兖矿集团的高温浆态床FT合成技术，正在进行中试装置的建设。

　　FT合成的基本化学反应是在铁、钴、镍、钌的催化下，由一氧化碳加氢生成饱和烃和不饱和烃。此外，还有一些平行反应及生成含氧化合物的副反应。FT合成除了获得主要产品汽油外，还能合成一些重要的基本有机化学原料，如乙烯、丙烯、丁烯、乙醇及其他醇类等。FT合成的产品选择如图3-7所示。FT合成的工艺流程如图3-8所示。煤直接液化新工艺的原则流程如图3-9所示。

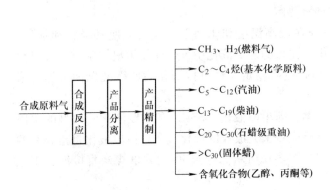

图3-7　FT合成的产品选择

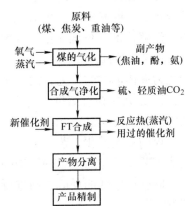

图3-8　FT合成的工艺流程

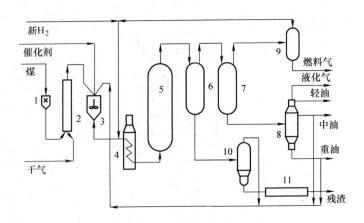

图3-9　煤直接液化新工艺的原则流程

1—磨煤机　2—干燥装置　3—煤浆制备　4—预热器　5—反应器　6—热分离器　7—冷分离器
8—常压蒸馏塔　9—气体油洗涤塔　10—真空蒸馏塔　11—造粒

　　合成甲醇是以合成气为原料，在催化剂存在的条件下进行合成反应，工业上采用高压法生产（25～35 kPa，320～400℃）。70年代以后使用高活性铜基催化剂，出现了低压合成法（5～10 kPa，230～280℃），其基本反应为：

$$CO + 2H_2 \rightleftharpoons CH_3OH \qquad \Delta H = -90.84 \text{ kJ/mol}$$

　　与直接液化技术相比，间接液化的应用空间更为广阔。在非燃料利用方面，间接液化还能合成一些重要的基本化工原料，如乙烯、丙烯和丁烯，甲醇、乙醇及其他链长的有机氧化物等。

3. 煤炭气化技术

煤的气化是一个热化学过程。煤炭气化是指煤在特定的设备内，在一定温度及压力下，以煤或焦炭为原料，以氧气（空气、富氧或纯氧）、蒸汽或氢气为气化剂（又称气化介质），通过部分氧化反应，使煤中有机质与气化剂（如蒸汽、空气或氧气等）发生一系列化学反应，从而将固体煤转化为含有 CO、H_2、CH_4 等可燃气体和 CO_2、N_2 等非可燃气体的过程，即把固体的煤变成气体，所以叫煤的气化。煤炭直接燃烧的热利用效率仅为 15% ~ 18%，而变成可燃烧的煤气后，热利用效率可达 55% ~ 60%，而且污染大为减轻。煤气发生炉中的气体成分可以调整，如需要用作化工原料，还可以把氢的含量提高，得到所需的原料气，所以也叫合成气。

煤炭气化时，必须同时具备三个条件：气化炉、气化剂和供给热量。通常，煤气化工艺还包括气化煤气净化过程，即通过净化设备除去气化煤气中的灰和含硫物质等杂质，得到清洁、易运输的气体燃料。煤炭气化过程的反应包括煤的热解、气化和燃烧反应。煤的热解是指煤从固相变为气、固、液三相产物的过程。煤的气化和燃烧反应则包括两种反应类型：非均相气-固反应和均相的气相反应。煤炭气化时所得的可燃气体称为气化煤气，其有效成分包括一氧化碳、氢气及甲烷等。

煤炭气化是洁净煤技术中优先考虑的一种工艺方法，是实现节能省煤、提高煤炭利用率、改善居民生活条件、改善环境污染、促进化学合成工业发展的重要途径。气化煤气可用于城市煤气、工业燃气和化工原料气以及联合循环发电等。

当前煤炭气化技术的发展趋向为：① 不断改进和完善已工业化的气化装置，向大型化方向发展，以提高设备生产能力；② 提高气化炉的温度和压力，提高气化效率；③ 扩大煤种适用范围，发展粉煤气化。

（1）煤炭气化的用途　煤炭气化所获得气体，根据其组分和热值，有不同的用途。化工原料主要考虑煤气的成分，热值则次要。从煤气发热量的角度，不同热值的煤气有不同的适用场合：① 低热值煤气［热值为 0.5 ~ 10 MJ/m³（标态）］，可用作工业炉窑的燃料、各种设备的加热、物料的干燥以及联合循环发电等；② 中热值煤气［热值为 12 ~ 15 MJ/m³（标态），CO 含量不超过 10%］，可作为民用燃料；③ 高热值煤气［热值为 32 ~ 36 MJ/m³（标态）］，可用于民用燃料或远距离输送；④ 根据煤种不同，干馏煤气的热值为 15 ~ 27 MJ/m³（标态）之间，通常掺混一定量的低热值煤气用作民用燃料。

煤炭气化技术广泛应用于下列领域：

1）工业燃气。作为工业燃气用煤气，采用常压固定床气化炉、流化床气化炉均可制得。主要用于钢铁、机械、卫生、建材、轻纺、食品等部门，用以加热各种炉、窑，或直接加热产品或半成品。

2）民用煤气。也称为城市煤气（除液化石油气和天然气外），是一种生活燃料。除焦炉煤气外，用直接气化也可得到，采用鲁奇炉较为适用。考虑到安全、环保及经济等因素，要求民用煤气中的 H_2、CH_4 及其他烃类可燃气体含量应尽量高，以提高煤气的热值，CO 有毒含量应尽量低。

3）化工原料。随着合成气化工和碳-化学技术的发展，以煤气化制取合成气，进而直接合成各种化学品的路线已经成为现代煤化工的基础，主要包括合成氨、合成甲烷、合成甲醇、醋酐、二甲醚以及合成液体燃料等。化工合成气对热值要求不高，主要对煤气中的 CO、H_2 等成分有要求，一般德士古气化炉、Shell 气化炉较为合适。目前我国合成氨和甲醇产量的 50% 以上来自煤炭气化合成工艺。

4）冶金还原气。煤气中的 CO 和 H_2 具有很强的还原作用。在冶金工业中，利用还原气可直接将铁矿石还原成海绵铁；在有色金属工业中，镍、铜、钨、镁等金属氧化物也可用还原气来冶炼。因此，冶金还原气对煤气中的 CO 含量有要求。

5）联合循环发电燃气。联合循环系统原理图如图 3-10 所示。联合循环就是把在中低温区工作的蒸汽轮机的朗肯（Rankine）循环和在高温区工作的燃气轮机布雷登（Brayton）循环联合起来，组成一个循环系统，由于燃气的初温可以达到 1 200 ~ 1 500℃，蒸汽做功后的终温可以达到 40 ~ 50℃，实现了热能的充分利用，使总的循环效率得到提高。燃气轮机与蒸汽轮机联合循环发电的效率可达到约 60%，而燃气轮机单纯循环的热效率仅为 38% ~ 39.5%，联合循环的单机功率已经超过 300MW。整体煤气化联合循环发电（IGCC）就是煤气化和燃气-蒸汽联合循环发电的系统。

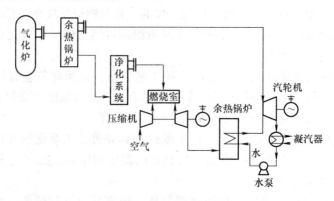

图 3-10　联合循环系统原理图

6）煤炭气化燃料电池。燃料电池与高效煤气化结合的发电技术就是 IG-MCFC 和 IG-SOFC，其发电效率可达 53%。

7）煤炭气化制氢。煤炭气化制氢一般是将煤炭转化成 CO 和 H_2，然后通过变换反应将 CO 转换成 CO_2 和 H_2，将富氢气体经过低温分离或变压吸附及膜分离技术，即可获得氢气。氢气广泛地用于电子、冶金、玻璃生产、化工合成、航空航天、煤炭直接液化及氢能电池等领域。目前世界上 96% 的氢气来源于化石燃料转化。

8）煤炭液化气源。不论是煤炭直接液化还是间接氧化，都离不开煤炭气化。煤炭液化需要煤炭气化制氢。而可选的煤炭气化工艺同样包括固定床加压气化、加压流化床气化和加压气流床气化工艺。

（2）煤炭气化的基本反应　煤在气化炉中的反应包括煤的热解、气化和燃烧。热解是煤向气、液和固态三相的转变；气化反应则包括了气相之间的均相反应和气固之间的非均相反应；燃烧同样存在均相反应和非均相反应。燃烧是放热反应，气化是吸热反应，两类反应达到反应热量平衡。

煤气发生炉内除了原料最初的干馏反应外，主要是固体燃料中的碳与气化剂中的氧、水蒸气以及与一些中间产物所进行的反应。煤炭气化转化的实质是一系列的相互影响的高温反应过程，可用以下各反应式表示。

1）碳与氧反应。碳和氧在气化炉中发生如下反应

$$C + O_2 \rightarrow CO_2 + 393.5 \text{ kJ/mol} \quad (\Delta H = -393.5 \text{ kJ/mol}) \quad (3\text{-}1)$$

$$C + 0.5O_2 \rightarrow CO + 110.5 \text{ kJ/mol} \quad (\Delta H = -110.5 \text{ kJ/mol}) \quad (3\text{-}2)$$

$$CO + 0.5O_2 \rightarrow CO_2 + 283 \text{ kJ/mol} \quad (\Delta H = -283 \text{ kJ/mol}) \quad (3\text{-}3)$$

$$C + CO_2 \rightarrow 2CO - 172.5 \text{ kJ/mol} \quad (\Delta H = +172.5 \text{ kJ/mol}) \quad (3\text{-}4)$$

反应中，式（3-1）、式（3-2）分别是碳的完全燃烧反应与不完全燃烧反应，为一次反应；式（3-3）为 CO 的燃烧反应，式（3-4）为 CO_2 的还原反应；式（3-3）、式（3-4）为初始产物与初始物质间的反应，称为二次反应。

2）碳与水蒸气反应。在一定的温度下，碳与水蒸气发生如下反应

$$C + H_2O \rightarrow CO + H_2 - 118.7 \text{ kJ/mol} \quad (3\text{-}5)$$

$$C + 2H_2O \rightarrow CO_2 + 2H_2 - 77 \text{ kJ/mol} \quad (3\text{-}6)$$

$$CO + H_2O \rightarrow CO_2 + 41.2 \text{ kJ/mol} \quad (3\text{-}7)$$

上述反应为气化的主要反应，式（3-5）称为水煤气反应，式（3-7）称为水煤气平衡反应或称为变换反应。

3）甲烷生成反应。煤气中的甲烷，一部分来自煤中挥发分的裂解，另一部分来自煤气中氢与碳、氢与 CO 反应。其反应式如下

$$C + 2H_2 \rightarrow CH_4 + 75.6 \text{ kJ/mol} \quad (\text{碳加氢反应}) \quad (3\text{-}8)$$

$$CO + 3H_2 \rightarrow CH_4 + H_2O + 205 \text{ kJ/mol} \quad (3\text{-}9)$$

$$CO_2 + 4H_2 \rightarrow CH_4 + 2H_2O + 163.8 \text{ kJ/mol} \quad (3\text{-}10)$$

4）水生成反应

$$H_2 + 0.5O_2 \rightarrow H_2O + 241.7 \text{ kJ/mol} \quad (3\text{-}11)$$

式（3-11）也称为氢气燃烧反应。

5）热解或脱炭反应

$$C_mH_n \rightarrow \frac{n}{4}CH_4 + \left(m - \frac{n}{4}\right)C$$

上述一系列反应如果用一个综合的简式，可表示成

$$\text{煤} \rightarrow C + CH_4 + CO + CO_2 + H_2 + H_2O$$

气化时所得可燃气体称为气化煤气，其有效成分包括 CO、H_2、CH_4 等，可作为二次能源用于城市煤气、工业燃气及化工原料气（称为碳一化学）。

（3）煤炭气化方法　不同的气化工艺对原料的性质要求不同，因此在选择煤气化工艺时，需要考虑气化用煤的特性及其影响。气化用煤的性质主要包括煤的反应性、粘结性、结渣性、热稳定性、机械强度、粒度组成以及水分、灰分和硫分含量等。

煤炭气化工艺可按压力、气化剂、气化过程供热方式等分类。常用的地面气化按气化炉内煤料与气化剂的接触方式区分，主要有：

1）固定床气化。在气化过程中，煤由气化炉顶部加入，气化剂由气化炉底部加入，煤料与气化剂逆流接触，相对于气体的上升速度而言，煤料下降速度很慢，甚至可视为固定不动，因此称之为固定床气化。而实际上，煤料在气化过程中是以很慢的速度向下移动的，因此也称为移动床煤炭气化。

固定床煤气发生炉种类繁多，有常压的，也有加压的。常压的固定床煤气发生炉，大体可分为混合煤气发生炉（单段式煤气炉）、两段式煤气发生炉和水煤气发生炉。以上各炉型均为固体排渣。加压固定床煤气发生炉有固体排渣的，也有液体排渣的。

2）流化床气化。它是以粒度为 0 ~ 10mm 的小颗粒煤为气化原料，在气化炉内使其悬浮分散在垂直上升的气流中，煤粒在沸腾状态进行气化反应，从而使得煤料层内温度均一，易于控制，提高气化效率。流化床气化最早发展的是温克勒常压气化炉，此外，比较典型的气化工艺有 U-gas 气化工艺，COGAS 气化工艺。U-gas 气化工艺如图 3-11 所示。

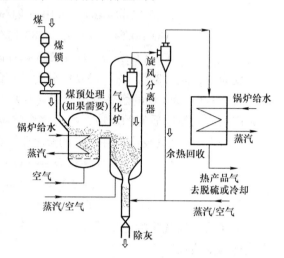

图 3-11 U-gas 气化工艺

3）气流床气化。气流床气化是一种并流气化，用气化剂将粒度为70%达到200目的煤粉带入气化炉内，也可将煤粉先制成水煤浆，然后用泵打入气化炉内。煤料在高于其灰熔点的温度下与气化剂发生燃烧反应和气化反应，灰渣以液态形式排出气化炉。

气流床气化是20世纪50年代初发展起来的新一代煤气化技术，最初代表炉型为 K-T，其后随着 Shell、Texaco 等一批新型工艺的开发，气流床气化技术因其好的生产能力和气化效率，在世界范围内得到了广泛的应用，尤其在燃气联合循环中。目前，绝大多数 IGCC 电站所选的是气流床气化炉，主要炉型为 Texaco、Shell、E-Gas（原 Destec）。气流床气化的典型工艺有 Foster Wheeler 气化工艺、K-T 气化工艺、德士古气化工艺、Shell 煤炭气化工艺及 Prenflo 气化工艺。其中，德士古炉结构形式示意图如图 3-12 所示。

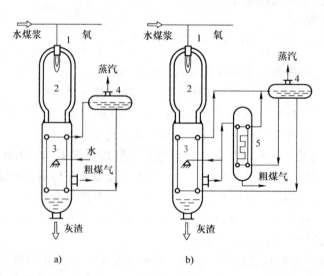

a)   b)

图 3-12 德士古炉结构形式示意图
a）辐射冷却式 b）辐射及对流冷却式
1—喷嘴 2—气化室 3—辐射冷却室 4—净化系统 5—对流冷却室

4）熔浴床气化。它是将粉煤和气化剂以切线方向高速喷入一温度较高且高度稳定的熔池内，把一部分动能传给熔渣，使池内熔融物作螺旋状的旋转运动并气化。目前此气化工艺已不再发展。

4. 煤化工及碳素材料

碳素制品一般又称碳素材料。碳素材料一般是指从杂乱的无定形碳到有序的石墨晶体之间的过渡态碳结构（中间结构）物质，是由含碳的煤（碳的质量分数为 60% ~ 90%）、石油、沥青（碳的质量分数为 80% ~ 90%）、木材（碳的质量分数为 50%）等有机化合物炭化制得的。碳素材料作为结构材料和功能材料，被广泛地用于冶金、化工、机电等行业。

近几十年来出现的新型碳素材料具有优异的性能，耐热性强、热传导性好、热膨胀率小，同时还具有好的化学稳定性。石墨良好的自润滑性和耐磨性，对中子有减速性和反射性。正是由于这些优点，碳素产品在冶金、汽车、造船、电子、医疗、航空、航天、原子能等领域均得到广泛的应用，这些产品包括电极、电刷、碳素纤维、碳分子筛、生物炭制品、石墨构件等。

3.2.4　先进煤炭燃烧发电及非传统煤基发电技术

煤炭在我国能源结构中占主导地位，其中约40%用于发电。我国火力发电厂用煤的灰分较高，平均在28%左右，虽然燃煤机组的锅炉80%以上都安装了电除尘器，对烟尘的排放有很大改进，但是电力系统的烟尘排放量仍占全国烟尘排放总量的26.6%，其中 SO_2 的排放量占全国总排放量的44.6%。人量的 CO_2、SO_2 和烟尘排放，会加重大气污染，引发生态环境问题。

当今世界广泛开展的洁净煤燃烧技术，追求燃煤机组的高效率与低排放，也是目前我国火力发电机组的热门技术。超临界（Supercritical，缩写为 SC）机组与超超临界（Ultra-Supercritical，缩写为 USC）机组、大型 CFB（循环流化床锅炉）、PFBC（增压流化床燃气-蒸汽联合循环）、IGCC（整体煤气化燃气-蒸汽联合循环）、GTCC（燃气-蒸汽联合循环）等火力发电新技术，因其高效率和优越环保性能，在世界发达国家得到了广泛发展与应用，我国也开展了大量的工作。

煤炭高效洁净燃烧发电技术的重点是降低 SO_2 和 NO_x 排放，措施包括：① 广泛推广常规火电机组的烟气脱硫技术和低 NO_x 燃烧技术；② 加快发展大容量超临界机组；③ 大力开发运用循环流化床（CFBC）技术，发展燃煤联合循环发电技术（IGCC，PFBC-CC）和大型燃气轮机发电技术。循环流化床适宜燃烧低挥发分、低灰熔点、高灰、高硫煤；④ 在煤矿区建坑口电站，实现煤炭的就地转化，减少煤炭长途运输，降低发电成本，同时，可利用矿区剩余的劣质煤、煤泥等劣质燃料。

1. 超超临界（USC）发电技术

提高蒸汽参数是提高燃煤锅炉蒸汽机组发电效率的主要方法。将主蒸汽压力等于或大于超临界压力24.2MPa、主蒸汽温度或再热蒸汽温度小于580℃的火力发电机组称为超临界机组；将主蒸汽压力等于或大于超临界压力24.2MPa、主蒸汽温度或再热蒸汽温度温度大于580℃的火力发电机组称为超超临界机组，即习惯上又将超临界机组分为两个层次：① 常规超临界参数机组，其主蒸汽压力一般为24MPa左右，主蒸汽和再热蒸汽温度为540 ~ 560℃；② 超超临界机组（又称高参数超临界机组或高效超临界机组），其土蒸汽压力为25 ~ 35MPa

及以上，主蒸汽和再热蒸汽温度为 580℃ 及以上。由于压力、温度的提高，超临界机组与同等容量的亚临界机组（600MW）相比，机组的效率提高了 2%，超超临界机组又在此基础上再提高了 3% ~4%。

（1）超临界机组的发展状况　世界各国都将高参数超超临界发电机组作为今后的发展方向。自 20 世纪 50 年代，大型超临界机组在美国和德国开始投入商业运行，美国和俄罗斯是超临界机组最多的国家，而发展超超临界技术领先的国家主要是日本、德国和丹麦。20世纪，国外火电机组蒸汽参数的发展情况见表 3-7。

表3-7　20 世纪国外火电机组蒸汽参数发展

时　　　期	蒸汽温度/℃	蒸汽参数属性
50 年代，60 年代	538 ~566	亚临界、超临界
80 年代末 90 年代初	566 ~593	超超临界
90 年代末	600 ~610	超超临界

超超临界机组在国际上已经是较为成熟的技术，国外已投运的吉瓦级超超临界机组的主要参数列于表 3-8。国外超超临界近期目标的蒸汽参数为 31MPa/620℃，下一代主蒸汽温度为 700℃，再热蒸汽温度为 720℃，主蒸汽压力为 35 ~40MPa，并向更高方向发展。

我国超临界、超超临界机组发展较快。20 世纪 80 年代后期，我国开始从国外引进超临界机组，第一台超临界机组于 1992 年 6 月投产于上海石洞口二厂（2 × 600MW，25.4MPa，541/569℃）。目前我国已经投产的超临界机组共计 10 余台。2006 年，我国首批国产超超临界百万千瓦机组（华能玉环电厂一期工程）相继投运，标志着我国电力工业技术装备水平和制造能力进入新的发展阶段。

进行超超临界发电机组建设，应针对具体的超超临界电厂，参数选择要根据厂址所在电网的容量、负荷增长速度、燃料价格和机组年利用小时及经济性等作具体的技术经济分析。通过对亚临界、超临界和超超临界工程的投资估算和分析论证，在年利用小时达到 5 500 h时，超超临界的电价与亚临界电价达到相同。根据年利用小时敏感性分析得出，超超临界电厂建设在缺电的地区较为合适。

（2）超超临界机组技术的关键因素　机组效率的提高有诸多影响因素，如高的蒸汽参数、较低的锅炉排烟温度、高效率的主辅机设备、煤的良好燃烧、较高给水温度、较低凝汽器压力、较低系统压损及蒸汽再热级数等。

表3-8　国外已投运的吉瓦级超超临界机组的主要参数

电 厂 名 称	容量/MW	炉　　　型	燃料	主蒸汽流量/(t/h)	过热蒸汽出口压力/MPa	过热蒸汽出口温度/℃	再热蒸汽出口温度/℃	循环方式	商业运行时间
日本东北电力公司原町电厂	1 000	Π型（前后墙对冲燃烧、螺旋管圈）	烟煤	2 890	25. 75	604	602	直流	1998. 07
日本电源开发公司橘湾电厂	1 050	Π型（前后墙对冲燃烧、螺旋管圈）	烟煤	3 000	26. 25	605	613	直流	2000. 12

（续）

电厂名称	容量/MW	炉　型	燃　料	主蒸汽流量/(t/h)	过热蒸汽出口压力/MPa	过热蒸汽出口温度/℃	再热蒸汽出口温度/℃	循环方式	商业运行时间
日本东京电力公司常陆那珂电厂	1 000	Π型（前后墙对冲燃烧、螺旋管圈）	烟煤	2 870	25.75	604	602	直流	2002.07
日本 Chugoku Elec. Power Co.	1 000	Π型	烟煤	2 900	24.5	600	600	直流	1998.07
德国 NIEDER-AUSSEM	1 000	塔式	欧洲褐煤	2 519	25	580	600	直流	2002

1）蒸汽参数。提高蒸汽参数（蒸汽的初始压力和温度）、采用再热系统、增加再热次数，都是提高机组效率的有效方法。根据工程热力学原理，工质参数提高，可使得机组的热效率提高。超超临界机组的主蒸汽压力高，要求设备有高可靠性，特别是在锅炉受热面和汽轮机高压缸方面。

近年来，国际上超超临界发电机组参数发展的主要技术路线，是大幅度提高蒸汽温度（600 ℃左右）、小幅度提高蒸汽压力（取值多为25MPa左右）。此技术路线问题单一，技术继承性好，在材料成熟前提下可靠性较高、投资增加少、热效率增加明显，即综合优点突出，此技术路线以日本为代表；另一种技术发展是蒸汽压力和温度都取值较高（28～30MPa，600℃左右），从而获得更高的效率，主要以丹麦的技术发展为代表。近年德国也将蒸汽压力从28MPa降至25MPa左右。

我国发展超超临界起步参数选为25MPa/600℃/600℃，超超临界的研发重点在材料与温度提高方面。目前已经达到的600～610℃，依次将跃升到650～660℃、700～710℃及750～760℃三个台阶，同时也将初压最终提高到35 MPa以上并采用两次再热，使汽轮机效率达到最高效率。

2）再热形式。据报道，近十年来世界上投运的超超临界二次再热机组，有丹麦两台热电联供415MW的超超临界二次再热机组（29MPa/582℃/580℃/580℃，28.5MPa/580℃/580℃/580℃）和日本川越电站两台700MW超超临界二次再热机组（31MPa/566℃/566℃/566℃）。二次再热将使电站投资增加10%～15%，经济效益增加1.3%～1.5%。

3）材料选用。开发热强度高、抗高温烟气氧化腐蚀和高温汽水介质腐蚀、焊接性和工艺性良好、价格低廉的设备材料，是超超临界机组发展的关键技术之一。目前，超临界和超超临界机组根据所采用蒸汽温度的不同，主要采用三类合金钢材料：

① 低铬耐热钢。包括国标：14Cr1Mo（对应于美国 ASME：SA213，对应于日本 JIS：T11。下同）、12Cr2Mo（SA213、T22/P22）、12Cr1MoV（或 A31132）以及9%～12% Cr系的 Cr-Mo 与 Cr-Mo-V 钢等，其允许主蒸汽温度为538～566℃。

② 改良型9%～12%铁素体-马氏体钢。包括 9Cr-1Mo（SA335，T91/P91）、12Cr2MoWVTiB（SA213-T92，日本 JIS：NF616）、HCM12A（T122）、TB9、TB12 等，一般用于566～593℃的蒸汽温度范围。

③ 新型奥氏体耐热钢。包括18Cr-8Ni 系，如 1Cr19Ni11Nb（SA213-TP304H，TP347H）、

TP347HFG、0.1C18Cr9Ni3CuNbN（日本 JIS：Super 304H）18Cr8NiNbTi（日本 JIS：Tempaloy A-1）等；20-25Cr 系，如 25Cr20NiNbN（HR3C）、20Cr25NiMoNbTiNB（NF709）、22Cr15NiNbN（Tempaloy A-3）等。这些材料的使用温度达 650～750℃，可用于 600℃ 的过热器与再热器管束，具有足够的蠕变断裂强度和很好的抗高温腐蚀性。

4）机组容量。影响发电机组容量选择的因素有电网（单机容量＜电网容量的 10%）、汽轮机背压、汽轮机末级排汽面积（叶片高度）、汽轮发电机组（单轴）转子长度、单轴串联布置或双轴并列布置。一般而言单机容量增大，单位容量的造价降低，也可提高效率。但根据国外多年分析研究得出，提高单机容量固然可以提高效率，但当容量增加到一定的限度（1 000 MW）后，再增加单机容量对提高热效率不明显。国外已投运的超超临界机组单机容量大部分在 700～1 000MW 之间。就锅炉而言，单机容量继续增大，受热面的布置更为复杂，后部烟道必须是双通道，还必须增加主蒸汽管壁厚或增加主蒸汽管道的数目。此外，单机容量的进一步增大还将受到汽轮机的限制。从效率、单位千瓦投资、占地、建设周期及电力工业发展的需要考虑，我国选择 1 000 MW 大型化超超临界机组方案合理。

5）锅炉炉型。① 锅炉布置形式。超临界锅炉的整体布置主要采用 Π 形布置和塔式布置，也可采用 T 形布置。超超临界锅炉设计通常采用 Π 形炉和塔式炉，其中 Π 形炉在市场中占多数。所有的褐煤炉都采用塔式炉，如德国和丹麦的燃煤电厂，欧洲的烟煤炉两种形式都有，而日本和美国通常采用 Π 形炉。我国发展超临界机组，选择锅炉的整体布置形式，必须根据具体电厂、燃煤条件、投资费用、运行可靠性等因素，进行技术经济分析比较，来选定锅炉 Π 形或塔式的布置形式。选用时应首先考虑煤质特性，特别是煤的灰分。燃用高灰分煤，从减轻受热面磨损方面考虑，采用塔式布置较为合适。② 燃烧方式。直流燃烧器四角切圆燃烧和旋流燃烧器前后墙对冲燃烧，是目前国内外应用最为广泛的煤粉燃烧方式。切圆燃烧中，四角火焰的相互支持，一、二次风的混合便于控制，其煤种适应性更强，目前我国设计制造的 300MW、600MW 机组锅炉大多数采用这种燃烧方式。对冲燃烧方式则具有锅炉沿炉膛宽度的烟温及速度分布较均匀、过热器与再热器的烟温和汽温偏差相对较小的特点。锅炉布置方式与其采用的燃烧方式之间无必然联系，超超临界的锅炉布置形式和燃烧方式两者应合理搭配。

6）汽轮机系统。提高汽轮机效率的主要途径有：① 提高新蒸汽参数，增大汽轮机总体理想焓降 ΔH_i。② 采用给水回热系统，减小汽轮机低压缸排汽流量，增加进汽量。③ 增加汽轮机低压缸末级通流面积。一种办法是增加末级叶片高度，另一种办法是采用低转速（如半转速）。④ 采用多排汽口。低压缸采用分流技术是增大单轴汽轮机很有效的措施，国外百万千瓦级超超临界单轴机组的低压缸排汽口数量已达 6 个以上（采用 3 个及以上双流低压缸）。⑤ 提高汽轮机排汽背压，使汽轮机末级叶片出口蒸汽的密度增大，从而增加汽轮机出力。

超超临界汽轮机设计应注意考虑：① 材料选择和费用。蒸汽温度影响材料选择，蒸汽压力主要影响材料消耗及设备投资费用。在价格许可的情况下应提高材料的蠕变强度和疲劳强度，提高设备的可靠性。② 低压缸采用更长的末级叶片，增加排汽面积。

（3）超超临界压力煤粉燃烧机组（PF-USC）　超超临界煤粉燃烧机组代表了 21 世纪初常规燃煤电厂的发展方向。随着新技术、新材料、新工艺的开发和应用，PF-USC 机组的热效率可由 50% 提高到 52%。

2. 流化床联合循环发电技术（FBC-CC）

（1）流化床　煤的燃烧一般都在锅炉或窑炉中进行。燃煤锅炉主要有工业锅炉和发电锅炉两大类。根据煤在锅炉中的燃烧方式不同，分为层燃（层燃锅炉）、粉煤燃烧（气流床锅炉，又称煤粉炉）和流化床燃烧（流化床锅炉）。流化床燃烧又分为鼓泡流化床和循环流化床。不同燃烧方式的燃烧特性比较见表3-9。

表3-9　不同燃烧方式的燃烧特性比较

项　　目	层　　燃	粉煤燃烧	鼓泡流化床	循环流化床
燃烧温度/℃	1 100 ~ 1 300	1 200 ~ 1 500	850 ~ 950	850 ~ 950
截面烟气流速/（m/s）	2.5 ~ 3	4.5 ~ 9	1 ~ 3	4.5 ~ 6.5
燃料停留时间/s	约 1 000	2 ~ 3	约 5 000	约 5 000
燃料升温速度/（℃/s）	1	$10 ~ 10^4$	$10 ~ 10^3$	$10 ~ 10^3$
挥发分燃尽时间/s	100	<0.1	10 ~ 50	10 ~ 50
焦炭燃尽时间/s	1 000	约 1	100 ~ 500	100 ~ 500
混合强度	差	差	强	强
燃烧过程控制因素	扩散控制	扩散控制为主	动力-扩散为主	动力-扩散
锅炉燃烧特点	固定床	携带床	流化床或沸腾床	流化床
炉型举例	链条炉、振动炉排炉	粉煤炉	鼓泡流化床	循环流化床

表3-9给出了层燃炉、煤粉炉的常规燃烧方式与流化床燃烧方式的主要燃烧特性的比较。从中可以看出，流化床燃烧的燃烧温度低、停留时间长、湍流混合强烈。流化床锅炉已从20世纪60年代的第一代鼓泡流化床锅炉发展到80年代的第二代循环流化床锅炉（Circulating Fluidized Bed Boiler，CFBB）。循环流化床锅炉最大蒸发量已达400t/h。

循环流化床锅炉的优点有：

1）燃料适应性好。流化床锅炉几乎能燃用各种劣质燃料，包括贫煤、煤泥、煤矸石、油页岩、工业废弃物和城市垃圾等。同时，燃料性质在相当大的范围内变化，锅炉仍能保证稳定燃烧。

2）燃烧效率高。循环流化床锅炉的燃烧效率要比鼓泡流化床锅炉高，燃烧效率通常在97.5% ~ 99.5%范围内。在燃烧优质煤时，燃烧效率与煤粉锅炉持平；燃烧劣质煤时，循环流化床锅炉的燃烧效率约比煤粉炉高5%。

3）有利于控制 SO_2 和 NO_x 的排放。循环流化床燃烧温度一般为900℃左右，采用石灰石作为床料添加剂时，炉内脱硫效果好，在 Ca/S 摩尔比为 1.5 ~ 2.5 时可达到90%的脱硫效果；而鼓泡流化床锅炉达到90%脱硫效率则需 Ca/S 摩尔比为 2.5 ~ 3 甚至更高，有时即使 Ca/S 摩尔比更高，鼓泡流化床锅炉也不能达到90%的脱硫效率。与燃烧过程不同，脱硫反应进行得较为缓慢。在鼓泡流化床锅炉中，气体在燃烧区域的平均停留时间为 1 ~ 2s，而在循环流化床锅炉中则为 3 ~ 4s，停留时间长，反应更充分。另外，循环流化床锅炉中石灰石粒径一般为 0.1 ~ 0.3mm，而鼓泡流化床锅炉中则为 0.5 ~ 1mm。

4）负荷调节性能良好。由于炉内大量高温惰性床料的存在，使得流化床锅炉具有良好的负荷调节性能，调节速度快，每分钟可达5% ~ 8%的最大连续负荷，在25%额定负荷下也能保持稳定燃烧，因此特别适用于作为调峰机组。

5）灰渣综合利用性能好。循环流化床燃烧过程属于低温燃烧，同时，炉内优良的燃尽条件使得锅炉的灰渣含碳量低，易于实现灰渣综合利用。另外，当炉内加入石灰石后，灰渣成分也有变化，含有一定的 $CaSO_4$ 和未反应的 CaO。循环流化床锅炉灰渣可以用于制造水泥的掺混料或者其他建筑材料的原料，低温烧透也有利于提取灰渣中的稀有金属。

循环流化床锅炉是在鼓泡床锅炉的基础上发展起来的，它几乎可以消除鼓泡床锅炉所有的缺点。但实践表明，循环流化床锅炉也有一些缺点，主要表现在以下方面：

1）循环流化床锅炉部件磨损和腐蚀严重。由于循环流化床锅炉内流速高、颗粒浓度大、为控制 NO_x 排放而采用分级燃烧时，炉膛内存在还原性气氛区域等因素，会造成受热面与吊挂管的磨损与腐蚀，膜式水冷壁的变截面处和裸露在烟气冲刷中的耐火材料砌筑部件亦有磨损。研究表明，磨损与风速的 3.6 次方成正比，与浓度成正比。

2）N_2O 生成量高。流化床燃烧技术可有效地抑制 NO_x、SO_x 排放，但又产生了另一个环境问题，即排放 N_2O 问题。N_2O 是一种对大气臭氧层有很强破坏作用的有害气体，循环流化床燃烧过程中，N_2O 生成量一般达 200mg/L，比鼓泡流化床锅炉和高温煤粉炉要高很多。近年来的研究表明，通过对燃烧工况的调整，能较好地控制 N_2O 的生成量。

3）设备结构复杂，造价高。对于小容量锅炉，循环床结构及系统比鼓泡床复杂，造价较高。在循环流化床中，被分离下来的固体物料必须通过返料机构送回床内，但由于返料机构中的温度很高，采用机械阀门之类的调节装置，会很容易产生卡死、转动不灵活等现象，并且还会产生严重磨损。

4）循环床整个系统的烟囱阻力比鼓泡床大 3 倍左右，因而锅炉自身能耗较高。

5）床温过高。循环流化床的设计床温一般为 850~900℃，而实际运行中的床温一般在950℃以上，甚至超过 1 000℃。对于易结焦的煤来说，这个问题非常突出，需要有效解决。

总体来说，循环流化床燃烧技术是目前最为成熟、经济、应用最为广泛的一项清洁燃烧方式。循环流化床锅炉在世界范围内得到迅速发展。在中小容量锅炉方面已经得到了大范围推广；在大型化方面，其单机发电容量已经达到了 300MWe（电力系统常用单位，Megawatts of Electricity 的缩写）；在工业应用方面，循环流化床发电技术已经成为洁净煤发电技术的一个重要组成部分。

循环流化床锅炉在发电方面的应用有两种：一是单独的蒸汽动力循环发电，二是燃气-蒸汽构成的联合循环发电。在单独的蒸汽动力循环发电方面，循环流化床发电技术已日益成熟，已经有亚临界的 300MWe 等级的循环流化床锅炉投入运行，600MWe 循环流化床锅炉在设计中。流化床联合循环发电技术包括增压流化床联合循环技术和常压流化床联合循环技术（AFBC-CC）。

（2）增压流化床联合循环技术　增压流化床联合循环是以一个增压的（1.0~1.6 MPa）流化床燃烧室为主体，以蒸汽-燃气联合循环为特征的热力发电技术。燃煤增压流化床锅炉联合循环属于增压锅炉型燃气-蒸汽联合循环，其循环不受燃气轮机初温的限制，可以采用亚临界甚至超临界参数的蒸汽循环系统，从而使系统的发电功率和效率在一定范围内得到提高。目前，增压锅炉型联合循环已被高效的余热锅炉联合循环取代，但在以煤为燃料时，由于增压流化床燃煤技术具有一定的优越性，因此，PFBC-CC 仍是很有竞争力的洁净煤发电技术。

增压流化床联合循环燃烧系统,一般是将煤和脱硫剂制成水煤浆,用泵将其注入流化床燃烧室内;另一种方法是用压缩空气将破碎后的煤粉吹入流化床燃烧室内。压缩空气经流化床底部压力风室,从布风板吹入炉膛,使燃料流化、燃烧,并在流化床燃烧室中部流入二次风使燃料燃尽。流化床内燃烧温度一般控制在 850~950℃。炉膛出口的高温高压烟气以除尘后驱动燃气轮机,使燃气轮机为压缩空气提供动力,带动发电机发电,同时,锅炉产生的过热蒸汽进入汽轮机,带动发电机发电。

增压流化床燃煤联合循环技术发展于 20 世纪 70 年代初,有第一代 PFBC-CC 和第二代 PFBC-CC 两种形式。其中第一代 PFBC-CC 已经实现了商业化,最大容量已达 360MW,技术也趋向成熟与完善。增压流化床联合循环的研究开发已经取得了很大成绩,但技术上还有些局限性,主要表现在燃气轮机进口温度受增压流化床锅炉燃烧温度制约(仅为 850~870℃),燃气轮机允许的进口温度为 1 200~1 350℃,使得燃气轮机的优势不能充分发挥,影响机组发电效率。因此,提高燃气轮机进口温度就成为增压流化床联合循环研究努力的目标。带有炭化器和前置燃烧室的第二代增压流化床联合循环就成为研究开发的主要方向。第二代 PFBC 的基本形式如图 3-13 所示。在增压流化床锅炉之前增加了一个炭化炉,在燃气轮机之前增加了一个顶置燃烧室,煤在炭化炉内发生部分气化生成低热值煤气和焦炭,其中,焦炭送入增压流化床锅炉中燃烧,生成主燃气以及蒸汽动力循环所需的主蒸汽;低热值煤气则经除尘后送到顶置燃烧室,与从锅炉中出来的同样经过除尘的主燃气混合燃烧,使进入燃气轮机时的燃气提高到 1 100~1 300℃,从而将循环的总体效率提高到 45%~50%。

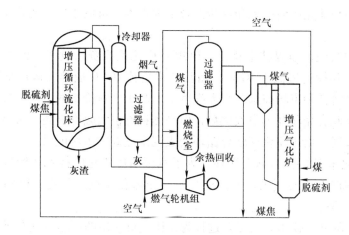

图 3-13　第二代 PFBC 的基本形式

与第一代增压流化床联合循环相比,第二代增压流化床联合循环的效率相对提高15%~20%,并具有更优良的环保性能,增压流化床联合循环前置燃烧室的高温燃烧,降低 CO、N_2O 和碳氢化合物的排放。

在 PFBC 设计和实际运行中,影响其发电效率和发电功率的因素有:① 增压流化床燃烧锅炉燃烧方式。增压流化床燃烧锅炉是整个循环的核心设备,其能量转换率的高低将直接影响到系统的发电效率。通常,当 PFBC 选用鼓泡床燃烧方式,在 1.2 MPa 的压力条件下,其燃烧效率可达到98%,而如果采用循环流化床,其燃烧效率会有所提高,从而使系统的发电效率提高。② 燃气轮机的入口温度。虽然增压锅炉型联合循环以蒸汽循环为主，但通过提高燃气轮机的入口参数仍能有效地改善系统效率。由于第二代 PFBC 将入口温度提高到 1 100～1 300℃，其燃气轮机的功率在系统中的比值将会增大，既增长系统的发电功率，还会有助于提高发电效率。③ 气化炉的转化温度。对于第二代 PFBC 来讲，提高煤在气化炉中的转化率，即使更多的煤部分气化为低热值煤气，进入燃气-蒸汽联合循环，而非转化为主蒸汽的能量直接进入蒸汽动力循环，将有助于提高系统效率。④ 其他。高温烟气除尘技术、第二代顶置燃烧室的低热值煤气燃烧技术、厂用电率等都会影响到电站系统的运行状况，在设计与运行时需统筹考虑。

增压循环流化床联合循环的优点有：① 效率高。增压循环流化床锅炉不存在冷却烟气温度悬浮段，因此，它的烟气出口温度高于鼓泡型增压流化床锅炉的烟气出口温度，有利于提高燃气轮机的功率和效率。② 低排放。增压循环流化床锅炉分级燃烧和未燃烬碳造成还原性气氛，使其 NO_x 排放量更低；同时，由于流化床内物料循环，提高了脱硫剂的使用率，进一步降低 SO_2 排放。③ 负荷调节性能好。在增压循环流化床锅炉中，可以通过调节一、二次风配比改变炉膛传热，从而进行负荷调节，不需要改变炉膛内固体物料量；同时，增压循环流化床锅炉保温物料量和耐火防磨材料用量较少，它的负荷调节速度较快，起、停时间较短。④ 受热面磨损小。由于增压循环流化床密相区内无沉浸受热面（增压鼓泡流化床所必需的），可降低受热面的磨损。⑤ 维修方便。增压循环流化床内采用屏式受热面，检查和维修都比较方便。⑥ 占地面积小。增压循环流化床具有较高的面积热负荷，所占空间小。⑦ 系统简单。增压循环流化床内的风和煤粉混合更加强烈，可以用更少的给煤点，从而简化给煤系统。

与目前应用的其他洁净煤技术相比，PFBC-CC 无论投资、效率、污染、排放、技术成熟度都比较不错，其投资远低于 IGCC，而且技术也比 IGCC 成熟，运行难度小。增压流化床联合循环技术经济性和市场前景在很大程度上取决于燃料价格的走向。按目前的燃烧价格水平，增压流化床联合循环并无很大优势，但当燃料价格大幅度提高、天然气价格比煤的价格提高幅度大得多时，增压流化床联合循环会表现出良好的市场前景。

（3）常压流化床燃气-蒸汽联合循环　为了克服增压流化床技术在给煤、除渣、高温除尘以及燃气轮机耐蚀方面的不足，人们进行了常压流化床技术研究，得到了常压流化床燃气-蒸汽联合循环方案。

1）第一代 AFBC-CC 技术。其工艺过程为，压气机输出的压缩空气在燃煤的常压流化床燃烧室的空气簇管内加热后，被直接送到燃气锅炉中去做功，优点是比较清洁。其缺点是由于空气簇管材料耐温性能的限制，从常压流化床燃烧室出来的空气温度一般不超过 800℃，因而其供电效率仅为 39.2%。

2）第二代 AFBC-CC。为了提供系统的供电效率，人们首先将煤在常压流化床的炭化炉内进行干馏，煤气经净化后，被供到燃气锅炉前的顶置燃烧室中补燃，使热空气的温度升到 1 100～1 300℃，从而提高系统的供电效率，这就是第二代 AFBC-CC。德国曾建造过第一代 AFBC-CC 示范厂，由于管簇磨损问题而失败。近来美国提出了建设外燃式联合循环（EF-CC）的方案。它与 AFBC-CC 相似，不同的是欲用高温陶瓷热管来取代空气加热管簇，从而使空气温度提高到 1260℃，以便提高供电效率。

3.2.5　煤炭燃烧中及烟气的净化处理

1. 煤炭燃烧中的净化处理

煤炭燃烧过程中净化处理，即进行炉内脱硫和脱硝。炉内脱硫通常是在燃烧过程中向炉内加入固硫剂，如石灰石等，使煤中硫分转化为硫酸盐并随炉渣排出。实践证明，最佳的脱硫温度为 $800 \sim 850℃$，温度高于或低于该温度范围，脱硫效率均会降低。

燃烧中的净化燃烧技术，主要是流化床燃烧技术和先进燃烧器技术。流化床又叫沸腾床，有泡床和循环床两种。由于燃烧温度低可减少氮氧化物排放量，煤中添加石灰可减少二氧化硫排放量，炉渣可以综合利用，能烧劣质煤，这些都是它的优点；先进燃烧器技术是指改进锅炉、窑炉结构与燃烧技术，减少二氧化硫和氮氧化物的排放技术。

煤燃烧过程中产生的氮氧化物（NO_x）与煤的燃烧方式，特别是燃烧温度和过量空气系数等燃烧条件有关，因此，炉内脱硝主要是采用低 NO_x 的燃烧技术，包括空气分级燃烧、燃料分级燃烧和烟气再循环技术，或向炉内喷射吸收剂（如尿素）等。

2. 燃烧烟气净化处理

煤炭燃烧后的烟气净化技术包括烟气除尘和脱硫、脱氮，其中重点为烟气脱硫。烟气除尘技术很多，静电除尘器效率最高，可达 99% 以上，电厂一般都采用静电除尘法。烟气脱硫（FGD）有干式和湿式两种。干法是用浆状石灰石喷雾，与烟气中的 SO_2 反应，生成硫酸钙，水分被蒸发，干燥颗粒用集尘器收集；湿法是用石灰水淋洗烟气，SO_2 变成亚硫酸钙或硫酸钙的浆状物。烟气脱氮有多种方法，如非催化还原法（NCR）和选择性催化剂还原法（SCR）。湿式和干式 FGD，除硫率均可达 90% 以上；若采用 SCR，NO_x 排放量可减少 80% 以上，但装置投资和运行费较高。

我国由于中小型燃煤锅炉多，污染相对严重，所以对中小型燃煤锅炉烟气脱硫技术进行了大量研究和实践，取得了一批经济性能较好、脱硫效率也较高的实用技术，如湿式除尘脱硫技术、掺烧含钙物质炉内脱硫、废碱液脱硫、湿式筛网脱硫技术等。

我国燃煤电站烟气脱硫始于 20 世纪 70 年代初，先后研究了亚钠循环法、催化氧化法、碘活性炭法、石灰石-石膏法、喷雾干燥法和 PAFP 法（磷铵肥法）等。为加快推动中国燃煤电站锅炉烟气脱硫工作，"七五"期间重庆珞璜电厂引进了日本三菱重工业公司与 2×360 MW 机组配套的二套湿式石灰石-石膏回收法烟气脱硫装置，建成了大型电站锅炉烟气脱硫示范工程。鉴于湿式石灰石-石膏法投资比较高，西南电力设计院在四川白马电厂建有一套喷雾干燥法的中试装置。

3.3　石油

3.3.1　石油概述

1. 石油及油品的分类

石油（或称原油，petroleum 或 crude oil）是从地下深处开采出来的黄褐色乃至黑褐色的流动或半流动的黏稠液体。石油是有机物在地球演化过程中的一种中间产物，一般认为其有效生油温度在 $50 \sim 160℃$。地温过高将使石油逐步裂解为甲烷，最终演化为石墨。

石油的性质因产地而异。石油密度一般为 0.7~1.0 g/cm³，我国原油的相对密度大多在 0.85~0.95，属于偏重的常规原油；石油沸点为 500℃ 以上（常温情况下）；石油粘度范围很宽，凝固点差别很大（-60~30℃）；石油可溶于多种有机溶剂，不溶于水，但可与水形成乳状液。在商业上，按相对密度不同，把原油分为轻质原油（相对密度≤0.865）、中质原油（相对密度为 0.865~0.934）、重质原油（相对密度为 0.934~1.000）、特重质原油（相对密度≥1.000）。轻质石油在世界上的储量较少，我国青海冷湖原油即属于轻质石油。

石油的组成十分复杂，是由分子大小和化学结构不同的烃类和非烃类组成的复杂混合物，包括烷烃、环烷烃和芳烃，还有少量硫、氮、氧的化合物和胶质等。组成石油的化学元素主要是碳（质量分数为 83%~87%）、氢（质量分数为 11%~14%），还有硫（质量分数为 0.06%~0.8%）、氮（质量分数为 0.02%~1.7%）、氧（质量分数为 0.08%~1.82%）及微量金属元素（镍、钒、铁等）。由碳和氢化合形成的烃类构成石油的主要组成部分，其质量分数占 95%~99%，平均低位发热量为 41.87MJ/kg。含硫、氧、氮的化合物对石油产品有害，在石油加工中应尽量除去。根据所含主要成分烃类的不同，石油可分为三大类：烷基（石蜡基）石油、环烷基（沥青基）石油和混合基石油。我国所产原油大多属于石蜡基石油，如大庆原油即属低硫、低胶质、高石蜡烃类型。

反映石油特性的物性指标通常有粘度、凝固点、盐含量、硫含量、蜡含量、胶质、沥青质、残炭、沸点和馏程等。我国主要原油的特点是含蜡较多，凝固点高，硫含量低，镍、氮含量中等，钒含量极少。除个别油田外，原油中汽油馏分较少，渣油占 1/3。组成不同类的石油，加工方法有差别，产品的性能也不同，应当物尽其用。

石油是十分复杂的混合物，不能直接作为产品使用，必须经过各种加工处理，炼制成多种石油产品。根据石油组分沸点的差异，对原油进行预处理后蒸馏，可从原油中提炼出直馏汽油、煤油、轻重柴油及各种润滑油馏分等，这是原油的一次加工过程。然后将这些半成品中的一部分或大部分作为原料，进行原油二次加工，如催化裂化、催化重整、加氢裂化等炼制过程，可提高石油产品的质量和轻质油收率。

石油产品种类繁多，市场上各种牌号的石油产品达 1 000 种以上，从石油中得到的产品大致可分为以下四大类：

（1）石油燃料　石油燃料是用量最大的油品，按其用途和使用范围可以分为五种：① 点燃式发动机燃料，如航空汽油、车用汽油等；② 喷气式发动机燃料（喷气燃料），如航空煤油；③ 压燃式发动机燃料（柴油机燃料），如高速、中速、低速柴油；④ 液化石油气燃料，即液态烃；⑤ 锅炉燃料，如炉用燃料油、船舶用燃料油。

（2）润滑油和润滑脂　润滑油和润滑脂的数量只占全部石油产品的 5% 左右，但品种繁多。

（3）蜡、沥青和石油焦　它们是在生产燃料和润滑油时进一步加工得来的，其产量约为所加工原油的百分之几。

（4）溶剂和石油化工产品　石油化工产品是有机合成工业重要的基本原料和中间体。

2. 石化工业的重要作用

石化工业在国民经济发展中发挥着重要作用。石化工业是国民经济发展的基础产业之一，它既是能源工业，也是原材料工业。石化工业是财政资金积累的重要源泉。石化工业的发展促进了相关产业的升级与发展，同时，相关产业的技术进步又促进了石化产业整体技术水平的提高。石化工业丰富了人们的生产与生活产品类型。总之，石化工业发展水平已成为衡量我国经济实力和科技水平的重要标志之一。我国石化工业的企业资产总规模近 1 万亿元，占国有资产总值的 12%；年销售总收入超过 7000 亿元，占国有及国有控股企业收入的 10% 以上；年实现利润 250 亿元以上，是国民经济的重要支柱产业之一。

3.3.2　炼油工业的发展历程及前景

1. 炼油工业发展历程与技术成就

（1）世界炼油工业发展历程　石油的发现、开采和直接利用历史已久，石油加工利用形成的石油炼制工业始于 19 世纪 30 年代。1823 年，俄国杜比宁兄弟建立了第一座釜式蒸馏炼油厂。1860 年，美国 B. Siliman 建立了原油分馏装置，被认为是炼油工业的雏形。19 世纪末，诞生了以增产汽油和柴油为目的综合利用原油的二次加工工艺，如热裂化、焦化、催化裂化、催化重整及加氢技术，形成了现代的石油炼制工业。20 世纪初，内燃机发明、汽车工业发展及第一次世界大战，对汽油的需求推动了炼油工业的迅速发展。到 20 世纪 40～50 年代，炼油工业就已发展成为一个技术先进、规模宏大的产业。20 世纪 50 年代以后，形成了现代的石油化学工业，石油炼制为化工产品的发展提供了大量原料。1996 年，全世界的石油加工能力为 38 亿 t，我国为 1.4 亿 t。大型炼油厂的年加工能力已超过 1 000 万 t。

我国石化工业，包括石油炼制工业（简称为石油炼制）和以石油、天然气为主要原料的化学工业（简称为石油化工）。在石油炼制方面，1949 年新中国成立之前，全国仅有几个小规模的炼油厂，几乎所有石油产品都依靠进口。1958 年，建立了我国第一座现代化的处理量为 $100 \times 10^4 \text{t/a}$ 的炼油厂。20 世纪 60 年代，在大庆油田的发现和开发的带动下，我国炼油工业迅速发展。在吸收国外先进炼油技术的基础上，依靠国内自己的技术力量，掌握了流化催化裂化、催化重整、延迟焦化、尿素脱蜡以及有关催化剂、添加剂等五个方面的工艺技术，为我国炼油工业发展打下基础。目前，我国炼油工业的规模已位居世界第四位，炼油技术水平也已进入世界先进行列。

在石油化工方面，20 世纪 50 年代，我国石油炼制发展落后，许多化工产品需要进口，化工产品的生产也主要以褐煤、粮食酒精和电石为原料。20 世纪 60 年代引进了国外砂子炉裂解技术和与之配套的 5 套石油化工装置，70 年代初全部建成投产。至此，我国第一个石油化工基地在兰州诞生。此时出现了土法兴办小石油化工的热潮。随着大庆油田的开发及石油炼制工业的发展，我国利用国内科研成果，自行设计建设了一批以石油气和石油芳烃为原料的石油化工联合企业，如北京燕山、齐鲁、大庆、岳阳等地的 20 多套大型石油化工装置。20 世纪 70 年代，我国大量引进了以石油和天然气为原料，生产化学纤维和化学肥料的工艺技术和成套设备，陆续建成投产了第一套年产 30 万 t 乙烯的大型装置、4 套石油化纤联合装置、13 套大型合成氨装置。从 20 世纪 80 年代初开始，石油化工进入了一个稳步发展和以提高经济效益为中心的历史阶段，发挥了油化纤的联合优势，基本上形成了一个完整的具有相当规模的工业体系。目前，我国共有 16 个乙烯生产企业，18 套乙烯生产装置。以此为龙头，石化下游加工能力相应扩大，建成了一批有机原料和合成材料生产装置，主要有聚乙烯、聚丙烯、聚苯乙烯、烧碱和聚氯乙烯、环氧乙烷和乙二醇、丁辛醇、丙烯腈和聚丙烯纤维、乙醛和醋酸、丁苯橡胶、精对苯二甲酸和聚酯等产品。

以世界最大石油炼制公司为排序单位，按加工能力、销售收入和综合实力排序，1999

年中国石化集团公司排于第4位，中国石油天然气集团公司排第9位，2010年世界最大的石油炼制公司排序情况见表3-10。在世界石化工业中，我国石化工业的加工能力和产品产量都已跃居世界前列，具有比较雄厚的实力。

表3-10 世界最大的石油炼制公司排序（2010年）

位序	石油炼制公司名称	加工能力/（万 t/a）	位序	石油炼制公司名称	加工能力/（万 t/a）
1	埃克森公司	31 300	6	BP公司	13 335
2	中国石油化工集团公司	24 570	7	美国康菲公司	13 285
3	英国/荷兰壳牌集团	17 970	8	沙特石油公司	12 115
4	中国石油天然气集团公司	15 710	9	道达尔公司	11 815
5	委内瑞拉国家石油公司	15 175	10	雪佛龙公司	10 800

（2）我国炼油工业的技术成就　在我国石化工业迅速发展的同时，石化工业技术也有了长足进步，取得的主要技术成就有：① 在成套技术方面，开发了渣油催化裂化技术、催化裂化家族技术［该技术包括催化裂解技术（DCC）、多产液化气和汽油的催化裂化技术（MGG）、多产异构烯烃的催化裂化技术（MIO）等］、加氢裂化技术、中压加氢改质技术、催化重整技术、热加工技术、甲基叔丁基醚技术、新型裂解炉技术、环管聚丙烯技术、丙烯腈技术、乙苯/苯乙烯技术、丁苯热塑性弹性体（SBS）技术、溶聚丁苯技术、C5分离技术等。② 在产品技术方面，开发了高质量的新配方汽油，研制了3大系列若干个粘度等级的润滑油基础油，开发了内燃机油、齿轮油、液压油等中高档润滑油品种牌号百余种，200多种配方的润滑油生产技术，基本满足了国内需要。同时，还开发了系列合成树脂、合成纤维和合成橡胶的新品种和新牌号。在催化剂方面，开发了一系列炼油和石油化工新型催化剂，其性能达到或优于国外催化剂水平，如催化裂化系列催化剂、连续重整用的铂锡催化剂、半再生重整用的铂铼催化剂、加氢裂化和加氢精制系列催化剂、环氧乙烷催化剂、丙烯腈催化剂、聚丙烯N型催化剂等。国产催化剂在生产装置上的覆盖已达85%以上。③ 在重大装置国产化方面，对乙烯裂解炉、加氢裂化、加氢精制、本体法聚丙烯、湿法腈纶、高密度聚乙烯等装置中的关键设备，实现了国产化。近年来，又组织了聚丙烯环管反应器、乙烯装置裂解气压缩机、丙烯压缩机、渣油加氢装置反应器、新氢压缩机等重大设备国产化工作。在专用设备方面，开发了催化裂化提升管出口全封闭式旋流快分系统、分馏塔DJ型塔板、顺丁橡胶凝聚釜等。在生产装置消除"瓶颈"制约的技术方面，开发了加氢裂化、延迟焦化、半再生催化重整、丙烯腈、环氧乙烷/乙二醇、PTA、聚酯等技术，并已在工业装置扩能改造中应用，使生产装置的能力大幅度提高，能耗、物耗大幅度降低，提高了产品竞争力，为石化生产装置的技术改造提供了技术支持。

2. 石化工业发展前景

当前我国石化工业在发展过程中，机遇与挑战并存。21世纪的炼油工业面临的严重挑战及发展前景，主要体现在：① 世界原油可采储量日益减少，人类社会对石油的依赖程度却在增强。② 原油趋于重质化和劣质化，硫含量逐渐增加。③ 轻质油品的需求日益增长。全世界重质燃料占整个油品市场份额，将由20世纪70年代的约4成降至21世纪末的约2成，而轻质和中间馏分油的需求均将由3成增加到4成。④ 油品质量要求洁净化，由于用油机器性能的不断改进和全球环保意识的增强，对炼油技术和油品质量要求越来越苛刻。⑤

石化工业在发展过程中，还存在一些人口众多的制约因素。⑥ 石化工业技术和经济基础与国外相比还存在差距。企业集中度低，装置规模小，装置不适应原油品种结构变化；石油炼制能力相对过剩，产品质量和品种缺乏竞争力，劳动生产率低，石化装置运转周期短，技术创新能力薄弱，特别是成套工艺的创新和制造能力差；一些主要技术和装备仍需依赖从国外引进。我国石化工业的发展，需要采用新工艺、新技术、新设备来提升生产水平，向集约型经济增长方式"装置规模大型化、技术先进化、产品系列化、内涵型集约化"方面发展。

3.3.3 原油的加工方案

对石油进行加工，称为炼制。建设一座炼油厂，首要任务是确定原油的加工方案。方案确定取决于诸多因素，如市场需要、经济效益、投资力度、原油的特性等。原油的综合评价结果是选择原油加工方案的基本依据，有时还需对某些加工过程做中型试验，以取得更为详细的数据。生产航空煤油和某些润滑油，往往还需做产品的台架试验和使用试验。

根据目的产品的不同，原油加工方案大体上可分为三种基本类型：

（1）燃料型 主要产品是用作燃料的石油产品，除了生产部分重油燃料油外，将减压馏分油和减压渣油进行轻质化，转化为各种轻质燃料。

（2）燃料-润滑油型 除了生产用作燃料的石油产品外，部分或大部分减压馏分油和减压渣油还被用于生产各种润滑油产品。

（3）燃料-化工型 除了生产燃料产品外，还生产化工原料及化工产品，例如某些烯烃、芳烃、聚合物的单体等。这种加工方案实现了充分合理利用石油资源，也是提高炼油厂经济效益的重要途径，是石油加工的发展方向。图 3-14 所示为燃料-化工型加工方案。

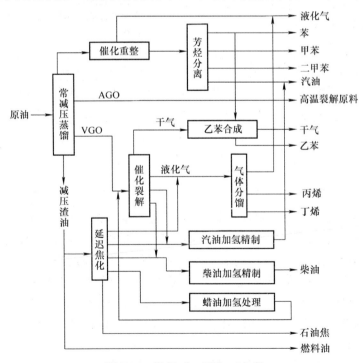

图 3-14 燃料-化工型加工方案

由于原油加工方案不同，各炼油厂的炼油工艺过程及复杂程度也不同。一般情况下，大规模炼油厂的复杂程度高。炼油厂设备主要由两大部分组成，即炼油生产装置与辅助设施。

1）炼油生产装置。按生产目的不同分为原油分离装置、重质油轻质化装置、油品改质及油品精制装置、油品调和装置、气体加工装置、制氢装置和化工产品生产装置。

2）辅助设施。辅助设施是维持炼油厂正常生产所必需的非生产装置设施系统，主要有供电系统、供水系统、供水蒸气系统、供气系统（如压缩空气站、氧气站等）、原油和产品储运系统及三废处理系统，此外，还有机械加工维修、仪表维护、消防等设施。

3.3.4 石油炼制

习惯上将石油炼制过程分为一次加工、二次加工和三次加工。常减压蒸馏属一次加工，是把原油蒸馏分为几个不同的沸点范围（即馏分）；将一次加工得到的馏分再加工成商品油称为二次加工；将二次加工得到的商品油制取基本有机化工原料的工艺称为三次加工。一次加工采用常压蒸馏或常减压蒸馏；二次加工采用催化、加氢裂化、延迟焦化、催化重整、烃基化、加氢精制等；三次加工采用裂解工艺制取乙烯、芳烃等化工原料。石油炼制与加工过程及主要产品的比较见表3-11。

表3-11 石油炼制、加工过程及主要产品的比较

炼制和加工方法	分 馏		裂 化		裂 解
	常压分馏	减压分馏	热裂化	催化裂化	
加工原理	用蒸发和冷凝的方法把石油分成不同沸点范围的蒸馏产物		在一定条件下，将大分子、高沸点的烃断裂成小分子烃的过程		在高于裂化的温度下，将长链烃分子断裂成短链的气态和少量液态烃的过程
原料	脱水、脱盐的原油	重油	重油		石油的分馏产品
炼制条件	常压加热	减压加热	加热	催化剂、加热	高温
炼制目的	将原油分离成轻质油	将重油充分分离，并防止炭化	提高轻质汽油的产量和质量		获取短链气态不饱和烃
主要产品	溶剂油（$C_5 \sim C_8$）、汽油（$C_5 \sim C_{11}$）、煤油、柴油、重油	润滑油、凡士林等	汽油等轻油		乙烯、丙烯、丁二烯等

炼油产品需求量较大的是轻质油（如汽油），但直接蒸馏得到的直馏汽油等轻质油的数量受原油中轻组分含量的限制，例如胜利原油中200℃前馏分的质量分数仅为7%左右，另外，直馏汽油主要含直链烷烃，辛烷值较低。裂化的目的是通过裂化反应，将高碳烃（碳原子数多，碳链较长的烃）断链生成低碳烃，同时增加环烷烃、芳香烃和带侧链烃的数量，从而增加汽油等轻馏分的产量，质量也得到提高。裂化有两种，以加热方法使原料馏分油在480~500℃下裂化的称为热裂化，使用催化剂进行的裂化称为催化裂化。

1. 原油预处理

从地底油层中开采出来的石油都伴有水，这些水中溶解有无机盐，如$NaCl$、$MgCl_2$、$CaCl_2$等。原油含水含盐会产生设备腐蚀，造成运输、贮存、加工能量损失，还会影响产品质量。因

此，原油在使用前需进行脱水与脱盐。原油中的盐大部分溶于所含水中，故脱盐脱水是同时进行的。为了脱除悬浮在原油中的盐粒，在原油中注入一定量的新鲜水（注入量一般为5%），充分混合，然后在破乳剂和高压电场的作用下，使微小水滴逐步聚集成较大水滴，水滴靠重力从油中沉降分离，达到脱盐脱水的目的。这通常称为电化学脱盐脱水过程。

我国各炼厂大都采用两级脱盐脱水流程，如图 3-15 所示。原油自油罐抽出后，先与淡水、破乳剂按比例混合，经加热到规定温度，送入一级脱盐罐，一级电脱盐的脱盐率在90%～95%之间。在进入二级脱盐之前，仍需注入淡水。一级注水是为了溶解悬浮的盐粒，二级注水是为了增大原油中的水量，以增大水滴的偶极聚结力。

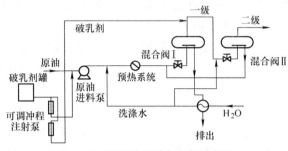

图 3-15　两级脱盐脱水流程示意图

2. 原油蒸馏

蒸馏是石油炼制的最基本过程，也是重要的单元操作。蒸馏是利用液体混合物中各组分挥发度的不同，通过加热使部分液体气化，使较轻的、易挥发的组分在气相得到增浓。而较重的、难挥发组分在剩余液体中也得到增浓，从而实现混合物的分离。但是，一般在石油炼制中，也不能得到纯的单一化合物，而只是通过蒸馏将原油切割成不同沸点范围的烃类混合物（称馏分油）。目前炼油厂最常采用的原油蒸馏流程是两段气化流程和三段气化流程。两段气化流程包括两个部分：常压蒸馏和减压蒸馏。三段气化流程包括三个部分：原油初馏、常压蒸馏和减压蒸馏。

根据产品用途不同，将原油蒸馏工艺流程分为三种类型：燃料型、燃料-润滑油型和燃料-化工型。燃料型的原油常减压蒸馏工艺流程如图 3-16 所示，这类加工方案的产品基本都是燃料。

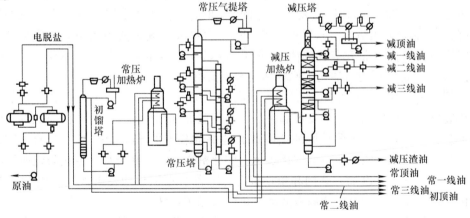

图 3-16　原油常减压蒸馏工艺流程（燃料型）

从罐区出来的原油，经过换热，温度达到80～120℃进入电脱盐脱水罐进行脱盐、脱水。经这样预处理后的原油，再经换热达到210～250℃进入初馏塔，塔顶流出轻汽油馏分，塔底为拔头原油。拔头原油经换热进常压加热炉加热至360～370℃，形成的气液混合物进入常压塔，塔顶出汽油馏分,经冷凝冷却至40℃左右,一部分作塔顶回流,一部分作汽油馏分。各侧线馏分油经气提塔出装置,塔底是沸点高于350℃的常压重油。用热液压泵从常压塔底部抽出送到减压炉加热,温度达到390~400℃进入减压蒸馏塔,减压塔顶一般不出产品,而是直接与抽真空设备连接。侧线各馏分油经换热冷却后出装置作为二次加工的原料。塔底减压渣油经换热、冷却后出装置,作为下道工序(如焦化、溶剂脱沥青等)的进料。

3. 原油热加工

在炼油工业中,热加工是指主要靠热的作用,将重质原料油转化成气体、轻质油、燃料油或焦炭的一类工艺过程。热加工过程主要包括热裂化、减粘裂化和焦化。

热裂化是以石油重馏分或重、残油为原料生产汽油和柴油的过程。石油馏分及重油、残油在高温下主要发生两类化学反应:一类是裂解反应,大分子烃类裂解成较小分子的烃类;另一类是缩合反应,即原料和中间产物中的芳烃、烯烃等缩合成大分子量的产物,从而可以得到比原料油沸程高的残油甚至焦炭。热加工过程除了可以从重质原料得到一部分轻质油品外,也可以用来改善油品的某些使用性能。

减粘裂化是一种浅度热裂化过程,其主要目的在于减小原料油的粘度,生产合格的重质燃料油和少量轻质油品,也可为其他工艺过程(如催化裂化等)提供原料。

焦炭化过程(简称焦化)是提高原油加工深度,促进重质油轻质化的重要热加工手段。它又是唯一能生产石油焦的工艺过程,在炼油工业中一直占有重要地位。

在原油的加工过程中,热裂化过程已逐渐被催化裂化所取代。不过随着重油轻质化工艺的不断发展,热裂化工艺又有了新的发展。国外已经采用高温短接触时间的固体流化床裂化技术,处理高金属、高残炭的劣质渣油原料。

4. 催化裂化

催化裂化(catalytic cracking)过程是以减压馏分油、焦化柴油和蜡油等重质馏分油或渣油为原料,在常压和450~510℃、催化剂存在的条件下,发生一系列化学反应,转化生成气体、汽油、柴油等轻质产品和焦炭的过程。催化裂化过程具有如下特点:① 轻质油收率高,可达70%~80%;② 催化裂化汽油的辛烷值高,马达法辛烷值可达78,汽油的安定性也较好;③ 催化裂化柴油十六烷值较低,常与直馏柴油调和使用或经加氢精制提高十六烷值,以满足要求;④ 催化裂化气体 C_3 和 C_4 占80%,其中 C_3 丙烯又占70%, C_4 中各种丁烯可占55%,是优良的石油化工原料和高辛烷值组分的生产原料。

催化裂化是炼油工业中最重要的一种二次加工工艺,在炼油工业生产中占有重要的地位。催化裂化是在热裂化工艺上发展起来的,是提高原油加工深度,生产优质汽油、柴油最重要的工艺操作。原料油主要是原油蒸馏或其他炼油装置的350~540℃馏分的重质油。催化裂化工艺由三部分组成:原料油催化裂化、催化剂再生、产物分离。催化裂化所得的产物经分馏后可得到气体、汽油、柴油和重质馏分油。部分返回反应器继续加工的油称为回炼油。催化裂化操作条件的改变或原料波动,可使产品组成波动。

根据所用原料、催化剂和操作条件的不同。催化裂化各产品的产率和组成略有不同。催化裂化过程的主要目的是生产汽油。总体上来说,气体产率为10%~20%,汽油产率为30%~50%,柴油产率不超过40%,焦炭产率5%~7%。这是我国催化裂化技术的特点,在催化裂化大量生产汽油的同时,提高柴油产率。

在热裂化时,反应按自由基反应机理进行,而在催化裂化时,反应按正碳离子反应机理进行，故催化裂化中芳构化、异构化反应较多，产物的经济价值较高。催化裂化用的催化和反应装置有多种类型，其技术发展和更新都很快。图 3-17 所示为典型的催化裂化工艺流程。

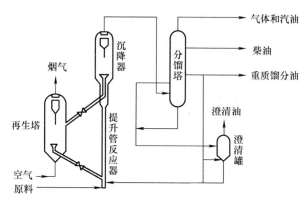

图 3-17　典型的催化裂化工艺流程

　　重油催化裂化（Residue Fluid Catalytic Cracking，即 RFCC）是近年来得到迅速发展的重油加工技术。所谓重油，是指常压渣油、减压渣油的脱沥青油以及减压渣油、加氢脱金属或脱硫渣油所组成的混合油。典型的重油是馏程大于 350℃ 的常压渣油或加氢脱硫常压渣油。与减压馏分相比，重油催化裂化原料油存在如下特点：① 粘度大、沸点高；② 多环芳香性物质含量高；③ 重金属含量高；④ 含硫、氮化合物较多。因此，用重油为原料进行催化裂化时会出现焦炭产率高，催化剂重金属污染严重以及产物硫、氮含量较高等问题。

　　重油催化裂化工艺的产品是市场急需的高辛烷值汽油馏分、轻柴油馏分和石油化学工业需要的气体原料。由于该工艺采用了分子筛催化剂、提升管反应器和钝化剂等，使产品分布接近一般流化催化裂化工艺。但是重油原料中一般有 30% ~50% 的廉价减压渣油，因此，重油流化催化裂化工艺的经济性明显优于一般流化催化工艺。

5. 催化重整

　　催化重整是使石油馏分经过化学加工转变为芳烃的重要方法之一。重整是指烃类分子重新排列成新的分子结构，而不改变分子大小的加工过程。重整过程是在催化剂存在之下进行的。采用铂催化剂的重整过程称铂重整，采用铂铼催化剂的重整过程称为铂铼重整，而采用多金属催化剂的重整过程称为多金属重整。催化重整是石油加工过程中重要的二次加工方法，其目的是用以生产高辛烷值汽油或化工原料 3/4 - 芳香烃，同时，副产大量氢气可作为加氢工艺的氢气来源。

　　催化重整催化剂是载于活性氧化铝上的铂或铂铼，在催化剂作用下主要应有：

　　（1）正构石蜡烃异构化 $CH_3-(CH_3)_n-CH_3 \rightarrow CH_3-CH(CH_2)_{n-2}-CH_3$ （顶部为 CH_3 支链）

　　（2）环烷烃脱氢芳构化 ⬡ → ⬡ +3H₂

　　（3）烷烃脱氢环化成芳烃 $CH_3-(CH_2)_4-CH_3 \rightarrow$ ⬡ $+4H_2$

此外，还有一些加氢裂化副反应发生，应加以抑制。

　　催化重整的典型流程如图 3-18 所示。经过预热的原料油与循环氢混合并加热至 490 ~530℃，在 1 ~2MPa 下进入反应器。由于生成芳烃的反应都是强吸热反应（反应热为

627.9~837.2kJ/kg 重整进料），故分几个反应器串联起来，段间设加热炉，以补偿反应吸收的热量。离开反应器的物料进入分离器，分出富氢循环气，所得液体在稳定塔中脱去轻组分，得到高辛烷值汽油组分的重整汽油，也可送往芳烃抽提装置生产芳烃。

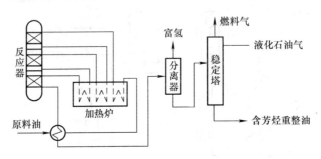

图 3-18　催化重整典型流程

6. 其他加工技术

炼油二次加工是将一次加工产物进行再加工，除上述热裂化、催化裂化、催化重整等外，还有加氢裂化等工艺。加氢裂化同热裂化和催化裂化一样，均是重质油在加热和有催化剂存在的情况下，但要在高氢压的条件下，发生裂化反应，生成汽油、喷气燃料、柴油等的过程。

石油的三次加工主要是将炼厂气进一步加工生产高辛烷值汽油和各种化学品的过程，包括石油烷烃基化、异构化、烯烃叠合等。生产技术装置的具体配置，要根据炼油厂的类型来决定，目前的趋势是将炼油厂与石油化工厂联合，组成石油化工联合企业。利用炼油厂提供的馏分油、炼厂气为原料，生产各种基本有机化工产品和三大合成材料。联合企业产品分为纤维型、塑料型、橡胶型和综合型。

3.3.5　油品结构调整

炼油企业生产所需的主要原料是原油。不同原油由于成分不同，原油的价格、加工原油的工艺过程、消耗的辅助材料等均有所不同，通常加工单位原油得到的各种产品的比例称为产品收率，简称收率。某种原油的收率在其基准收率的一定范围内变化，且可以适当调整。产品收率的调整不影响成本。原油的产品收率合计称为商品率。商品率仅与原油种类有关。

炼油企业主要产品有石油产品（又称油品或成品油）和化工产品两大类，其中液化气、汽油、煤油、柴油是最主要和最基本的石油产品，而汽油和柴油又有多种型号。随着社会主义市场经济的建立与发展，市场对中国石化工业提出了更高的要求，我国石化产品结构调整势在必行。石化工业的主要产品（石油产品和三大合成材料）是石化产品结构调整的重点。

1. 石油产品结构

1993 年以来，我国已成为石油净进口国。1997 年我国净进口原油 15.64Mt，燃料油 12.29Mt，柴油 5.11Mt，石脑油 760kt，煤油 660kt，润滑油 70kt；汽油则净出口 1.69Mt。

（1）石油产品结构调整目标　石油产品结构调整应以市场为导向，以经济效益为中心，最大程度地满足国民经济建设及发展对轻质油品的需求，兼顾其他行业对重油、道路沥青、液化气等产品的需求；要充分利用资源优势，研究开发优质食品蜡、全炼蜡及乳化蜡等，开发优质石油焦等高附加值产品；要继续贯彻压缩烧油的政策；油品质量要满足国民经济对油品的需求，并应有利于保护环境。石油产品结构调整要结合国情，从国内经济发展的实际水平出发，与相关行业的发展相协调，促进国民经济结构合理化，实现经济可持续发展。

（2）石油产品发展目标

1）汽油。实现汽油无铅化，实现汽油质量与国际标准接轨。

2）柴油。实现柴油质量和国际标准接轨。

3）喷气燃料。全部达到国际水平。研究开发采用多种原油、多种工艺生产航空煤油新技术，扩大航空煤油原料来源，不断开发新产品。

4）润滑油。润滑油质量和品种应朝着"高档化、多级化、通用化"的目标发展。

2. 合成材料产品结构

我国三大合成材料产量目前都不能满足国内需求，在产量消费量比中，合成树脂最低，仅为49% 左右，合成纤维的产量消费量比已达69%，合成橡胶为62%。

合成材料产品发展方向为：

1）合成树脂。合成树脂是我国产需矛盾最突出的产品。合成树脂是乙烯的主要衍生物，必须加速合成树脂工业的发展，努力增加合成树脂产品的产量和品种。

2）合成纤维。我国对合成纤维的需求量相当大。经过20 多年的发展，合成纤维工业已有一定基础，产品市场占有率相对较高，合成纤维在三大合成材料中的比例应逐步下降。

3）合成橡胶。随着我国汽车工业的发展，橡胶需求前景看好，特别是我国天然橡胶资源有限，合成橡胶在总胶量中的比例又较低，因此我国合成橡胶亟需较快地发展。

3. 油品结构调整

进入21 世纪，我国对各类油品的需求将持续增长。为了适应这一形势，我国在石油产品结构调整上应采取措施有：

1）增加原油进口量，缓解供需矛盾。

2）提高石油产品的产量与质量，加快石油产品的换代升级。

3）结合地区油品消费构成，调整炼油厂装置构成模式。调整产品生产结构，增加生产柴油等中间馏分的灵活性；在华东和中南等柴油消费量较大的地区，提高增产中间馏分油的灵活性。

4）调整柴油消费结构，控制柴油发电机发电等不合理消费。

5）减少燃料油进口，对重油进行适度深加工。

6）适度控制重油催化裂化装置总能力，开发多产柴油的催化裂化工艺，开发多产中间馏分油的中压加氢裂化工艺及生产能力。

7）发展含硫原油加工技术和加工设备，加速发展渣油处理技术，集中安排加工进口含硫原油的企业生产交通道路沥青。

3.4　天然气

3.4.1　天然气概述

天然气是低碳烃混合物，以甲烷（CH_4）为主，也包括一定量的乙烷、丙烷和重质碳氢化合物，还含有少量的氮气、氧气、CO_2、H_2S、He 等气体元素，通常不含 C_{10} 以上烃类。

天然气中碳的质量分数为 65% ~ 80%，氢的质量分数为 12% ~ 20%，平均低位发热量为 38.97MJ/kg。丙烷以上的重烃组分经加工提取出来，可作为汽油的混合燃料和化工原料，有较高的经济价值。一般外输出售的天然气主要是甲烷和乙烷的混合物，含少量丙烷。

甲烷的分子结构是由一个碳原子和四个氢原子组成，燃烧产物主要是二氧化碳和水。天然气无色、无味、无毒且无腐蚀性，与其他化石燃料相比，天然气燃烧时仅排放少量的二氧化碳粉尘和极微量的一氧化碳、碳氢化合物、氮氧化物，因此，天然气是一种优质高效的清洁能源。如用天然气作汽车燃料，比燃油汽车尾气排放的二氧化碳量少 90%，可降低噪声 40%，没有苯、铅等致癌物质。可见，天然气是一种优质的能源资源。

天然气按组成可分为干气和湿气，一般将甲烷质量分数大于 90% 的天然气称为干气，低于 90% 的叫湿气。湿气中乙烷、丙烷、丁烷及 C_4 以上烃类占有一定数量。按来源分，天然气可分为三类，即纯气井生产的气井气（干气）、凝析气井气（湿气）和油田伴生气。随油田不同，油田伴生气的气量相差较大。

天然气的用途很广，其主要用途为：一是供民用或工业用作燃料，二是作为一种高效、优质、清洁的能源及重要化工原料。专家预测，到 21 世纪中叶，世界能源结构中天然气将从目前的 25% 增加到 40%，而石油将由现在的 34% 降到 20%。由于能源生产结构的变化必然导致能源利用和消费结构的变化，因此，天然气利用的开发显得尤为重要。

我国大部分天然气资源贮存在中、西部地区及近海，其中 80% 以上集中分布在四川、鄂尔多斯、塔里木、柴达木、准噶尔、松辽等盆地及东南海域。目前，我国西部大开发对能源结构调整，实施"以气补油"计划。"西气东输"工程 4 000km 管网系统于 2005 年已全线贯通，年输气量为 $120 \times 10^8 m^3$。

为缓解天然气供需矛盾，优化天然气使用结构，促进节能减排工作，经国务院同意，国家发改委研究制订的《天然气利用政策》于 2007 年 8 月 30 日正式颁布实施。《天然气利用政策》坚持天然气利用由国家统筹规划，考虑天然气产地的合理需求；坚持区别对待，明确顺序，确保天然气优先用于城市燃气，促进天然气科学利用、有序发展；坚持节约优先，提高资源利用效率。政策还提出"搞好供需平衡，制订利用规划与计划，加强需求侧管理，提高供应能力，保障稳定供气，合理调控价格，严格项目管理"等保障政策实施的措施。

天然气利用领域归纳为四大类，即城市燃气、工业燃料、天然气发电和天然气化工。据预测，石油和天然气的产量约在 2050 年达到顶峰，随即开始下降，届时将发生能源供应的危机。综合考虑天然气利用的社会效益、环保效益和经济效益等各方面因素，根据不同用户用气的特点，将天然气利用分为优先类、允许类、限制类和禁止类。《天然气利用政策》将城市燃气列为优先类，限制发展天然气化工，禁止新建扩建天然气制甲醇项目，禁止天然气代煤制甲醇项目。由于甲醇可直接作为燃料使用来替代汽油，甲醇还可以作为制烯烃的原料间接替代部分石油，近年来国内外掀起甲醇建设热潮。目前，国内约有 40% 的甲醇生产是以天然气为原料，60% 以煤为原料。据不完全统计，目前在建天然气制甲醇项目 14 项，总产能达 770 万 t/a。此政策的出台对我国甲醇产业的发展产生重大影响。

3.4.2 天然气利用技术

天然气是重要的能源与资源，既是优质的清洁燃料，又是重要的化工原料。天然气可用于发电、燃料电池、汽车燃料、化工、城市燃气等，其中许多技术已经成熟。天然气作为化工原料，已初步形成独具特色的 C_1 化学与化工系列，回收的天然气凝液是石油化工的重要原料。我国天然气用作化工原料的约占总产量的 30% 左右，主要用于农用化肥，生产合成甲醇、化纤等其他化工产品。轻烃回收的产品液化石油气（LPG），轻油或混合液态烃（NGL）作为乙烯的生产原料。此外，利用天然气还可生产甲烷氯化物、硝基甲烷、氢氰酸、炭黑等化工原料，以及天然气合成汽油等，所以天然气化工利用前景十分广阔。

1. 天然气发电

天然气作为燃料用于发电，主要有天然气联合循环发电（NGCC）和热电冷联产（BCHP）。天然气联合循环发电可满足局部电力需求，并网发电，易于实现大型化。热电冷联产技术主要用于大型楼宇的供电、制冷和供热。

（1）天然气联合循环发电　NGCC 原理示意图如图 3-19 所示。天然气燃烧产生的 1 000 ~ 1 400℃ 高温烟气在燃气轮机中做功发电后，排出 500 ~ 600℃ 的烟气，在余热锅炉中产生约 450℃、5MPa 的蒸汽，推动蒸汽轮机做功发电，燃气-蒸汽两者结合便形成了天然气联合循环发电。

NGCC 由燃气轮机、余热锅炉、蒸汽轮机、发电机等组成，有两种组合方式。一种是燃气轮机配两台余热锅炉和一台汽轮机的"二拖一"方式，另一种是一台燃气轮机配一台余热锅炉和一台汽轮机的"一拖一"方式。目前燃气轮机单机容量在 100 ~ 270MW 之间，联合循环的效率为 52.4% ~ 58%。NGCC 的发展方向是高效率、高容量，主要通过提高燃气轮机进气温度、余热锅炉三压再热等方式实现。

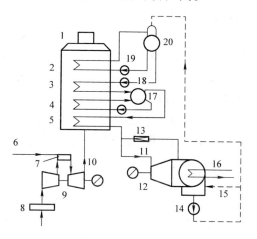

图 3-19　NGCC 原理示意图

1—烟囱　2—低压蒸发器　3—高压省煤器
4—高压蒸发器　5—高压过热器　6—天然气
7—燃烧室　8—空气过滤器　9—燃气轮机
10—排气　11—主汽　12—汽轮机
13—旁路阀　14—凝结水泵　15—补给水
16—冷却水　17—高压锅筒　18—给水泵
19—低压循环泵　20—除氧器低压锅筒

NGCC 由于没有蒸汽锅炉，故起停迅速，建设周期短，其环保、经济性能都要强于其他发电技术。美国能源部在洁净煤计划中对 NGCC、超临界煤粉燃烧（Supercritical PC）、整体煤气化联合循环（IGCC）等进行了技术评估，结果见表 3-12。从表中可以看出，天然气发电在环保、发电效率方面都优于燃煤发电，这正是近年来发达国家大力发展 NGCC 的原因。我国随着"西气东送"的实施，建设的 NGCC 发电厂有杭州半山电厂和萧山电厂。

表 3-12　各种电站性能比较

电 站	燃气轮机/MW	蒸汽轮机/MW	厂用电耗/MW	净发电量/MW	热耗率/〔Btu/(kWh)〕	效率/(%)	SO$_2$排放/(t/a)	CO$_2$排放/(10^3 t/a)
NGCC	223.2	107.7	7.5	323.4	6827	50.0		741.4
Sup PC		427.1	23.0	404.1	8520	40.1	1686	1991.7
IGCC	232.2	170.7	18.0	384.9	7247	47.1	449	1500

注：1. Sup PC 为超临界粉煤燃烧。

　　2. 测定污染物的排放时选取容量系数为 65%。

（2）天然气热电冷联产　BCHP即楼宇的热电冷联供，除了向建筑物供电外，其余热还能为建筑物提供制冷、采暖、热水等用途。BCHP主要由发电设备、余热锅炉、冷温水机组成。冷温水机主要是吸收式溴化锂冷温水机组，包括单效、双效、直燃机等。BCHP系统主要优点是效率高、占地小、保护环境、可减少供电线损，缺点是规模小，只能适应一幢楼宇或一个小区的冷热电联供。美国采用BCHP的大型建筑很多，国内的应用则主要集中于楼宇等民用建筑中。

图3-20所示为我国远大集团与美国能源部等合作研制的BCHP项目，其工作流程为先把燃气轮机尾气导入余热发生器，将尾气余热回收约70%，排出的低温尾气可直接排放，也可再次导入高温燃烧机参与燃料混合燃烧。该系统已应用在北京燃气集团控制中心大楼，热电冷面积负荷为31 800m²，预计适应负荷分别为2 226 kW、1 272 kW和2 544 kW，另加95.4 kW的生活热水。此方案与"购电＋直燃"的传统模式相比，每年可节约322.46万元。

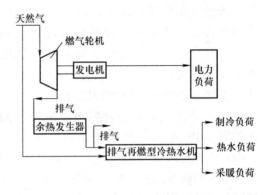

图3-20　远大集团与美国能源部研制的BCHP项目

2. 天然气燃料电池

燃料电池按采用的电解质不同，分为磷酸燃料电池（PAFC）、熔融碳酸盐燃料电池（MCFC）、固体氧化物燃料电池（SOFC）和质子交换膜燃料电池（PEMFC）四类，其中MCFC、SOFC还处于试验研究阶段，PAFC、PEMFC技术已经成熟，但需进一步降低成本。燃料电池是通过燃料（H_2）在电池内进行氧化还原反应产生电能的装置。

天然气燃料电池是以天然气为原料，通过天然气重整制氢进行发电。其发电系统由燃料处理装置、电池单元组合装置、交流电转换装置、热回收系统组成（图3-21）。燃料处理部分是将天然气与水蒸气催化转化为氢气：$CH_4 + 2H_2O \rightarrow 4H_2 + CO_2$，$H_2$和$CO_2$通过变压吸附分离。

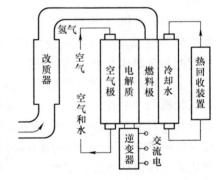

图3-21　天然气燃料电池原理示意图

燃料电池的主要优点是效率高、占地少、无污染，缺点是要用到贵金属铂，成本高。目前，PAFC、PEMFC燃料电池已经接近工业化的标准，美日合资的ONSI公司开发的PC25型PAFC燃料电池，以天然气为原料，电力输出为200kW，发电效率为40%，余热利用效率为42%（热水温度为60～121℃），连续工作时间可达3.7万h。

3. 天然气汽车

目前，世界使用天然气的汽车主要是压缩天然气汽车（CNGV），处于试验阶段的则有液化天然气汽车（LNGV）和吸附天然气汽车（ANGV）。CNGV是将天然气压缩至20MPa于汽车专用储气瓶中，使用时经减压器供给内燃机，一次充气可行驶200～250 km。

天然气汽车环境效益显著，与燃油车废气相比，CO排放可减少85%，碳氢排放可减少40%，具有安全性好、发动机寿命长、燃料费用低等优点，缺点是需增加车辆的改装费用，加气站建设投资高。天然气汽车作为一种优质的"绿色汽车"发展快速，世界约有燃气汽车 500 多万辆，国内的一些省已启动了天然气汽车产业。

投入使用的天然气汽车一直沿用的是改装技术，即绝大多数天然气汽车是由汽油车或柴油车改装而成，发动机为适应这种气体燃料的变更很少，甚至没有。在采用开路发动机控制系统时，一般燃料的燃料效率和动力性要下降。为改变这种状况，就需在汽车上安装专门设计的天然气发动机来替代汽油和柴油发动机。

4. 天然气化工

以天然气为原料的化学工业简称天然气化工。天然气用作化工原料，现阶段主要是用于生产合成氨、甲醇、乙炔、氯甲烷、氢氰酸、二硫化碳等及其下游加工产品，而主导产品是合成氨和甲醇。全球天然气化工产品的年总产量在 1 116 亿 t 以上。在国内，天然气主要是用于合成氨和甲醇。天然气化工的主要产品有：

（1）合成氨—尿素　以天然气作原料生产合成氨和尿素是最经济的原料路线，全球约有 75% 的化肥是以天然气为原料生产的，化肥生产消耗的天然气约占天然气化工利用的 90%。在我国，生产化肥消耗的天然气约占天然气化工利用的 94%，约有 18% 的化肥是以天然气为原料，而以煤炭、液态烃类和其他气态烃类为原料进行化肥生产的分别占 67%、13% 和 2%。合成氨技术成熟，工艺发展的主要方向是降低综合能耗。

（2）甲醇及其衍生产品　以天然气作原料大规模生产甲醇，是国际公认的建设投资少、生产成本低、最具竞争力的原料路线，全球甲醇年产量已超过 2 000 万 t，采用天然气原料路线的甲醇装置能力占甲醇总能力的 80% 以上，其他原料始终无法与之竞争。甲醇的合成主要是采用低压法的 ICI 和 Lurgi 工艺。国内低压法合成甲醇技术成熟，但规模不大，仅为 10 万 t/a。

（3）乙炔及其下游产品　乙炔是"有机化工之母"，曾有过辉煌的历史。近年来，随着石油化工的迅速发展，在某些范围内的一些产品采用乙烯路线优于乙炔路线。

（4）甲烷氯化物　利用甲烷热氯化生产甲烷氯化物，也是天然气化工利用的一个领域。国外一些著名的大公司如美国 DOW 化学、日本旭硝子公司等均采用该路线生产甲烷氯化物。工业生产中，通过调节氯气的配比，可以得到不同比例的一氯甲烷、二氯甲烷、三氯甲烷和四氯化碳产品。

5. 城市燃气

天然气是理想的城市燃气，其单位体积的发热量是人工煤气（如焦炉气）的两倍多，即 3 515 ~ 4 118 MJ/m^3。与人工煤气相比，天然气的发热量、火焰传播速度、供气压力、组成等均有较大差异，从人工煤气向天然气转换时，需对输配管网、计量器具进行改造，对于用户而言，需更换燃烧器具。

天然气的发展标志着我国城市管道煤气已经开始从煤制气、油制气、液化石油气向天然气逐步过渡。目前，除了部分直供天然气外，还需要采用非直供方式，直供天然气的管道转换工作需要相当长的一段时间。对天然气进行"改质"是天然气非直供方式的另一种选择，也就是将天然气改制成符合目前城市煤气供气要求燃气的加工过程，经加工后，$1m^3$ 天然气可以改制成符合上海城市燃气发热量标准 3 800 千卡/米^3（高发热量）的燃气 2.2m^3。

天然气改质工艺流程，基本上是在重油制气工艺流程基础上简化而来，取消了整套净化及回收车间和污水处理系统，与重油制气工艺最大不同，在于制气炉体有些变动。重油制气装置大多为逆流反应装置，而天然气改质是顺流式反应装置。当使用重油时，由于制气阶段沉积在催化剂层的碳多，利用这些碳的燃烧来补充热量。而采用天然气原料因沉积在催化剂层的碳极少，保持蓄热式装置反应温度效果稍差一些，因此应采用能吸收热量大的催化剂层进行直接加热的顺流式装置。在顺流式制气装置中，烟气及煤气的显热均可以通过同一台废热锅炉回收，蒸汽自给率100%。天然气改质可以选用氧化铝和氧化硅为载体的镍催化剂，并已能国产化供应。

6. 天然气凝液利用

天然气凝液（NGL）是从天然气中回收的，且未经稳定处理的液态烃类混合物的总称，一般包括乙烷、液化石油气和稳定轻烃成分，也称混合轻烃。

天然气凝液（NGL）的主要用途有：① 生产乙烯。乙烯是世界上生产烯烃的重要原料之一。② 制备芳烃。美国 UOP 公司和美国 BP 公司联合开发成功的以液化石油气（LPG）为原料制备芳烃的新工艺，于1990年进行了工业化试验，第一套工业应用此工艺的装置已在沙特阿拉伯建成投产。

3.5　水能

3.5.1　水能概述

水能是自然界广泛存在的一次能源，通过水电厂可方便地转换为优质的二次能源——电能。水电既是被广泛利用的常规能源，又是可再生能源，且水力发电对环境无污染。因此，水能是世界上众多能源中永不枯竭的优质能源。

水能利用的主要方式是发电，称为水力发电。水力发电就是利用河流中蕴藏着的水能来产生电能，其中最常用的方法就是在河流上建筑拦河坝，积蓄水量，提高落差（水头），然后靠引水管道引取集中了水能的水流，水流从高处泻下，推动设在厂房中的水轮发电机组发电，如图 3-22 所示。发电厂调节流经水坝的水量，便可以调节控制发电量。

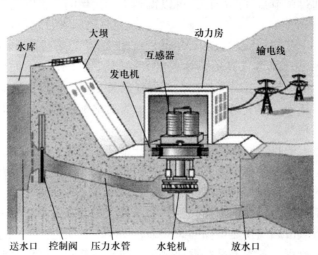

图 3-22　堤坝式水电站内部结构示意图

根据 2001～2003 年第四次全国水力复查结果，我国的水能资源理论蕴藏量为 6.90 亿 kW，其中技术可开发容量为 4.94 亿 kW，经济可开发容量为 3.95 亿 kW，都居世界第一位。据估计，我国单机装机容量 500kW 及以上的可开发的水电站共 11 000 余座，总装机容量可达 37 853 万 kW。我国主要河流水能蕴藏量见表 3-13。水力发电是一次能源直接转换成电力的物理过程，具有循环性和可再生特点。根据地球水循环数据，大气中水平均每 8 天更新一次，河道中水平均每 16 天更新一次，一年可以再生 10～20 次以上。

表 3-13　我国主要河流水能蕴藏量

水　系	理论蕴藏量			可 开 发 量		
	万 kW	亿 kW·h/a	占全国比（%）	装机容量/万 kW	年发电量/（亿 kW·h/a）	占全国比（%）
长江	26801.77	23478.4	39.6	19724.33	10274.93	53.4
黄河	4054.80	3552.0	6.0	2800.39	1169.91	6.1
珠江	3348.37	2933.2	5.9	2485.02	1124.78	5.8
海、滦河	294.40	257.9	0.4	213.48	51.68	0.3
淮河	144.96	127.0	0.2	66.01	18.94	0.1
东北诸河	1530.60	1340.8	2.3	137.75	439.42	2.3
西南诸河	9690.15	8488.6	14.3	3768.71	2098.68	10.9
东南沿海诸河	2066.78	1810.5	3.1	1389.68	547.41	2.9
雅鲁藏布江与西藏其他河流	15974.35	13993.5	23.6	5038.23	2968.58	15.4
内蒙古及西北内陆诸河	3698.55	3239.9	5.5	996.94	538.66	2.8
总计	67604.71	59221.8	100	37853.54	19233.04	100

截至 2004 年底，全国水电装机容量为 1.05 亿 kW，水电发电量为 3 310 亿 kW·h，占全国发电量的 15.1%（而 1994 年所占比例为 18.0%）。这个开发水平与其他国家相比属一般水平。据统计，水能资源同样丰富的巴西，水电比例高达 93.2%；挪威、瑞士、新西兰、加拿大等国在 20 世纪 90 年代水电比例都已在 50% 以上；意大利和日本在 20 世纪 50 年代水电比例就高达 60%～80%。从世界各国发布的水电发电量占可开发电量的比率看，美国为 55%，法国为 74%，瑞士为 72%，日本为 66%，巴拉圭为 61%，埃及为 54%，巴西为 17.3%，印度为 11%，同期中国为 6.6%。因此，中国水能资源开发潜力很大。

1. 水电站的类型

水电站是水能利用中的主要设施。由于河道地形、地质、水文等条件不同，水电站集中落差、调节流量、引水发电的情况也不相同。按照集中河道落差的方式，水电站可以分为堤坝式、引水式、混合式和抽水蓄能式等四种基本类型。

按照水源的性质，水电站一般可分为抽水蓄能电站、常规水电站（利用天然河流、湖泊等水源）。

按水电站利用水头的大小，水电站可分为高水头（70 m 以上）水电站、中水头（15～70m）水电站和低水头（低于 15m）水电站。

按水电站装机容量的大小，水电站可分为：① 大型水电站，一般装机容量为 10 万 kW 或以上；② 中型水电站，一般装机容量为 5 000～100 000kW；③ 小型水电站，一般装机容量为 5 000kW 以下。

（1）堤坝式水电站　堤坝式水电站是在河道上修筑拦河大坝，抬高上游水位，以集中落差，形成水库调节流量，然后建电厂。根据坝基地形、地质条件的差别，坝和电厂相对布置位置也不同，堤坝式水电厂又可分为河床式和坝后式两种基本形式。

1）河床式水电站。多建在平原地区河床中下游、河床纵向坡度比较平坦的河段上。因受地形限制，为避免淹没面积过多，只能修筑不高的拦河坝。由于水头不高，电厂的厂房可以直接和大坝并排建在河床中。厂房本身的重量足以承受上游的水压力。在这种电厂中，引用的流量均较大，多选用大直径、低转速的轴流式水轮发电机组，是一种低水头、大流量的水电站。葛洲坝水电站就是我国目前最大的河床式水电站，如图 3-23 所示。

2）坝后式水电站。多建在河流中、上游的峡谷中。由于淹没相对较小，坝建得较高，以获得较大的水头。此时上游水压力大，厂房重量不足以承受水压，因此，不得不将厂房与大坝分开，将电厂移到坝后，让大坝来承受上游的水压。坝后式水电站不仅能获得高水头，而且在坝前形成可调节的天然水库，有利于发挥防洪、灌溉、发电、水产等几方面的效益。因此，坝后式是我国目前采用最多的一种厂房布置方式。长江三峡水利枢纽工程采用坝后式，设左岸及右岸厂房，分别安装 14 台及 12 台水轮发电机组，如图 3-24 所示。其水轮机为混流式，单机容量均为 70 万 kW。

图 3-23　葛洲坝水电站（河床式水电站）　　　　图 3-24　长江三峡水利枢纽工程（坝后式）

（2）引水式水电站　在地势险峻、水流湍急的河流中上游，或坡度较陡的河段上，采用人工修建引水建筑物（如明渠、隧道、管道等），引水以集中落差发电。这种水电站不存在淹没，不仅可沿河引水，甚至可以利用相临两条河流的高程差进行跨河引水发电。例如我国川滇交界处，金沙江和以礼河高程相差 1 400m，两河最近点相距仅 12km，可以实现跨河引水发电。以礼河为金沙江一条支流，以礼河自水槽子以下的下游河段与金沙江的流向近乎平行，距离较近，但以礼河的河床高程比金沙江约高 1 380m，因此自水槽子处采用跨流域引水开发方式。以礼河梯级水电站由毛家村、水槽子、盐水沟及小江四个水电站组成，如图 3-25 所示。引水式水电站多建在山区河道上，受天然径流的影响，发电引用流量不会太大，故多为中、小型水电站。根据引水管道有无压力，引水式水电站可分为有压引水式水电站和无压引水式水电站，如图 3-26、图 3-27 所示。

图 3-25　以礼河梯级水电站平面布置图

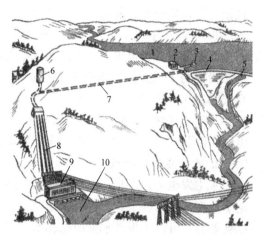

图 3-26　有压引水式水电站示意图
1—水库　2—闸门　3—进水口　4—坝
5—泄水道　6—调压室　7—有压隧洞
8—压力管道　9—厂房　10—水渠

图 3-27　无压引水式水电站示意图
1—坝　2—进水口　3—沉沙池　4—引水渠道　5—日调节池　6—压力前池　7—压力管道　8—厂房
9—尾水渠　10—配电所　11—泄水道

（3）混合式水电站　它的水头是由筑坝和引水道共同形成。它多建在上游地势平坦宜筑坝形成水库、且下游坡度较陡或有较大河湾的地方，如图 3-28 所示。鲁布格水电站（装机容量为 60 万 kW，水头为 372m）就是目前我国最大的混合式水电站。

（4）抽水蓄能式水电站　这是一种特殊的水电站，利用电力系统负荷低谷时的剩余电能，抽水蓄能式水电站把水从下池（库）由抽水蓄能机组抽到上池（库）中，以位能形式储存起来，当系统负荷超出总的可发电容量时，将存水

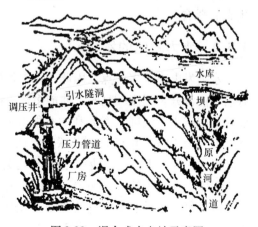

图 3-28　混合式水电站示意图

用于发电，供电力系统调峰之用。其主要特点是适用于电力系统峰谷差显著的情况，是灵活性很高的调峰电源，能适应急剧的负荷变化。

2000年3月14日，广东省广州抽水蓄能电站8号机组移交生产，标志着该电站的建设已全面完成，成为世界上最大的抽水蓄能电站。总装机容量240万kW的广蓄电站，一期工程总投资约27亿元，二期工程总投资近30亿元。我国已查明抽水蓄能水电站站址247座，规模约为3.1亿kW。截至2001年6月，我国已在9个省、市建成11座抽水蓄能电站，装机容量约为570万kW，占全国装机容量的1.8%。根据我国电力工业飞速发展的需要，在电网中配备一批大、中、小型抽水蓄能电站是十分必要的。

2. 水力发电的特点

水力发电的优点是：① 水力发电是再生能源的清洁能源，对环境冲击较小。② 水力发电事业和其他水利事业可以互相结合。水电有防洪、灌溉、航运、供水、养殖、旅游等众多社会效益，可以实现洪水资源化和水量的多年调节，解决水资源时空分布不均的问题，在保障粮食安全、保障社会经济发展、保障人口用水方面作用非常巨大；火电效益相对较少。③ 效率高。大中型水电站为80%~90%，而火电厂为30%~50%；厂用电率，水电站为0.3%，而火电厂为8.22%。④ 发电成本低。水电的成本仅为火电的1/4左右，且经济效益高，水电是火电的3倍左右。⑤ 调节控制灵活。水电机组起停灵活，输出功率增减快，可变幅度大，是电力系统理想的调峰、调频、调相和事故备用的电力系统中变动用电器，有利于保证供电质量。⑥ 在生态环境方面，水电不仅无三废（废气、废水、废渣）排放，而且还可以替代煤电减少二氧化碳、二氧化硫和氮氧化物的排放。

水力发电对环境的影响具有双重性。水能转换时采用修建大坝的常规方法会对河道自然过程产生诸多的生态问题和社会问题，如大坝阻隔、淹没而导致移民安置、泥沙淤积和生物物种多样性破坏等，已引起公众的广泛关注。此外，还会带来新的环境、气候变化，以及诱发地震等问题。实际上这类问题并非没有解决之法，例如，移民问题则可通过完善制度加以解决，回游鱼类特别是珍稀鱼类可以通过建设人工繁殖基地解决，水库泥沙淤积问题可通过技术方法来解决，或通过设计水库调度方式缓解。此外，我国在水电能开发模式上应摆脱原来拦截河流、抬高水位势能来发电的传统思路，创新开发模式，采用生态模式进行开发。例如，把发电涡轮安装在水底下或通过隧洞方式来利用水势能进行发电，这样就会减少对河流生态的影响。

3.5.2 水力发电的发展

水力发电有许多优点，因此，优先发展水电是世界各国能源开发中的一条重要途径，只有当水能源开发程度较高时，才能多建火电、核电站。据统计，在水力发电事业发展较快的前几个国家中，法国、意大利的水能开发程度已大于90%，美国、加拿大、日本、挪威的开发程度为40%~60%，前苏联、巴西约为15%~20%。世界上发达国家的水能资源开发程度平均为40%以上，发展中国家平均为7%。世界上有35个国家的水力发电量占总电量的2/3以上，其中挪威、加纳、赞比亚的水力发电量占这些国家总发电量的99%，我国水力发电量仅占全国总发电量的20%。美国田纳西河的综合发展计划，是首个大型的水利工程，带动整体的经济发展。世界上10大巨型水电站列于表3-14。

表 3-14　世界上 10 大巨型水电站

国　　家	水 电 站	河　　流	最高水头/ m	装机容量/ 万 kW	发电量/ 亿 kW	开始发电时间
中国	三峡	长江	113	1 820	847	2003
巴西、巴拉圭	仪泰普 (Itaipu)	巴拉那河 (Parana River)	126	1 260	710	1984
美国	大古力 (Grand Coulee)	哥伦比亚河 (Columbia River)	108	1 083	203	1942
委内瑞拉	古里 (Guri)	卡罗尼河 (Rio Caroni River)	146	1 030	510	1965
巴西	图库鲁伊 (Tucurui)	托坎廷斯河 (Tocantins)	68	800	324	1984
俄罗斯	萨扬舒申斯克 (Sayano-Shushenskaya)	叶尼塞河 (Yenisey River)	220	640	237	1978
俄罗斯	克拉斯诺亚尔斯克 (Krasnoyarsk)	叶尼塞河 (Yenisey River)	100.5	600	204	1968
加拿大	拉格兰德二级 (La Grande Ⅱ)	拉格兰德河 (Grund River)	142	533	355	1979
加拿大	丘吉尔瀑布 (Churchill Falls)	丘吉尔河 (Churchill River)	322	523	345	1971
俄罗斯	布拉茨克 (Bratsk)	安加拉河 (Angara River)	106	450	226	1961

为充分利用我国的水力资源，缓解电力缺乏的问题，我国兴建了大型水利工程长江三峡水电站。长江三峡水利枢纽工程早在孙中山先生 1919 年的建国方案中提出，到 1993 年正式开始动工。整个工程包括一座混凝重力式大坝，泄水闸，一座堤后式水电站，一座永久性通航船闸和一架升船机。2003 年 7 月 10 日，三峡工程首台装机 70 万 kW 的机组正式投产。到 2003 年 11 月 22 日，共有 6 台机组并网发电。在三峡工程开始发电的第一年，就创造了一年内装机 420 万 kW、连续投产 6 台 70 万 kW 机组的水电安装和机组投产世界纪录。强大的三峡电力正通过华中、华东和川渝电网，源源不断送往湖北、河南、湖南、江西、上海、江苏、浙江、安徽、四川等 9 省市，工程产生的节煤效益和降低煤运交通减荷效果卓越。

长江三峡水利工程建设创造了十项世界之最：

1）世界防洪效益最为显著的水利工程。三峡水库总库容为 393 亿 m³，防洪库容为 221.5 亿 m³，能有效地控制长江上游洪水，增强长江中下游抗洪能力。

2）世界上最大的水电站。三峡电站总装机容量为 1 820 万 kW，年发电量为 846.8 亿万 kW·h。

3）世界上建筑规模最大的水利工程。三峡大坝轴线长 2 309.74m，装有 26 台 70 万 kW 的水轮发电机组，双线 5 级船闸加升船机，无论单项或总体，都是世界建筑规模最大的水利工程。

4）世界上工程量最大的水利工程。主体建筑土石方挖填量为 1.34 亿 m³，混凝土浇筑量为 2 794 万 m³，钢筋为 46.3 万 t，金属结构为 25.65 万 t。

5）世界上施工难度最大的水利工程。2000 年混凝土浇筑量为 548.71 万 m³，月浇筑量为 55 万 m³，创造了混凝土浇筑量的世界纪录。

6）施工期流量最大水利工程。三峡工程截流流量为 9 010m³/s，施工导流最大洪峰流量达 79 000m³/s。

7）世界泄洪能力最大的泄洪闸。三峡工程泄洪闸最大泄洪能力为 10.25 万 m³/s。

8）世界级数最多、总水头最高的内河船闸。三峡工程双线 5 级船闸，总水头为 113m。

9）世界上规模最大、难度最大的升船机。升船机有效尺寸为 120m×18m×3.5m，最大升程为 113 m，船箱带水重量达 11 800t，过船吨位为 3000t。

10）世界上水库移民最多、工作最为艰巨的移民建设工程，移民总数最终达 113 万。

3.5.3 水力发电技术

当今水轮发电机组的发展趋势是大容量、新材料、新技术、新结构、高效率。2003 年，84 万 kVA 机组在三峡水电站投运，它为立轴半伞式三相凸极同步发电机，定子机座外径达 21.4m，定子铁心内径达 18.8 m，铁心高度达 3.13 m，单台机组的重量约为 6 600 t，都是世界之最。世界上有关大型水轮发电机组（≥500 MVA）的情况见表 3-15。

表 3-15 世界的大型水轮发电机组（≥500MVA）

国家水电站	容量/MVA	最高水头/m	转轮直径/m	电压/kV	功率因数	额定转速/(r/min)	首台运行时间
中国三峡	840	113	10.416	20	0.9	75	2003
巴西巴拉圭伊泰普	823.6	118.4	8.6	18	0.85	90	1984
美国大古力	615	93	9.3	15	0.975	72	1975
	718	108	9.3	15	0.975	85.7	1978
委内瑞拉古里二厂	700	146	7.2	18	0.9	112.5	1984
俄罗斯萨扬舒申斯克	715	220	6.77	15.75	0.9	142	1980
俄罗斯克拉斯诺亚尔斯克	590	100.5	7.5	15.75	0.85	93.8	1967
加拿大丘吉尔瀑布	500	322	4.27	15	0.95	200	1971
中国二滩	611	189	6.36	18	0.9	142.8	1998

水轮发电机组包括将水能转换为机械能的水轮机，将机械能转换为电能的发电机，控制机组操作（开机、停机、变速、增减负荷）的调速器和油压装置，以及为保证机组运行的其他辅助设备。其中水轮机是机组的核心设备。

按水流作用原理，将水轮机分为冲击式和反击式。按转轮区水流相对于水轮机轴的流动方向，水轮机可以分为贯流式、轴流式、斜流式、混流式、切击式、斜击式、双击式等。另外，贯流式和轴流式按结构特征，又可分为转浆式和定浆式两种。

水轮发电机有立式和卧式两种结构。大、中型发电机多为立式结构，小型发电机则多为卧式结构。国内一些型号水轮发电机组主要参数见表 3-16。

表 3-16　国内一些型号水轮发电机组主要参数

电站	水轮机型	额定容量/万 kW	额定转速/(r/min)	转轮直径/m	最高水头/m	最高效率/(%)
三峡	混流式	71	75	10.416	80.6	96.8
二滩	混流式	55	142.86	6.247	165	96
葛洲坝	轴流转桨式	17	54.6	11.3	18.6	
小浪底	混流式	30	107.1	6.3	112	94.1
李家峡	混流式	40	125	6	122	94

三峡具有防洪效益显著、年发电量大、建设规模大、工程量大、施工难度大等特征。国家通过市场换技术的方针，向国外跨国公司付费 1 635 万美元，实施"技贸结合、技术转让、联合设计、合作生产"的方法，使三峡左岸电站最后 1 台机组国产化率达到 85%，右岸电站 12 台机组将有 8 台在国内生产，在水轮机组设计制造及安装技术领域，实现了跨越式发展。

3.6　电能

3.6.1　电能概述

电能是由带电荷物体的吸力或斥力引发的能量，是和电子流动与积累有关的一种能量。目前产生电能的方式有多种，如电能可由电池中的化学能转换而来，或通过发电机由机械能转换得到。另外，电能也可由光能、核能转换，或由热能直接转换（磁流体发电）。所以电能属于二次能源。

电能是一种最方便、最清洁、最容易控制和转换的能源，因此，电力工业成为国民经济优先发展的工业。电能的广泛使用，有效地提高了工农业生产的机械化、自动化程度。随着我国经济的发展，对电能的需求量不断扩大，电力销售市场的扩大又刺激了整个电力产业的发展。经济建设与社会发展对电力系统的基本要求有：尽量满足用户的用电需要，保证供电的可靠性，保证良好的电能质量，努力提高电力系统运行的经济性。

各种形式的能源如热能、水能、风能、核能、太阳能等，都可转换为电能。根据所利用的能源种类不同，发电厂可分为火力发电厂、水力发电厂、核能（原子能）发电厂等，此外，还有潮汐发电厂、风力发电厂、地热发电厂等。

用于发电的一次能源有煤炭、石油、天然气、水力及核能等。火力发电厂的能源主要是煤炭或石油，通过锅炉与汽轮机把煤（或油）燃烧时放出的热能转换成机械能，再由发电机把机械能转换为电能，其工艺流程如图 3-29 所示。核能发电是利用原子核分裂时放出大量热能（原子能）转变为电能，其工艺流程如图 3-30 所示。水力发电厂是利用水流的位能推动水轮机，再带动发电机来发电。

电能的生产，有不同于其他工业产品的一些生产特点：① 电能的生产、输送、分配、使用同时进行。电能不能大量储存，电力系统中任何瞬间，发电、供电、用电时刻要保持平衡。电力企业必须时刻考虑到用户的需要，要同时做好发电、供电甚至用电的工作。② 电

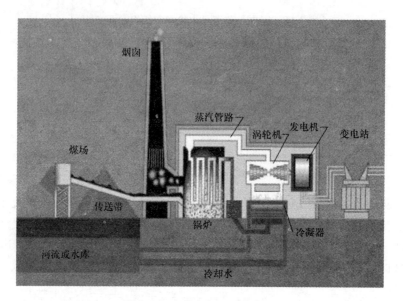

图 3-29　火力发电厂工艺流程

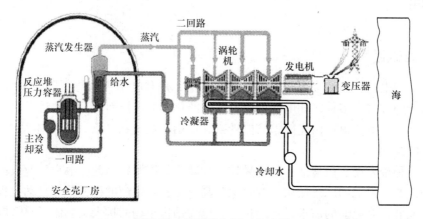

图 3-30　核能发电厂工艺流程

能与工农业生产及人民生活密切相关。③ 要求在正常和故障情况下，所进行的切换操作和调整必须迅速。电力系统运行必须采用自动化程度高、动作迅速准确的自动装置和监测控制设备。2006 年，全国发电量达到 28 344 亿 kW·h，同比增长 13.5%。其中，水电发电量为 4 167 亿 kW·h，约占全部发电量 14.70%，同比增长 5.1%；火电发电量为 23 573 亿 kW·h，约占全部发电量 83.17%，同比增长 15.3%；核电发电量为 543 亿 kW·h，约占全部发电量 1.92%，同比增长 2.4%。

3.6.2　电能输送

　　发电厂一般建在燃料和水力丰富的地方，与电能用户的距离很远，所以电能需要长距离输送。为了降低输电线路的电能损耗，提高传输效率，由发电厂发出的电能，先由升压变压器升压后，再经输电线路传输，这就是所谓的高压输电。电能经高压输电线路送到距用户较近的降压变电所，经降压后分配给用户。这样就完成一个发电、变电、输电、配电和用电的全过程。从发电厂到用户的输送与分配电能的电路系统，称为供电线路或电网。把发电厂、电网和用户组成的统一整体称为电力系统，如图 3-31 所示。

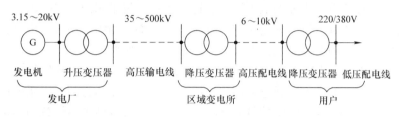

图 3-31　电力系统示意图

输电方式有交流与直流输电之分，电压等级从 400V 到 750 kV，频率有 50Hz 和 60 Hz。

交流电的输配电系统流程为：发电厂→升压变电所→高压输电线路→降压变电所→高压送电线路→配电变压器→用户，如图 3-32 所示。电能的产生、输送与分配过程，一般由以下几部分组成。

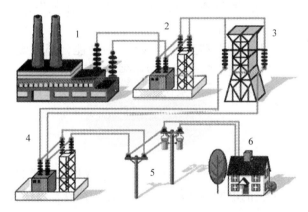

图 3-32　交流电的输配电系统示意图
1—电力产生　2—通过升压变电站电压升高　3—电能传送　4—通过降压变电所降低电压
5—分配电力　6—到达需要电力的地点

（1）发电机　其基本作用是将各种形式的非电能转换成电能。

（2）升压变电所　主要有升压变压器、开关柜及一些安全保护设施和装置组成。变压器是基于电磁感应的原理，使电压可由低变高或由高变低的电器设备。高压输电的线路损耗小。高压输电有 110 kV、220 kV、500 kV 及以上高压，由此将电能输送到电能用户区。发电机产生的电压，考虑到材料的绝缘性能、制造成本等因素，一般是 6 kV、10 kV 或 15 kV。因此，必须通过升压变压器才能将发电机发出的电能输送到高压输电线。

（3）降压变电所　由于低压用电设备安全及经济，所以在电能送入用户时，要将高压变换为所需要的电压。我们一般电气设备的额定电压为 220 V 和 380 V。因此，需要有降压变电所降低输送来的电压，一般要经过几级降压才能使用。

（4）电能用户　通过低压供配电系统，将电能送到各个用电设备。最常用的低压供配电系统为三相四线制，即在配电变压器的低压侧引出三根火线和一根零线。这种供电方式既可供三相电源（380 V）的动力负载用电，如电动机；也可供单相电源（220 V）负载，如照明用电，因此，在低压配电系统中应用最为广泛。按重要性和对供电可靠性要求不同，电力用户的电力负荷通常分为三类：第一类负荷是最重要的用户，这类用户必须有两个独立的电源供电；第二类负荷也是重要的电力用户，这类用户尽量采用两回路供电，且两回路线路应引自不同的变压器或母线器，如确实有困难时，允许由一回路专用线路供电；第三类用户为一般用户，此类负荷短时停电损失不大，可以单回路线路供电。

（5）电网　连接发电厂和变电所、变电所与变电所、变电所与用电设备的电力线路称为电网。当各孤立运行的发电厂通过电网连接起来，形成并联运行的电力系统后，在技术经济上具有以下优越性：提高了供电的可靠性和电能质量；可以减少系统备用容量，提高了设备利用率；便于安装大型机组（大机组效率高且制造与运行较经济）；可以合理利用动力资源，提高运行经济性。

提高电能输送与使用效率的有效措施包括：采用先进输、变、配电技术和设备，逐步淘汰能耗高的旧设备；加强电网建设及跨区联网，实现"西电东送，全国联网"，确保电网安全；采用超高压、特高压输电技术和电力电子技术，推广应用电网经济运行技术，提高输电效率，节约走廊用地；推行需求侧管理，不断提高电力的使用效率；采取有效措施，减轻电磁场对环境的影响，降低电网线损率。

现代电力系统输电、变电、配电直至用户的各环节节能，都需要有高效的输配电设备。输配电设备品种非常多，有变压器、互感器、电抗器、高压开关设备、绝缘子、避雷器、电力电容器、继电保护与自动装置、电力系统监控设备、电线电缆、低压配电电器与开关柜等。

3.6.3　电能储存

由于峰谷用电的不均衡，需要对电能进行储存。大规模的电能储存是进行抽水蓄能发电。日常生活和生产中最常用的电能储存形式是蓄电池，此外，电能还可以储存于静电场和感应电场中。

1. 抽水蓄能发电

该方法是利用电力系统低谷时的剩余电力，将水从位置低的下水库（池）由抽水蓄能机组抽到位置高的上水库（池）中，以位能的形式储存起来。当电力系统负荷超出总的可发电容量时，将存水用于发电，供电力系统调峰使用。

2. 蓄电池

电池一般分为原电池和蓄电池。原电池又称为一次电池，蓄电池则称为二次电池。蓄电池能通过化学能与电能转换的形式来储存电能。清洁、高效能大规模储存电能的蓄电池有广阔的应用领域与发展空间。

蓄电池由正级、负极、电解液、隔膜和容器等五个部分组成。通常将蓄电池分为铅酸蓄电池和碱性蓄电池两大类。按用途铅酸蓄电池又可分为起动用、牵引车辆用、固定用及其他用途四种系列。铅酸蓄电池历史悠久，产量大，用途广，价格便宜。碱性蓄电池包括镉-镍、铁-镍、锌-银、镉-银等品种。正在研究与开发的一些新电池有：① 有机电解液蓄电池，例如钠-溴蓄电池、锂-二氧化硫和锂-溴蓄电池，它们的特点是成本低；② 金属-空气蓄电池，主要是锌-空气蓄电池，它是以锌作负极，作为氧化剂的空气制成的气体电极为正极，其特点是比能量大；③ 使用熔盐或固体电解液的高温蓄电池，例如钠-硫蓄电池，可以在300～

350℃之间运行。

3. 静电场和感应电场

（1）静电场　电能可以静电场的形式储存在电容器中。储能电容器是一种直流高压电容器，主要用于产生瞬间大功率脉冲或高电压脉冲波，在高电压技术、高能核物理、激光技术、地震勘探等方面都有广泛的应用。电容器的介质材料多为电容器纸、聚酯薄膜、矿物油、蓖麻油。储存在直流电容器中的电能 E 的计算公式为

$$E = 1/2CU^2$$

式中，C 为电容器的额定电容；U 为电容器的额定电压。

电容器的使用寿命与其储能密度、工作状态及电感大小有关。电容器的储能密度越高、反向率和重复频度越高、电感越小，其寿命就越短。储能电容器规格品种多，用途广泛，其最高工作电压超过 500kV，最大电容量超过 1 000μF，充放电次数超过 10 000 次。

（2）感应电场　电能用感应电场的形式储存。电能可以储存在由电流通过大型感应器（如电磁铁）建立的磁场中。储存在磁场中的能量计算公式为

$$E = 1/2LI^2$$

式中，L 为绕组的电感；I 为绕组的电流。

利用感应电场储存电能并不常用，因为这种储能形式需要一个电流流经绕组去保持感应磁场。而高温超导技术的进步，会给超导磁铁储能方式带来新发展。

3.6.4　科学管理及计划用电

1. 电能利用调控管理

电能的转化与利用效率见表 3-17。一次能源约有 70% 的能量在转化和输配环节中损失掉，能在任何环节中效率提高一个百分点，都会取得巨大经济效益。进行科学节约及高效用电，主要应做好计划用电、工业节能、建筑节能和交通运输节能等。

表 3-17　电能的转化与利用效率

一次能源的发电效率	发电厂自用电	变电站效率	输变电网损	工厂变配电损耗	电动机效率
30% ~40%	6% ~9%	96% ~99%	约8%	3% ~10%	75% ~95%
调速及传动装置效率	风机效率	水泵效率	电炉效率	白炽灯效率	荧光灯效率
80% ~95%	60% ~85%	60% ~80%	约70%	2% ~95%	12% 以下

科学用电、节约用电和高效用电的工作要点如下：

1）执行国家产业结构调整、宏观调控等政策，严格执行政府制订的峰谷电价、季节电价、可中断电价、差别电价等政策，遏制高耗能产业用电需求，限制高耗能产业的无序发展。

2）积极落实国家节能政策，严格执行高耗能设备、建筑、家用电器、照明产品等强制性能效指标及市场准入制度，配合有关部门做好高能耗落后技术、工艺及设备的淘汰工作，引导投资大型节能项目，积极推广节能先进技术和产品。

3）加强需求侧管理，大力推广节电调荷及需求侧管理示范工程项目，优化用电方式，提高终端用电效率，帮助冶金、矿产、石化等高耗电行业的电力消耗。

4）制定促进资源有效利用的法律法规与配套政策，促进节能降耗，提高能源利用效

率，引导和鼓励全社会合理用电和节约用电。

2. 计划用电

电能是一种特殊商品，由于其对国民经济影响极大，所以国家必须实行宏观调控。计划用电就是宏观调控的一种手段。加强计划和管理，使发电、供电和用电三者协调统一，使有限的电力资源得到最优利用。

1）提高用电负荷率。把发、供、用电统一纳入国民经济计划，根据发供电能力安排生产，做到供需平衡，缓和电力供需矛盾，减少拉闸停电造成的损失。负荷率为计算时段内平均负荷对最高负荷比值的百分数，目前供电系统的日负荷率为85%左右。主要是下半夜低谷用电负荷较轻。如果通过计划用电的手段提高负荷率，就可以在同样的发供电能力下多提供电能。对于2 000MW容量的供电系统，如果负荷率提高10%，则每日可多提供48MkW·h的电能。

2）按照产品单耗定额分配电力、电量。根据电力统配政策，择优供电，使电能合理分配使用，促进工厂企业积极降低产品单耗，提高每度电的产值。西南地区每度电的产值只是华东地区的一半左右，比工业发达国家差距更大，这说明单耗电能的产值还有挖掘潜力。

3.6.5 企业合理用电

1. 企业用电技术参数指标

1）配电损耗指标。在电压偏移不超过5%的前提下，不同变压级次允许的配电损耗如下：一次变压的配电损耗不应超过传输功率的3.5%；二次变压的配电损耗不应超过5.5%；三次变压的配电损耗不应越过7%。

2）提高用电负荷的填充系数（平均负荷与最大负荷之比，用α表示），使用电负荷尽可能均衡化。连续生产的企业，应$\alpha \geq 95\%$；三班制生产的企业，应$\alpha \geq 85\%$；两班制生产的企业，应$\alpha \geq 60\%$；一班制生产的企业，应$\alpha \geq 30\%$。

3）对功率因数的要求。在需电侧功率因数应达到0.9~0.95，企业内无功功率补偿装置设在负荷侧。根据负荷和电压变动情况，及时调整补偿容量。最好采用自动补偿。

4）变压器安全合理运行。在正常环境温度时，变压器不准连续超负荷运行。短时超负荷的百分数及允许的相应超负荷时间，应严格按DL/T 572—2010《电力变压器运行规程》执行。负荷率经常低于30%者，须按经济运行考核后合理更换变压器。变压器定期大修及日常维护以及按时进行预防性试验等，都应严格遵守规程中有关规定。

5）提高整流效率抑制谐波分量。要求1 000kW及更大整流装置的效率不低于95%，1000kW以下者不低于90%。为使谐波分量不超过我国有关规定允许范围，单相整流装置容量应小于其供电变压器容量的3%，多相整流容量应不大于其供电变压器容量的8%。

6）自备电厂或地方电厂的自用电指标。燃油电厂的自用电率应在7%以下，燃煤电厂的自用电率不应超过9%。

2. 企业合理用电的基本措施

1）变压器经济运行与合理选择。变压器是电力系统的主要设备，目前我国投入运行的变压器总容量已超过6亿kVA，这些设备能否经济运行对节能工作关系重大。从变压器型号和容量选择到运行使用方式，选择合理将使各级变电站损耗有显著改善。为了减少输电线路中的电流以及与电流平方成比例的电阻发热损耗和与电流成比例的电抗压降损失，发电厂都用变压器将电压升高到 110kV、220kV 或 500kV 后输电，到用户处再降到使用电压。变压器是电力系统中使用的总容量最大的设备，一般为发电设备容量的三倍多，故它的经济运行非常重要。

2）合理选择电压，减少变压级次。新设计或扩建的企业变配电所，应根据负荷容量以及与上级变电所距离选择电源电压。一般情况选高一级电压可以减少损失，但基建投资增加，对此应经过技术经济分析后确定方案。原则上应尽量减少变压级次，减少一级变压不仅能减少很多配电损耗，同时也使基建投资大为降低，并简化了线路结构，减少了占地面积。

3）精选变电所位置。工厂企业用电负荷确定之后，变配电所的位置选择与基建投资和运行费用关系较大，从经济角度考虑，如果所选位置与各负荷之间的距离大致均等，则经济性佳。此外，还要考虑技术方面的安全性和可行性及交通运输等条件。

4）改善功率因数和电压质量。变压器铜耗及线路损耗之和 ΔP_Σ 与功率因数 $\cos\varphi$ 间存在下述关系

$$\Delta P_\Sigma = \Delta P_{1\Sigma} / \cos^2\varphi$$

式中，ΔP_Σ 为对应任何 $\cos\varphi$ 时的损耗；$\Delta P_{1\Sigma}$ 为功率因数为 1 时的损耗。

不同功率因数的 ΔP_Σ 见表 3-18。供电电压质量对用电设备的安全和经济运行至关重要。例如，农电系统往往电压质量欠佳，普遍存在白炽灯亮度不足或电动机运行当中无任何故障就过热烧毁现象；同时，由于电压低，其供电损耗也比额定电压供电时要高得多，对此情况，应注意改善电压质量问题。

表 3-18　不同功率因数 $\cos\varphi$ 的 ΔP_Σ

$\cos\varphi$	1.0	0.9	0.8	0.7	0.6	0.5	0.4	0.3
ΔP_Σ（%）	100	124	156	204	277	400	625	1 111

5）调整负荷减少配电损耗。不同的负荷曲线形状，配电损耗（配电变压器及线路损耗）会有很大差异。一般峰谷差值大者损耗较大，负荷曲线越平滑其配电损耗越小。图 3-33 所示的 A 与 B 两个日负荷曲线下的面积相等，代表两种曲线的日用电量相等，但其对应的损耗曲线下的面积相差大，峰谷差大者损耗曲线下的面积明显大于另一条曲线。因此，企业应尽量调整负荷，缩小峰谷差使日负荷曲线尽量平滑以降低配电损耗，同时减轻对电源变压器的负担。

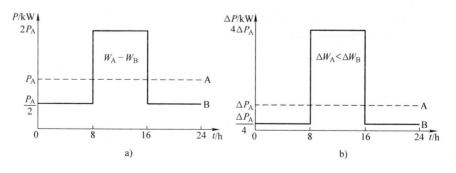

图 3-33　两种负荷曲线及其对应的线路损耗曲线

a）日负荷曲线　b）日配电损耗曲线

6）选用合适的生产工艺设备。由企业的变配电设备到动力加工设备，应采用节能型先进设备，同时，企业还应不断改进生产与加工工艺，以降低能耗。动力机械和加工设备所需容量必须合理配套，使动力机械在高效率区工作。

7）正确选用电动机。选用电动机时应注意：① 电动机的负载在 70% ~ 100% 额定负载时效率和功率因数较高，故应按实际需用选择电动机的容量。应消除"大马拉小车"的现象，对于负载率很低的情况应换用较小容量的电动机；对于变负载运行的电动机，应根据前述按加权均方根负载和满足最大力矩要求情况下选用合适的电动机。② 尽量选用笼型感应电动机。只有在起动力矩大或者希望减小起动电流以降低起动时的电压降的情况下才使用绕线型感应电动机。因为后者需要起动器和转子电阻等附属设备，价格较高；同时，有电刷和集电环等的机械接触结构，维修费用大；效率和功率因数较低。③ 容量在 250kW 以上，转速和负载较为稳定的可以选用同步电动机，并能提高功率因数。④ 换用 Y 系列节能电动机。我国生产的三相感应电动机已从解放初期的 J 和 JO 系列发展到 20 世纪 60 年代中期的 J_2 和 JO_2 系列。现在已开发出 Y 系列的节能电动机。

3. 工厂供、用电科学管理

1）加强能源管理制度。对工厂的各种能源（包括电能）进行统一管理。工厂要建立能源管理机构，形成完整的管理体系，并建立一套科学的能源管理制度。能源管理的基础是能耗定额管理。实践证明，实行能耗定额管理和相应奖惩，对工厂节电节能有巨大作用。

2）实行计划供用电。工厂用电，应按照与地方电网供电部门的供用电合同实行计划用电。对工厂内部供电系统来说，各车间用电也要按工厂下达的指标实行计划用电。

3）实行"削峰填谷"负荷调整。负荷调整（简称调荷），就是根据供电系统的电能供应情况及各类用户的不同用电规律，合理地安排各类用户的用电时间，以降低负荷高峰、填补负荷低谷（即所谓"削峰填谷"），合理利用发变配电设备的能力。运用电价的经济杠杆对用户用电进行调控是一项有效措施。工业用户是电力系统调荷的主要对象。工厂调荷的一些措施有：各车间的高峰负荷时间错开，从而降低工厂总负荷高峰；调整厂内大容量设备的用电时间，使之避开高峰负荷时间等。

4）加强设备维护管理。加强设备维护与管理，提高设备性能，节约用电。设备的维护与检修质量对其电力消耗有着密切联系。例如，通过检修，消除电力变压器铁心过热的故障，就能显著降低铁损，节约电能。又如电动机，使转子与定子间的气隙均匀或减小，或者减小转轴的转动摩擦，都能降低电能损耗。

5）加强设备运行管理。对电动机的运行管理，应加强保持电动机在额定电压下运行以保证高效率；提高功率因数；经常处于轻载的变负载感应电动机，例如机床电动机，可以采取星形-三角形自动切换的节能技术；减少空载损失应在无载时及时停机；对多台设备并列运行时，应根据负载情况按电动机能经济运行的方式选择运行台数及合理分配负荷，以达到节能的目的。对泵和风机等用电设备，应采用电动机变频调速方法，代替用阀门控制流量，以减少损失；提高泵和风机的工况匹配，从而提高效率。

6）加强工厂供用电技术改造管理。措施有：① 淘汰更新低效高耗能供用电设备。例如，在供用电系统中采用电子技术、计算机技术及远红外微波加热技术等，可节约大量电能。② 降低线路损耗。对不合理的供配电系统进行技术改造，能有效地降低线路损耗，节约电能。例如，将迂回配电线路，改为直配线路；将截面积偏小的导线换为截面稍大的导线，或将架空线改为电缆；将绝缘破损、漏电较大的绝缘导线予以换新等，都能有效地降低线损，收到节电的效果。③ 改革落后生产工艺与方法，提高设备负荷率。④ 采用无功补偿设备，人工提高功率因数。GB 50052—2009《供配电系统设计规范》规定：当采用提高自然功率因数措施后，仍达不到电网合理运行要求时，应采用并联电力电容器作为无功补偿装置；只有在经过技术经济比较，确认采用同步电动机作为无功补偿装置合理时，才可采用同步电动机。一般规定功率因数不得低于 0.9。无功补偿设备主要有同步补偿机和并联电力电容器。

3.6.6　电力工业发展前景

1. 电力工业发展面临的挑战

1）资源制约日趋严重。现在全世界一次商品能源的 85% 来自石油等矿物能源，有专家测算，全球油气资源在下个世纪内将用尽，煤炭储量按目前的消费量估计还可以开采 150 ~ 200 年。

2）电力供需矛盾将持续存在。人口增长和现代化进程对我国电力的需求将不断增加。

3）治理环境的任务艰巨。我国是煤炭生产和消费大国，电力的构成中约有 80% 是由煤炭燃烧提供能源的。一座 240kW 的火电站，如果不加以控制，每小时排放的 SO_2 达 7 ~ 12 t，灰分达 70 ~ 80 t，渣为 150 t，各类废水 100 t。中国大气 SO_2 的平均浓度为 0.03mg/L，比日本高 3 倍，个别地区达到 15mg/L。酸雨引起森林和农作物破坏、水变质、土壤退化，已成为十分严重的问题。

4）电网可靠性和电能质量要求不断提高。随着生活现代化的进程，对电力供应的可靠性要求日益提高。因此，输电和配电系统的可靠性已成为规划、设计、运行应考虑的首要因素。国际大电网会议技术委员会专家指出，单机容量为 1 200MW 和电压等级为 800kV 已达到由电网可靠性决定的极限，未来现代电网的特性可概括为"可靠、高效、灵活、开放"。

2. 电力工业发展前景及举措

要实现电力工业可持续发展，在坚持开发与节约并举的同时，应切实改变增长方式，做到节约优先。为此，实现电力工业可持续发展的一些措施有：

（1）加强政策指导及电力管理，发展循环经济，实行清洁可持续生产　制定合适的政策与方案，加强供电计划与用电指导；应在《中华人民共和国节约能源法》《中华人民共和国清洁生产促进法》的基础上，确立和细化市场主导、企业主体、行业自律、政府宏观调控的地位和作用。根据《中华人民共和国清洁生产促进法》的要求，需要研究制定以资源节约为主要指标之一的电力清洁生产指标评价体系及实施办法、电力清洁生产审计指南等，大力开展清洁生产企业建设活动，使电力资源节约工作中节能、节水、节油、综合利用和环境保护实现互动式发展。

（2）加大结构调整力度，促进产业升级　应按照"加强电网建设，大力开发水电，优化发展煤电，积极发展核电，适当发展天然气发电，加快新能源发电，重视生态环境保护，提高能源利用效率"的方针，合理规划，加大电力产业结构调整的力度，促进产业升级。

（3）发展新型能源发电技术　21 世纪被称为可再生能源的世纪，据预测，一些新能源发电技术将有希望得到大规模应用。通过加强电网建设，可开发利用西部水电、新能源、分布式供电技术；兆瓦级大型风力发电机组的国产化有望实现；50 万 kW 以上大型混流式水轮发电机组、30 万 kW 级抽水蓄能机组将会得到重点发展；发展太阳能发电，特别是光伏发电（PV）、风力发电、生物质能发电和燃料电池发电技术，将有望成为规模应用的新型发电方式。核电将占据重要份额，可控热核聚变有望取得突破，可能最终解决人类的能源供应问题。

（4）发展清洁高效发电技术及节能技术　发展烟气净化技术、循环流化床技术、整体煤气化联合循环等。鼓励热电联产和热、电、冷技术的推广，提高能源综合利用率；采用超超临界、超临界压力等高参数、大容量、高效率、高调节性火电机组；发展清洁燃烧等洁净煤技术；发展将燃气轮机和蒸汽轮机组合起来的联合循环发电技术；继续研发电厂监控和优化运行、状态检修技术，并对主辅设备进行节能改造；通过节水技术改造、废水再生利用、城市污水及海水等替代水资源工作，节约用水，并在北方富煤缺水地区发展大型空冷机组。

（5）发展高效洁净分布式电源和蓄能装置　分布式发电装置（Distributed Generation）指功率为数千瓦至 50MW 小型模块式的、与环境兼容的独立电源。这些电源由电力部门、电力用户或第三方所有，用以满足电力系统和用户特定的要求。例如调峰、为边远用户或商业区和居民区供电，节省输变电投资、提高供电可靠性等。由于现代化社会对供电可靠性和环境兼容性的要求越来越高，绿色的分布式电源系统日益受到重视。电能储存技术是实现电能高效利用的重要途径。

1）高效洁净分布式电源。当今的分布式电源主要是指用液体或气体燃料的内燃机、微型燃气轮机和各种工程用的燃料电池。① 微型燃气轮机。微型燃气轮机（micro-turbine），功率为几千瓦至几十千瓦，转速为 96 000r/min，以天然气、甲烷、汽油、柴油为燃料的超小型燃气轮机，其发电效率可达 30%。技术关键是高速轴承、高温材料、部件加工等。微型燃气轮机可用于备用电源和电动车，还可用于电力部门的调峰，提高供电可靠性，目前国外已进入示范阶段。② 燃料电池。通过外部不断地供给燃料和氧化剂，燃料电池可将燃料氧化所释放的能量直接转化为电能。

2）分布式储能系统。分布式储能系统主要包括：电池储能系统（BESS）、超导储能系统、超高速飞轮储能系统等。除了电池储能系统外，超导储能系统是未来的重要蓄能系统。超导储能由于能量存取响应速度快，现多用于电力系统稳定控制、旋转备用、负载快速调节等。1 800MJ 的高温超导储能系统已在美国兴建。由于高温超导悬浮轴承和高强度材料的应用，超高速飞轮储能系统正在研究开发中。它的单位质量储能密度已与蓄电池的储能密度相近，而单位质量功率密度更胜一筹，是有前途的分散的蓄能系统。

（6）发展现代电网新技术　电网新技术包括灵活的交流输电技术（FACTS）和新一代直流输电技术、更加有效的电网状态测定和控制技术、现代化大都市供电新技术等。现代化大城市配电技术将成为未来电力技术的重要组成部分。现代化大都市供电负荷密度大、供电方式复杂、可靠性要求高，供电负荷不断增加、供电网升格快，因此，需要发展更加复杂的供电网技术。

（7）发展电能质量控制技术　现代工业发展对提高供电可靠性、改善电能质量提出了越来越高的要求。在电能质量标准化方面，已经制订出适用于用户的电能质量标准，包括对电压降落（Voltage Sag）、闪变（Flicker）、脉冲（Impulse）、暂态升高（Swell）、谐波（Harmonics）等的限制。以电力电子技术和现代控制技术为基础的用户用电技术（Custom Power Technology）应运而生，以大幅度提高供电可靠性和电能质量控制水平。

（8）加强需求侧管理技术　需求侧用电管理（Demand Side Management，简称 DSM），是 20 世纪 80 年代初提出的一种节电节能系统管理工程，该管理要求用户有效参与，以充分利用电力资源为目的。据统计，美国实施 DSM 计划使全国总负荷下降 80GW，为美国预测负荷的 12%，节能效果显著。DSM 技术的主要内容是借助各种经济与技术的手段，调动用户参与负荷管理的积极性。价格是调控负荷曲线的一种有效经济手段，与 DSM 相配套的电价有峰谷分时电价、季节电价、实时电价、论质电价等。

保证 DSM 实施的技术措施，有热电联产、联合循环发电及起用旧装置技术，灵活控制电力输配技术，配电自动化和用户信息系统，用于终端用户的负荷监测系统、家庭用电自动计量装置、负荷控制系统（包括由需求侧判断负荷控制系统），电能存储技术，电力公司和用户间双向通信技术等。通过电力需求侧管理，可提高终端用电效率和电网经济运行水平，减少电力建设投资，达到节约能源和保护环境的目的。

思　考　题

3-1　我国的煤炭种类有哪些？各有什么特点？

3-2　煤炭的转换利用技术有哪些？

3-3　什么是洁净煤技术？新一代的洁净煤技术包括哪些技术？

3-4　什么是煤基多联产技术？包括哪些技术？

3-5　煤炭燃烧前的洁净加工技术有哪些？各有什么特点？

3-6　煤炭清洁转化技术有哪些？

3-7　目前先进煤炭燃烧发电技术有哪些？各有什么特点？

3-8　简述循环流化床锅炉的优点及缺点。

3-9　什么是增压循环流化床联合循环？其优缺点有哪些？

3-10　什么是常压流化床燃气-蒸汽联合循环？

3-11　煤炭燃烧中及燃烧后烟气的净化处理方法有哪些？

3-12　从石油中可以获得哪些常见产品？

3-13　原油加工方案的基本类型及过程有哪些？

3-14　天然气利用技术有哪些？

3-15　水电站的类型有哪些？

3-16　简述电能输送的过程？

3-17　如何进行电能储存？

3-18　企业如何实现合理用电？

3-19　我国电力工业如何实现可持续发展？

第4章 新能源的开发利用

4.1 新能源开发利用的意义

地球上化石燃料的储量是有限的。据专家估算，按照当前的能耗增长速度，如果不加以有效控制，煤炭储量可供人类使用 150～200 年，石油仅可用 40 年，天然气可用 60 年，尽管有其他形式的能源作补充，但总的看来，能源短缺问题越来越严重。进入 21 世纪，随着科学技术的飞速发展，工业生产更加发达，人民的生活水平提高得更快，由此而引起的能源消耗量也更大。燃烧化石燃料会产生大量对环境、生态有害的气体如 CO_2、SO_2 等，这些气体造成了全球气温上升、酸雨等一系列环境问题。在过去的一百年中，全球平均气温上升了 0.3～0.6℃，全球海平面平均上升了 10～25cm，这主要是由于人类燃烧大量化石燃料产生的 CO_2 等温室气体造成的。因此，在高效清洁利用常规能源的同时，开发和利用资源丰富、清洁无污染、可再生的新能源已势在必行。

1981 年，联合国于肯尼亚首都内罗毕召开新能源和可再生能源会议，提出了新能源和可再生能源的基本含义：以新技术和新材料为基础，使传统的可再生能源得到现代化的开发利用，用取之不尽、周而复始的可再生能源来不断取代资源有限、对环境有污染的化石能源；它不同于常规化石能源，可以持续发展，几乎是用之不竭，对环境无多大损害，有利于生态良性循环；重点是开发利用太阳能、风能、生物质能、海洋能、地热能和氢能等。

新能源和可再生能源的主要特点是：能量密度较低且高度分散，开发利用需要较大的空间；资源丰富，可以再生，可供人类永续利用；分布广，有利于小规模分散利用；不含碳或含碳量很少，利用过程清洁无污染，几乎没有损害生态环境的污染物排放；太阳能、风能、潮汐能等资源具有间歇性、随机性和波动性，对连续供能不利；开发利用的技术难度大，利用技术不成熟。在我国，除常规化石能源、大中型水力发电和核裂变能发电之外，目前新能源和可再生能源包括：太阳能、风能、小水电、地热能、生物质能、海洋能等一次能源，以及氢能、燃料电池等二次能源，如图 4-1 所示。

图 4-1 新能源和可再生能源的利用方式

我国能源资源少、结构不合理、利用效率较低、环境污染严重等问题非常突出。到 2020 年，要实现国内生产总值翻两番，即使能源消费仅再翻一番，一次能源消费总量也要达到 30 亿 t 标准煤，需要新增煤炭生产能力约 10 亿 t。未来我国将承受能源资源耗竭、环境污染和生态破坏的沉重压力。因此，在我国大力发展新能源和可再生能源，具有以下重要意义：

第一，大力发展新能源和可再生能源是调整能源结构和保障能源安全的现实要求。我国的能源消费构成中煤炭比例过高（约 67%），使得能源利用的总效率较低且环境污染严重；石油供应形势严峻，自 1993 年以来，石油进口量及比例不断增加，根据预测，2015 年我国石油消费量将达到 5.85 亿 t，2020 年将达到 7.38 亿 t，如果按照国内产量 2 亿 t 并稳产到 2020 年计算，那么 2015 年和 2020 年我国石油仅进口量将达到 3.85 亿 t 和 5.38 亿 t，石油对外依存度将达到 66% 和 73%。未来我国石油供应安全的形势将日趋严峻，对我国的能源安全产生不利影响。随着能源消费规模的不断扩大，我国各种矿物能源耗竭速度加快，矿物能源利用带来的环境和社会问题日益突出。与此同时，在今后 20 ~ 30 年内，我国具备利用条件的小水电、风能、太阳能、生物质能等可再生能源资源量，预计每年可达到 8 亿 t 标准煤，开发利用的潜力很大。随着技术进步，具备利用条件的可再生能源还将进一步增长。大力发展可再生能源，使其利用量到 2020 年按国家发展规划目标达到每年 2 亿 t 标准煤，使之继煤炭、石油和天然气之后成为重要替代能源，将对改善我国能源结构、保障能源安全发挥重要的作用。

第二，大力发展新能源和可再生能源是保护环境特别是保护大气环境、减排温室气体的迫切需要。化石能源是大气污染物的主要来源，我国约 90% 的 SO_2 和氮氧化物排放来自化石能源生产和消费。煤炭、石油及天然气的燃烧造成大量 CO_2、SO_2、氮氧化物排放，不但污染大气，形成酸雨，而且造成土壤酸化，粮食减产，植被破坏和引起大量呼吸道疾病，直接威胁人民的身体健康和经济发展。目前，我国 SO_2 排放量为世界第一，温室气体排放量为世界第二。据世界银行预计，到 2020 年，由于空气污染造成的环境和健康问题的成本将占国民生产总值的 13%。此处的成本是指由于丧失耕地、缺乏饮用水及职业病所花的费用。大力提高可再生能源在能源消费中的比例，到 2020 年使其达到国家发展规划目标，将会产生巨大的环境效益，它所替代的化石能源将相当于每年减排 SO_2 约 360 万 t，减排 CO_2 约 5 亿 t。

第三，大力发展新能源和可再生能源是促进地区经济发展和创造更多就业机会的有效途径。在世界范围内，快速发展的可再生能源产业已成为重要的经济增长点。国际上太阳能光伏发电、风力发电的年增长率超过 30%，发达国家和部分发展中国家已把发展可再生能源作为占领未来能源领域制高点的重要战略措施。开发利用可再生能源主要基于当地资源和人力物力，对促进当地经济发展和就业都具有重要作用。按照国家发展规划，预计到 2020 年，我国可再生能源设备制造业的年产值约达到 1000 亿元，加上工程建设、运行管理和技术服务等，总计可增加就业岗位约 200 万个。

第四，就地取材，发展地方经济。可再生能源是一种本土资源，基本不受国际能源市场波动的影响。我国幅员辽阔，各地区可根据当地的自然资源优势，低成本地发展地方经济。

第五，大力发展新能源和可再生能源是农村地区全面建成小康社会的重要选择。2020 年我国国内生产总值（GDP）要比 2000 年翻两番，预计能源需求总量将达到 30 亿 t 标准煤；如果 2050 年 GDP 在 2020 年基础上再翻两番，能源需求总量将超过 70 亿 t 标准煤。到

2020 年，预计我国的私家车拥有量将达到 1 亿 5 千万辆。车辆数目的增长是我国依赖石油进口的重要原因之一。目前，我国 8 亿多农村居民的 60% 左右，仍然主要依靠直接燃烧秸秆、薪柴等生物质提供生活用能，不仅造成严重的室内外环境污染，危害人体健康，还造成植被破坏，威胁生态环境。同时，全国还有约 2 万个村，约 800 多万农户、3000 多万人口没有电力供应（特别是偏远山区）。因此，开发利用可再生能源，特别是促进生物质能的清洁、高效利用，解决偏远地区居民基本电力供应，不仅可以实现农村居民生活用能的优质化，还可以大量减少林木砍伐，实现农村地区改善生活和生态环境的双重目标，这对农村地区全面建成小康社会，具有重要的现实意义。

4.2 太阳能

4.2.1 太阳能简介

太阳是一个炽热的气体球，其内部不停地进行着由氢聚变成氦的热核反应，不停地向宇宙空间释放出巨大的能量，这就是太阳能。地球上除了地热能和核能以外，所有能源都直接或间接地来源于太阳能，如图 4-2 所示。因此，可以说太阳能是人类的"能源之母"。太阳能是一种辐射能，不带任何化学物质，是最洁净、最可靠的巨大能源宝库。没有太阳能，就不会有人类的一切。

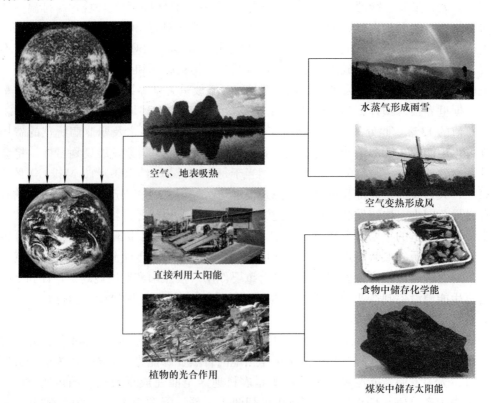

空气、地表吸热

水蒸气形成雨雪

空气变热形成风

直接利用太阳能

食物中储存化学能

植物的光合作用

煤炭中储存太阳能

图 4-2 太阳能的转换与利用方式

太阳内部蕴藏着巨大的能量，表面温度为 5 497℃，中心温度高达 $15 \times 10^6 \sim 20 \times 10^6$℃。太阳能是太阳内部连续不断的核聚变反应产生的能量，太阳每秒钟释放的能量高达 3.865×10^{26}J。太阳主要以辐射的形式向外传播能量，太阳的总辐射功率大约为 3.75×10^{26}W。由于地球距太阳遥远，太阳辐射到地球大气层的能量仅为其总辐射能量的二十二亿分之一，再加上地球大气层的影响，到达地球陆地表面的能量大约为 1.7×10^{16}W。尽管如此，这个量仍然十分巨大，它相当于目前全世界一年内消耗能源产生的能量总和的 3.5 万多倍。可见，开发和利用太阳能的潜力相当巨大。

我国是太阳能资源比较丰富的国家，全国太阳能年辐射总量约为 3 340 ~ 8 400 MJ/m²。20 世纪 80 年代，根据各地接受太阳辐射总量的多少，将全国划分为 5 类地区。一、二、三类地区，年日照大于 2 200 h，太阳年辐射总量大于 5 016 MJ/m²，是太阳能资源较丰富的地区，占全国总面积的 2/3 以上；四、五类地区，虽然太阳能资源较少，但也有一定的利用价值。总之，全国除四川盆地及其周围地区外，绝大多数地区的太阳能资源相当丰富，太阳能的开发和利用在我国具有广阔的发展前景。

地球上的风能、水能、海洋温差能、波浪能和生物质能以及部分潮汐能等都是来源于太阳；即使是地球上的化石燃料（如煤、石油、天然气等），从根本上说也是远古以来储存下来的太阳能，所以广义的太阳能所包括的范围非常大，狭义的太阳能则限于太阳辐射能的光热、光电和光化学的直接转换。

人类对太阳能的利用有着悠久的历史。早在几千年前，我们的祖先就曾用"阳燧"这种简单的器具向太阳"取火"，开辟了人类利用太阳能的新时代。据古籍记载，我国早在公元前 11 世纪的西周时期，就知道利用铜制凹面镜聚焦太阳光来取火。长期以来，由于受生产力和科学技术发展水平的制约，人类对太阳能的利用始终处于初级阶段。20 世纪 50 年代，太阳能利用领域出现了两项重大技术突破：一是 1954 年美国贝尔实验室研制出世界上第一块 6% 的实用型单晶硅电池；二是 1955 年以色列 Tabor 提出选择性吸收表面概念和理论，并研制成功选择性太阳吸收涂层。这两项技术的突破，为太阳能利用进入现代发展时期奠定了技术基础，开创了现代人类利用太阳能的新纪元。

到 20 世纪下半叶，随着生产力和科学技术的进步，以及对化石能源的有限性和燃烧化石能源对生态环境的破坏性的逐渐认识，促进了人们对太阳能利用的重视，进入了用现代科学技术开发利用太阳能的阶段，世界各国加强了对太阳能的开发研究。我国也制订了发展目标和相应的政策与措施，以推动太阳能利用的快速发展。1994 年，国务院通过了关于中国可持续发展战略与对策的白皮书《中国 21 世纪议程》，文件指出"把开发可再生能源放到国家能源发展战略的优先地位""要加强太阳能直接和间接利用技术的开发"等。在该文件的基础上，原国家计委、国家经贸委和国家科委于 1996 年联合制定了《中国新能源和可再生能源发展纲要（1996—2010）》。

太阳能既是一次能源，又是可再生能源。它资源丰富，无需运输，对环境无任何污染。虽然太阳能资源总量十分巨大，但太阳能的能量密度较低，且因地而异、因时而变，这是开发利用太阳能面临的主要问题。太阳能的这些特点使它在整个综合能源体系中的作用受到一定的限制。因此，如果解决了太阳能接收的技术问题，太阳能将是一种前景无限的廉价清洁能源。

4.2.2　太阳能利用原理

太阳能利用的主要方式为光-热转换、光-热-电转换、光-电转换和光-化学转换等。

光-热转换是把太阳辐射能转换成热能加以利用。根据转换成热能达到的温度和用途不同，可分低温利用（<200℃）、中温利用（200~800℃）和高温利用（>800℃）三种。最方便的低温利用主要有太阳能热水器、太阳能干燥器、太阳能温室、太阳能房和太阳能空调制冷系统等。中温利用主要有太阳灶、太阳能热发电聚光集热装置等，如太阳灶温度可达400~650℃，可用作生活炊事。高温利用需通过反射率高的聚光镜片将太阳能集中起来，提高能流密度，如太阳炉温度高达3000℃，可用于熔炼高熔点的金属。太阳能光-热转换利用装置如图4-3所示。

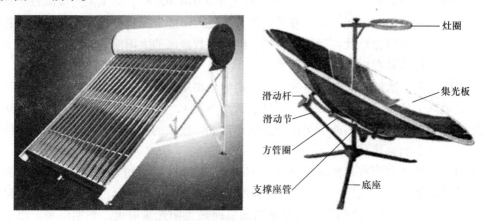

图 4-3　太阳能热水器和太阳灶

光-热-电转换是利用太阳辐射产生的热能发电。首先利用太阳能集热器将太阳能集中起来加热工质，工质产生的蒸汽驱动汽轮机带动发电机发电。前一过程是光-热转换，后一过程是热-电转换。与普通的火力发电一样，太阳能热发电的缺点是效率很低而成本很高，估计它的投资至少要比普通火电站高5~10倍。一座1000MW的太阳能热电站需要投资20~25亿美元，平均1kW的投资为2000~2500美元。因此，目前只能小规模地应用于特殊的场合，而大规模利用在经济上很不合算，还不能与普通的火电站或核电站相竞争。

光-电转换是利用半导体器件的光伏效应原理直接将太阳光能转换成电能，又称太阳能电池。它的转换效率取决于半导体材料的性能。由于在空间的光电转换效率高，美国曾有建设同步轨道太阳能光电系统电站的 SSPS 计划，即把数万吨材料送至空间，建立50km²的太阳能电池板，产生5000~10000MW的电能，再用微波方式送回地球。这是一个至今尚未实施的耗资巨大的宏伟设想。

光-化学转换是由植物的光合作用完成。人工光合作用的研究是生物工程的重大研究课题。

4.2.3　太阳能集热器

太阳能集热器是把太阳辐射能转换成热能的装置，是太阳能热利用中的关键设备。太阳能集热器有多种分类方法，主要的分类方法有：按集热器的传热工质类型分类，可分为液体集热器和空气集热器；按是否聚光分类，可分为聚光型集热器和非聚光型集热器；按内部是否有真空空间分类，可分为平板型集热器和真空管型集热器；按集热器的工作温度范围分类，可分为低温集热器、中温集热器和高温集热器；按是否跟踪太阳分类，可分为跟踪集热器和非跟踪集热器。

1. 平板型太阳能集热器

平板型太阳能集热器是太阳能低温热利用中最简单且应用最为广泛的集热器，已广泛应用于生活用水加热、游泳池加热、工业用水加热、建筑物采暖与空调等领域。它吸收太阳辐射的面积与采集辐射的面积相等，能利用太阳的直射和漫射辐射。平板型集热器主要由吸热板、透明盖板、隔热层和外壳等几部分组成，如图 4-4 所示。

吸热板是吸收太阳能并向其内部的传热工质传递热量的部件，具有太阳能吸收比高、热传递性能好、与传热工质的相容性好等特性。吸热板包括吸热面板以及与吸热面板接触良好的流体管道。吸热板常用的材料有铜、铝合金、铜铝复合、不锈钢、镀锌管、塑料、橡胶等。

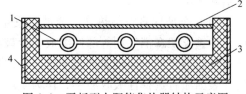

图 4-4　平板型太阳能集热器结构示意图
1—吸热板　2—透明盖板　3—隔热层　4—外壳

吸热板上通常布置有排管和集管，排管是指吸热板纵向排列并构成流体通道的部件，集管是指吸热板上下两端横向连接若干根排管并构成流体通道的部件。吸热板的结构形式主要有管板式、翼管式、扁盒式、蛇管式，如图 4-5所示。管板式吸热板是将排管与平板以一定的方式连接构成吸热条带，然后再与上下集管焊接成吸热板。翼管式吸热板是利用模子挤压拉伸工艺，制成金属管两侧连有翼片的吸热条带，然后再与上下集管焊成吸热板。扁盒式吸热板是将两块金属板分别模压成形，然后再焊接成一体构成吸热板。蛇管式吸热板是将金属管弯曲成蛇形，然后再与平板焊接构成吸热板。

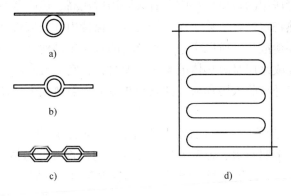

a)

b)

c)

d)

图 4-5　吸热板结构形式示意图
a）管板式　b）翼管式　c）扁盒式　d）蛇管式

为提高吸热效率，吸热板表面应覆盖深色涂层，称为太阳能吸收涂层。太阳能吸收涂层可分为两大类：选择性吸收涂层和非选择性吸收涂层。选择性吸收涂层的光学特性随辐射波长不同而发生显著变化，非选择性吸收涂层其光学特性与辐射波长无关。

透明盖板是由透明或半透明材料制成的覆盖吸热板的部件，其主要功能是减少吸热板与环境之间的辐射与对流散热，保护吸热板不受雨雪及灰尘的侵蚀，并能透过太阳辐射。透明盖板应具有太阳光透射率高、红外透射比低、热导率小、冲击强度高等特性。

隔热层是阻止吸热板利用传导向周围环境散热的部件。对隔热层的要求是热导率小、不易变形、不易挥发及不能产生有害气体。外壳是保护及固定吸热板、透明盖板和隔热层的部件，应具有一定的机械强度、良好的密封性和耐蚀性。

2. 真空管太阳能集热器

真空管集热器主要由若干根真空集热管组成。真空集热管的外壳是玻璃圆管，内部是吸热体，吸热体和玻璃圆管之间抽成真空。

由于真空集热管是真空管集热器的主要部件，所以，真空管集热器主要按真空集热管分类。按吸热体的材料不同，真空管集热器可分为全玻璃真空管集热器和金属吸热体真空管集热器两大类。

（1）全玻璃真空集热管 全玻璃真空集热管是由内玻璃管、外玻璃管、选择性吸收涂层、弹簧支架、消气剂等部件组成。全玻璃真空管集热器一端开口，内玻璃管和外玻璃管在开口处熔封，另一端则密闭成半球形，内玻璃管和外玻璃管之间的夹层抽成真空，内玻璃管的外表面涂有选择性吸收涂层，作为全玻璃真空管集热管的吸热体。图4-6所示为全玻璃真空集热管结构示意图。

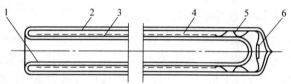

图4-6 全玻璃真空集热管结构示意图

1—内玻璃管 2—外玻璃管 3—选择性吸收涂层 4—真空夹层 5—弹簧支架 6—消气剂

全玻璃真空集热管所用的玻璃材料应具有太阳透射比高、热膨胀系数低、耐热冲击性能好、机械强度较高、热稳定性好、易于加工等特点。保持内外玻璃管之间的真空度，可以大大减少集热器向周围环境散热，所以全玻璃真空管的真空度是保证产品质量、提高产品性能的重要指标。选择性吸收涂层是吸热体的光热转换材料，它应具有较高的太阳吸收比、较低的发射率，可最大限度地吸收太阳辐射、抑制吸热体的辐射热损失，还应具有良好的真空性能和耐热性能。

（2）热管式真空集热管 热管式真空集热管是金属吸热体真空集热管的一种，由热管、金属吸热板、玻璃管、金属封盖、弹簧支架、蒸散型消气剂和非蒸散型消气剂等部件构成，如图4-7所示。热管式真空管集热器工作时，太阳辐射穿过玻璃管照射在金属吸热板上，集

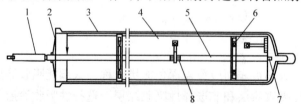

图4-7 热管式真空集热管结构示意图

1—热管冷凝段 2—金属封盖 3—玻璃管 4—金属吸热板 5—热管蒸发段 6—弹簧支架
7—蒸散型消气剂 8—非蒸散型消气剂

热板将吸收的太阳辐射能转换成热能，再传导给吸热板中间的热管，热管吸收热量后其蒸发段内的工质迅速汽化，工质蒸气上升到较冷的热管冷凝段，在热管内表面凝结，释放出蒸发热，将热量传递给传热工质。凝结后的工质靠自身重力流回蒸发段，然后重复上述过程。

热管是利用汽化热高效传递热能的强化传热元件，热管式真空集热管使用的热管一般都是重力热管。重力热管的特点是结构简单，制造方便，工作可靠，传热性能优良。

4.2.4　太阳能热水器

在太阳能热利用中，目前应用最为广泛的是太阳能热水器。它是利用温室原理把太阳辐射能转换成热能，并把水加热，从而获得热水的一种装置。

太阳能热水器通常由平板集热器、蓄热水箱、连接管道组成。按照流体流动的方式，太阳能热水器可分为闷晒式、直流式和循环式。

1. 闷晒式

闷晒式热水器的集热器和水箱是一体的，冷热水的循环是在内部进行的，经过闷晒将水加热到一定的温度时即可放水使用。闷晒式太阳能热水器的优点是结构简单，造价低廉，易于推广使用。缺点是保温效果差，热量损失大。

2. 直流式

直流式热水器主要由集热器、蓄水箱和相应的管道等部件组成。水在系统中并不循环，故称直流式。直流式太阳能热水器如图4-8所示，其特点是集热器和蓄水箱直接与具有一定压力的自来水相接，因而适用于自来水压力比较高的大型系统，布置较灵活，便于与建筑结合。

3. 循环式

按照水循环的动力不同，循环式太阳能热水器可分为自然循环和强制循环。自然循环太阳能热水器如图4-9所示，依靠集热器与蓄水箱中的水温不同所产生的密度差进行温差循环（热虹吸），蓄水箱中的水经过集热器被不断加热。强制循环太阳能热水器由泵提供水循环的动力，避免了自然循环压头小的缺点，适合于大型太阳能供热水系统。循环式太阳能热水器由补给水箱与蓄水箱的水位差产生压头，通过补给水箱中的自来水将蓄水箱中的热水顶出供用户使用，同时也向蓄水箱中补充冷水，其水位由补给水箱内的浮球阀控制。

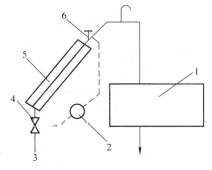

图4-8　直流式太阳能热水器
1—蓄水箱　2—控制器　3—自来水
4—电动阀　5—集热器　6—电接点温度计

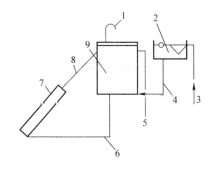

图4-9　自然循环太阳能热水器
1—排水管　2—补给水箱　3—自来水
4—补给水管　5—供热水管　6—下循环管
7—集热器　8—上循环管　9—蓄水箱

4.2.5 太阳能制冷和空调

利用太阳能作为动力驱动制冷或空调装置有着广阔的发展前景，因为夏季太阳辐射最强，也是最需要制冷的时候，从节能和环保的角度考虑也是十分必要的。太阳能空调最大的优点在于季节适应性强，也就是说太阳能制冷空调的制冷能力是随太阳辐射的增加而增大的。

太阳能制冷可分为两大类：一类是通过太阳能光电转换制冷，即利用太阳能发电，然后利用电能制冷；另一类是光热转换制冷，即先将太阳能转换成热能，再利用热能制冷。常用的太阳能光热转换制冷系统有吸收式制冷和吸附式制冷两种。

吸收式制冷是以两种物质组成的二元溶液为工质来运转的。两种物质在同一压力下具有不同的沸点，高沸点的组分称为吸收剂，低沸点的组分称为制冷剂。太阳能吸收式制冷系统由太阳能集热器、冷凝器、膨胀阀、蒸发器、吸收器、溶液换热器、循环泵等部件组成。吸收式制冷的工作原理是，利用溶液的浓度随其温度和压力变化而变化的特性，通过太阳能集热器提供热媒水，将制冷剂与溶液分离，制冷剂进入冷凝器冷却后，液态制冷剂通过膨胀阀急速膨胀而汽化，在蒸发器中吸收冷媒水的热量，从而达到降温制冷的目的，又通过吸收器用稀溶液实现对制冷剂的吸收。太阳能吸收式制冷系统一般采用的工质有两种：一种是溴化锂-水，常用于大中型中央空调；另一种是氨-水，常用于小型家用空调。图4-10所示为太阳能氨-水吸收式制冷系统。

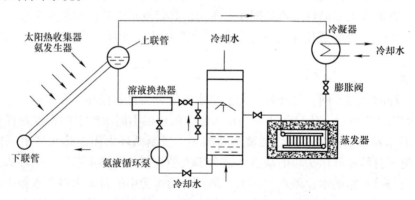

图 4-10 太阳能氨-水吸收式制冷系统工作原理图

吸附式制冷是利用物质的物态变化来实现制冷的，常用的吸附剂-制冷剂组合有沸石-水、活性炭-甲醇等。太阳能吸附式制冷系统主要由太阳能吸附集热器、冷凝器、蒸发储液器、风机盘管、冷媒水泵等部件组成，其工作原理如图4-11所示。白天太阳辐射充足时，太阳能吸附集热器吸收太阳辐射能，吸附剂温度升高，制冷剂从吸附剂中解吸，气态制冷剂使集热器内压力升高，后经冷凝器冷却凝结为液态，进入蒸发储热器；夜间或太阳辐射不足时，环境温度降低，太阳能吸

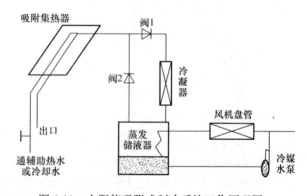

图 4-11 太阳能吸附式制冷系统工作原理图

附集热器自然冷却，吸附剂的温度下降并开始吸附制冷剂，产生制冷效果。太阳能吸附式制冷系统常用于冰箱、冷藏箱等。

4.2.6　太阳能热发电

太阳能热发电就是先将太阳辐射能转换为热能，然后按照某种发电方式将热能转换成电能的发电方法。太阳能热发电可分为两大类。一类是利用太阳热能直接发电，如利用半导体材料或金属材料的温差发电、真空器件中的热电子和热离子发电，以及磁流体发电等。此类热发电目前的功率都很小，有的仍处于试验阶段，尚未进入商业化。另一类是太阳能热动力发电，即先将太阳辐射能转换成热能，加热水或其他工质产生蒸气，驱动热力发动机，再驱动发电机发电。此类热发电已达到实用水平。

太阳能热发电系统可分为槽式线聚焦系统、塔式系统和碟式系统三种基本类型。

槽式线聚焦系统是利用槽形抛物面反射镜将太阳光聚集到集热钢管，加热钢管内的传热工质，然后传热工质被输送到动力装置，在热交换系统中将水加热成蒸汽，蒸汽驱动汽轮发电机组发电。槽式抛物面镜聚焦太阳能热发电系统原理图如图 4-12 所示。其优点是，容量可大可小，集热器等装置都布置在地面上，安装和维护比较方便。主要缺点是能量集中过程依赖于管道和泵，致使热管路比较复杂，输热损失和阻力损失比较大。

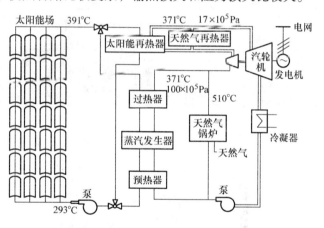

图 4-12　槽式抛物面镜聚焦太阳能热发电系统原理图

塔式系统又称集中型系统，是在很大面积的场地上安装许多台大型反射镜，通常称为定日镜，每台都配有跟踪机构，能准确地将太阳光反射集中到一个高塔顶部的接收器上，如图 4-13 所示。接收器把吸收的太阳辐射能转换成热能，再将热能传给工质，经过蓄热环节，再输入汽轮机，带动发电机发电。图 4-14 所示为塔式太阳能热发电系统原理图。

碟式系统也称为盘式系统，它采用盘状抛物面镜聚光集热器，如图 4-15a、b 所示。盘状抛物面镜是一种点聚焦集热器，其聚光比可

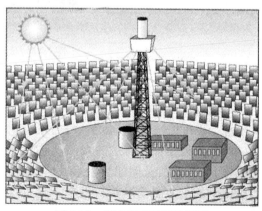

图 4-13　塔式聚光系统示意图

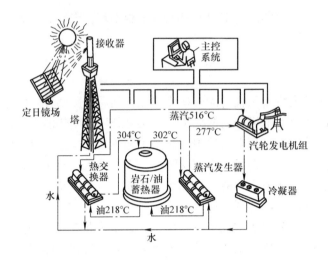

图 4-14　塔式太阳能热发电系统原理图

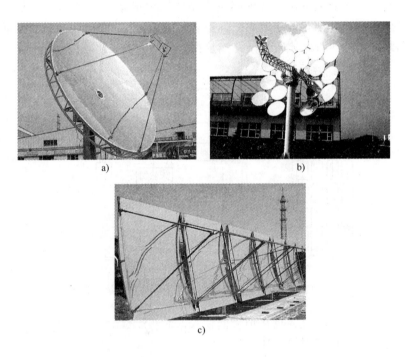

图 4-15　太阳能聚光器的形式
a) 单碟式太阳能聚光器　b) 多碟式太阳能聚光器　c) 槽式太阳能聚光器

达数百到数千倍，可以产生非常高的温度。这种系统可以独立运行，作为无电边远地区的小型电源，也可把数台至十数台装置并联起来，组成小型太阳能热发电站。

　　此外，另一种有前途的太阳能热发电技术是太阳能烟囱，它主要由烟囱集热器（平面温室）、发动机及储能装置组成。烟囱集热器吸收太阳能，加热其中的空气，热空气通过烟囱被抽走，驱动涡轮机发电。这种发电装置简单可靠，非常适合我国西部地区推广应用。

4.2.7　太阳能光伏发电

太阳能光伏发电是通过太阳能电池（又称光伏电池）将太阳辐射能直接转换为电能的发电方式。太阳能电池是太阳能光伏发电的基础和核心，其结构如图 4-16 所示。它利用半导体材料 P-N 结的光生伏特效应，当太阳光照射到 P-N 结时，物体内的电荷分布状态就发生变化，形成新的空穴-电子对，在 P-N 结的两边产生电动势，在 P-N 结电场的作用下，空穴由 N 区流向 P 区，电子由 P 区流向 N 区，接通电路后就形成电流，这就是光电效应太阳能电池的工作原理。所谓光生伏特效应，就是物质吸收光能而产生电动势的现象。此现象在液体和固体物质中都会发生，但在固体物质（尤其是半导体）中能量的转换效率较高。

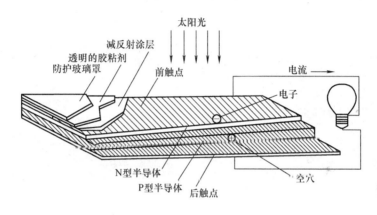

图 4-16　太阳能电池的结构示意图

常用的太阳能电池按其材料可分为晶体硅电池、硫化镉电池、硫化锑电池、砷化镓电池、非晶硅电池、硒铟铜电池等。目前，太阳能光伏发电工程中广泛使用的光电转换器件是晶体硅电池，其生产工艺技术成熟，已进入大规模产业化生产。其中单晶硅电池的光电转换效率在 12% 以上，多晶硅电池的光电转换效率也已达 12%，而成本仅为单晶硅电池的 70%。砷化镓电池的光电转换效率很高，达 25.7%，规模生产效率可达 18%，但价格较贵，主要应用于空间领域。非晶硅电池价格最为便宜，但转换效率较低，仅为 6% ~ 8%，多用于电子表、玩具和袖珍计算器的电源。随着太阳能电池的新材料技术不断发展和太阳能电池生产工艺的改进，转换效率更高、成本更低、性能更稳定的太阳能电池将不断研发成功，并投入商品化生产。

与火力、水力发电相比，太阳能光伏发电具有安全可靠、无噪声、无污染、资源取用方便、不受地域限制、不消耗化石能源、故障率低、维护简便、建设周期短、可方便地与建筑物结合等优点。太阳能电池既可作小型电源，又可组合成大型电站，目前已从高科技的航空航天领域走向人们的日常生活，例如太阳能汽车、太阳能自行车、太阳能冰箱、太阳能电扇、太阳能路灯等，如图 4-17 所示。因此，从近期、远期以及可持续发展的角度考虑，太阳能光伏发电具有极大的吸引力和广阔的发展前景。目前，太阳能光伏发电大规模应用的主要障碍是其成本较高。预计到 21 世纪中叶，其成本将会下降到同常规能源发电相当，届时，太阳能光伏发电将成为人类电力的重要来源之一。

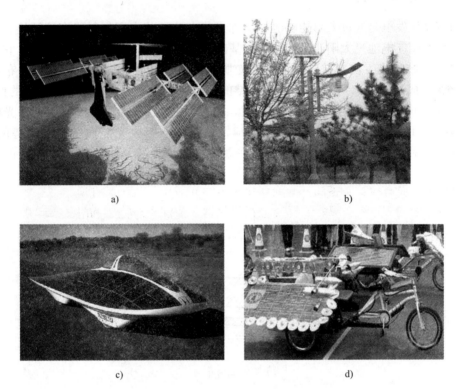

图 4-17 太阳能电池的应用实例

a）国际空间站上安装的太阳能电池板 b）太阳能路灯 c）太阳能汽车 d）太阳能自行车

4.2.8 太阳能的应用前景

随着人们生活水平的不断提高，以及对生活热水需求的激增，促进了太阳热水器市场的迅速发展，成为产业发展的原动力。到 2000 年，我国已有约 500 个具有一定生产规模的太阳能热水器生产企业。其中，有 10 个企业的年销售额超过 1 亿元，12 个企业的年销售额在 5 千万至 1 亿元之间，31 个企业在 1 千万至 5 千万之间。近年来，太阳能热水器的市场以 30％的速率递增，2000 年的销售量已达 600 万 m^2，总安装量已达 2 600 万 m^2。现在，太阳能热水器的性能价格比已可与电热水器和燃气热水器相竞争，成为市场上提供生活热水的三种设备之一。我国已成为名副其实的太阳能热水器生产和应用大国。

据统计，发达国家建筑能耗已占总能耗的 25％～40％。在建筑能耗中，采暖、制冷、空调和热水能耗占 75％。太阳能低温热转换技术可实现以合理成本来满足部分建筑用能的需求，因而它作为一种建筑节能技术将有广阔的市场。今后，低温太阳能热利用仍是太阳能热利用的发展主流。太阳能系统与建筑一体化的设计思想为太阳热利用开拓了新的发展空间。太阳能热水器的发展及其效益预测见表 4-1。在太阳能资源丰富的一类地区，如西藏、甘肃、新疆、青海和宁夏等部分地区，有发展中、高温太阳热利用的前景，如工业用热或热发电，它主要取决于技术的进步和资金的到位情况。

表 4-1　太阳能热水器的发展及其效益预测

年　份	单位	2000	2005	2010	2015
太阳能热水器销售量	$10^4 m^2$	2 600	6 400	12 900	23 200
太阳能替代燃煤	$10^4 t$ 标准煤	338	832	1 677	3 016
减排 CO_2	$10^4 t$ 标准煤	245.4	604	1 217.5	2 189.6
提供就业机会	人	56 647	78 550	152 568	24 1692

目前，我国用于建筑的太阳能热利用系统是太阳能热水器和被动太阳采暖，如图 4-18 所示。被动太阳房本身就是通过建筑结构设计和新材料的应用来实现太阳能采暖的技术。而近十多年来，在大量的现有建筑上，特别是住宅建筑上，主要采用主动式的太阳能热水器采暖。但由于缺乏规划和安装零乱，影响到建筑美学和城市景观，而且增加了工程安装的造价。解决的办法是预先将太阳能装置（包括集热器、热水箱、管道和附件等）的布置考虑到建筑设计中去，实现太阳能系统与建筑的一体化。这个战略措施必将起到扩大和规范太阳能热水器的市场，推动太阳能热利用产业进一步发展的积极作用。太阳能热水器生产厂商也看到了与建筑一体化的市场前景。目前，在江苏、浙江、安徽、山东和北京等地已有一些太阳能热水器生产厂商，主动联合当地的建筑设计院进行太阳能热水器与小区住宅一体化设计的试点和示范，取得了较好的效果。

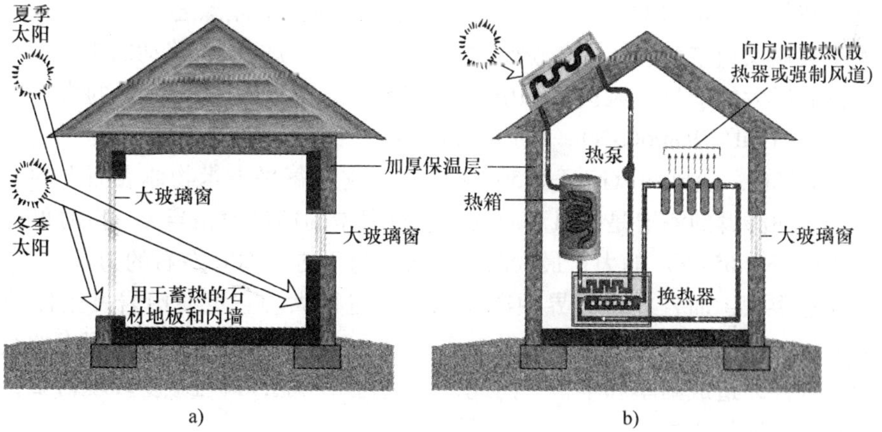

图 4-18　建筑的太阳能热利用系统
a）被动式　b）主动式

近年来，随着太阳能热水系统的成功开发利用，进一步开发太阳能热水、采暖和空调的综合系统，扩大太阳能热利用的范围已提到日程。太阳能热驱动的空调系统已列入国家科技攻关项目，并分别在山东乳山和广东江门设立示范工程项目，取得了有价值的结果。如山东乳山项目于 1999 年完成，为一个新建的体育馆（1000 m^2 建筑面积）在夏季提供空调、冬季采暖、春秋季供应热水。该系统拥有 2160 支热管真空集管、净吸热面积 364 m^2 和一台溴化锂吸收式制冷机组，某集热器的布置与建筑屋顶一体化。在典型的夏日可提供 1 777.4MJ/d 的冷量，制冷 COP = 0.6 ~ 0.7。在典型的冬日可提供 2 996.6MJ/d 的供暖热能，在春、秋季能提供 32 000L 的 45℃ 的热水。

4.3 风能

4.3.1 认识风能

风是地球上的一种自然现象，它是由太阳辐射热引起的。太阳照射到地球表面，地球表面各处受热不同产生温差，引起大气层中压力分布不均，大气的流动也像水流一样从压力高处流向压力低处，从而引起大气的对流运动。空气运动所形成的动能称为风能。图 4-19 所示为风能形成示意图。风有一定的质量和速度，且有一定温度，因此具有一定的能量。据估计，到达地球的太阳能虽然只有大约 2% 转化为风能，但其总量仍十分可观。全球的风能约为 2.74×10^9 MW，其中可利用的风能为 2×10^7 MW，比地球上可开发利用的水能总量还要大 10 倍。专家们估计，风中含有的能量比人类迄今为止所能控制的能量高得多。全世界每年燃烧煤炭得到的能量，还不到风力在同一时

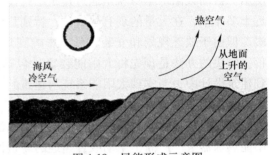

图 4-19　风能形成示意图

间内所提供给我们的能量的 1% 。可见，风能是地球上重要的能源之一。

风的大小常用风速来表示，即单位时间内空气在水平方向上所移动的距离。空气流动所产生的风能具有巨大的能量。风速 $8 \sim 10$ m/s 的 5 级风，吹到物体表面上的力，每平方米面积上约有 10kgf（1kgf = 9.80665N）；风速 20m/s 的 9 级风，吹到物体表面上的力，每平方米面积可达 50kgf 左右；台风的风速可达 $50 \sim 60$ m/s，它对每平方米物体表面上的力，可高达 200kgf 以上。汹涌澎湃的海浪是被风激起的，它对海岸的冲击力相当大，有时可达每平方米 $20 \sim 30$ tf（1tf = 9.80665kN）的力，最大时甚至可达每平方米 60tf 左右的力。

风不仅能量很大，而且在自然界中所起的作用也很大。它可使山岩发生侵蚀、造成沙漠、形成风海流、沙尘暴，还可在地面做输送水分的工作。水汽主要是由强大的空气流输送的，从而影响气候，造成雨季和旱季。因此，合理利用风能，既可减少环境污染，又可减轻越来越大的能源短缺的压力。

我国位于亚洲东南、濒临太平洋西岸，季风强盛。季风是我国气候的基本特征，如冬季季风在华北长达 6 个月，东北长达 7 个月。东南季风则遍及我国的东半壁。根据国家气象局估计，全国风力资源的总储量为每年 16 亿 kW，近期可开发的约为 1.6 亿 kW，内蒙古、青海、黑龙江、甘肃等省风能储量居我国前列，年平均风速大于 3m/s 的天数在 200 天以上。风能作为一种无污染、可再生的新能源具有巨大的发展潜力，特别是对沿海岛屿、交通不便的边远山区、地广人稀的草原牧场，以及远离电网和近期电网还难以达到的农村、边疆，作为解决生产和生活能源的一种可靠途径，有着十分重要的意义。即使在发达国家，风能作为一种清洁的新能源也日益受到重视。

风能与其他能源相比，既有其明显的优点，又有其突出的局限性。风能具有的四大优点是蕴量巨大、可以再生、分布广泛、没有污染。其缺点是：密度低、不稳定、地区差异大。风能密度是决定风能潜力大小的重要因素，是指通过单位面积的风所含的能量，常以 W/m^2

表示。密度低是风能的一个重要缺陷。由于风能来源于空气的流动，而空气的密度很小，所以风力的能量密度也很小，只有水力的 1/816。从表 4-2 可以看出，在各种能源中，风能所含能量是极低的，这对于其利用会造成很大的困难。由于气流瞬息万变，因此风的脉动、日变化、季节变化以至年际的变化都十分明显，波动很大，极不稳定。由于地形的影响，风力的地区差异非常明显。一个邻近的区域，有利地形下的风力，往往是不利地形下风力的几倍甚至几十倍。

表 4-2　几种新能源和可再生能源的能流密度对比

能源类别	风能 (3m/s)	水能 (流速3m/s)	波浪能 (浪高2m)	潮汐能 (潮差10m)	太阳能	
					晴天平均	昼夜平均
能流密度/(kW/m²)	0.02	20	30	100	1.0	0.16

4.3.2　风能的利用

人类利用风能的历史可以追溯到公元前。据史料记载，公元前 2 世纪，古波斯人就利用垂直轴风车碾米。公元 10 世纪伊斯兰人用风车提水，11 世纪风车在中东已获得广泛的应用，13 世纪风车传至欧洲，14 世纪已成为欧洲不可缺少的原动机。在荷兰，风车先用于莱茵河三角洲湖地和低湿地的汲水，以后又用于榨油和锯木。后来由于蒸汽机的出现，才使欧洲风车数量急剧下降。

我国利用风能已有悠久的历史。公元前数世纪，人们就利用风力提水、灌溉、磨面、春米，用风帆推动船舶前进，古代甲骨文中就有"帆"字存在，1800 年前东汉刘熙著作里有"随风张幔曰帆"的叙述，说明我国是世界上最早利用风能的国家之一。唐代大诗人李白的诗句"乘风破浪会有时，直挂云帆济沧海"，说明当时风帆船已广泛用于江河航运。到了宋代，更是我国应用风车的全盛时代，当时流行的垂直轴风车，一直沿用至今。明代宋应星的《天工开物》中有"扬郡以风帆数页，俟风转车，风息则止"的记载，表明在明代以前，我国劳动人民就会制作将风力的直线运动转变为风轮旋转运动的风车，在风能利用上前进了一大步。我国东南沿海向来有风力提水的使用习惯。

但是，数千年来，由于风能存在天然不足，以致风能技术发展缓慢，没有引起人们足够的重视。自 1973 年世界石油危机以来，在常规能源告急和全球生态环境恶化的双重压力下，风能作为新能源的一部分才重新有了长足的发展。1978 年，我国将研制风电设备列为国家重点科研项目后，进展加快，先后研制生产了微型和 1~200 kW 风电机组，其中以户用微型机组技术最为成熟。到 1998 年底，全国已建成 19 座风电场，共装机 529 台，总容量为 22.36 万 kW，仅占全国电力总装机容量不到 0.1%。风电技术作为一门不断发展和完善中的多学科的高新技术，通过技术创新，提高单机容量，改进结构设计和制造工艺，以及减轻部件质量，降低造价，它的优势和经济性必将日益显现出来。

目前，风能主要用在风力发电、风力泵水、风力制热、风力助航等方面。

1. 风力发电

风力发电是风能利用的一种基本形式，也是重要形式，日益受到世界各国的高度重视。风力发电机一般由风轮、发电机（包括传动装置）、调向器（尾翼）、塔架、限速安全机构和储能装置等构件组成。图 4-20 所示为小型风力发电机的基本组成示意图。

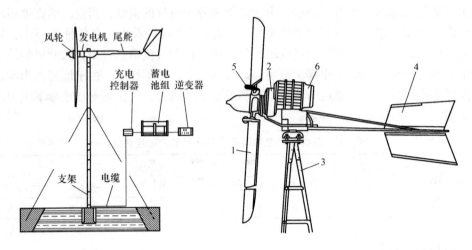

图 4-20 小型风力发电机的基本组成
1—风轮（集风装置）　2—传动装置　3—塔架　4—调向器（尾翼）
5—限速调速装置　6—做功装置（发电机）

当风力发电机工作时，风轮在风力的作用下旋转，带动风轮轴转动，发电机在风轮轴的驱动下旋转产生电能。风轮是风力发电机的集风装置，一般由 2 个或 3 个叶片构成，其作用是把流动空气的动能转换成风轮旋转的机械能。发电机的作用是将风轮旋转的机械能转换成电能，有直流发电机、同步交流发电机和异步交流发电机三种形式。调向器的作用是使风轮随时都迎着风向，从而最大限度地利用风能。限速安全机构用来保证风力发电机安全运转，可使风力发电机的风轮在一定的风速范围内保持转速稳定。另外，风力发电机一般还设有专门的制动装置，当风速过高时，可将风轮制动以保护风力发电机在特大风速下的安全。

风力发电机的输出功率与风速的大小有关。而自然界中风速的大小和方向时刻在变化，因而风力发电机的输出功率也随之变化，这样发出的电能不能保持一个恒定的频率，一般无法直接用于各种电器，需要先储存在蓄电池中，再由蓄电池向直流电器供电，或通过逆变器把蓄电池的直流电转变为交流电后再供给交流电器。

风力发电通常有以下三种运行方式。第一种是独立运行方式，通常是由一台小型风力发电机向一户或几户供电，用蓄电池蓄电，以保证在无风时提供电力。第二种是风力发电与其他发电方式相结合，通常是柴油机发电或太阳能发电，主要用于向一个单位、一个村庄或一个海岛供电。这两种运行方式都属于独立的风电系统，一般由风力发电机、逆变器和蓄电池等组成，主要建造在电网不易到达的边远地区。第三种就是风力发电并入常规电网运行，向大电网提供电力，这种方式属于并网的风电系统。通常是一个风场安装几十台甚至几百台风力发电机，如图 4-21 所示。这种发电方式是风力发电的主要发展方向。由于风机的转速随着外来风力的改变而改变，发出的电不能保持一个恒定的频率，因此需要一套交流变频系统。风力发电机发出的电进入交流变频系统，被转换成与电网相同频率的交流电，再进入电网。

选择安装场址对于风力发电机是十分重要的，因为如果场地选择不合理，即使性能再好的风力发电机也不能很好地工作。在选择风力发电机安装场址时，首先应考虑当地的能源供求状况、负荷的性质和每昼夜负荷的动态变化，然后再根据风力资源的情况选择合适的场址。另外，还要考虑发电机的安装和运输方便，以便降低风力发电机的整体成本。所选择的

图 4-21   陆地和海上的大型风场

安装场址应具备以下条件：

1）风能资源丰富。根据我国气象部门的有关规定，当某地域的年有效风速时数在 2000～4000h、年 6～20m/s 风速时数在 500～1500h 时，该地域即具备安装风力发电机的资源条件。

2）具有较稳定的盛行风向，且随季节变化较小。

3）气流的湍流小。当风吹过粗糙的表面或绕过突起物时就会产生湍流。湍流不仅会减少风力发电机的输出功率，还会造成风力发电机的机械振动，甚至导致风力发电机破坏。

4）自然灾害小。风力发电机安装场址应尽量避开强风、冰雪、盐雾、沙尘等严重的地域。

5）安装场址的选择还应考虑风力发电机对环境的影响，这种影响主要体现在风力发电机的噪声、对鸟类的伤害、对景观的影响、对无线通信的干扰等方面。

2. 风力泵水

风力泵水从古至今一直都得到广泛的应用，尤其近几十年，为了解决农村、牧场的生活、灌溉和牲畜用水以及节约能源，风力泵水有了很大的发展。现代风力泵水根据用途主要分两类：一类是高扬程小流量的风力泵水机，它与活塞泵相配提取深井地下水，主要用于草原、牧区，为人畜提供饮用水；另一类是低扬程大流量的风力泵水机，它与螺旋桨相配，提取河水、湖水或海水，主要用于农田灌溉、水产养殖或制盐。

3. 风力制热

风力制热也是风能利用的一个发展方向，目前主要用于家庭及低品位工业热能的需要。风力制热就是将风能转换成热能。目前主要有三种转换方法：一是风力机发电，再将电能通过电阻丝发热，产生热能。因风能转换成电能的效率太低，这种方法不可取。二是由风力机将风能转换成空气压缩能，再转换成热能，即风力机带动空气压缩机，对空气进行绝热压缩而放出热能。三是用风力机将风能直接转换成热能，这种方法的制热效率最高。

风力机直接将风能转换成热能有多种方法，常用的有搅拌液体制热（即风力机带动搅拌器转动使液体变热）、液体挤压制热（即风力机带动液压泵，使液体加压后再从狭小的阻尼小孔中高速喷出，使工作液体加热）、固体摩擦制热和涡电流制热等。

4.3.3   风电技术的发展趋势

近几年，风力发电技术有了迅速的发展，自 20 世纪 90 年代中期以来，全世界风电装机年平均增长超过 30%，发电量由 1996 年的 122 亿 kW·h 增加到 2003 年的 822 亿 kW·h，占 2003 年当年各种发电总电量 16.7×10⁴ 亿 kW·h 的 0.5%，风电比例也增加了 4 倍多，世界风力发电成本也迅速下降，从 1983 年的 15.3 美分/(kW·h) 下降到 1999 年的 4.9 美分/(kW·h)。

据统计目前美国风力机装机容量超过 2×10⁴MW，已成为世界上风电装机容量最多的国家，每年还以 10% 的速度增长，至 1990 年美国风力发电已占总发电量的 1%。现在世界上最大的新型风力发电机组已在夏威夷岛建成运行，其风力机叶片直径为 97.5m，重 144t，风轮迎风角的调整和机组的运行都由计算机控制，年发电量达 1000 万 kW·h。瑞典 1990 年风力机的装机容量已达 350MW，年发电量为 10 亿 kW·h。丹麦在 1978 年即建成了日德兰风力发电站，其装机容量为 2000kW，三片风叶的扫掠直径为 54m，混凝土塔高 58m。德国 1980 年就在易北河口建成了一座风力电站，其装机容量为 3000kW，到 21 世纪末风力发电也将占总发电量的 8%。英国英伦三岛濒临海洋，风能十分丰富，到 1990 年风力发电已占英国总发电量的 2%。

我国风力机的发展，在 20 世纪 50 年代末是各种木结构的布篷式风车，1959 年仅江苏省就有木风车 20 多万台。到 60 年代中期，主要是发展风力提水机。70 年代中期以后，风能开发利用列入"六五"国家重点项目，得到迅速发展。进入 80 年代中期以后，我国先后从丹麦、比利时、瑞典、美国、德国引进一批中、大型风力发电机组。在新疆、内蒙古的风口及山东、浙江、福建、广东的岛屿建立了 8 座示范性风力发电场，1992 年装机容量已达 8MW。新疆达坂城的风力发电场装机容量已达 3300kW。至 1990 年底，全国风力提水的灌溉面积已达 2.58 万亩（1 亩 =666.6m²）。1997 年新增风力发电 10 万 kW，2011 年装机容量已达 6500 万 kW，成为名副其实的风电大国。目前我国已研制出 100 多种不同形式、不同容量的风力发电机组，并初步形成了风力机产业。尽管如此，与发达国家相比，我国风能的开发利用还相当落后，不但发展速度缓慢而且技术落后，远没有形成规模。在进入 21 世纪时，我国应在风能的开发利用上加大投入力度，使高效清洁的风能在我国能源的格局中占据应有的地位。

近年来，我国的风力发电发展非常迅速，在国家的大力扶持下，建成了十几个超过万千瓦级的并网型风电场。尽管风电目前在我国仍排在煤电、水电之后，但随着《中华人民共和国可再生能源法》以及相关配套法规的制定、颁布和实施，我国风电装机容量每年同比增加都在 100% 以上，已经提前三年实现了"十一五"风电装机容量 1000 万 kW 以上的目标。2007 年末，我国的风电装机总量仅仅在 6GW 以上，是世界第五大风电产能国，排名在德国、美国、西班牙和印度之后。在一系列激励政策扶持下，我国风电经历了连续多年高速增长。2011 年底，全国风电并网装机容量 4505 万 kW，装机规模跃居世界第一，2011 年风电发电量 732 亿 kW·h，分别占全国电力装机容量的 4.27% 和总发电量的 1.55%。一些专家预测，中国的风能产能到 2020 年将达 100GW，中国将成为世界上第四大风能产能国。

目前，风电技术的发展具有如下特点：① 在过去 20 年，涡轮风机的单机装机容量从 50kW 增加到 750kW。采用大涡轮机比小涡轮机更加经济，因而涡轮机的容量将继续增大，现已开发出 1000~2000kW 级的涡轮机。② 随着风电单机容量不断增大，风机桨叶的长度在不断增加。风机叶轮扫风直径与风机容量的对应关系如图 4-22 所示，2MW 风机叶轮扫风直径已达 72m。涡轮风机的叶片有 2 片、3 片和多片三种，目前投入工程应用绝大多数是 3 片涡轮风机。风机桨叶的制造和安装如图4-23所示。③ 实践证实，地处平坦地带的风机，在50m 高处捕捉的风能要比 30m 高处多20%。因此，在大、中型风机设计中，常采用更高的塔架。④ 控制技术的发展大大提高了捕风效率，降低了风机基础费用。随着电力电子技术的发展，开发了一种变速风机。它是直接将发电机轴连接到叶轮主轴上，取消了沉重的增速齿轮箱，发出的交流电频率随转子转速（或风速）而变化，经过置于地面的大功率电力电子变换器，将频率不定的交流电整流成直流电，再逆变成与电网同频率的交流电输出。

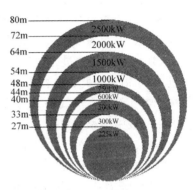

图 4-22　风机叶轮扫风直径与风机容量的对应关系

图 4-23　风机桨叶的制造和安装

　　尽管风力发电具有很大的发展潜力，但目前它对世界电力的贡献还是有限的。这是因为大规模发展风电仍受一些因素影响，如风力发电机的效率不高，寿命有待延长，风力发电的成本仍高于常规发电，风能资源区远离主电网，联网的费用较大等。随着风力发电技术的进步，政府对风力发电的扶持，风力发电必将具有广阔的发展前景。

4.4　生物质能

4.4.1　生物质能概述

　　生物质是指由光合作用而产生的各种有机体。生物质的光合作用即利用空气中的二氧化碳和土壤中的水，将吸收的太阳能转换为碳水化合物和氧气的过程。农作物、树木、陆地和水中的野生动植物体及某些有机肥料，都属于生物质。光合作用是生命活动中的关键过程。植物光合作用的简单过程为：

$$水 + 二氧化碳 \xrightarrow[\text{太阳能}]{\text{植物}} 有机体 + 氧$$

生物质能是太阳能以化学能形式储存在生物中的一种能量形式，一种以生物质为载体的能量，它直接或间接地来源于植物的光合作用。在各种可再生能源中，生物质比较独特，它是储存的太阳能，更是唯一可再生的碳源，可转化成常规的固态、液态和气态燃料。生物质遍布世界各地，其蕴藏量极大，据估计，地球上每年植物光合作用固定的碳达 2×10^{11} t，含能量达 3×10^{21} J，每年通过光合作用储存在植物的枝、茎、叶中的太阳能，相当于全世界每年耗能量的 10 倍。因此，生物质能一直是人类赖以生存的重要能源之一，就其能源当量而言，仅次于煤、油、天然气而列为第四大能源。在世界能源消耗中，生物质能占总能耗的 14%，但在发展中国家占 40% 以上。世界上生物质资源数量庞大，形式繁多，其中包括薪柴、农林作物，尤其是为了生产能源而种植的能源作物、农业和林业残剩物、食品加工和林产品加工的下脚料、城市固体废弃物、生活污水和水生植物等。各种生物质在生物质能利用中所占的比例见表4-3。我国的生物质资源主要包括农业废弃物及农林产品加工业废弃物、薪柴、人畜粪便、城镇生活垃圾等。

表4-3 各种生物质在生物质能利用中所占的比例

种类	利用比例（%）
薪柴、秸秆	94
粪便	1.70
城市垃圾	2.40
海洋生物、污水和污油	0.90
其他	1.40

（1）薪柴　通常指的是薪炭林产出的薪柴及用材林产出的枝丫、木材加工的下脚料。目前，我国每年产出的薪柴约为 2.1 亿 m³，其发热量约为 15MJ/kg，折合标准煤 1.2 亿 t。

（2）秸秆（发热量均为 14.5MJ/kg）　我国是一个农业大国，秸秆产量特别大，在农田里约是粮食产量的 1.1 倍，每年各种作物产生的秸秆总量达 6.2 亿 t。但其中仅有 25% ~ 30% 被作为燃料使用，约合 0.75 亿 t 标准煤，其余的均弃之于田。

（3）粪便（发热量约为 13MJ/kg）　在我国，每年动物的粪便总量约为 8.2 ~ 8.4 亿 t，约合 0.7 亿 t 标准煤，但只有边远的牧区直接用作燃料。在一些地区采用微型沼气装置对其加以利用，一些大型饲养场近年为净化环境，以较大规模沼气化方式处理粪便，使之能源化。

（4）城市生活垃圾（发热量为 5 ~ 6MJ/kg）　我国城市生活垃圾的年产量已达 1.5 亿 t。由于垃圾的特殊性，其发热量利用率只有 15% ~ 25%，发电量约为 400 亿 kW·h。据报道，乌克兰已经研制出将垃圾转化为汽油和甲醇的方法，有望投入生产使用。

（5）海洋生物　目前对海洋生物的研究还比较少，但是海洋生物的利用潜力极大。美国可再生能源实验室近年来应用现代技术开发海洋微藻，在户外种植表明，其脂质含量高达

40%，每亩这种产品可提炼生物柴油 1～2.5t，在近海种植的前景十分看好。

（6）污水和污油　世界每年有大量的污水和污油产生，其中油脂每年可提炼生物柴油达 200 多万 t，利用微生物技术可以使大量高浓度的废水产生数量可观的氢气。

生物质能作为可再生能源，主要来源于动植物资源。地球上每年生长的生物质总量约为 1400～1800 亿 t（干重）。目前生物质能源占可再生能源消费总量的 35% 以上，占一次能源消耗的 15% 左右。美国、欧盟（尤其瑞典、芬兰、德国）、巴西等是生物质能应用领先的国家。我国生物质能源极为丰富，每年生物质能可利用量接近 8 亿 t 标准煤。

生物质能具备下列优点：① 提供低硫燃料，燃烧时不产生 SO_2 等有害气体，生物燃料有"绿色能源"之称；② 提供廉价能源（于某些条件下）；③ 将有机物转化成燃料可减少环境公害（例如，燃料垃圾），在生物质生长过程中吸收大气中的 CO_2，开发利用生物质能不仅有助于减轻温室效应和形成生态良性循环，而且可替代部分石油、煤炭等化石燃料，成为解决能源与环境问题的重要途径之一；④ 与其他非传统性能源相比较，技术上的难题较少。

生物质能的缺点有：① 目前仅适合于小规模利用；② 植物仅能将极少量的太阳能转化成有机物；③ 单位土地面积的有机物能量偏低；④ 缺乏适合栽种植物的土地；⑤ 有机物的水分偏多（50%～95%）。

生物质能的开发和利用具有巨大的潜力。目前看来最有前途的技术手段是：① 直接燃烧生物质来产生热能、蒸汽或电能。但传统的直接燃烧，不仅利用效率低，还严重污染环境。利用现代化锅炉技术直接燃烧和发电。② 利用能源作物生产液体燃料。目前具有发展潜力的能源作物包括快速成长作物和树木、糖与淀粉作物（供制造乙醇）、含有碳氧化合作物、草本作物、水生植物等。③ 生产木炭和炭。④ 生物质（热解）气化后用于电力生产，如集成式生物质气化器和喷气式蒸汽燃气轮机（BIG/STIG）联合发电装置。

对农业废弃物、粪便、污水或城市固体废物等进行厌氧消化以生产沼气，应避免用错误的方法处置这些物质，以免引起环境危害。

4.4.2　生物质能利用技术

生物质能是人类用火以来最早直接应用的能源。虽然人类对生物质能的利用已有悠久的历史，但是在漫长的时间里，总是以直接燃烧的方式利用它的热量。直到 20 世纪以后，特别是近二十年，人们普遍提高了能源与环保意识，对地球固有的化石燃料日趋减少有一种危机感，深刻地认识到了石油、煤、天然气等化石能源的有限性，以及无节制地使用化石能源将大量增加 CO_2、SO_2、粉尘等废弃物的排放，污染了环境，给人类赖以生存的地球造成严重的后果。在可再生能源方面寻求能源持续供给的今天，人们最终选择使用了大自然馈赠的生物质能源，生物质利用新技术才有了快速的发展。

生物质能的利用技术开发，旨在把森林砍伐和木材加工剩余物以及农林剩余物如秸秆、麦草等原料通过物理或化学化工的加工方法，使之成为高品位的能源，提高热效率，减少化石能源使用量，保护环境，走可持续发展的道路。纵观国内外已有的生物质能利用技术，大体上分为四大类，四类技术中又包含了不同的子技术，如图 4-24 所示。

（1）直接燃烧技术　传统的直接燃烧，不仅利用效率低，还严重污染环境。利用现代化锅炉技术直接燃烧和发电，可实现清洁而高效的目标。

（2）物化转化技术　包括木材或农副产品的干馏、气化成燃气，以及热解成生物质油。

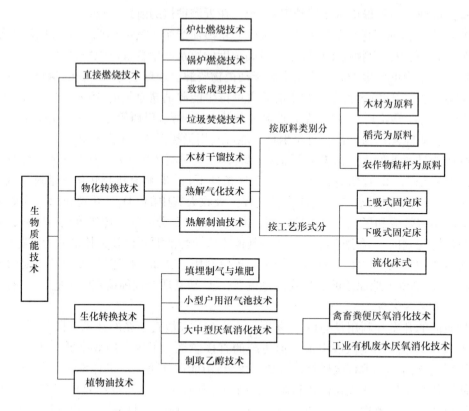

图 4-24　生物质能利用技术

图 4-25 所示为郑州大学节能技术研究中心正在开发和研究的生物质热解气化、液化装置。

（3）生化转化技术　主要利用厌氧消化和特种酶技术，将生物质转化成沼气或燃料乙醇。厌氧消化主要是把水中的生物质分解为沼气，包括小型的农村沼气技术和大型的厌氧处理污水的工程。其主要优点是提供的能源形式为沼气（CH_4），非常洁净，具有显著的环保效益。主要缺点是，能源产出低，投资大，所以比较适宜于以环保为目标的污水处理工程或以有机易腐物为主的垃圾的堆肥过程。

建立以沼气为中心的农村新能量物质循环系统，使秸秆中的生物质能以沼气的形式缓慢地释

图 4-25　生物质气化液化利用装置

放出来，可解决农村燃料问题；种植甘蔗、木薯、海草、玉米、甜菜、甜高粱等，既有利于食品工业的发展，植物残渣又可以制造酒精以代替石油。

（4）植物油技术　将植物油提炼成动力燃油技术。植物油除了可以食用或作为化工原料，也可以转化为动力油，作为能源利用。其主要优点是提炼和生产技术简单；主要缺点是油产率较低、速度很慢，而且品种的筛选和培育也较困难。

目前，各项生物质能利用技术都在逐渐完善和发展之中，随着研究的深入和技术的进

步，其应用的层次在逐步提高。例如，生物质经气化得到的可燃性气体，既可用作燃料提供热能，也可用作发电的燃料，从内燃机到燃气轮机，乃至为燃料电池、氨的合成提供原料。用生物质制取的甲醇、乙醇，可代替部分石油作内燃机的燃料，用于交通运输行业中。生物质经干馏得到的木炭可用于有色金属的冶炼及环保行业的吸附剂、土壤的改良剂。生物质在厌氧条件下，被沼气微生物分解代谢，得到含有甲烷可燃性气体（沼气），是民用高发热量的气体燃料，亦可与柴油混烧作内燃机的燃料，沼渣、沼液是优质的有机肥料，沼液还可用来浸种。可见，生物质能利用技术正在向纵深发展，生物质能的应用范围将会越来越广阔。

4.4.3　我国生物质能开发利用现状

自古以来，农牧民就直接燃烧生物质用来做饭和取暖，直到现在，包括我国在内的发展中国家广大农村，基本上还沿用这种传统的用能方式。旧式炉灶热效率很低，只有 10% ~ 15%；经过一些改造如改为省柴灶，热效率也没超过 25%，资源浪费严重。直接燃用秸秆、薪柴、干粪、野草等，劳动强度大，不卫生，烟熏火燎，易使人感染呼吸道疾病。

在一些矿物燃料缺乏的地区，农民主要采用林木及枝杈、庄稼秸秆、野草等作为燃料，致使森林及草原植被破坏、土壤退化、水土流失、生态环境遭到破坏。在生活燃料不缺乏的某些地区，夏季忙于换茬复种倒地，在田地中焚烧大量秸秆，火焰四起，浓烟滚滚，影响了交通和人们的健康，也浪费了资源，如图 4-26 所示。

图 4-26　水土流失和秸秆焚烧情况

改革开放以来，随着农村经济的发展和农民生活水平的提高，农村对优质燃料的需要日益迫切，1991 ~ 1998 年，农村使用液化石油气和电炊的农户由 1 578 万户增至 4 937 万户。农村正在逐步实现现代化的发展，生物质能的优质化转换利用势在必行。随着城镇的扩大，乡镇企业的崛起，有机垃圾和有机废水日渐增多，如不进行有效处理，不仅浪费能源，也会造成环境污染。

面对上述情况，我国政府部门要求科研单位和有关组织，抓紧生物质能新技术的研究与应用，制订了许多相关政策与规划并付诸实施，经过 20 年的努力，我国生物质能开发利用取得了长足的进步。

（1）沼气　20 世纪 90 年代以来，我国沼气建设一直处于稳定发展的势态。到 1998 年底，全国户用沼气池发展到 688 万个，大中型沼气工程累计建成 748 处，城市污水净化沼气池累计 49 300 处，以沼气及沼气发酵液、沼渣在农业生产中的直接利用为主的沼气综合利用技术得到迅速应用，已达到 339 万户，其中北方的"四位一体"能源生态模式 21 万户，南方的"猪-沼-果"能源生态模式 81 万户。

（2）生物质气化　经过十几年的研究、试验、示范，生物质气化技术已基本成熟，气化设备已有系列产品，产气量为 200~1000m³/h，气化效率达 70% 以上。到 2000 年底，全国已建成秸秆气化集中供气站 388 处，有 79 443 个农户用生物质燃气作生活燃料，有的还用作干燥热源和发电。以前用固定床气化炉，以稻壳为原料进行气化发电，规模较小，现在国内已有数家用流化床气化炉，可以用稻壳、锯末乃至粉碎的秸秆为原料进行气化发电。"九五"期间气化发电站规模达 1 000kW，"十五"期间已建造 4 000kW 的气化发电站。全国生物质气化发电站数量有望增至 30 个左右。

（3）薪炭林　建立"能量林场""能量农场""海洋能量农场"，变"能源植物"为"能源作物"，如石油树、绿玉树、续随子。根据全国造林成效调查，薪炭林成林面积和单位面积年生物量测算，薪炭林年增加薪材量 2 000 万~2 500 万 t，对缓解农村能源短缺起到了重要作用。

（4）生物质压缩成形技术　我国已研制出螺旋挤压式、活塞冲压式和环模滚压式等几种生物质压缩成形设备，其中螺旋挤压式压缩成形机推广应用较多，有关单位对挤压螺杆的耐磨性作了较深入的研究，并延长了它的使用寿命。生物质经压缩成形后可直接用作燃料，也可经炭化炉炭化，获得生物炭，用于烧烤和冶金工业，还可生产块状饲料。

4.4.4　生物质能在车用燃料上的应用

随着生物质能越来越多地被人们关注，在环保节能要求的推动下，车用生物质燃料的开发已成趋势。进入 21 世纪以后，世界各国政府对汽车的尾气排放提出了更高的限制及要求，从而对汽、柴油质量也提出了越来越高的标准。在环保、节能和高效化的推动下，一些新型车用生物质燃料应运而生，研发和推广新型车用生物质燃料已成为 21 世纪一大热点。业已面世或开发中的新型车用生物质燃料主要有醇类（甲醇和乙醇）以及生物柴油等。

1. 车用甲醇燃料

车用甲醇燃料主要有 M85 和 M100 两个品种。M85 含甲醇的体积分数为 85%，其余为汽油和少量添加剂；M100 不含汽油。甲醇可由生物质经生物加工技术获得。

我国为了大范围推广使用甲醇燃料，近年来各地已报批立项十多个大甲醇装置，投产后年新增生产能力千万 t 以上。这为我国甲醇燃料产业的崛起打下坚实的基础。

2. 车用乙醇燃料

乙醇俗称酒精，是清洁燃料，用可再生的生物资源生产。乙醇制取方便，发热量高，无污染，是较理想的车用燃料替代品（见表 4-4），如今很多国家都已将增产乙醇提上议事日程。据统计，美国的乙醇用量占新配方汽油的 8% 左右，乙醇产量逐年增长（见表 4-5）。美国现约有 200 万辆可燃用多种燃料的汽车，既可使用汽油也可使用乙醇汽油，有 135 座加油站可加乙醇汽油。

表 4-4　乙醇和汽油理化指标比较

项　目	汽　油	乙　醇
分子式	$C_4 \sim C_{12}$烃	C_2H_5OH
闪点（闭口）/℃	-43	12.8

（续）

项　目	汽　油	乙　醇
发热量/(kJ/kg)	44390	27370
发热量比	1	0.61
理论混合气发热量/(kJ/kg)	2939	2977
氧质量分数(%)	0	35
理论空气/燃料比	14.73	8.97
蒸发热/(kJ/kg)	349	913
沸点/℃	35~205	78.3
饱和蒸气压/kPa	60~80	17
辛烷值$\binom{ROM}{MON}$	90~95 80~86	121 97
自燃点/℃	495	423
燃烧速度/(m/s)	0.33	0.48
着火极限（体积分数，%）	1.4~7.6	4.3~19.0

表 4-5　美国近年来的乙醇产量

年　份	1999	2000	2001	2002	2003	2004	2005
产量/万 t	420	448	602	812	1120	1176	1232

目前，乙醇生产费用较高，但采用改进技术的新工艺和使用较廉价的原料，可望降低生产费用。目前，工业乙醇主要原料是谷物淀粉，采用酶催化剂使纤维素转化成发酵糖类的新技术正在研发之中。

3. 生物柴油

生物柴油有优良的环保特性，含硫量低，不含芳香烃。与普通柴油相比，燃用生物柴油车辆的 SO_2 排放量减少约 30% 、尾气中有毒有机物排放量仅为 10% 、颗粒物为 20% 、CO_2 和 CO 排放量仅为 10% 。生物柴油有较好的发动机低温起动性能，冷凝点可达 -20℃；有较好的润滑性能，可降低喷油泵、发动机缸体和连杆的磨损率，延长使用寿命；有较好的安全性能，闪点高，不属于危险品。生物柴油还有良好的燃料性能，十六烷值高，燃烧性能优于普通柴油。生物柴油作为一种可再生能源，资源不会枯竭。

欧洲和北美利用过剩的菜籽油和豆油为原料生产生物柴油已获得推广应用。据统计，欧洲生物柴油市场从 2000 年 5.04 亿美元提高到 2007 年 24 亿美元，年增长率达到 25% 。欧盟生物柴油的产量在 2003 年已达到 230 万 t，2010 年生物柴油产量达到 957 万 t。

目前生物柴油主要用化学法生产，采用植物和动物油脂与甲醇或乙醇等低碳醇在酸或碱性催化剂及 230~250℃ 温度下进行酯化反应，生成生物柴油。生物酶法合成生物柴油技术具有合成条件温和、醇用量少、无污染物排放等优点，但由于低碳醇对酶有毒性，它的转化率较低（低于 90%），目前尚未工业化。

4. 开发利用车用生物质燃料的意义

1）缓解能源供需矛盾。世界能源本身就处于紧缺状态，更何况煤、石油等化石燃料为不可再生资源，开发生物质燃料可在一定程度上缓解能源紧缺状况，同时，由于生物质能源属于可再生能源，理论上是用之不竭的。

2）有利于改善环境。生物质燃料不同于化石燃料，它是一种洁净的能源。使用生物质燃料不但不会造成对环境的危害，反而有利于改善环境，对恢复生态有着重要作用，这是一种有极好生态服务功能的能源。

4.4.5 国际上生物质能开发利用概况

归纳起来，国际上生物质能的利用主要有四种途径，包括木质燃烧（薪柴燃烧、木质压缩成形燃料、木油复合燃料）、生物化学加工利用（厌氧发酵、乙醇发酵）、热化学利用（裂解、气化、液化）、生物培养能源（石油树、石油草）等。但目前的利用主要停留在第一种途径上，利用方法落后，效率极低。从这方面也能看出，生物质能的开发利用潜力巨大，前景十分广阔。据预测，到2050年生物质能用量将占全球燃料直接用量的38%，占全球电力的17%。目前，世界各国高度重视对生物质能的研究开发，在发达国家中，生物质能研究开发工作主要集中于气化、液化、热解、固化和直接燃烧等方面。

据统计，奥地利成功地推行建立燃烧木材剩余物的区域供电计划，目前已有容量为1000~2000kW的80~90个区域供热站，年供应10^{10}MJ能量；加拿大有12个实验室和大学开展了生物质的气化技术研究，1998年8月发布了由Freel，Barry A申请的生物质循环流化床快速热解技术和设备；瑞典和丹麦正在实行利用生物质进行热电联产的计划，使生物质能在提供高品位电能的同时满足供热的要求。美国在利用生物质能方面，处于世界领先地位，据报道，目前美国有350多座生物质能发电站，主要分布在纸浆、纸产品加工厂和其他林产品加工厂，装机容量达7000MW，提供了大约66000个工作岗位。美国能源部预测，2025年之前，可再生能源中，生物质能发电仍将占据主导地位。

将生物质进行化学加工，制取液体燃料如乙醇、甲醇、液化油等是一个热门的研究领域。利用生物发酵或酸水解技术，在一定条件下将生物质转化加工成乙醇，是目前常用的方法。据统计，加拿大用木质原料生产的乙醇产量为17万t，比利时每年用甘蔗为原料，制取乙醇产量达3.2万t以上。

生物质能的另一种液化转换技术，是将生物质经粉碎预处理后，在反应设备中添加催化剂或无催化剂，经化学反应转化成液化油。美国、新西兰、日本、德国、加拿大国家都先后开展了研究开发工作，液化油的发热量达3.5×10^4kJ/kg左右，用木质原料液化的得率为绝干原料的50%以上。欧盟组织资助了三个项目，以生物质为原料，利用快速热解技术制取液化油，已经完成100kg/h的试验规模，并拟进一步扩大至生产应用。该技术制得的液化油得率达70%，液化油的发热量为1.7×10^4kJ/kg。

4.5 核能

4.5.1 核能概述

核能也称原子能或原子核能，是由人眼看不见的原子核内释放出来的巨大能量。1g铀原子核裂变时所放出的能量，相当于燃烧2.5t煤得到的热能。煤燃烧时只是碳原子和氧原子的核外电子进行相互交流，生成二氧化碳分子，是一种化学变化，所放出的能是化学能；

而铀放热是原子核内发生了变化，铀原子核分裂成两个较小的原子核，并释放出大量的核能。

早在 1896 年，法国物理学家昂·贝克勒尔就发现了金属铀的天然放射性；1911 年，英籍新西兰人厄·卢瑟福提出了有核的原子结构模型；1939 年，奥地利人弗里什·迈持纳用中子轰击重元素铀原子核，从而发现了重原子核裂变现象。1942 年，美籍意大利人弗米在美国芝加哥大学建造了世界上第一座核裂变反应堆，首次完成了受控"核能释放"，被后人称为核能时代的奠基石。1954 年，前苏联在布洛欣采夫的领导下，建成了世界上第一座功率为 5MW 的商用核电厂，向工业电网并网发电，使和平利用原子能发电步入了一个飞速发展的新纪元。在半个多世纪里，核能的发展异常迅速，近 20 年来，它已成为世界能源的一个重要内容。预计到 21 世纪中叶，核能将会取代石油等矿物燃料而成为世界各国的主要能源。

物质的原子由原子核和绕核旋转的电子组成。原子是中性的，99.94% 以上的原子质量集中在由质子和中子组成的原子核内。原子核内质子的数量表示原子的序数，原子序数相同的元素，其化学性质相同，是同一种物质元素的同位素。原子核的半径非常小，在原子核内有许多带正电的质子，它们之间产生较大相互排斥的静电力，同时核内各粒子之间还存在着强大的吸引力，通常称为核力。在原子核内的质子与质子之间、中子与中子之间、质子与中子之间都存在着很强的核力。但核力只在很短的距离（大约 2×10^{-15} m）内起作用，超过了这个距离，核力就迅速降到零。由于质子和中子的半径大约都为 0.8×10^{-15} m，所以质子或中子只跟与它相邻的质子或中子起作用。如果在某种条件下原子核内的质子和中子发生了变化，那么它们之间的核力也会相应地发生改变，并把一部分能量释放出来。这种由核子结合成原子核释放出的能量或者由原子核分解为核子时吸收的能量，称为原子核的结合能或原子核能。

使原子核内蕴藏的巨大能量释放出来有两种方法：① 核裂变反应。将较重的原子核打碎，使其分裂成两半，同时释放出大量的能量，这种核反应称为核裂变反应，所释放的能量叫做裂变核能。目前，各国所建造的核电站都是采用核裂变反应，用于军事上的原子弹爆炸也是核裂变反应。② 核聚变反应。把两种较轻的原子核聚合成一个较重的原子核，同时释放出大量的能量，这种核反应称为核聚变反应，氢弹爆炸就属于核聚变反应。核聚变反应是在极短的瞬间完成的，不易控制。

原子序数在 40 以下的轻核发生聚变与原子序数在 80 以上的重核发生裂变时，都会释放出大量的结合能——核能。目前，人类已有成熟控制技术进行重核可控的裂变能释放并加以利用。重核元素原子裂变能的释放，是外来带能粒子冲击进入靶核，并使核结构发生改变的结果。自然界中易发生裂变反应的重核元素主要是 $^{235}_{92}U$，它是目前核反应堆广泛应用的核燃料。

根据爱因斯坦质能互换公式，$^{235}_{92}U$ 原子受外来粒子冲击发生裂变反应时，大约能释放出 200MeV 的能量。想要促发重核元素连续地原子裂变反应，并从中获取稳定的能量流，首先要选取最具裂变性能的靶核（如 $^{235}_{92}U$）、轰击靶核的高速粒子（如中子流）和实现可控链式裂变反应的中子慢化剂（如水、重水或石墨）。

核能具有以下显著的优点：

1）核能的能量非常巨大且集中，运输方便，地区适应性强。有人曾将核电站与火电站作了比较，一座容量为 20 万 kW 的火电站，一天要烧掉 3 000t 煤，这些燃料需要用 100 辆铁路货车来运输；而发电能力相同的核电站，一天仅用 1kg 铀即可。

2）储量丰富。核能资源广泛分布在世界的陆地和海洋中。储藏在陆地上的铀矿资源约为 990 ~ 2 410 万 t，其中储量最多的是北美洲，其次是非洲和大洋洲。海洋中的核能资源比陆地上丰富得多，每 1 000 t 海水中有 3g 铀，海洋里铀的总储量达 40 多亿 t，比陆地上已知的铀储量大数千倍。此外，海洋中还有更为丰富的核聚变所用的燃料——重水。如果将这些能源开发出来，那么即使全世界的能量消耗比现在增加 100 倍，也可保证供应人类使用 10 亿年左右。

3）目前世界各国的核能发电技术已相当成熟。大量投入使用的单机容量达百万千瓦级的发电机组，使核电站得到了迅速的发展。近十多年来，人们已经成功地研制出能充分利用铀燃料的核反应堆，这就是被称为"明天核电站锅炉"的快中子增殖核反应堆。1991 年，欧洲联合核聚变实验室首次成功地实现了受控核聚变反应，使人类在核聚变研究方面取得了重大突破，为今后利用储量极为丰富的重水建造核聚变电站打下了初步的基础。随着核能技术的发展，核能已由过去的新能源发展成为目前的常规能源。

4.5.2 核反应堆的类型、结构及运行

1. 核反应堆的分类

实现大规模可控核裂变链式反应的装置，即用来实现核裂变反应装置的总称，称为核反应堆。核反应堆是核电厂的心脏，核裂变链式反应在其中进行。按照核反应堆用途、慢化剂种类、冷却剂类型及堆内中子能谱等不同，反应堆的分类见表 4-6。

反应堆的类型繁多，在核电工业中大多是按照冷却剂和慢化剂进行分类。轻水堆、重水堆、石墨堆是工业上成熟的主要发电堆。轻水反应堆是目前技术最为成熟、应用最为广泛的堆型。轻水反应堆的优点是体积小、结构和运行都比较简单、功率密度高、单堆功率大、造价低廉、建造周期短和安全可靠；缺点是轻水吸引中子的几率比重水和石墨大，因此，仅用天然铀（天然铀浓度非常小）无法维持链式反应，需要将天然铀浓缩，浓缩度在 3% 左右，称作低浓铀。目前采用轻水堆的国家，在核燃料供应上大多依赖美国和独立国家联合体。此外，轻水堆对天然铀的利用率低，仅为 33%，如果系列地发展轻水堆要比系列地发展重水堆多用天然铀 50% 以上。尽管如此，目前轻水堆在反应堆中仍占统治地位。目前，全球正在运行的以及在建的核反应堆中，大部分是轻水反应堆，占所有反应堆的 85% 以上。

表 4-6 核反应堆的分类

按中子能量分类	快中子堆（FWR）	中子能量大于 1MeV
	中能中子堆	中子能量大于 0.1eV 小于 0.1MeV
	热中子堆	中子能量大于 0.025eV 小于 0.1eV
按冷却剂和慢化剂分类	轻水堆	压水堆（PWR）、沸水堆（BWR）
	重水堆	压力管式、压力容器式、重水慢化轻水冷却堆
	有机介质堆	重水慢化有机冷却堆
	石墨堆	石墨水冷堆、石墨气冷堆
	气冷堆	天然铀石墨堆、改进型气冷堆（AGR）、高温气冷堆、重水慢化气冷堆
	液态金属冷却堆	熔盐堆、钠冷快堆

（续）

按堆心结构分类	均匀堆	堆心核燃料与慢化剂、冷却剂均匀混合
	非均匀堆	堆心核燃料与慢化剂、冷却剂呈非均匀分布，按要求排列成一定形状
按核燃料分类	天然铀堆	以天然铀为燃料
	浓缩铀堆	以浓缩铀为燃料
	钚堆	以钚为燃料
按用途分类	生产堆	生产 Pu、氚以及放射性同位素
	发电及供热堆	生产电力及供热
	动力堆	为船舶、军舰、潜艇作动力
	试验堆	做燃料、材料的科学研究工作
	增殖堆	新生产的核燃料（Pu-239，U-233）大于消耗的核燃料（Pu-239，U-233，U-235）

当前，发电核反应堆中的绝大多数是能量在 0.025 ~ 0.1eV 量级的热中子维持链式裂变反应的热中子堆（或称慢中子堆）。慢中子堆按冷却剂和催化剂不同，又分为轻水堆（压水堆或沸水堆）、重水堆和石墨气冷堆等。目前核电站广泛使用的是轻水堆，即压水堆和沸水堆。世界核电站各种堆型的应用情况见表 4-7。

表 4-7　世界核电站各种堆型的应用情况

堆　　型	压水堆	沸水堆	气冷堆	重水堆	轻水冷却石墨慢化堆	液态金属快中子增殖堆
运行机组数比率（%）	58.4	21.0	7.3	9.8	3.0	0.5
运行净功率比率（%）	64.4	22.6	3.0	6.2	3.6	0.2

2. 压水核反应堆本体结构

核动力发电厂广泛采用的压水核反应堆本体结构示意如图 4-27 所示，其核心构件是堆心和防止放射性物质外逸的高压容器——压力壳。

堆心置于压力壳内的中下部位，由吊篮部件 20 悬挂在压力壳法兰段的内凸缘上，浸泡在含硼酸的高压高温水（冷却剂和僵化剂）中。堆心的外围是堆心围板 16，用以强制冷却剂循环流过堆心燃料组件，有效地将裂变产生的热量带出堆心，并经管路输出堆壳外。围板的外侧是不锈钢筒 11，该不锈钢筒对堆心穿出来的中子流和 γ 射线起热屏蔽作用。反应堆的控制棒驱动机构 1 是重要的动作部件，通过它的动作，带动驱动轴 4 和与之相连的控制棒组件，实现控制棒在堆心内上下抽插，实施反应堆的起动、功率调节、停堆和事故情况下的安全控制。反应堆正常运行情况下，控制棒 6 在导向筒 5 内的移动速度缓慢，每秒钟的行程约为 10mm。在快速停堆或事故情况下，驱动机构 1 得到事故停堆信号后，即能自动脱开，控制棒组件靠自重快速插入堆心，从得到信号到控制棒完全插入堆心的紧急停堆时间，一般不超过 2s。

（1）堆心　堆心是发生链式核裂变反应的场所，是反应堆的心脏，在这里核能转化为热能，由冷却剂循环带出堆外。堆心同时又是一个强放射源。

堆心中的燃料组件是由燃料棒按纵横 14×14 或 15×15 或 17×17 排列成正方形截面，每个组件设有 16（或 20）根控制棒导向管，组件的中心为中子通量测量管。一个功率为 300MW 以上的反应堆堆心，一般由约 121 个这样的燃料组件，排列成等效直径约为 2.5m、高约为 3m 的堆心体。每个组件内的燃料棒元件都用弹簧定位格架夹紧定位，定位格架、控制棒的导向筒和上下管座等部件连接，形成具有一定刚度和强度的堆心骨架。每个燃料组件内的 16（或 20）根导向筒内，有相同数量用银-铟-镉合金制成的细棒状控制棒吸收体，外加不锈钢包壳后插入，控制棒上部由径向呈星形的肋片连接柄连成一束，由一台控制棒驱动机构通过连接柄带动控制棒，在燃料组件内的导向筒中上下运动。

为缩短反应堆起动时间及确保起动安全，在堆心的邻近设置人工中子源点火组件，由它不断地放出中子，引发事如堆内核燃料的裂变反应。反应堆常用的初级中子源是钋-铍源，钋放出 α 粒子打击铍核，铍核发生反应放出中子。

（2）压力壳 反应堆的压力壳是放置堆心和堆内构件、防止放射性物质外逸的高压容器。对于压水反应堆，要使一回路的冷却剂在 350℃ 左右保持不发生沸腾，冷却水的压力要保

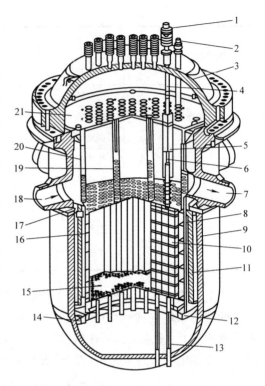

图 4-27 压水核反应堆本体结构示意
1—控制棒驱动机构 2—上部温度测量引出管
3—压力壳顶盖 4—驱动轴 5—导向筒 6—控制棒
7—冷却剂出口管 8—堆心幅板 9—压力壳筒体
10—燃料组件 11—不锈钢筒 12—吊篮底板
13—通量测量管 14—吊篮定位块 15—堆心下栅格板
16—堆心围板 17—堆心上栅格板 18—冷却剂进口管
19—支承筒 20—吊篮组件 21—压紧组件

持在 13.7MPa 以上。反应堆的压力壳要在这样的温度和压力下长期工作，所用材料要有较高的力学性能和抗辐射性能及热稳定性。目前，国内外大多用高强度低合金钢锻制焊接而成，并在其内壁上堆焊上一层几毫米厚的不锈钢衬里，以防止高温含硼水对压力壳材料的腐蚀。

反应堆的压力壳是一个不可更换的关键性部件，一座 900MW 压力堆的压力壳，其直径为 3.99m、壁厚为 0.2m、高为 12m 以上，重达 330t。压力壳的外形为圆柱体，上下采用球形封头，顶盖与筒体之间采用密封良好的螺栓联接。通常压力壳的设计寿命不少于 40 年。

为了防止核反应堆里的放射性物质泄露出来，人们给核电站设置了四道屏障：

1）对核燃料芯块进行处理。现在的核反应堆都采用耐高温、耐蚀的二氧化铀陶瓷型核燃料芯块，并经烧结、磨光后，能保留住 98% 以上的放射性物质不泄露出去。

2）用锆合金制作包壳管。将二氧化铀陶瓷型芯块装进管内，叠垒起来，就成了燃料棒。这种用锆合金或不锈钢制成的包壳管，能保证在长期使用中不使放射性裂变物质逸出，

而且一旦管壳破损能够及时发现，以便采取必要的措施。

3）将燃料棒封闭在严密的压力容器中。这样，即使堆心中有1%的核燃料元件发生破坏，放射性物质也不会泄露出来。

4）把压力容器放在安全壳厂房内。通常，核电站的厂房均采用双层壳件结构，对放射性物质有很强的防护作用。万一放射性物质从堆内泄露出去，有这道屏障阻挡，就会使人体免受伤害。

事实证明，核电站的这些屏障是十分可靠和有效的。核电与其他能源相比，也是最安全的能源之一。

3. 压水堆核电厂工作流程

核电站是利用核燃料在裂变过程中产生的热量将冷却水加热，使其变成高压蒸汽，然后推动汽轮发电机组发电。它与火电站的主要区别是热源不同，而与将热能转换为机械能、再转换为电能的装置则基本相同。核电站系统和设备通常由两大部分组成，包括核反应堆系统与设备（称为核岛），常规系统与设备（称为常规岛）。各种类型核电厂的系统布置和设备各有差异，但总体上无根本差别。压水堆核电厂的工作流程如图4-28所示。

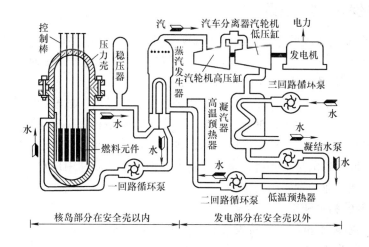

图4-28 压水堆核电厂工作流程

（1）核岛部分 核岛部分是指在高压、高温和带放射性条件下工作的部分。该部分由压水堆本体和一回路系统设备组成，它的总体功能与火力发电厂的锅炉设备相同。冷却剂循环流通相连的反应堆本体、蒸汽发生器、一回路循环泵及其附属设备、连接管路，称作核电厂的一回路系统。

（2）常规岛部分 常规岛部分是指核电厂在无放射性条件下的工作部分。核电厂正常运行中，无放射性危害的汽轮机、发电机及其附属设备，合理布置在安全壳以外的厂房里。常规岛部分如图4-28所示，主要由二回路系统的汽轮发电机组、高低温预热器、二回路循环泵和三回路系统的凝汽器、三回路循环泵、三回路冷却水循环系统等组成。

通常一个压水堆有2~4个并联的一回路系统（又称环路），但只有一个稳压器。每一个环路都有一台蒸发器和1~2台冷却剂泵。压水堆的主要参数见表4-8。

表4-8 压水堆的主要参数

主要参数	回 路 数			主要参数	回 路 数		
	2	3	4		2	3	4
堆热功率/MW	1 882	2 905	3 425	燃料组件数	121	157	193
净电功率/MW	600	900	1 200	控制棒组件数	37	61	61
一回路压力/MPa	15.5	15.5	15.5	回路冷却剂流量/（t/h）	42 300	63 250	84 500
反应堆入口水温/℃	287.5	292.4	291.9	蒸汽量/（t/h）	3 700	5 500	6 800
反应堆出口水温/℃	324.3	327.6	325.8	蒸汽压力/MPa	6.3	6.71	6.9
压力容器内径/m	3.35	4	4.4	蒸汽含湿量（%）	0.25	0.25	0.25
燃料装载量/t	49	72.5	89				

压水堆核电站由于以轻水作慢化剂和冷却剂，反应堆体积小，建设周期短，造价较低，同时由于一回路系统和二回路系统分开，运行维护方便，需处理的放射性废气、废液和废物少，因此，压水堆在核电站中有广泛的应用。

4.5.3 核能的和平利用前景

自1954年前苏联建成世界上首座5 000kW试验性原子能电站以来，人类对核能的商业利用实践已经走过了半个多世纪。期间经历了1970年代的快速发展时期，以及因三里岛和切尔诺贝利核电站事故所引发的1980年代的缓慢增长期。在近20多年里，世界400多座核电站机组安全运行积累的经验，使得核电站改进措施成效显著，核电的安全性和经济性均有所提高。另外，近年来在激光核聚变、核电池、太空核电站和海底核电站等研究试验方面也都取得了一定的成果，促进了核能发电技术的进一步提高。面对经济迅猛发展带来的越来越大的能源缺口，世界各国纷纷将目光聚焦于核能。但由于公众和用户对核电产业发展仍然心存余悸，世界核能产业的发展稍为缓慢。

1. 我国核能的和平利用

发展核能对我国21世纪的经济发展有着重要意义。2005年5月，以"核能——满足能源和环境的挑战"为主题的第十三届国际核工程大会在北京召开。与会专家认为，中国能源领域面临三大挑战：第一，能源需求增长与资源人均拥有量不足，中国煤炭储量虽相对较为丰富，但人均可开采量仅为世界人均值的55%；第二，以煤炭为主的能源结构不合理，大量燃煤造成严重的环境污染，产生大量的温室气体；第三，能源利用效率不高，中国每生产单位产品所消耗的能源为发达国家的6倍左右。根据中央提出的社会主义现代化经济建设分三步走的战略目标，到本世纪中期，预计我国能源年需求总量为40~50亿t标准煤。要满足如此大的能源消耗量，除了大力开发包括三峡水电在内的水力资源外，大部分的电力要依靠煤电和核电。一座大型核电站的发电量几乎相当于葛洲坝水电站。

我国首座核电站——秦山核电站于1991年正式投入运行，这标志着我国核能利用已经进入了一个新阶段。2007年8月18日，随着一号机组核岛第一罐混凝土的浇筑，我国东北地区第一个核电站——辽宁红沿河核电站主体工程正式开工。该核电站工程项目规划建设6台百万千瓦级核电机组，到2014年一期4台机组将按计划建成并全部投入商业运营。届时，辽宁红沿河核电站年发电量将达到300亿kW·h。辽宁红沿河核电站是国家"十一五"期间首个批准开工建设的核电项目，是我国政府首次批准一次 4 台百万千瓦级核电机组标准化、规模化建设的核电项目，表明经国务院批准的核电中长期发展计划正式启动实施，我国能源结构调整迈出实质性步伐。

我国核能和平利用产业是在核军工的基础上逐步建立起来的，经过几十年的发展，已经形成了比较完整的产业体系。但是，就总体而言，目前尚处于结构调整期，发展水平还不高。与许多国家相比，我国的核能和平利用产业对国民经济的贡献率以及技术水平均存在着相当大的差距，尚不能满足经济和社会发展的需求。

截至 2009 年，我国电力总装机容量中，核电机组仅占其中的 1.3%，发电量仅占 1.9%。到 2012 年初，我国已经建成并投入运行的核电机组共 11 台，全国核电总装机为 907.88 万 kW；已核准的 11 个核电项目，核电机组达 30 台。我国正在对 2020 年核电中长期规划进行调整。

根据国家能源局提出的 2020 年核电总装机达到 7000 万 kW 目标。核电装机容量达到 5%，发电量达到 8%，"十二五"期间，总装机需要达到 4000 万 kW，由于核电建设周期长达 5 年，"十二五"装机量需要在近期核准并开工建设。按照规划，到 2020 年国内核电装机比重将从目前的 1.3% 上升到 5% 左右，核电的装机容量将达到 7000 万 kW 左右，比现在增加 6100 万 kW。我国核电发展潜力巨大，市场存在巨大契机。

2. 国际核能利用的争议

目前，在全球范围内有八个国家仍在兴建新核电站，这八个国家是中国、俄罗斯、印度、日本、乌克兰、阿根廷、罗马尼亚和伊朗。在核能利用问题上，10 年前，国际气候变化委员会出台了一个草案，认为在 2100 年世界上 50% 电力将由核能生产。如果实现这个目标，世界在未来 100 年，每一年世界都要兴建 75 个新的核电站，但在 2004 年全世界只有 5 个核电站投入运营。由此说明，目前世界各国政府还没有将核能作为解决能源短缺的主要途径。

国际上对核能利用意见不一。据统计，目前核能在英国的能源结构中大约占 10%，而在电力领域核能发电约占 23%。由于在能否有效地控制核废料的问题上存在争论，所以公众未能对是否使用核能形成一致意见，约有 30% 英国公众支持兴建新的核电站，但也有 30% 持反对意见。英国未来可能将有 2/3 的核电站被关闭。统计显示，在法国有 3/4 的电力来自核能，但欧洲的大部分国家，例如德国、瑞典、西班牙、荷兰等却都在关闭自己的核电站，德国也决定不再兴建核发电站。在大力发展核电站热潮的背后，有不少人对核电站的发展担心，但全世界已投入运行的核电站已近 450 座，30 多年来基本上是安全的。

3. 核能利用的发展展望

（1）海底核电站　海底核电站是人们随着海洋石油开采不断向深海海底发展而提出的一项大胆设想。在勘探和开采深海海底石油和天然气时，需要陆地上的发电站向海洋采油平台远距离供电。为此，就要通过很长的海底电缆将电输送过去。这不仅技术上要求很高，而且要花费大量的资金。如果在采油平台的海底附近建造海底核电站，就可轻而易举地将富足的电力送往采油平台，而且还可以为其他远洋作业设施提供廉价的电源。20 世纪 70 年代初期，海底核电站的蓝图已绘制出来。此后，世界上不少国家都在积极地进行研究和实验，提出了各种设计方案。

海底核电站与陆地上核电站的原理基本相同，但海底核电站要比陆地核电站的工作条件苛刻。首先，海底核电站的所有零部件要能承受几百米深的海水压力；其次，要求海底核电站的所有设备密封性好，达到滴水不漏的程度；再次，海底核电站的各种设备和零部件都要耐海水腐蚀。因此，海底核电站所用的反应堆都是安装在耐压的堆舱里，汽轮发电机则密封在耐压舱内，而堆舱和耐压舱都固定在一个大的平台上。为了安装方便，海底核电站可在海面上进行安装。安装完工后，将整个核电站和固定平台一起沉入海底，坐落在预先铺好的海底地基上。当核电站在海底连续运行数年以后，像潜水艇一样可将它浮出海面，以便由海轮拖到附近海滨基地进行检修和更换堆料。随着海洋资源特别是海底石油和天然气的开发，将进一步推动海底核电站的研究与开发，相信在不久的将来海底核电站将会问世。

（2）海上核电站　建造海上核电站的优点有：① 造价要比建在陆地上低；② 核电站站址选择余地大；③ 因海上条件基本相同，海上核电站装置可"标准化"，从而降低制造成本，缩短建造周期。

由于人们对海上核电站的安全性等问题有不同意见，致使海上核电站没有得到迅速发展和应用。近年来，人们对海上核电站发生了浓厚的兴趣，特别是英国、日本、新西兰等国家，由于陆地面积小，适宜建造核电站的地方少，但其海岸线很长，可以充分利用这一优势，大力发展海上核电站。

（3）太空核反应堆　早在1965年，美国就发射了一颗装有核反应堆的人造卫星。1978年1月，前苏联军用卫星"宇宙254"号也装有核反应堆，因控制机构失灵而坠入大气层，变成许多小碎片，散落在加拿大的西北部地区。由此可知，核反应堆已进入了超级大国的空间争夺战。

核反应堆装在卫星上，有质量轻、性能可靠，使用寿命长、成本较低的优点。人造卫星上通常都装有各种电子设备，包括电子计算机、自动控制装置、通信联络机构、电视摄像机和发送系统等，需要大量可靠的电能。对于用来探测火星、木星等星体的星际飞行器，配备的电子设备就更复杂，而且航程时间长，从几年到十几年，此期间还要与地球保持联系。这就要求太空飞行器是大容量、高性能的电源。起初，人们在卫星和太空飞行器上使用燃料电池。后来，人们又采用太阳能电站作为卫星和太空飞行器的电源。

最后，人们找到了比较理想的卫星和太空飞行器用电源，即采用空间核反应堆。采用核反应堆作为太空飞行器电源之前，还广泛使用了核电池，直到现在，一些太空飞行器还广泛采用这种核电池。核电池的使用寿命一般可达5~10年，电容量可达几十至上百瓦。而太空核反应堆的电容量可达几百瓦至几千瓦，甚至可高达百万瓦。太空核反应堆在工作原理上与陆地上的基本一样，只是太空核反应堆要求反应堆体积小，轻便实用。

（4）核发动机　核动力是核能利用的一种具有可行性的方案。如果利用核裂变的方式，可以在十年内制造出核裂变动力火箭。如果采用核聚变的方式，则需要在受控核聚变方面取得进一步进展。但核聚变动力火箭将比现在的化学动力火箭轻得多，即使用比较慢的核能利用方式，也要比现代的化学动力火箭快一倍，它可以在3年内抵达土星，而不是现在的7年。由于燃料能持续更久，去往土星后还能有足够的能量继续旅行15年。

核动力的利用方式有三种，包括利用核反应堆的热能，直接利用来自反应堆的高能粒子和利用核弹爆炸。利用反应堆的热量是最简单也是最明显的方式，核动力航空母舰和核潜艇都是利用核裂变反应堆的动力来推动螺旋桨，只不过太空没有水或者空气这种介质，不能采用螺旋桨而必须利用喷气的方式。但方法仍很简单，反应堆中核子的裂变或者聚变产生大量热能，我们将推进剂（液态氢）注入，推进剂会受热迅速膨胀，然后从发动机尾部高速喷出，产生推力。

　　总的来说，核裂变发动机是具有很大可行性，而核聚变发动机则需要有很多技术突破才能变成现实。裂变材料很稀缺，而用于核聚变的氘和氚却很多，在月球上尤其丰富。此外，核聚变还有大幅度降低辐射污染的前景，其方式是利用氢核（质子）和硼-11（80%的硼是以硼-11同位素的形式存在）反应，虽然反应困难并且产生的能量小，但不产生 γ 射线和中子，只产生 α 粒子，是比较干净的反应，因此，核聚变发动机有发展前景。

4.6　地热能

4.6.1　地热能的来源

　　地热能天生就储存在地下，是来自地球深处的可再生能源，不受天气状况的影响。它起源于地球的熔融岩浆和放射性物质的衰变，地下水的深处循环和来自极深处的岩浆侵入到地壳后，把热量从地下深处带至近表层。地热能的储量相当大，据估计，每年从地球内部传到地面的热能相当于 $100kW \cdot h$。若以目前全世界的能耗总量来对地热能进行估计，即便是全世界完全使用地热能，4100 万年以后也只能使地球内部的温度至多下降 $1℃$。可见，地热能的开发利用潜力竟是如此的巨大。不过，地热能的分布相对来说比较分散，开发难度较大。实际上，如果不是地球本身把地热能集中在某些地区（一般是那些与地壳构造板块的界面有关的地区），目前的技术水平是无法将地热能作为一种热源和发电能源来使用的。

　　地球内部是一个高温高压的世界，是一个大型"热库"，蕴藏着无比巨大的热量。假定地球的平均温度为 $2000℃$，地球的质量为 6×10^{24} kg，地球内部介质的比热容为 $1.045J/(kg \cdot K)$，那么整个地球内部的热量大约为 $1.25 \times 10^{31}J$。即使是在地球表层 10km 厚这样薄薄的一层，所储存的热量就有 $1 \times 10^{25}J$。地球通过火山爆发、间歇喷泉和温泉等途径，源源不断地把它内部的热能通过传导、对流和辐射的方式传到地面上来。据估计，全世界地热资源的总量大约为 $14.5 \times 10^{25}J$，相当于 $4 948 \times 10^{12}t$ 标准煤燃烧时所放出的热量。如果把地球上储存的全部煤炭燃烧时所放出的热量按 100% 来计，那么石油的储量约为煤炭的 8%，目前可利用的核燃料的储量约为煤炭的 15%，而地热能的总储量则为煤炭的 17 000 万倍。可见，地球是一个名副其实的巨大"热库"，我们居住的地球实际上是一个庞大的"热球"。

　　地球的内部构造及其温度分布如图 4-29 所示。在地壳中，地热的分布可分为可变温度带、常温带和增温带。可变温度带由于受太阳辐射的影响，其温度有着昼夜、年份、世纪甚

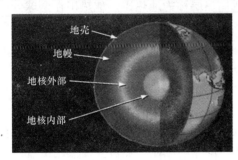
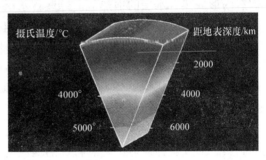

图 4-29　地球的内部构造及其温度分布

至更长的周期性变化，其厚度一般为 15~20m；常温带的温度变化幅度几乎等于零，深度一般为 20~30m；增温带在常温带以下，温度随深度增加而升高，其热量的主要来源是地球内部的热能。在地球内部，每一层次的温度状况差别很大。在地壳的常温带以下，地温随深度增加而不断升高，越深越热。这种温度的变化用地热增温率来表示，也叫做地温梯度。各地的地热增温率差别很大，平均地热增温率为每加深 100m，温度升高 3℃。到达一定的温度后，地热增温率由上而下逐渐变小。根据各种资料推断，地壳底部至地幔上部的温度大约为 1 100~1 300℃，地核的温度大约在 2 000~5 000℃之间。按照正常的地热增温率来推算，80℃的地下热水，大致是埋藏在 2 000~2 500m 的地下。

按照地热增温率的差别，我们把陆地上的不同地区划分为正常地热区和异常地热区。地热增温率接近 3℃ 的地区，称为正常地热区。远超过 3℃ 的地区，称为异常地热区。在正常地热区，较高温度的热水或蒸汽埋藏在地壳的较深处。在异常地热区，由于地热增温率较大，较高温度的热水或蒸汽埋藏在地壳的较浅部位，有的甚至露出地表。那些天然露出的地下热水或蒸汽叫做温泉。温泉是在当前技术水平下最容易利用的一种地热资源。在异常地热区，除温泉外，人们也较易通过钻井等人工方法把地下热水或蒸汽引导到地面上来加以利用。

目前，一般认为地下热水和地热蒸汽主要是由于地下不同深处被热岩体加热了的大气降水所形成的，如图 4-30 所示。地壳中的地热主要靠传导传输，但地壳岩石的平均热

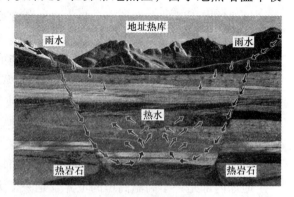

图 4-30　地下热水和地热蒸汽形成原理示意图

流密度低，一般无法开发利用，只有通过某种集热作用才能开发利用。例如盐丘集热，常比一般沉积岩的热导率大 2~3 倍；大盆地中深埋的含水层也可大量集热。

4.6.2　地热资源的分类及特征

一般来说，深度每增加 100m，地球的温度就增加 3℃ 左右。这意味着地下 2km 深处的地球温度约为 70℃；深度为 3km 时温度将达到 100℃。在某些地区，地壳构造活动可使热岩或熔岩达到地球表面，从而在技术可达到的深度上形成许多个温度较高的地热资源储存区。要提取和应用这些地热能，需要用载体把这些热能输送到热能提取系统。这个载体就是在渗透性构造内形成热含水层的地热流。这些含水层或储热层称为地热田。地热田在全球分布很广，但很不均匀。高温地热田位于地质活动带内，常表现为地震、活火山、热泉、喷泉和喷汽等现象，如图 4-31 所示。地热田的分布与地球大构造板块或地壳板块的边缘有关，主要位于新的火山活动地区或地壳已经变薄的地区。

地质学上常把地热资源分为蒸汽型、热水型、地压型、干热岩型和岩浆型五类。

1. 蒸汽型

蒸汽型地热田是最理想的地热资源，它是指以温度较高的饱和蒸汽或过热蒸汽形式存在的地下储热。形成这种地热田要有特殊的地质构造，即储热流体上部被大片蒸汽覆盖，而蒸汽又被不透水的岩层封闭包围。这种地热资源最容易开发，可直接送入汽轮机组发电，腐蚀

图 4-31　地热引起的火山喷发和喷汽

较轻。蒸汽型地热田储量很少，仅占已探明地热资源的 0.5%，而且地区局限性大。

2. 热水型

热水型是指以热水形式存在的地热田，通常包括温度低于当地气压下饱和温度的热水和温度高于沸点的有压力的热水，还包括湿蒸汽。这类资源分布广，储量丰富，温度范围很大。90℃ 以下称为低温热水田，90 ~ 150℃ 称为中温热水田，150℃ 以上称为高温热水田。中、低温热水田分布广，储量大，我国已发现的地热田大多属于这种类型。

3. 地压型

这是目前尚未被人们充分认识的一种地热资源，它以高压高盐分热水的形式储存于地表以下 2 ~ 3km 的深部沉积盆地中，并被不透水的页岩所封闭，可以形成长 1 000km、宽几百千米的巨大热水体。地压水除了高压（可达几十兆帕）、高温（温度在 150 ~ 260℃ 范围内）外，还溶有大量的甲烷等碳氢化合物。因此，地压型地热资源中的能量实际上是由机械能（高压）、热能（高温）和化学能（天然气）三部分组成。由于沉积物的不断形成和下沉，地层受到的压力会越来越大。地压型常与石油资源有关。

4. 干热岩型

干热岩是指深处普遍存在的没有水或蒸汽的热岩石，其温度范围很广，一般在 150 ~ 650℃ 之间。干热岩的储量十分丰富，比蒸汽、热水和地压型资源大得多。目前大多数国家把这种资源作为地热开发的重点研究目标。从现阶段来说，干热岩型资源是专指深度较浅、温度较高的有经济开发价值的热岩。提取干热岩中的热量需要有特殊的办法，技术难度大。干热岩体开采技术的基本概念是形成人造地热田，即开凿深井（4 ~ 5km）通入温度高、渗透性低的岩层中，然后利用液压和爆破碎裂法形成一个大的热交换系统。这样，注水井和采水井便通过人造地热田连接成一个循环回路，水便通过破裂系统进行循环。

5. 岩浆型

岩浆型是指蕴藏在地层深处处于动弹性状态或完全熔融状态的高温熔岩，温度高达 600 ~ 1500℃。在一些多火山的地区，这类资源可以在地表以下较浅的地层中找到，但多数则是深埋在目前钻探还比较困难的地层中。火山喷发时常把这种岩浆带至地面。据估计，岩浆型资源约占已探明地热资源的 40% 左右。在各种地热资源中，从岩浆中提取能量是最困难的。岩浆的储藏深度为 3 ~ 10km。

4.6.3　地热资源的开发利用

地热能是新能源家族中重要的成员之一，是一种相对清洁、环境友好的绿色能源。著名地质学家李四光曾说过："开发地热能，就像人类发现煤、石油可以燃烧一样，开辟了利用能源的新纪元。"地热资源的常见利用方式有：把地热能就地转变成电能通过电网远距离输送，中低温地热资源直接向生产工艺过程供热、向生活设施供热、农业用热，以及提取某些地热流体和热卤水中的矿物原料等。

地热能既可作为基本热负荷使用，也可根据需要转换使用。在有些地方，地热能随自然涌出的热蒸汽或水到达地面，自古以来人们就已将低温地热资源用于浴池洗浴、蒸煮和空间供热。近年来，通过钻井又可将热能从地下的储层引入水池、房间和发电站，应用于温室、热力泵和某些热处理过程的供热。在商业应用方面，利用干燥的过热蒸汽和高温水发电已有几十年的历史，利用中等温度（100℃）水通过双流体循环发电设备发电，在过去的 10 年中已取得了明显的进展，该技术现在已经成熟。地热发电系统如图 4-32 所示。地热热泵技术目前也取得了明显进展，国内外已有很多成功应用的实例。由于这些技术的进展，地热资源的开发利用得到较快的发展，也使许多国家经济上可供利用资源的潜力明显增加，地热能在世界很多地区应用广泛。老技术现在依然富有生命力，新技术业已成熟，并且在不断完善。在能源的开发和技术转让方面，地热能未来的发展潜力相当大。从长远来看，研究从干燥的岩石中和从地热增压资源及岩浆资源中提取有用能的有效方法，可进一步增加地热能的应用潜力。

抽水井　　　回灌井

图 4-32　地热发电系统

1. 地热发电

地热发电实际上就是把地下的热能转变成机械能，然后再将机械能转变为电能的能量转变过程，称之为地热发电。地热发电原理与一般火力发电并无根本区别，所不同的是地热电站用天然地热锅炉，代替火电站燃烧化石燃料把化学能转变为热能的过程。作为地热锅炉的载热体可以是蒸汽或热水，其温度和压力要比火电站的高压锅炉生产的蒸汽温度和压力低得多。由于地热锅炉的地热介质类型、温度、压力和焓的不同，地热发电可分为地热蒸汽发电和地热水发电两大类。

（1）地热蒸汽发电　地热蒸汽发电有一次蒸汽法和二次蒸汽法两种。一次蒸汽法是直接利用地下干饱和（或稍具过热度）蒸汽，或利用从汽、水混合物中分离出来的蒸汽发电。

二次蒸汽法有两种含义，一种是不直接利用比较脏的天然蒸汽（一次蒸汽），而是让它通过换热器汽化洁净水，再利用洁净蒸汽（二次蒸汽）发电，这样可避免天然蒸汽对汽轮机的腐蚀和汽轮机结垢；第二种含义是，将从第一次汽水分离出来的高温热水进行减压扩容产生二次蒸汽，压力仍高于当地大气压力，和一次蒸汽分别进入汽轮机发电。图 4-33 所示为扩容蒸汽电站地热发电系统示意图。

（2）地热水发电　利用地下热水发电不像利用地热蒸汽那么方便，因为用地热蒸汽发电时，蒸汽本身既是载热体，又是工作流体。但地热水按常规发电方法不能直接送入汽轮机做功，必须以蒸汽状态输入汽轮机做功。目前，对温度低于 100℃的非饱和态地下热水发电有两种方法。一是减压扩容法，利用抽真空装置使进入扩容器的地下热水减压汽化，产生低于当地大气压力的扩容蒸汽，然后将汽和水分离、排水、输汽充入汽轮机做功，这种系统称为闪蒸系统。低压蒸汽的比体积很大，因而使汽轮机的单机容量受到很大的限制。这种方法发电还存在结垢问题。不过，减压扩容方式发电虽然发电机组容量小，但运行过程中比较安全。另一种是中间工质法，利用低沸点物质如氯乙烷、正丁烷、异丁烷和氟利昂等作为发电的中间工质，地下热水通过换热器加热使低沸点物质迅速汽化，利用所产生的气体进入发电机做功，做功后的工质从汽轮机排入凝汽器，并在其中经冷却系统降温，又重新凝结成液态工质后再循环使用。这种系统称为双流系统或双工质发电系统，如图 4-34 所示。这种发电方式安全性较差，如果发电系统稍有泄漏，工质逸出后很容易发生事故。

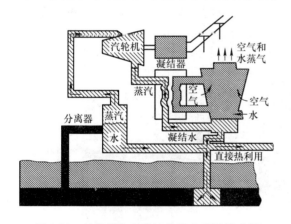

图 4-33　扩容蒸汽电站地热发电系统示意图

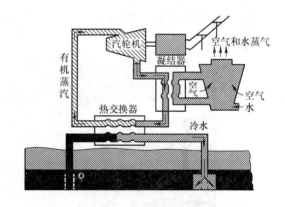

图 4-34　地热双工质电站发电系统示意图

2. 地热在工业方面的利用

地热能在工业领域中应用广泛，可用于任何形式的烘干和蒸馏过程，也可用于简单的工艺供热、制冷，或用于各种采矿和原材料处理工业的加温。在某些情况下，地热流体本身也是一种有用的原料，某些热水含有多种盐类和其他有价值的化学物质，天然蒸汽则可能含有具有工业用途的不凝性气体等。概括起来，地热能在工业上的主要应用如下：

（1）造纸和木材加工　在造纸工业的工艺过程中，需要利用地热的工艺是纸浆蒸煮与烘干。新西兰塔斯曼公司的纸浆和纸张工厂是利用天然蒸汽的第一座造纸工厂，当初选择兴建位置就是为了就地利用地热。纸厂紧靠塔腊威拉河右岸紧临地热田，年生产能力为新闻纸纸浆 34.5 万 t，牛皮纸纸浆 10 万 t，该公司为厂区自备电源，除向装机 10MW 的地热发电站提供蒸汽外，还通过两条主管线将大约 90 720kg/h 的地热蒸汽输送到厂房，用于烘干原木、纸浆和纸张等工艺流程，约占整个工厂蒸汽用量的2.5%。该公司正在实施扩大利用地热能计划，可节省进口燃料费的70%，每年可节省200多万新元的开支。

（2）纺织、印染、缫丝的应用　我国的天津、北京及湖北省英山县等许多纺织、印染、缫丝轻纺工业中，早已利用当地的地热水进行生产或满足某些特殊工艺所需热水的供应。各个厂家利用地热水后有一些共同的优点：提高了产品质量，增加了产品色调的鲜艳程度，着色率也提高了，并使一些毛织品的手感柔软、富有弹性，还节约了部分常规燃料。此外，由于地热水的硬度适宜，这样既节省了软化水的处理费用，又节省了许多原材料，相应地降低了产品的成本。

（3）从地热流体中提取重要元素和矿物质　地热水（汽）中含有很多重要的稀有元素、放射性元素、稀有气体和化合物等，诸如碘、钾、硼、锂、锶、铷、铯、氦、重水及钾盐等，这些都是国防、化工、农业等领域不可缺少的原料。

3. 地热供热

地热供热主要包括地热采暖和生活用热水两个方面。地热供热系统如图4-35所示。2003年法国巴黎地区的地热供应站还提供生活饮用水，但主要以地热采暖工程为主。一般人感到舒适的最佳环境温度在16～22℃之间，这一温度范围与人们的体力活动和环境因素（如相对湿度、空气流速、阳光辐射等）有一定关系。利用地热采暖就可以保持这种温度，不仅室温稳定舒适，避免了燃煤锅炉取暖时忽冷忽热的现象，还可节约燃料，减少对环境的污染。这也是近十多年来全球在地热采暖领域发展很快的重要原因之一。另外，地热采暖与其他清洁能源的生产成本相比，具有一定的竞争优势。

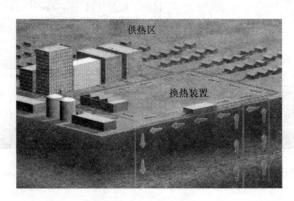

图4-35　地热供热系统示意图

4. 地热在农业方面的利用

地热在农业方面的应用也很广泛。主要用在地热温室种植和水产养殖两大领域。据1999年统计数字显示，地热温室和地热养殖在全球直接利用类型中所占比例分别为9%和6%。显示出各个国家在地热能为本国发展农牧副渔业方面，对培育优良品种、优化产品质量、提高产品数量是十分重视的。地热温室所需的是低温热资源，水温可低到60℃，很少超过90℃热水。在温室应用的同时，室外土壤也可应用，其加温需要的水温不超过40℃，甚至最低的初温也能用。养殖所需水温可以更低些。

4.7　海洋能

4.7.1　认识海洋能

地球表面总面积约为 $5.1 \times 10^8 km^2$，其中陆地表面积为 $1.49 \times 10^8 km^2$，占 29%；海洋面积达 $3.61 \times 10^8 km^2$，占 71%。以海平面计，全部陆地的平均海拔约为 840m，而海洋的平均深度却为 3 800m，整个海水的容积多达 $1.37 \times 10^9 km^3$。一望无际的汪洋大海，不仅为人类提供航运、水产和丰富的矿藏，而且还蕴藏着巨大的能量。太阳到达地球的能量大部分落在海洋上空和海水中，部分转化为各种形式的海洋能。

通常，海洋能是指依附在海水中的可再生能源，包括潮汐能、波浪能、海水温差能、海（潮）流能和海水盐度差能等，更广义的海洋能源还包括海洋上空的风能、海洋表面的太阳能以及海洋生物质能等。潮汐与潮流能来源于月球、太阳引力，其他海洋能均来源于太阳辐射。海水温差能是热能，潮汐、海（潮）流、波浪能都是机械能，河口水域的海水盐度差能是化学能。因此，各种能量涉及的物理过程、开发技术及开发利用程度等方面存在很大差异。全球海洋能的可再生量很大，上述五种海洋能理论上可再生的总量为 766 亿 kW。

海洋能的强度较常规能源低。海水温差小，海面与 500~1 000m 深层水之间的较大温差仅为 20℃左右；潮汐、波浪水位差小，较大潮差 7~10m，较大波高仅为 3m；潮流、海流速度小，较大流速仅 4~7m/s。即使这样，在可再生能源中，海洋能仍具有可观的能流密度。以波浪能为例，每米海岸线平均波功率在最丰富的海域是 50kW，一般的有 5~6kW（后者相当于太阳的能流密度 $1kW/m^2$）。又如潮流能，最高流速为 3m/s 的舟山群岛潮流，在一个潮流周期的平均潮流功率达 $4.5kW/m^2$。海洋能作为自然能源是随时变化着的。但海洋是个庞大的蓄能库，将太阳能以及派生的风能等以热能、机械能等形式蓄在海水里，不像在陆地和空中那样容易散失。海水温差、盐度差和海流都比较稳定，24h 不间断，昼夜波动小，只稍有季节性的变化。潮汐、潮流则作恒定的周期性变化，对大潮、小潮、涨潮、落潮、潮位、潮速、方向都可以准确预测。海浪是海洋中最不稳定的，有季节性、周期性，而且相邻周期也是变化的。但海浪是风浪和涌浪的总和，而涌浪源自辽阔海域持续时日的风能，不像当地太阳和风那样容易骤起骤止和受局部气象的影响。

4.7.2　海洋能的类型及特点

海洋通过各种物理过程接收、储存和散发能量，这些能量以潮汐、波浪、温度差、盐度梯度、海流等形式存在于海洋之中。下面分别予以说明。

1. 潮汐能

潮汐能是地球旋转所产生的能量通过太阳和月亮的引力作用而传递给海洋的，是由长周期波储存的能量。潮汐的能量与潮差大小和潮量成正比。潮汐是指海水时进时退、海面时涨时落的自然现象，是月球和太阳对地球万有引力共同作用的结果。由于月球离地球更近，所以月球引力占主要地位，太阳的引力潮仅为月球的 1/2。主要的潮汐循环有规律地与月球同步，但也随着地球-月球-太阳体系的复杂作用而不断变化。潮汐变化由于地球表面的不规则外形而复杂化，在陆地边缘，由于水深梯度大，潮汐的能量变化剧烈，相当大的能量也随之消失。近 1/3 的潮汐能消耗于地球上的浅海、海湾及河口区，巨大的潮汐能就是由这样许许多多临近内陆的海洋边缘区域凝聚而成的，这些边缘区域就是人类利用潮汐能的潜在场所。全世界海洋的潮汐能约有 $3 \times 10^6 MW$。若用来发电，年发电量可达 $1.2 \times 10^{12} kW \cdot h$。我国潮汐能蕴藏量丰富，约为 $1.1 \times 10^5 MW$，若用来发电，则年发电量近 $9 \times 10^{10} kW \cdot h$。

2. 波浪能

波浪能是一种在风的作用下产生的，并且是以位能和动能的形式由短周期波储存的机械能。波浪的能量与波高的平方和波动水域面积成正比。波浪能是海洋能源中能量最不稳定的一种能源。波浪对 1m 长的海岸线所做的功，每年约为 100MW。全球海洋的波浪能大约为 $7 \times 10^7 MW$，可供开发利用的波浪能为 $(2 \sim 3) \times 10^6 MW$，每年发电量可达 $9 \times 10^{13} kW \cdot h$，其中我国波浪能的蕴藏量约有 $7 \times 10^4 MW$。

3. 海水温差能

海水温差能又称海洋热能。在热带和亚热带海区，由于太阳的照射，使海水表面大量吸热，温度升高，而在海面以下 40m 以内，90% 的太阳能被吸收，所以 40m 水深以下的海水温度很低。热带海区的表层水温高达 $25 \sim 30℃$，而深层海水的温度只有 5℃ 左右，两者之间的温差达 20℃ 以上，这就为发电提供了一个总量巨大且比较稳定的能源。海水温差能与温差的大小和水量成正比。据估计，世界海洋的温差能达 $5 \times 10^7 MW$，而可能转换为电能的海水温差能仅为 $2 \times 10^6 MW$。我国南海地处热带、亚热带，可利用的海水温差能约有 $1.5 \times 10^5 MW$。

4. 海（潮）流能

海（潮）流能是指海水流动的动能，主要是指海底水道或海峡中较为稳定的流动，以及由于潮汐导致的有规律的海水流动。海（潮）流的能量与流速平方和流量成正比。相对于波浪能而言，海（潮）流能的变化平稳且有规律。潮流能随潮汐的涨落每天两次改变大小和方向。世界上可利用的海流能约为 $5 \times 10^4 MW$。我国沿海的潮流能丰富，蕴藏量约为 $3 \times 10^4 MW$。

5. 海水盐度差能

海水盐度差能是指海水和淡水之间或两种含盐浓度不同的海水之间的化学电位差能，主要存在于江河入海口水域。由于淡水与海水间有盐度差，若以半透膜隔开，淡水向海水一侧渗透可产生渗透压力，促使水从浓度低的一侧向另一侧渗透，使浓度高的一侧水位升高，直至膜两侧的含盐量相等为止。海水盐度差能与压力差和渗透流量成正比。海水盐度差能是海洋能中能量密度最大的一种可再生能源，世界海洋可利用的海水盐度差能约为 $2.6 \times 10^6 MW$。我国海水盐度差能的蕴藏量约为 $1.1 \times 10^5 MW$。

各种类型的海洋能具有下列共同特点：

1）可再生性。海洋能来源于太阳辐射能以及天体间的万有引力，只要太阳、月亮等天体与地球共存，海水的潮汐、海（潮）流和波浪等运动就周而复始，海水受太阳照射总要产生温差，江河入海口永远会形成盐度差。

2）能流分布不均、密度低。尽管在海洋总水体中海洋能的蕴藏量丰富，但单位体积、单位面积、单位长度拥有的能量较小，并且在不同地理位置和海拔的水域能流差别较大。

3）能量不稳定。海水温差能、海水盐度差能及海（潮）流能变化缓慢，潮汐能和海（潮）流能变化有规律，而波浪能有明显的随机性。

4）海洋能开发对环境无污染，属于清洁能源。

4.7.3　海洋能的开发利用

潮汐发电是海洋能利用技术中最为成熟、利用规模最大的一种，其发电原理如图 4-36
所示。潮汐发电的类型一般分为单库单向型、
单库双向型和双库单向型。全世界潮汐电站
的总装机容量为 265GW。我国海洋能开发已
有近 40 年的历史，迄今已建成潮汐电站 8
座。20 世纪 80 年代以来，浙江、福建等地为
建设若干个大中型潮汐电站，进行了考察、
勘测和规划设计、可行性研究等大量的前期
准备工作。1980 年建成的江厦电站是我国最
大的潮汐电站，也是目前世界上较大的一座
双向潮汐电站，它的装机总容量为 3200kW，
年发电量为 $1.07 \times 10^8 \mathrm{kW} \cdot \mathrm{h}$。总之，我国的
海洋发电技术已有较好的基础和丰富的经验，

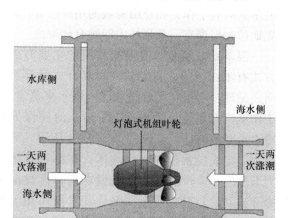

图 4-36　潮汐发电原理

小型潮汐发电技术基本成熟，已具备开发中型潮汐电站的技术条件。但是现有潮汐电站整体
规模和单位容量还很小，单位千瓦造价高于常规水电站，水工建筑物的施工还比较落后，水
轮发电机组尚未定型标准化。这些均是我国潮汐能开发中存在的问题。其中的关键问题是中
型潮汐电站水轮发电机组技术问题还没有完全解决，电站造价亟待降低。

我国波浪能发电技术研究始于 20 世纪 70 年代，80 年代以来获得较快发展。波浪能发
电原理如图 4-37 所示。波浪能发电航标灯已趋商品化，现已生产数百台，在沿海海域航标

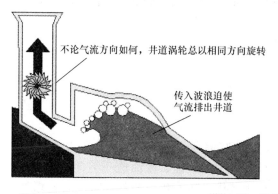
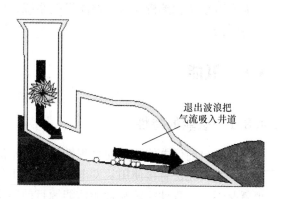

图 4-37　波浪能发电原理

和大型灯船上推广应用。我国与日本合作研制的后弯管型浮标发电装置，已向国外出口，该
技术达到国际领先水平。在珠江口大万山岛上研建的岸边固定式波力电站，第一台装机容量
为 3kW，于 1990 年试发电成功。"八五"科技攻关项目总装机容量 20kW 的岸式波力试验电
站和 8kW 摆式波力试验电站，均已试建成功。总之，我国波力发电虽起步较晚，但发展很
快。微型波力发电技术已经成熟，小型岸式波力发电技术已进入世界先进行列。但我国波浪
能开发的规模远小于挪威和英国，小型波浪发电距实用化尚有一定的距离。

海（潮）流发电研究国际上始于 20 世纪 70 年代中期，主要有美国、日本和英国等进行潮流发电试验研究，至今尚未见有关发电实体装置的报道。我国潮流发电研究始于 20 世纪 70 年代末，首先在舟山海域进行了 8kW 潮流发电机组原理性试验。在 80 年代，一直在进行立轴自调直叶水轮机潮流发电装置试验研究，目前正在采用此原理进行 70kW 潮流试验电站的研究工作，在舟山海域的站址已经选定。我国已经开始研建实体电站，在国际上居领先地位，但尚有一系列技术问题有待解决。

温差发电是海水温差能利用的主要方式。其工作方式有闭式循环、开式循环和混合式循环三种。所谓闭式循环，是指利用海洋表层的温水来蒸发工作流体，工作蒸汽经涡轮机做功后，再由从海洋深处抽上来的冷水冷凝成液体，其原理如图 4-38 所示。开式循环则是直接把表层水作为工作流体，在小于其蒸汽压的压力下蒸发，蒸汽流经涡轮机做功后，再被深海的冷水冷却或凝聚。混合式循环则是开式循环和闭式循环的组合。无论是开式循环还是闭式循环，都类似于常规热电站的工作方式，不同的是工作温度低些，所需热量来源于海水而不是燃料燃烧产生的热能。海水温差能发电与潮汐能和波浪能发电不同之处在于它可提供稳定的电力。为使海水温差能发电实现大规模商业化应用，目前各国正致力于相关技术难题的攻关。

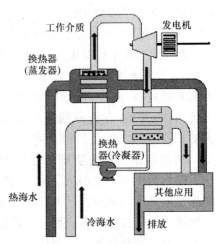

图 4-38　闭式循环温差发电原理

海水盐度差能研究利用历史较短，目前还处于初期的原理研究和试验阶段。海水盐度差能发电系统有渗透压式盐度差能发电系统、蒸汽压式盐度差能发电系统、机械-化学式盐度差能发电系统和渗析式盐度差能发电系统，但均处于研发阶段，要达到经济性开发目标尚需一定时间。

4.8　氢能

4.8.1　氢能的特性

由于目前像电能这样的过程性能源尚不能大量地直接储存，所以，机动性强的现代交通运输工具尚无法直接使用从发电厂输出的电能，只能采用像柴油、汽油这一类含能体能源。也就是说，过程性能源和含能体能源目前还不能互相替代。随着化石燃料耗量的日益增加，其储量日益减少，终有一天这些资源要枯竭，因此，迫切需要寻找一种不依赖化石燃料的、储量丰富的新的含能体能源。氢能正是一种在常规能源出现危机、人们期待开发的新的含能体能源。科学家认为，氢能有可能在 21 世纪的世界能源舞台上成为一种举足轻重的能源。

氢元素位于元素周期表之首，原子序数为 1，在常温常压下为气态，在超低温高压下又可成为液态。作为能源，氢有以下特点：

1）在所有元素中，氢质量最轻。在标准状态下，它的密度为 0.089 9g/L；在 −252.7℃时，可成为液体，若将压力增大到数百个大气压，液氢就可变为金属氢。

2）在所有气体中，氢气的导热性最好，比大多数气体的热导率高出 10 倍，因此，在能源工业中氢是极好的传热载体。

3）氢是自然界存在最普遍的元素，据估计它构成了宇宙质量的 75%。除空气中含有氢气外，氢主要以化合物的形态储存于水中，而水是地球上最广泛的物质。据推算，如果把海水中的氢全部提取出来，它所产生的总热量比地球上所有化石燃料放出的热量还大 9 000 倍。

4）氢的发热量为 142 351kJ/kg，是除核燃料外所有化石燃料、化工燃料和生物燃料中发热量最高的物质，是汽油发热量的 3 倍。

5）氢燃烧性能好，点燃快，与空气混合时有广泛的可燃范围（3% ~ 97%），且燃点高，燃烧速度快。

6）氢本身无毒，与其他燃料相比氢燃烧时最为清洁，除生成水和少量氮化氢外，不会产生诸如一氧化碳、二氧化碳、碳氢化合物、铅化物和粉尘颗粒等对环境有害的污染物质，少量的氮化氢经过适当处理也不会污染环境，而且燃烧生成的水还可继续制氢，反复循环使用。

7）氢能利用形式很多，既可以通过燃烧产生热能，在热力发动机中产生机械功，又可作为能源材料用于燃料电池，或转换成固态氢用作结构材料。用氢代替煤和石油，不需对现有的技术装备做重大的改造，只需对现在的内燃机稍加改装即可使用。

8）氢能够以气态、液态或固态的金属氢化物出现，适应贮运及各种应用环境的不同要求。

由以上特点可以看出，氢是一种理想的新的含能体能源。目前液氢已广泛用作航天动力的燃料，但氢能的大规模的商业应用还有待解决以下关键问题：

1）廉价的制氢技术。在人类生存的地球上，虽然氢是最为丰富的元素，但游离态的氢存在极少，只能通过一定的方法利用其他能源来制取，而不像煤、石油和天然气等可以直接从地下开采，因此，氢是一种二次能源。在自然界中，最为丰富的含氢物质是水（H_2O），其次是各种矿物燃料（煤、石油、天然气）及各种生物质等。要开发利用这种理想的清洁能源，必须首先开发氢源，即研究开发各种制氢的方法。从水中分离氢必须用热分解或电分解的方法，如果用煤、石油和天然气等燃烧所产生的热或所转换成的电能分解水制氢，显然是不合算的。因为它的制取不但需要消耗大量的能量，而且目前制氢效率很低。因此，寻求大规模的低能耗、高效率制氢技术是各国科学家共同关心的问题。

2）安全可靠的贮氢和输氢方法。氢易汽化、着火和爆炸，因此，妥善解决氢能的储存和运输问题，开发安全、高效、高密度、低成本的储氢技术，是将氢能利用推向实用化、规模化的关键。

4.8.2　氢的制备方法

氢的大规模工业制备常用的方法有水制氢、化石能源制氢和生物质制氢等；另外，太阳能制氢是目前最有发展前景的制氢技术。

1. 水制氢

水制氢的常见方法有水电解制氢、热化学制氢、高温热解水制氢等。

（1）水电解制氢　水电解制造氢气是一种传统的制造氢气的方法，其生产历史已有 80 余年。该技术具有产品纯度高和操作简便的特点，但该生产工艺的电能消耗较高，因此，目

前利用水电解制造氢气的产量仅占总产量的4%左右。水电解制氢过程是氢与氧燃烧生成水的逆过程，氢氧可逆反应式为

$$H_2 + \frac{1}{2}O_2 \rightleftharpoons H_2O + \Delta Q$$

因此，只要提供一定形式的能量，即可使水分解。水分解所需要的能量 ΔQ 是由外加电能提供的。为了提高制氢效率，电解通常在高压下进行，采用的压力多为 3.0~5.0MPa。水电解制氢气的工艺过程简单，无污染，其效率一般在 75%~85%。但消耗电量大，每立方米氢气电耗为 4.5~5.5kW·h，在水电解制造氢气的生产费用中，电费占整个水电解制造氢气生产费用的 80%左右。因此，该生产工艺通常意义上不具有竞争力，目前主要用于工业生产中要求纯度高、用量不多的工业企业。

普通水电解制氢工艺耗电太多，20世纪70年代末，美国研究出一种低电耗制氢方法，耗电量只有普通水电解制氢的一半。这种方法的主要特点是以煤水浆进行水电解制氢，实际上是一种电化学催化氧化法制氢。即在酸性电解槽中，阳极区加入煤粉或其他含碳物质作为去极化剂，反应结果的产物为二氧化碳，而不是氧气，阴极则产生纯氢。这样能使电解的电压降低一半，因而电耗也相应降低。据报道，美国已在新墨西哥州采用此种方法建立了一座年产 300 万 m^3 氢气的工厂，每标准立方米的电耗为 2.4kW·h。而且这种方法在添加煤粉的过程中能生成硫化物，还可以进行煤的脱硫。因此，这项技术备受工业界欢迎。这种方法的低电耗是以排放 CO_2 为代价的，在环保要求日益严格的今天，从社会、经济、环保等方面综合考虑是否真的合算，还有待认真研究。

在较高压力下（0.6~20MPa）水电解生产氢气及氧气具有一系列优点，包括减小气体分离器尺寸、提高电流密度、降低电能消耗（约降低20%）。另外，因为制得的气体一般要高压储存，所以用高压电解技术可以省略储存时的第一步压缩。

（2）高温热解水制氢　当水直接加热到很高温度时，例如 3 000℃以上，部分水或水蒸气可以离解为氢和氧。但这种过程非常复杂，突出的技术问题是高温和高压。高温热解水制氢需要很高的能量输入，一般需要 2 500~3 000℃以上的高温，因而用常规能源是不经济的。采用高反射高聚焦的实验性太阳炉可以实现 3 000℃左右的高温，从而能使水产生分解，得到氧和氢。但这类装置的造价很高，效率较低，因此不具备普遍的实用意义。关于核裂变的热能分解水制氢已有各种设想方案，至今均未实现。人们更寄希望于今后通过核聚变产生的热能制氢。

目前正在研究一种等离子体技术直接水分解。在等离子体弧过程中，水在电场中加热到 5 000℃以上的高温，裂解产生 H、H_2、O、O_2、OH、HO_2 和 H_2O，其中 H 和 H_2 的体积分数占 50%。为了避免处于非稳定状态的粒子的复合，需要用低温液体使等离子体气体快速淬灭。高温热解水制氢的整个过程需要消耗大量能量，成本很高，目前还处于研究阶段。

（3）热化学制氢　热化学制氢是指在水系统中在不同温度下，经历一系列不同但又相互关联的化学反应，最终将水分解为氢气和氧气的过程。在这个过程中，仅仅消耗水和一定热量，参与制氢过程的添加元素或化合物均不消耗，整个反应过程构成一封闭循环系统。与水的直接热解制氢相比较，热化学制氢每一步的反应均在较低的温度（1 073~1 273K）下进行，能源匹配、设备装置耐温要求以及投资成本等问题都相对比较容易解决。热化学制氢的其他显著优点包括：能耗低（相对水电解和直接热解水成本低）；能大规模工业生产（相

对可再生能源）；可以实现工业化（反应温和）；可能直接利用反应堆的热能，省去发电步骤，效率高等。

2. 化石能源制氢

（1）煤制氢　以煤为原料制取含氢气体的方法主要有两种：一是煤的焦化（或称高温干馏），二是煤的气化。焦化是指煤在隔绝空气条件下，在 $900 \sim 1\,000\,℃$ 制取焦炭，副产品为焦炉煤气。焦炉煤气组成中氢气的体积分数为 $55\% \sim 60\%$、甲烷的体积分数 $23\% \sim 27\%$、一氧化碳的体积分数为 $6\% \sim 8\%$ 等。每 t 煤可得煤气 $300 \sim 350\,m^3$，可作为城市煤气，亦是制取氢气的原料。煤的气化是指煤在高温常压或加压下，与气化剂反应转化成气体产物。气化剂为水蒸气或氧气（空气）。气体产物中含有氢气等组分，其含量随不同气化方法而异。气化的目的是制取化工原料或城市煤气。大型工业煤气化炉如鲁奇炉是一种固定床式气化炉，所制得煤气组成为：氢的体积分数为 $37\% \sim 39\%$、一氧化碳的体积分数为 $17\% \sim 18\%$、二氧化碳的体积分数为 32%、甲烷的体积分数为 $8\% \sim 10\%$。我国拥有大型鲁奇炉，每台炉产气量可达 $100\,000\ m^3/h$。气流床煤气化炉如德士古（Texaco）气化炉，采用水煤浆为原料。目前已建有工业生产装置生产合成氨、合成甲醇原料气，其煤气组成为：氢气的体积分数为 $35\% \sim 36\%$、一氧化碳的体积分数为 $44\% \sim 51\%$、二氧化碳的体积分数为 $13\% \sim 18\%$、甲烷的体积分数为 0.1%。甲烷含量低为其特点。我国现有大批中小型合成氨厂均以煤为原料，采用固定床式气化炉，可间歇操作生产制得水煤气。气化后制得含氢煤气作为合成氨的原料，这是一种具有我国特点的取得氢源方法。该装置投资小、操作容易，其气体产物组成主要是氢及一氧化碳。

（2）气体原料制氢　天然气的主要成分是甲烷。天然气制氢的方法主要有天然气水蒸气重整制氢、天然气部分氧化重整制氢、天然气水蒸气重整与部分氧化联合制氢以及天然气（催化）裂解制造氢气。

（3）液体化石能源制氢　液体化石能源如甲醇、乙醇、轻质油和重油等也是制氢的重要原料。主要方法有：甲醇裂解-变压吸附制氢技术，其工艺简单、技术成熟、投资省、建设期短，且具有所需原料甲醇价格不高，制氢成本较低等优势被一些制氢厂家所看好，成为制氢工艺技改的一种方式；甲醇重整的典型催化剂是 $Cu\text{-}ZrO\text{-}Al_2O_3$，这类催化剂也在不断更新使其活性更高、$CO_2$ 选择性更好；甲醇水蒸气重整理论上能获得氢气的体积分数是 75%。在 $250 \sim 330\,℃$ 时，甲醇在空气和水蒸气存在的条件下自热重整，几乎完全转化得到高的产氢率，该过程中可以使用与甲醇水蒸气重整相似的催化剂，但要注意调整反应器温度平衡来保持催化剂 $Cu\text{-}ZrO\text{-}Al_2O_3$ 的活性状态。这些催化剂对氧化环境比较敏感，这也是实际运行中造成的主要困难。重油原料包括常压、减压渣油及石油深度加工后的燃料油，重油与水蒸气及氧气反应制得含氢气体产物，部分重油燃烧提供转化吸热反应所需热量及一定的反应温度，气体产物的组成：氢气的体积分数为 46%、一氧化碳的体积分数为 46%，二氧化碳的体积分数为 6%。该法生产的氢气产物成本中，原料费约占 1/3，而重油价格较低，故很受人们重视。我国建有大型重油部分氧化法制氢装置，用于制取合成氨的原料。

3. 生物制氢

生物质不便作为能源直接用于现代工业设备，往往要转化为气体燃料，或转化为液体燃料。我们已经知道氢是重要的能源载体，因而生物质制氢成为可能。图 4-39 所示为生物质制氢的主要方法。

生物质能的利用主要有微生物转化和热化工转化两类。前者主要是产生液体燃料，如甲醇、乙醇及氢；后者是在高温下通过化学方法将生物质转化为可燃的气体或液体，目前被广泛研究的是生物质的裂解（液化）和生物质气化。严格来说，后者用于生产含氢气体燃料或液体燃料。生物制氢技术具有清洁、节能和不消耗矿物资源等突出优点。作为一种可再生资源，生物体又能进行自身复制、繁殖，还可以通过光合作用进行物

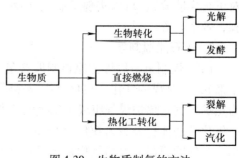

图 4-39　生物质制氢的方法

质和能量转换，这一种转换系统可以在常温、常压下通过酶的催化作用得到氢气。从长远和战略的角度来看，以水为原料，利用光能通过生物体制取氢气是最有前途的方法。许多国家正投入大量财力对生物制氢技术进行开发研究，以期早日实现该技术的商业化。

4. 太阳能制氢

目前，把氢从水中分离出来常用的方法是热分解或电分解，但如果用煤、石油或天然气等燃烧所产生的热或所转换成的电来分解水制氢，显然是划不来的。现在看来，高效率制氢的基本途径是利用太阳能。如果能用太阳能来制氢，那就等于把无穷无尽的、分散的太阳能转变成了高度集中的干净能源。目前，利用太阳能分解水制氢的方法有太阳能热分解水制氢、太阳能发电电解水制氢、阳光催化光解水制氢、太阳能生物制氢等。利用太阳能制氢有重大的现实意义，但却是一个十分困难的研究课题，有大量的理论问题和工程技术问题要解决。然而世界各国都十分重视，投入不少的人力、财力、物力，并已取得了多方面的进展。因此，以太阳能制得的氢能将成为人类未来普遍使用的一种优质、干净的燃料。

4.8.3　氢能的储存与输送

在工业实际应用中，大致有五种储氢方法：

1）常压储存。如湿式气柜、地下储仓。

2）高压容器。如钢制压力容器和钢瓶。

3）液氢储存。采用液氢储存，就必须先制备液氢。生产液氢一般可采用三种液化循环：带膨胀机的循环效率最高，在大型氢液化装置上被广泛采用；节流循环效率不高，但流程简单，运行可靠，所以在小型氢液化装置中应用较多；氦制冷氢液化循环消除了高压氢的危险，运转安全可靠，但氦制冷系统设备复杂，故在氢液化中应用不多。

4）金属氢化物。当用储氢合金制成的容器冷却和压入氢时，氢即被储存；加热这一储存系统或降低其内部压力，氢就会释放出来。目前，金属氢化物合金体系主要有 $LaNi_5$ 系合金、$MnNi_5$ 系合金、$TiMn$ 系合金、$TiMn$ 系合金（ABZ）、镁系合金、纳米碳等。

5）除管道输送外，高压容器和液氢槽车也是目前工业上常规应用的氢气输送方法。

在氢的制备和储存、输送问题解决后，下一步的研究就是氢化物储氢装置的开发，目前主要包括以下两类：

1）固定式储氢装置。其服务场合多种多样，容量则以大中型为主。美国以 TiFe0.9Mn0.1 合金为基体开发了中型固定式储氢器；日本则用 MgNi4.5Mn0.5 储氢合金开发了叠式固定装置；德国用 TiMn2 型多元合金开发的储罐是由 32 个独立储罐并联而成，容量为目前世界上最

大；我国浙江大学用（MgCaCu）（NiAl）5 增压型储氢合金、MgNi4. 5 Mn0. 5 合金分别开发了两种固定式储氢装置。

2）移动式储氢装置。其除了携带运输氢气外，还可用于燃料电池氢燃料的贮存。作为移动式装置，要兼顾储存与输送双重功能，因而要求质量轻、储氢量大等。其中，金属氢化物储氢器不需附加设备（如裂解及净化系统），安全性高，适于车船方面应用；如果用常温型合金，质量储能密度与 15MPa 高压钢瓶基本相同，但体积可小得多。

4.8.4　氢能的应用及展望

1. 国际上氢能的应用概况

早在第二次世界大战期间，氢即用作 A-2 火箭发动机的液体推进剂。1960 年，液氢首次用作航天动力燃料。1970 年，美国发射的"阿波罗"登月飞船使用的起飞火箭也是用液氢作燃料。现在氢已是火箭领域的常用燃料了。对现代航天飞机而言，减轻燃料自重，增加有效载荷变得更为重要。氢的能量密度很高，是普通汽油的 3 倍，这意味着燃料的自重可减轻 2/3，这对航天飞机无疑是极为有利的。今天的航天飞机以氢作为发动机的推进剂，以纯氧作为氧化剂，液氢就装在外部推进剂桶内，每次发射需用 1450 m^3，重约 100t。

目前，科学家们正在研究一种固态氢的宇宙飞船。固态氢具有金属的特性，既可作为飞船的结构材料，又可作为飞船的动力燃料。在飞行期间，飞船上所有的非重要零件都可以转化为能源而"消耗掉"，这样飞船在宇宙中就能飞行更长的时间。

在超声速飞机和远程洲际客机上以氢作动力燃料的研究已进行多年，目前已进入样机和试飞阶段。在交通运输方面，美、德、法、日等汽车大国早已推出以氢作燃料的示范汽车，并进行了几十万公里的道路运行试验。其中美、德、法等国是采用氢化金属储氢，而日本则采用液氢。试验证明，以氢作燃料的汽车在经济性、适应性和安全性三方面均有良好的前景，但目前仍存在储氢密度小和成本高两大难题。前者使汽车连续行驶的路程受限制，后者主要是由于液氢供应系统费用过高造成的。美国和加拿大已联手合作计划在铁路机车上采用液氢作燃料。在进一步取得研究成果后，从加拿大西部到东部的铁路上将奔驰着燃用液氢和液氧的机车。

氢不但是一种优质燃料，还是石油、化工、化肥和冶金工业中的重要原料和物料。石油和其他化石燃料的精炼需要氢，如烃的增氢、煤的气化、重油的精炼等；化工中制氨、制甲醇也需要氢。氢还用来还原铁矿石。

用氢制成燃料电池（Fuel Cell）可直接发电。燃料电池是一种将存在于燃料与氧化剂中的化学能直接转化为电能的发电装置，其工作原理如图 4-40 所示。燃料电池发电是在一定条件下使 H$_2$、天然气或煤气（主要是 H$_2$）与氧化剂（空气中的 O$_2$）发生化学反应，将化学能直接转换为电能和热能的过程。与常规电池的

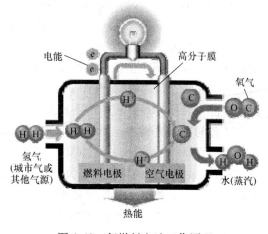

图 4-40　氢燃料电池工作原理

不同之处在于，只要有燃料和氧化剂供给，就会有持续不断的电力输出。与常规的火力发电不同，它不受卡诺循环（由两个绝热过程和两个等温过程构成的循环过程）的限制，能量转换效率高。采用燃料电池和氢气-蒸汽联合循环发电，其能量转换效率将远高于现有的火电厂。随着制氢技术的进步和储氢手段的完善，氢能将在21世纪的能源舞台上大展风采。

2. 我国氢能的研究与发展

我国对氢能的研究始于20世纪60年代初，对作为火箭燃料的液氢的生产、H_2/O_2 燃料电池的研制与开发进行了大量而有效的工作。将氢作为能源载体和新的能源系统进行开发，则是20世纪70年代以后的事。多年来，我国氢能领域的科研人员在国家经费支持不多的困难条件下，在制氢、储氢和氢能利用等方面进行了开创性工作，取得了不少的进展和成绩。但由于我国在氢能方面投入资金数量与实际需求相差甚远，虽在单项技术的研究方面有所成就，有的甚至达到了世界先进水平，并且在储氢合金材料方面已实现批量生产，但氢能系统技术的总体水平与发达国家有一定差距。

氢能开发利用首要解决的是廉价的氢源问题。从煤、石油和天然气等化石燃料中制取氢气，国内虽已有规模化生产，但从长远观点看，这不符合可持续发展的需要。从非化石燃料中制取氢气才是正确的途径。在这方面，电解水制氢已具备规模化生产能力，研究降低制氢电耗有关的科学问题，是推广电解水制氢的关键。光解水制氢的能量可取自太阳能，这种制氢方法适用于海水及淡水，资源极为丰富，是一种非常有前途的制氢方法。

储氢技术是氢能利用走向实用化、规模化的关键。根据技术发展趋势，今后储氢研究的重点是新型高性能规模储氢材料。国内的储氢合金材料已有小批量生产，但较低的储氢质量比和高价格仍阻碍其大规模应用。镁系合金虽有很高的储氢密度，但放氢温度高，吸放氢速度慢，因此，研究镁系合金在储氢过程中的关键问题，可能是解决氢能规模储运的重要途径。近年来，纳米碳在储氢方面已表现出优异的性能，有关研究国内外尚处于初始阶段，应积极探索纳米碳作为规模储氢材料的可能性。

在氢能利用方面，燃料电池发电系统仍是实现氢能应用的重要途径。在我国质子交换膜燃料电池（proton exchange membrane fuel cell 缩写为 PEMFC）技术已取得了一定进展。PEMFC 发电在原理上相当于水电解的逆装置。其单电池由阳极、阴极和质子交换膜组成，阳极为氢燃料发生氧化的场所，阴极为氧化剂还原的场所，两极都含有加速电极电化学反应的催化剂，质子交换膜作为电解质。工作时相当于一个直流电源，其阳极即为电源负极，阴极为电源正极。PEMFC 具有如下优点：其发电过程不涉及氢氧燃烧，因而不受卡诺循环的限制，能量转换率高；发电时不产生污染，发电单元模块化，可靠性高，组装和维修都很方便，工作时也没有噪声。所以，PEMFC 电源是一种清洁、高效的绿色环保电源。

今后 PEMFC 在已有技术基础上，除继续加强大功率 PEMFC 的关键技术研究外，还应注意 PEMFC 系统工程关键技术开发和系统技术集成，这是 PEMFC 发电系统走向实用化过程的关键。此外，天然气重整制氢技术开发与实用化对在我国推广 PEMFC 发电系统有着重要的现实意义。PEMFC 电动汽车具有零排放的突出优点，在各类电动汽车发展中占有明显的优势。随着科学技术的进步和氢能系统技术的全面进展，氢能应用范围必将不断扩大，氢能将深入到人类活动的各个方面，直至走进千家万户。

4.9　天然气水合物

4.9.1　天然气水合物的形成与特点

自20世纪60年代以来，人们陆续在冻土带和海洋深处发现了一种可以燃烧的冰。这种可燃冰在地质上称为天然气水合物，是由大量的生物和微生物死亡后沉积到海底，分解后和水形成类冰状化合物。

天然气水合物（Natural Gas Hydrate，简称 Gas Hydrate）又称笼形包合物（Clathrate），是在一定条件（合适的温度、压力、气体饱和度、水的盐度、pH值等）下由水和天然气组成的类冰的、非化学计量的、笼形结晶化合物。它可用 $M \cdot nH_2O$ 来表示，M 代表水合物中的气体分子，n 为水合指数（也就是水分子数）。组成天然气的成分如 CH_4、C_2H_6、C_3H_8、C_4H_{10} 等同系物以及 CO_2、N_2、H_2S 等可形成单种或多种天然气水合物。形成天然气水合物的主要气体为甲烷，对甲烷体积分数超过99%的天然气水合物通常称为甲烷水合物（Methane Hydrate）。实际上它是在水分子中锁定了一个甲烷分子，外形呈冰的状态，如图 4-41 所示。

 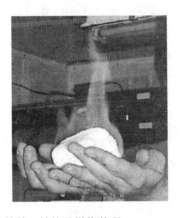

图 4-41　天然气水合物的外貌、结构及燃烧状况

天然气水合物是一种白色固体物质，有极强的燃烧力，遇火即可燃烧，因而又称为可燃冰，可作为上等能源。这种固体水合物只能存在于一定的温度和压力条件下，一般要求温度低于 $0 \sim 10℃$，压力高于 10MPa，一旦温度升高或压力降低，甲烷气则会逸出，固体水合物便趋于崩解。因此，固体状的天然气水合物往往分布于水深大于 300m 以上的海底沉积物或寒冷的永久冻土中。海底天然气水合物依赖巨厚水层的压力来维持其固体状态，其分布可以从海底到海底之下 1 000m 的范围以内，再往深处则由于地温升高，其固体状态遭到破坏而难以存在。

天然气水合物在给人类带来新的能源前景的同时，对人类生存环境也提出了严峻的挑战。天然气水合物中的甲烷，其温室效应为 CO_2 的 20 倍，而温室效应造成的异常气候和海面上升正威胁着人类的生存。全球海底天然气水合物中的甲烷总量约为地球大气中甲烷总量的 3 000 倍，若有不慎，让海底天然气水合物中的甲烷气逸到大气中去，将产生无法想象的后果。而且固结在海底沉积物中的水合物，一旦条件变化使甲烷气从水合物中释出，还会改变沉积物的物理性质，极大地降低海底沉积物的工程力学特性，使海底软化，出现大规模的海底滑坡，毁坏海底工程设施，如海底输电或通信电缆和海洋石油钻井平台等。

4.9.2　世界上天然气水合物的分布

海底天然气水合物作为 21 世纪的重要后续能源，及其对人类生存环境及海底工程设施的灾害影响，正日益引起科学家们和世界各国政府的关注。20 世纪 60 年代，人们开始了深海钻探计划（DSDP），随后开始了大洋钻探计划（ODP），即在世界各大洋与海域有计划地进行大量的深海钻探和海洋地质地球物理勘查，在多处海底直接或间接地发现了天然气水合物。天然气水合物在自然界广泛分布在内陆、岛屿的斜坡地带、活动和被动内陆边缘的隆起处、极地大陆架以及海洋和一些内陆湖的深水环境。

世界上绝大部分的天然气水合物分布在海洋里，据估算，海洋里天然气水合物的资源量是陆地上的 100 倍以上。据最保守的统计，全世界海底天然气水合物中储存的甲烷总量约为 1.8 亿亿 m^3（$18000 \times 10^{12} m^3$），约合 1.1 万亿 t（$11 \times 10^{12} t$）。在标准状况下，一单位体积的气水合物分解最多可产生 164 单位体积的甲烷气体，可以说天然气水合物是甲烷的天然储库。如此数量巨大的能源是人类未来动力的希望，是 21 世纪具有良好前景的后续能源。

到目前为止，世界上海底天然气水合物已发现的主要分布区是大西洋海域的墨西哥湾、加勒比海、南美东部陆缘、非洲西部陆缘和美国东海岸外的布莱克海台等，西太平洋海域的白令海、鄂霍茨克海、千岛海沟、冲绳海槽、日本海、四国海槽、日本南海海槽、苏拉威西海和新西兰北部海域等，东太平洋海域的中美洲海槽、加利福尼亚滨外和秘鲁海槽等，印度洋的阿曼海湾，南极的罗斯海和威德尔海，北极的巴伦支海和波弗特海，以及大陆内的黑海与里海等。

从 20 世纪 80 年代开始，美、英、德、加、日等国家纷纷投入巨资相继开展了本土和国际海底天然气水合物的调查研究和评价工作，同时美、日、加、印度等国已经制定了勘查和开发天然气水合物的国家计划。特别是日本和印度，在勘查和开发天然气水合物的能力方面已处于领先地位。

4.9.3　天然气水合物在中国的状况

作为世界上最大的发展中的海洋大国，我国能源短缺状况十分突出。目前我国的油气资源供需差距很大，1993 年我国已从油气输出国转变为净进口国，1999 年进口石油 4 000 多万 t，2000 年进口石油近 7 000 万 t，2011 年我国石油进口达到 2.6 亿 t，2012 年我国石油对外依存度已达到 56.4%，这意味着石油缺口达到 56.4%。因此，急需开发新能源以满足我国经济的高速发展。我国海底天然气水合物资源丰富，其上游的勘探开采技术可借鉴常规油气，下游的天然气运输、使用等技术都很成熟。因此，加强天然气水合物调查评价是贯彻实施党中央、国务院确定的可持续发展战略的重要措施，也是开发我国 21 世纪新能源、改善能源结构、增强综合国力及国际竞争力、保证经济安全的重要途径。

2007 年 6 月，我国国土资源部宣布，在南海北部钻获可燃冰实物样品，从而成为继美国、日本、印度之后第 4 个采到天然气水合物的国家。我国对海底天然气水合物的研究与勘查已取得一定进展，在南海西沙海槽等海区已相继发现存在天然气水合物的地球物理标志

BSR，这表明我国海域也分布有天然气水合物资源，值得我们开展进一步的工作；同时，青岛海洋地质研究所已建立有自主知识产权的天然气水合物实验室，并成功点燃天然气水合物。

思 考 题

4-1　简述我国开发新能源的意义。

4-2　简述太阳能利用的主要方式及其原理。

4-3　太阳能集热器的种类有哪几种？

4-4　太阳能热水器可分为哪几种？

4-5　简述太阳能制冷和空调的工作流程。

4-6　太阳能热发电系统的种类有哪些？

4-7　简述风能的优缺点。风能的利用方式主要有哪几种？

4-8　安装风力发电机，应如何选择安装场址？

4-9　生物质能的种类有哪几种？生物质能的优缺点有哪些？

4-10　生物质能利用技术有哪些？

4-11　简述生物质能在车用燃料上的应用。

4-12　简述核反应堆的类型、结构及运行过程。

4-13　简述地热资源的分类及特征。

4-14　如何开发利用地热资源？

4-15　什么是海洋能？简述海洋能的类型及特点。

4-16　如何利用海洋能？

4-17　简述氢的大规模工业制备方法。

4-18　在工业实际应用中，常用的储氢方法有哪些？

4-19　分析国内外氢能的研究和应用情况。

4-20　什么是天然气水合物？简述天然气水合物的形成过程与特点。

第5章 能源利用与环境保护

5.1 我国环境污染概况

5.1.1 环境问题产生的原因

　　能源与环境问题是关系国家长远发展和全局性的战略问题。能源工业的稳定发展可以促使社会经济稳步发展，不断提高的环境意识为实现可持续发展提供了切实的保障。我国属于发展中国家，由能源问题引起的环境问题比发达国家更为严重。这是因为在世界能源消费结构中以石油、天然气和可再生能源等清洁能源为主，其在一次能源消费结构中占 70% 以上；而我国仍停留在以煤炭为主的消费模式，煤在一次能源消费结构中占 70% 左右。国内外的能源消费结构对比如图 5-1 所示。

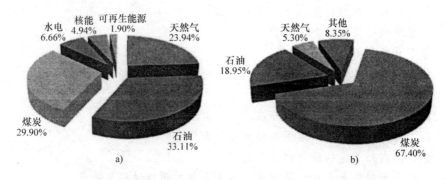

图 5-1　国内外能源消费结构对比

a) 2012 年全球能源消费结构　b) 2012 年中国能源消费结构

　　相关资料显示，我国近 1/3 的水体监测断面为劣五类水质，重点流域 40% 以上断面的水质没有达到规划要求，流经城市的河段普遍受到污染，水污染事故频繁发生。严重的水污染问题，已经成为制约经济发展、危害群众健康、影响社会稳定的重要因素。近年来，我国大气污染程度已相当于发达国家 20 世纪五六十年代污染最严重时期的程度。2012 年 4 月，325 个地级城市向中国环境监测总站报送常规空气质量监测指标（SO_2、NO_2 和 PM_{10}）的点位日均数据。参照年均值标准，空气质量达到一级标准的城市有 10 个（占 3.1%），二级标准的城市有 217 个（占 66.8%），三级标准的城市有 79 个（占 24.3%），劣于三级标准的城市有 19 个（占 5.8%）。

　　引起环境问题的重要方面是过度消耗资源（尤其是能源）并大量排放污染物。概括起来，我国环境污染主要有以下几个原因：① 粗放式发展模式。我国每增加单位 GDP 废水排放量比发达国家高 4 倍，单位工业产值产生的固体废弃物比发达国家高 10 多倍。我国单位GDP 的能耗是日本的 7 倍、美国的 6 倍，甚至是印度的 2.8 倍。② 我国产业转型。从第一产业向第二产业转移，所有国家在这个阶段都曾出现过高污染情况，例如英国的伦敦曾长期被工业烟雾笼罩。③ 我国城市化引发人类历史上最大的移民潮，数亿人口短时间涌入城市，而城市的生态建设却滞后。④ 国际污染转移入我国，工业产品消耗资源最多、制造污染最为严重，我国成为世界工厂和工地，输出高污染的工业产品换取低污染的高附加值产品，必然伴随城市环境恶化。⑤ 我国以煤为主要一次能源，年排放二氧化硫近 2 000 万 t，酸雨面积已占国土面积 30%，流经城市的河段有 70% 受到不同程度的污染。

5.1.2　环境污染的定义及类型

环境污染是指由于对生态系统有害的物质进入环境后对生态系统造成的干扰和损害的现象，主要是指由于人类的活动而造成危及生物的生存或生命的负面作用或有害的影响。具体来说，就是有害物质或有害因子进入环境并在环境中发生扩散、迁移和转化，并跟生态系统的诸要素发生作用，使生态系统的结构与功能发生变化，对人类及其他生物的生存和发展产生不利影响。能源的开采、输送、转换、利用和消费都直接或间接地改变着地球上的物质平衡和能量平衡，对生态系统也有一定的破坏，因此，能源的开发利用是环境污染的一个主要因素。联合国最新公布的研究结果显示，在过去 30 年中，虽然国际社会在环保领域取得了一定成绩，但全球整体环境状况持续恶化。国际社会普遍认为，贫困和过度消费导致人类无节制地开发和破坏自然资源，这是造成环境恶化的罪魁祸首。

全球环境恶化主要表现在：大气和江海污染加剧、大面积土地退化、森林面积急剧减少、淡水资源日益短缺、大气层臭氧空洞扩大、生物多样性受到威胁等诸多方面；同时，温室气体的过量排放导致全球气候变暖，使自然灾害发生的频率和强度大幅增加。

环境污染除了给生态系统造成直接的破坏和影响外，污染物的积累和迁移转化还会引起多种衍生的环境效应，给生态系统和人类社会造成间接的危害，有时这种间接的环境效应的危害比当时造成的直接危害更大，也更难消除。例如，温室效应、酸雨和臭氧层破坏就是由大气污染衍生出的环境效应。这种由环境污染衍生的环境效应具有滞后性，往往在污染发生的当时不易被察觉或预料到，然而一旦发生就表示环境污染已经发展到相当严重的地步。

环境污染所造成的最直接、最容易被人所感受的后果是使人类生存环境的质量下降，影响人类的生活质量、身体健康和生产活动。例如：城市的空气污染造成空气污浊、人们的发病率上升、产生肺部疾病等；水污染使水环境质量恶化、饮用水源的质量普遍下降，威胁人的身体健康，引起胎儿早产或畸形等。严重的污染事件不仅带来健康问题，也造成社会问题。随着污染的加剧和人们环境意识的提高，由于污染引起的人群纠纷和冲突逐年增加。

目前，在全球范围内都出现了不同程度的环境污染问题，具有全球影响的有大气环境污染、海洋污染、城市环境问题等。随着经济和贸易的全球化，环境污染也日益呈现国际化趋势，近年来出现的危险废物越境转移问题就是这方面的突出表现。

根据产生的原因不同，环境问题大致可分为两类：原生环境问题和次生环境问题。由自然力引起的为原生环境问题，也称第一环境问题，如火山喷发、地震、洪涝、干旱、滑坡等引起的环境问题。由于人类的生产和生活活动引起生态系统破坏和环境污染，反过来又威胁人类自身的生存和发展的现象为次生环境问题，也称第二环境问题。次生环境问题包括生态破坏、环境污染和资源浪费等方面。目前人们所说的环境问题一般是指次生环境问题。

总的来说，环境污染可以是自然活动的结果，也可以是人类活动的结果，或是这两类活动共同作用的结果。例如火山喷发，往大气中排放大量的粉尘和二氧化硫等有害气体，同样也造成大气环境的污染。但通常情况下，环境污染更多地是由人类活动，特别是社会经济活动引起的。我们平常所指的就是这类源于人类活动的环境污染。人类活动之所以会造成环境污染，是因为人类跟其他生物有一个根本差别，即人类除了进行自身的生产外，还进行更大规模的物质生产，而后者是其他所有生物都没有的。由于这一点，人类活动的强度远远大于其他生物。

对环境污染可以从不同角度进行分类。根据受污染的环境系统所属类型或其中的主导要素，可分为大气污染、水体污染、土壤污染等；按污染源所处的社会领域，可分为工业污染、农业污染、交通污染等；按照污染物的形态或性质，可分为废气污染、废水污染、固体废弃物污染及噪声污染、辐射污染等。

环境污染物按其性质可分为化学污染、物理污染和生物污染。化学污染物包括燃料的污染、烹调油烟的污染、吸烟烟雾的污染、建筑材料的污染（放射性污染、石棉的污染、涂料、填充料及溶剂所含挥发性有机化合物的污染）、装饰材料的污染、家用化学品的污染、VOC 的污染、室外污染对室内空气质量的影响、臭氧的污染及其他污染物的影响。物理污染包括：噪声的污染、电磁波的污染、噪光的污染。生物污染包括：尘螨的污染和宠物的污染。

5.1.3 能源利用造成的环境污染形式

能源的开发和利用对环境造成的污染主要有以下七种形式。

（1）热污染 热污染包括两种：

1）局部热污染。局部热污染是能源在转换和利用过程中的热损失传给周围环境造成的。如火力发电厂与核电厂用江河、湖泊的水作冷却水，冷却水吸取汽轮机乏汽放出的热量后，温度升高 $5 \sim 9℃$ 后又排放到江河、湖泊中。例如，300MW 的火电厂每小时排放约为 $1.4 \times 10^{12} J$ 的热量，较短时间内，电厂周围的自然水域温度升高，从而导致水中含氧量降低，造成水中的鱼类甚至水草死亡。同时，水温升高会使水中藻类大量繁殖，破坏自然水域的生态平衡。采用冷却塔的火电厂和核电厂，虽然减少了热水排放，但却使周围环境空气温度升高，湿度增大，这种温度较高的湿空气对电厂周围建筑、设备均有强烈的腐蚀作用。这种局部热污染不仅仅来自电厂的冷却水排放，原则上一切能量转换和能源消费过程中都不可避免地伴随着损失，这些损失最终都将以低温热能的形式传给环境，如工业锅炉、工业窑炉、工业各种冷却设备等均不可避免地造成热污染。

2）全球性热污染。随着世界上矿物燃料燃烧量和温室气体排放量的逐年增加，地球表面温度也随着宇宙空间的辐射增大而逐年升高，约每 100 年地球表面温度会升高 $1℃$。这足以产生严重后果：地球上的冰雪覆盖区减少，地球的总反射率降低，地球表面因吸收更多的太阳能而温度再升高，引起连锁反应，最终影响生态平衡，造成全球性热环境污染。

（2）二氧化碳污染和温室效应 空气是氮气、氧气、氢气、二氧化碳和水蒸气等气体的混合物。由气体辐射理论可知：双原子气体如氮气、氧气和氢气等对红外长波热射线可看作透明体；而多原子气体如二氧化碳和水蒸气等对热射线却具有辐射和吸收能力，它们能吸收地面上发出的红外热射线，并且太阳的可见光短波射线可以自由通过。随着矿物能源消耗量的不断增加，向大气层中排放的 CO_2 等气体量也不断增加，破坏了自然环境中 CO_2 量的自然平衡。过多的 CO_2 较多地吸收地面红外辐射，并将部分能量辐射回地球，减小了地球表面散失到宇宙的热量，从而导致地球表面气温升高，造成温室效应。像 CO_2 这类会使地球变暖的气体就称为温室气体，温室气体还包括水蒸气、NO、甲烷、氟利昂等。

据统计，从工业革命到 1959 年，地球周围大气中 CO_2 浓度增加了 13%，从 1959 年到 1997 年大气中 CO_2 浓度又增加了 13%，导致全球气候变暖趋势加快。目前，全球的平均温度比 100 年前升高了 $0.61℃$。计算机模拟预测表明，当 CO_2 等气体浓度增加为目前的 2 倍时，地面平均温度将上升 $1.5 \sim 4.5℃$，这将引起南极冰山融化，导致海平面上升和淹没大片陆地，并造成生态环境的严重破坏，人类面临巨大的威胁。海平面上升将使太平洋上的美丽岛国——图瓦卢面临灭顶之灾。

由温室效应引起的全球气候变暖问题已引起了全世界的关注。1992 年在里约热内卢由 150 多个国家发起并组织召开了气候变化框架会议，就如何减少温室气体的排放、提高对气候变化过程影响的认识等许多方面达成了共识。如提倡政府对减少温室气体排放给予财政和科技支持，各国在减少温室气体方面的科研成果共享等。解决温室效应的具体措施包括：① 提高能源的利用率，减少化石燃料的消耗量，大力推广节能新技术；② 开发不产生 CO_2 的新能源；③ 推广植树绿化，限制森林砍伐，制止对热带森林的破坏；④ 减慢世界人口增长速度，在农村发展"能源农场"，一方面利用种植薪柴树木通过光合作用固定 CO_2，另一方面燃烧薪柴替代燃烧化石燃料；⑤ 采用天然气等低含碳燃料，大力发展氢能。

（3）硫化物污染和酸雨污染　硫化物（如 SO_2、H_2S）主要来自矿物燃料的燃烧，SO_2、H_2S 都是有毒气体，大气中含量过大，对人体的健康、植物生长有害。当雨水在近地的污染层中吸收了大量 SO_2 后，会产生 pH 值低于正常值的酸雨（pH < 5.6），造成设备和建筑物腐蚀。酸雨使土壤的酸度升高，影响树木、农作物健康成长。酸雨使得湖泊酸度增加，水生态系统被破坏，某些鱼群和水生物绝迹。酸雨造成建筑物、桥梁、水坝、工业设备、名胜古迹和旅游设施的腐蚀，酸雨还造成地下水和江河水酸度增加，直接影响人类和牲畜饮用水的质量，影响人畜健康。在我国，覆盖四川、贵州、广东、广西、湖南、湖北、江西、浙江、江苏和青岛等省市及部分地区，面积达 200 多万 km^2 的酸雨区是世界三大酸雨区之一。

（4）氮化物污染　矿物燃料在高温下燃烧都会生成氮氧化物 NO_x。浓度很低的 NO_x 就会破坏臭氧层。大气中臭氧层的浓度降低 1%，地面的紫外线辐射就会增加 2%，从而损坏人体健康。雨水吸收空气中的 NO_x，同样会产生酸雨。

20 世纪 70 年代酸雨造成的污染在世界上仅是局部性问题，进入 80 年代后，酸雨危害日趋严重并扩展到世界范围，成为全球面临的严重环境问题之一。世界各国都在采取切实有效的措施控制 SO_2 和 NO_x 排放，其中最重要的方法是洁净煤技术的开发与推广。

（5）臭氧层的破坏及臭氧污染　臭氧（O_3）是氧的同素异构体，存在于距离地面 35km 左右的大气平流层中，形成臭氧层。臭氧层能吸收太阳射线中对人类和动植物有害的大部分紫外线，是地球防止紫外线辐射的天然屏障。随着工业革命的开始，人类对能源的需求和消费不断增加，并且过多地使用氟氯烃类物质（CFCs）作为制冷剂或其他用途，以及燃烧矿物燃料产生大量的 NO_x，造成了臭氧层中的臭氧被大量消耗而迅速减少，形成所谓的臭氧层空洞，导致臭氧层的破坏。1984 年，英国科学家首先发现了南极上空出现了臭氧空洞，据近年来的研究表明，臭氧层空洞正在迅速扩大，1999 年发现臭氧空洞已达到 2600 万 km^2 的面积。

集中在平流层中的臭氧对于阳光中的紫外线具有隔除的作用。如果没有臭氧层，进入大气层的紫外线就很容易被地球上人类及动植物的细胞核吸收，破坏生物的遗传物质 DNA，陆地上的生物便无法存在。科学研究发现，臭氧层每减少 10%，紫外线可能增加 20%，皮肤癌患者约增加 30%。此外还会产生下列几种现象：① 白内障罹患率增加；② 免疫系统受到抑制；③ 谷物的收成减少，品质降低，植物和浮游生物减少，破坏自然界的生物链；④ 塑料、橡胶制品加速老化；⑤ 紫外线直射会引起对流层臭氧的增加，致使产生光化学烟雾，造成空气污染。

目前，人类尚未找到对已被破坏的臭氧层进行补救的措施，但全世界正努力限制和停止对消耗臭氧层的物质的生产和使用。最早使用 CFCs 的 24 个发达国家已于 1985 年和 1987 年分别签署了限制使用 CFCs 的《维也纳公约》和《蒙特利尔议定书》。1993 年 2 月，中国政府批准了《中国消耗臭氧层物质逐步淘汰方案》，确定在 2010 年完全淘汰消耗臭氧层物质。另一方面，人类正努力开发无害的制冷剂、发泡剂等，关心保护臭氧层的人们都在自觉地选择对臭氧层无害的消费品。

臭氧是无色气体，具有刺激性气味，并具有强氧化性，当空气中含有 0.1mg/L 时，人便有感觉，它的质量是空气的 1.72 倍，负离子发生器和办公所用的复印机的引入，可使室内产生臭氧。负离子发生器的功能主要是采用电晕放电的原理产生大量的负离子以提高室内空气新鲜成分，但这种电晕放电的同时，必然伴随着臭氧的产生。这些产品在出厂前必须严格把关，保证合格产品出厂以确保消费者人身安全。复印机也是采用高压放电也会产生臭氧，高浓度的臭氧可使橡胶龟裂，使人出现头晕、恶心等症状。

（6）放射性污染和电磁辐射污染 放射性污染是指核燃料的开采、运输及三废（废水、废气、废渣）的处理过程中产生失误，或核反应堆发生泄漏，使人类环境造成严重的污染。另外，火电厂的粉尘、灰渣，煤矿开采时的废土、杂质，海上采油的漏油问题，水力发电要拦河筑坝、开山辟岭也会破坏周围的生态环境。

电磁辐射人们既看不见也听不着，但确实存在。打开收音机能听到声音，打开电视机能看见图像，就是因为空中有电磁波存在。随着现代技术的发展，大功率高频电磁场和微波在广播、医学、国防、工业以及家用电器中，得到了广泛的应用，为人们带来了方便，同时也给生活环境造成了电磁辐射污染。电磁波具有一定的生物效应，长期接触使肌体组织温度上升，继而引起蛋白质性变、酶活性改变，工作效率降低，记忆力减退等症状。脱离电磁波的作用后几小时，症状就会消失。但是长期受低强度的电磁辐射，中枢神经系统会受到影响，产生许多不良生理反应，如头晕、嗜睡、无力、记忆力减退等，还可能影响心血管系统。

（7）生态环境破坏 生态环境破坏是人类活动直接作用于自然界引起的。这方面的问题主要是植被破坏、土地沙化、水土流失，导致农田、森林、草原和江、河、湖、海、地下水等自然生态系统生产力下降。例如，乱砍滥伐引起的森林植被的破坏、过度放牧引起的草原退化、大面积开垦草原引起的沙漠化、滥采滥捕使珍稀物种灭绝、危及地球物种的多样性、破坏食物链，而植被破坏又引起水土流失等。由于非农业人口大量聚集，城市建设规模不断扩大，绿地不断减少，森林、草地和土壤等自然地表被砖瓦、水泥等人工地表所代替，城市生态系统的结构和功能也发生了某些不良变化。

5.1.4　我国环境污染现状及危害

与所有的工业化国家一样，我国的环境污染问题是与工业化相伴而生的。20 世纪 50 年代以前，我国的工业化刚刚起步，工业基础薄弱，环境污染问题尚不突出。20 世纪 50 年代以后，随着工业化的大规模展开，重工业的迅猛发展，环境污染问题初见端倪。但这时候污染范围仍局限于城市地区，污染的危害程度也较为有限。到了 20 世纪 80 年代，随着改革开放和经济的高速发展，我国的环境污染渐呈加剧之势，特别是乡镇企业的异军突起，使环境污染向农村急剧蔓延，同时，生态破坏的范围也在扩大。时至今日，环境问题与人口问题一样，成为我国经济和社会发展的两大难题。

由于我国现在正处于迅速推进工业化和城市化的发展阶段，对自然资源的开发强度不断加大，加之粗放型的经济增长方式，技术水平和管理水平比较落后，污染物排放量不断增加。从全国总的情况来看，我国环境污染仍在加剧，环境形势不容乐观。

1. 大气污染

大气污染是指由于人类活动和自然过程中引起某种进入大气层的污染物的含量超过环境所能允许的极限，使得空气中存在的有害物质的数量大到足以直接或间接地影响人们的安全和健康或干扰人们的物质生活，给正常的工农业生产带来不良后果的现象。空气污染和能源状况密切相关。工业生产、生活用热和交通运输的燃料燃烧所产生的烟尘和二氧化硫是城市空气污染的主要污染物。

（1）污染现状　据《中国环境状况公报》显示，1997 年我国城市空气质量仍处于较重的污染水平，北方城市重于南方城市。二氧化硫年均值浓度为 3 ~ 248μg/m³，全国年均值为 66μg/m³。一半以上的北方城市和三分之一以上的南方城市二氧化硫年平均值超过国家二级标准（60μg/m³）。北方城市二氧化硫年均值浓度为 72μg/m³；南方城市二氧化硫年均值浓度为 60μg/m³。以宜宾、贵阳、重庆为代表的西南高硫煤地区的城市和北方能源消耗量大的山西、山东、河北、辽宁、内蒙古及河南、陕西部分地区的城市二氧化硫污染较为严重。

氮氧化物年均值浓度为 4 ~ 140μg/m³，全国年均值为 45μg/m³。北方城市氮氧化物年均值浓度为 49μg/m³；南方城市氮氧化物年均值浓度为 41μg/m³。34 个城市超过国家二级标准（50μg/m³），占统计城市的 36.2%。其中，广州、北京、上海三市氮氧化物污染严重，氮氧化物年均值浓度超过 100μg/m³；济南、武汉、乌鲁木齐、郑州等城市污染也较重。

总悬浮颗粒物年均值浓度为 32 ~ 741μg/m³，全国年均值为 291μg/m³。超过国家二级标准（200μg/m³）的有 67 个城市，占城市总数的 72%。北方城市总悬浮颗粒物年均值浓度为 381μg/m³；南方城市总悬浮颗粒物年均值浓度为 200μg/m³。从区域分布看，北京、天津、甘肃、新疆、陕西、山西的大部分地区及河南、吉林、青海、宁夏、内蒙古、山东、河北、辽宁的部分地区总悬浮颗粒物污染严重。

据世界银行研究报告表明，我国一些主要城市大气污染物浓度远远超过国际标准，在世界污染最为严重的城市之列。

（2）污染来源

1）能源使用。随着我国经济的快速增长以及人民生活水平的提高，能源需求量不断上升。自 1980 年以来，我国原煤消耗量已增加了两倍以上。1997 年原煤消费已达 13.9 亿 t，到 2008 年，我国煤炭消费量已达到 27.4 亿 t。以煤炭、生物质能、石油产品为主的能源消耗是大气中颗粒物的主要来源。大气中的细颗粒物（直径小于 $10\mu m$）和超细颗粒物（直径小于 $2.5\mu m$）对人体健康最为有害，它们主要来自工业锅炉和家庭煤炉所排放的烟尘。大气中的二氧化硫和氮氧化物也大多来自这些排放源。工业锅炉燃煤占我国煤炭消耗量的33%，由于其燃烧效率低，加之低烟囱排放，它们在近地面大气污染中所占份额超过其在燃煤使用量中所占份额。虽然居民家庭燃煤使用量仅占消耗总量的15%左右，然而其占大气污染的份额是30%。

我国二氧化硫排放量呈急剧增长之势。20世纪90年代初，我国二氧化硫排放量约为1 800万t，到1997年，已上升至2 300万t，到2007年已达到2 468万t。目前，我国已成为世界二氧化硫排放大国。研究表明，我国大气中87%的二氧化硫来自燃煤。我国煤炭中含硫量较高，西南地区尤甚，一般都在1%~2%，有的高达6%。这是导致西南地区酸雨污染历时最久、危害最大的主要原因。

2）机动车尾气。近几年来，我国主要大城市机动车的数量大幅度增长，机动车尾气已成为城市大气污染的一个重要来源。由于机动车尾气低空排放，恰好处于人的呼吸带范围，对人体健康影响十分明显。例如，排放的一氧化碳和氮氧化物能大大阻碍人体的输氧功能，铅能抑制儿童的智力发育，还会造成肝功能障碍，颗粒物对人体有致癌作用。尾气排放对交通警察有严重的危害作用，有资料表明，交通警察的寿命大大低于城市人的平均寿命。此外，汽车排放的一氧化碳、氮氧化物和碳氢化合物在太阳的照射下会在大气中反应，形成光化学烟雾，其污染范围更广，对人体健康、生态环境的危害更大。

特别是北京、广州、上海等大城市，大气中氮氧化物的浓度严重超标，北京和广州氮氧化物空气污染指数已达四级，成为大气环境中首要的污染因子，这与机动车数量的急剧增长密切相关。有关研究结果表明，北京、上海等大城市机动车排放的污染物已占大气污染负荷的60%以上，其中，排放的一氧化碳对大气污染的分担率达到80%，氮氧化物达到40%，这表明我国特大城市的大气污染正由第一代煤烟型污染向第二代汽车型污染转变。1985年，全国机动车保有量仅有300万辆，1990年为500万辆，1997年增至1300万辆，2007年上半年全国机动车和驾驶人统计，机动车保有量逾1.5亿辆。而目前我国机动车污染控制水平低，相当于国外20世纪70年代中期水平，据统计，我国单车污染排放水平是日本的10~20倍，是美国的1~8倍。

此外，汽车排放的铅也是城市大气中重要的污染物。自20世纪80年代以来，汽油消费量年均增长率达70%以上，年平均加入汽油的四乙基铅量为2 900t。含铅汽油经燃烧后85%左右的铅排放到大气中造成铅污染。汽车排放的铅对大气污染的分担率（即某种污染物在污染过程中所占的比率）达到80%~90%。例如，上海等大城市机动车排放的污染物已占大气污染负荷的60%以上，其中，排放的一氧化碳对大气污染的分担率达到80%。从1986~1995年，我国累计约有1 500t铅排入到大气、水体等自然环境中，并且主要集中在大城市，这会对居住城市居民的身体健康造成不良影响。

（3）污染危害

1）危害人体健康。由于我国严重的大气污染，致使我国的呼吸道疾病发病率很高。慢性障碍性呼吸道疾病，包括肺气肿和慢性气管炎，是最主要的致死原因，其疾病负担是发展中国家平均水平的两倍多。疾病调查已发现曝露于一定浓度污染物（如空气中所含颗粒物和二氧化硫）所导致的健康后果，诸如呼吸道功能衰退、慢性呼吸疾病、早亡以及医院门诊率和收诊率的增加等。1989 年，研究人员对北京的两个居民区作了大气污染与每日死亡率的相关性研究。在这两个区域都监测到了极高的总悬浮颗粒物和二氧化硫浓度。估算结果显示，若大气中二氧化硫浓度每增加 1 倍，则总死亡率增加 11%；若总悬浮颗粒物浓度每增加 1 倍，则总死亡率增加 4%。对致死原因所作的分析表明，总悬浮颗粒物浓度增加 1 倍，则慢性障碍性呼吸道疾病死亡率增加 38%、肺心病死亡率增加 8%。1992 年，研究人员对沈阳大气污染与每日死亡率的关系做了研究，结果表明，二氧化硫和总悬浮颗粒物浓度每增加 $100\mu g/m^3$，总死亡率分别增加 2.4% 和 1.7%。

城市空气污染所带来的其他人体健康损失也很大。分析显示，由于空气污染而导致医院呼吸道疾病门诊率升高 34 600 例；严重的空气污染还导致每年 680 万人次的急救病例；每年由于空气污染超标致病所造成的工作损失达 450 万人次。

室内空气质量有时比室外更糟。对我国一些地区室内污染的研究显示，室内的颗粒物（来自生物质能和煤的燃烧）水平通常高于室外（超过 $500\mu g/m^3$），厨房内颗粒物浓度最高（超过 $1\,000\mu g/m^3$）。

保守估计，每年由于室内空气污染而引起的死亡达 11 万人。由于在封闭很严的室内用煤炉取暖，一氧化碳中毒死亡事件在我国北方年年发生。在我国，由室内燃煤烧柴所造成的健康问题与由吸烟而产生的问题几乎相当。受室内空气污染损害最大的是妇女和儿童。

2）形成酸雨。二氧化硫等致酸污染物引发的酸雨，是我国大气污染危害的又一重要方面。酸雨是大气污染物（如硫化物和氮化物）与空气中水和氧发生化学反应的产物。燃烧化石燃料产生的硫氧化物与氮氧化物排入大气中，与其他化学物质形成硫酸和硝酸物质。这些排放物可在空中滞留数天，并迁移数百或数千公里，然后以酸雨的形式回到地面。

目前我国酸雨正呈急剧蔓延之势，是继欧洲、北美之后世界第三大重酸雨区。20 世纪 80 年代，我国的酸雨主要发生在以重庆、贵阳和柳州为代表的川贵两广地区，酸雨区面积为 170 万 km^2。到 20 世纪 90 年代中期，酸雨已发展到长江以南、青藏高原以东及四川盆地的广大地区，酸雨面积扩大了 100 多万 km^2。以长沙、赣州、南昌、怀化为代表的酸雨区现已成为全国酸雨污染最严重的地区，其中心区年降水 pH 值低于 4.0，酸雨频率高于 90%，已到了逢雨必酸的程度。以南京、上海、杭州、福州、青岛和厦门为代表的华东沿海地区也成为我国主要的酸雨区。华北、东北的局部地区也出现酸性降水。酸雨在我国几呈燎原之势，危害面积已占国土面积的 29% 左右，其发展速度十分惊人，并继续呈逐年加重的趋势。

酸雨危害是多方面的，对人体健康、生态系统和建筑设施都有直接和间接危害。酸雨可使儿童免疫功能下降，慢性咽炎、支气管哮喘发病率增加，并且使老人眼部、呼吸道患病率增加。酸雨还可使农作物大幅度减产，特别是小麦，在 pH 值为 3.5 的酸雨影响下，可减产 13.7%，pH 值为 3.0 时减产 21.6%，pH 值为 2.5 时减产 34%。大豆、蔬菜也容易受酸雨危害导致蛋白质含量和产量下降。酸雨对森林、植物危害也较大，常使森林和植物树叶枯黄，病虫害加重，最终造成植物大面积死亡。

根据对南方八省份的研究表明，酸雨每年造成农作物受害面积 1.93 亿亩，经济损失 42.6 亿元，造成的木材经济损失 18 亿元。从全国来看，酸雨每年造成的直接经济损失 140 亿元。

2. 水体污染

水体污染是指污染物进入河流、海洋、湖泊或地下水等水体后，使其水质和沉积物的物理、化学性质的组成发生变化，从而降低水体的使用价值和使用功能，影响人类正常生产、生活以及影响生态平衡的现象。

（1）污染现状　据《中国环境状况公报》和水利部门报告显示，1997年我国七大水系、湖泊、水库、部分地区地下水受到不同程度的污染，河流污染比例与1996年相比，枯水期污染河长增加了6.3个百分点，丰水期增加了5.5个百分点，在所评价的5万多千米河段中，受污染的河道占42%，其中污染极为严重的河道占12%。

依据地表水水域环境功能和保护目标，按功能高低依次划分为五类水质：Ⅰ～Ⅴ。Ⅰ类：国家级自然保护区，水质未受污染；Ⅱ类：较清洁，过滤后可成为饮用水；Ⅲ类：过滤清洁后可用作普通工业用水；Ⅳ类：普通农业用水，灌溉用；Ⅴ类：普通景观用水。劣Ⅴ类：无用脏水。

全国七大水系的水质继续恶化。长江干流污染较轻。监测的67.7%的河段为Ⅲ类和优于Ⅲ类水质，无超Ⅴ类水质的河段。但长江江面垃圾污染较重，这是沿岸城镇和江上客船乱扔垃圾所致。成堆的垃圾已严重妨碍了葛洲坝水电站的正常运行，影响了长江三峡的自然景观。

黄河面临污染和断流的双重压力。监测的66.7%的河段为Ⅳ类水质。主要污染指标为氨氮、挥发酚（一种工业有机物）、高锰酸盐指数和生化需氧量。20世纪70年代黄河断流的年份最长历时21天，1996年为133天，1997年长达226天。

珠江干流污染较轻。监测的62.5%的河段为Ⅲ类和优于Ⅲ类水质，29.2%的河段为Ⅳ类水质，其余河段为Ⅴ类和超Ⅴ类水质，主要污染指标为氨氮、高锰酸盐指数和总汞。

淮河干流水质有所好转，尤其是往年高污染河段的状况改善明显。干流水质以Ⅲ、Ⅳ类为主，支流污染仍然严重，一级支流有52%的河段为超Ⅴ类水质，二、三级支流有71%的河段为超Ⅴ类水质，主要污染指标为非离子氨和高锰酸盐指数。

海滦河水系污染严重，总体水质较差。监测的50%的河段为Ⅴ类和超Ⅴ类水质，主要污染指标为高锰酸盐指数、氨氮和生化需氧量。

大辽河水系总体水质较差，污染严重。监测的50%的河段为超Ⅴ类水质，主要污染指标为氨氮、总汞、挥发酚、生化需氧量和高锰酸盐指数。

松花江水质与往年相比有所改善。监测的70.6%的河段为Ⅳ类水质，主要污染指标为高锰酸盐指数、挥发酚和生化需氧量。

大淡水湖泊和城市湖泊均为中度污染，水库污染相对较轻。与1996年相比，1997年巢湖和滇池污染程度有所加重，太湖有所减轻。主要大淡水湖泊的污染程度次序为：滇池最重，其次是巢湖（西半湖）、南四湖、洪泽湖、太湖、洞庭湖、镜泊湖、博斯腾湖、兴凯湖和洱海。湖泊水库突出的环境问题是严重富营养化和耗氧有机物增加。大淡水湖泊和城市湖泊的主要污染指标为总氮、总磷、高锰酸盐指数和生化需氧量。大型水库主要污染指标为总磷、总氮和挥发酚，部分湖库存在汞污染，个别水库出现砷污染。

（2）污染来源　1997年，全国污水排放量约416亿t，其中45%来源于城市生活污水，55%为工业废水。在淮河流域约有75%的化学需氧量来自工业废水，其余来自生活污水。

1）工业废水。工业水污染主要来自造纸业、冶金工业、化学工业以及采矿业等。而在一些城市和农村水域周围的农产品加工和食品工厂，如酿酒、制革、印染等，也往往是水体中化学需氧量和生物需氧量的主要来源。

2）城市生活污水。尽管工业废水的排放量在过去的十年期间逐年下降，而生活污水的总量却在增加。1997 年与 1990 年相比，城市生活污水排放量整整翻了一番，达到 189 亿 t，而我国城市污水的集中处理率仅为 13.6%。全国各地生活污水对当地水体化学需氧量和生物需氧量的影响不尽相同。例如，山东省生活污水占废水总量的 40%，而重庆市生活污水则产生了当地水体中 68% 的化学耗氧量和 85% 的生物耗氧量。

3）农业废水。除了农产品加工这一间接水污染行业外，作物种植和家畜饲养等农业生产活动对水环境也产生重要影响。最近的研究结果表明，氮肥和农药的大量使用是水污染的重要来源。尽管我国的化肥使用量与国际标准相比并不特别高，但由于大量使用低质化肥以及氮肥与磷肥、钾肥不成比例的施用，导致其使用效率较低。特别值得注意的是大量廉价低质的氨肥的使用。这种地方生产的氨肥极易溶解而被冲入水体中造成污染。近年来，杀虫剂的使用范围也在扩大，导致物种（鸟类）的损失，并造成一些受保护水体的污染。牲畜饲养场排出的废物也是水体中生物需氧量和大肠杆菌污染的主要来源。肉类制品（包括鸡、猪、牛、羊等）在过去的 15 年中产量急剧增长，随之而来的是大量的动物粪便直接排入饲养场附近水体。在杭州湾进行一项研究发现，其水体中化学耗氧量的 88% 来自农业，化肥和粪便中所含的大量营养物是对该水域自然生态平衡以及内陆地表水和地下水质量的最大威胁。

（3）污染危害　水污染危害人体健康、渔业和农业生产（通过被污染的灌溉水），也增加了清洁水供应的支出。水污染还会对生态系统造成危害——水体富营氧化以及动植物物种的损失。

一些疾病与人体接触水污染有关，包括腹水、腹泻、钩虫病、血吸虫、沙眼及线虫病等。改善供水卫生条件可以极大地降低此类疾病的发病率和危害程度，同时也可减少幼儿因腹泻而导致的死亡。总体而言，我国此类疾病发病率较其他发展中国家低。与其他收入水平相当的亚洲国家相比，我国水供应与卫生条件是好的。1990 年，我国只有 1.5% 的总死亡率和 3% 的总疾病负担源于与供水及卫生条件有关的普通疾病（如腹泻、肝炎、沙眼、线虫病等）。与之相比，在我国，慢性障碍性呼吸道疾病占总死亡率的 16% 和总疾病负担的 8.5%。

还有其他一些疾病也被认为与水污染有关，如皮肤病、肝癌和胃癌、先天残疾、自然流产等。研究人员曾经对水污染与这些疾病的关系作过一些研究。但是，如果没有进行多年的大规模病疫学调查，是很难找到这些疾病的准确病因的。与肠道疾病（如腹泻）不同，与水污染有关的癌症和先天残疾是由重金属和有毒化学物质造成。

目前，我国的城市卫生系统正处于过渡时期——由于化肥的广泛使用以及农村收入的提高，用于农业的粪便收集系统已基本消失了，城市污水总量随城市人口的增长而上升，但现代化的污水收集和处理系统尚未形成。

3. 固体废弃物污染

城市固体废物污染主要是工业固体废物（包括危险废物）和城市垃圾。随着工业化和城市化的推进，城市人民物质文化生活水平日益提高，固体废弃物的产生量迅速增加，成分发生变化，给城市发展和管理带来了新的困难，直接或间接地影响生态环境，给居民的健康和生活带来严重影响。在固体废物处置和处理过程中，不仅要占用大批土地甚至良田，而且会污染空气、土壤、水体，造成传染病的传播和流行，破坏环境景观。

（1）污染现状　1996 年，工业固体废弃物排放量 1 690 万 t，其中危险废物排放量占 1.3%。全国工业固体废弃物的累计堆存量已达 65 亿 t，占地 51 680 公顷，其中危险废物约占5%。1997年，全国工业固体废弃物产生量为10.6亿t，其中乡镇企业固体废弃物产生量4亿t，占总产生量的37.7%，危险废物产生量1 077万t，约占1.0%。目前城市生活垃圾产生量约14亿t，全国有2/3的城市陷入垃圾包围之中。近年来，塑料包装物用量迅速增加，"白色污染"问题突出。

（2）污染来源

1）工业固体废弃物。1996年，我国工业固体废弃物产生量为（不包括乡镇企业）近6.6亿t，其中：危险废弃物产生量993万t，占1.5%；冶金废渣7369万t，占11.2%；粉煤灰12 668万t，占19.2%；炉渣7 759万t，占11.8%；煤矸石11 425万t，占17.3%：尾矿18 857万t，占28.6%；放射性废渣227万t，占0.4%；其他废弃物6 599万t，占10%。在产生固体废弃物的工业行业中，矿业、电力蒸汽热水生产供应业、黑色金属冶炼及压延加工业、化学工业、有色金属冶炼及压延加工业、食品饮料及烟草制造业、建筑材料及其他非金属矿物制造业、机械电气电子设备制造业等的产生量最大，占总量的95%左右，其中以矿业和电力蒸汽热水生产供应业固体废物产生量为主，占总量的60%。

2）废旧物资。我国废旧物资回收利用率只相当于世界先进水平的1/4～1/3，大量可再生资源尚未得到回收利用，流失严重，造成污染。据统计，我国每年有数百万吨废钢铁、600多万t废纸、200万t玻璃未予回收利用，每年扔掉的60多亿t废干电池中就含有8万t锌、10万t二氧化锰、1200多t铜等。每年因再生资源流失造成的经济损失达250亿～300亿元。

3）城市生活垃圾。我国城市生活垃圾产生量增长快，每年以8%～10%的速度增长，1997年达1.4亿t，城市人均年产生活垃圾440kg。而目前城市生活垃圾处理率低，仅为55.4%，近1/2的垃圾未经处理随意堆置，致使2/3的城市出现垃圾围城现象。

（3）污染危害　我国传统的垃圾消纳倾倒方式是一种"污染物转移"方式。而现有的垃圾处理场的数量和规模远远不能适应城市垃圾增长的要求，大部分垃圾仍呈露天集中堆放状态，对环境的即时和潜在危害很大，污染事故频出，问题日趋严重。

1）严重破坏农田。堆放在城市郊区的垃圾侵占了大量农田。未经处理或未经严格处理的生活垃圾直接用于农田，或仅经农民简易处理后用于农田，后果严重。由于这种垃圾肥颗粒大，而且含有大量玻璃、金属、碎砖瓦等杂质，破坏了土壤的团粒结构和理化性质，致使土壤保水、保肥能力降低。据初步统计，累计使用不合理的垃圾肥，每0.06hm³达10t以上的土地，保水和保肥能力都下降了10%以上。重庆市因长期使用未经严格处理的垃圾肥，土壤的汞浓度已超过本底3倍。

2）严重污染空气。在大量垃圾露天堆放的场区，臭气熏天，老鼠成灾，蚊蝇滋生，有大量的氨、硫化物等污染物向大气释放。仅有机挥发性气体就多达100多种，其中含有许多致癌致畸物。

3）严重污染水体。垃圾不但含有病原微生物，在堆放和腐烂过程中还会产生大量的酸性和碱性有机污染物，并会将垃圾中的重金属溶解出来，是有机物、重金属和病原微生物三位一体的污染源。任意堆放或简易填埋的垃圾，其内所含水量和淋入堆放垃圾中的雨水产生的渗滤液流入周围地表水体和渗入土壤，会造成地表水或地下水的严重污染，致使污染环境的事件屡有发生。例如，贵阳1983年夏季哈马井和望城坡垃圾堆放场所在地区同时发生痢疾流行，其原因是地下水被垃圾场渗滤液污染，大肠杆菌值超过饮用水标准770倍以上，含菌量超标 2 600 倍。

4）垃圾爆炸事故不断发生。随着城市垃圾中有机质含量的提高和由露天分散堆放变为集中堆存，只采用简单覆盖易造成产生甲烷气体的厌氧环境，使垃圾产生沼气的危害日益突出，事故不断，造成重大损失，如不采取措施，因垃圾简单覆盖堆放产生的爆炸事故将会有较大的上升趋势。

5.2　环境保护的措施

5.2.1　保护环境及防治污染的措施

环境保护就是运用环境科学的理论和方法，更好地利用自然资源的同时，深入了解和分析环境污染与破坏环境的根源及危害，有计划地保护环境，预防环境质量恶化，控制环境污染，促进生态系统的良性循环，不断提高人类生存的环境质量，为人类造福。环境的演化是不以人的意志为转移的客观规律，不能盲目地用人的主观意志改造环境。只有保护好环境，人类社会才能持续、健康地发展。虽然能源为现代化建设和提高人民生活水平做出了很大贡献，但酸雨、温室效应和臭氧层的破坏等问题严重危害居民健康，破坏生态系统，同样也造成了巨大的经济损失，已成为制约社会经济发展的重要因素之一。

世界上越来越多的国家认识到：一个能够持续发展的社会应该是一个既能满足当前社会的需要，而又不危及后代人发展的社会。因此，节约能源，提高能源利用效率，尽可能多地用洁净能源替代高含碳量的矿物燃料，是我国能源建设遵循的基本原则，也是实现经济可持续发展和保护环境的客观要求。具体可采用以下措施：

（1）大力发展洁净煤技术　我国是世界上最大的煤炭生产国和消费国，煤炭约占商品能源消费构成的76%，已成为我国大气污染的主要来源。在今后很长一段时间内煤炭仍将是我国的主要一次能源。目前煤炭燃烧污染大、能量利用率低，所以洁净煤技术的开发和利用十分重要。洁净煤技术可显著地减少环境污染，提高能源利用率，确保能源的可靠供应，提高煤炭在能源市场中的竞争力，促进能源与环境协调发展。我国洁净煤技术的研究应用取得了较大的成绩。目前比较成熟的洁净煤技术主要包括型煤、洗选煤、动力配煤、水煤浆、煤炭气化、煤炭液化、洁净燃烧等。洁净煤技术是当前世界各国解决环境污染问题的主要技术之一，也是高技术国际竞争的一个重要领域。

1）型煤。型煤可分为民用型煤和工业型煤。目前我国的民用型煤技术已达到国际领先水平。民用型煤配以先进的炉具，热效率是普通煤的一倍，同时可减少烟尘、SO_2 和 CO 排放量约80%。工业型煤生产也有一定规模，燃烧工业型煤比普通煤节能15%左右，烟尘和 SO_2 排放量减少约50%。继续扩大型煤生产必对节约能源和环境保护起更大的作用。

2）洗选煤。目前我国煤炭洗选率约为25%，而发达国家已达到了99%。洗选煤可以除去约60%不符合工艺要求的煤，可提高热效率约30%，并可减少污染物的排放。因此，可进一步研究开发有关高硫煤的洗选脱硫技术，降低煤的灰分和硫分。

3）煤炭气化。煤炭气化不仅可脱除杂质还可以提高能源利用率，是值得开发的一项技术。煤炭气化主要产生 CO 和 H_2。它的优点是在燃烧前脱除气态硫和氮组分，而在高温下用金属氧化物吸附净化工艺可脱除99%的硫。另外，还可在氧化器中加入石灰固硫，脱硫率也可达 90%。煤气化联合循环发电也是一种洁净煤技术，据资料介绍，燃烧硫分为 3.5% 的高硫煤的煤气化联合循环电站，SO_2 的排放量比煤粉炉中的烟气脱硫装置少 70%，比常压流化床少 50%，NO_x 分别减少 60% 和 20%，颗粒物分别减少 60% 和 75%，故煤气化联合循环发电技术可望成为 21 世纪燃煤电厂的主导技术，目前我国煤气化联合循环发电尚处于研究和开发阶段。

4）水煤浆。目前，我国水煤浆的生产技术已达国际先进水平。水煤浆是一种新型的以煤代油燃料，它燃烧效率较高（96% 以上）。生产水煤浆的原料煤灰分和硫分都比较低，且它燃烧时的温度较低，所以燃烧中产生的 SO_2 和 NO_x 较少，烟尘含量减少，环保效果十分明显。

5）洁净燃烧。由于我国电厂煤质不稳定，烟气流量大，烟温和烟气含硫量高，所以我国从 20 世纪 60 年代末开始投入大量资金进行烟气脱硫的研发工作，至今电厂尚无成熟的烟气脱硫工艺系统运行。在引进国外先进技术的基础上，有必要研发出符合我国实际情况的烟气脱硫装置，以实现环境、节能、污染物资源化的综合效益。

（2）大力发展新能源和可再生能源利用技术　大力开发和利用清洁能源，减少对化石燃料的利用，不但可以优化我国能源结构，还可以减少环境污染。清洁能源指的是对环境友好的新能源和可再生能源，即环保、排放少、污染程度小的能源，如太阳能、风能、核能、氢能、生物质能、地热能和海洋能等。大力开发新能源和可再生能源利用技术，将成为减少环境污染的重要措施之一。

我国是世界上最大的发展中国家，有 9 亿多人口在农村。农村能源短缺，利用水平低，严重阻碍了农村经济和社会的发展。此外，由于农村燃料短缺，造成森林过度樵采，植被破坏，生态环境恶化。因地制宜，大力开发利用新能源和可再生能源，特别是把它们转化为高品位的电能，为边远偏僻和海岛等缺电无电地区提供照明、电视、水泵等动力能源，促进这些地区脱贫致富，使农村经济和生态环境协调发展，对实现小康社会具有重大意义。

从能源长期发展战略高度来审视，我国必须寻求一条可持续发展的能源道路。新能源和可再生能源对环境不产生或很少产生污染，既是近期急需的补充能源，又是未来能源结构的基础。我国具有丰富的新能源和可再生能源资源，在其开发利用方面也取得了很大的进展，为进一步发展奠定了良好基础。在国际上，新能源和可再生能源技术越来越受到重视，交流频繁。因而要抓住当前的发展机遇，制订好"新能源和可再生能源发展纲要"，这将对我国经济、社会和环境持续协调发展起到深远的影响。

（3）工业污染的综合防治　工业污染综合防治以水污染和大气污染为主，实施全国主要污染物排放总量控制，有效削减污染物产生量和排放量。工业污染防治以电力、化工、造纸、冶金、建材等污染严重的行业为重点。结合经济结构的战略调整，淘汰一批落后的生产工艺和设备，关闭一批浪费资源、污染严重的企业。主要应采取如下几方面的措施：

1）减少污染物排放量。改革能源结构，多采用无污染能源（如太阳能、风能、水力发电）和低污染能源（如天然气），对燃料进行预处理（如烧煤前先进行脱硫），改进燃烧技术等均可减少排污量。另外，在污染物未进入大气之前，使用除尘消烟技术、冷凝技术、液体吸收技术、回收处理技术等消除废气中的部分污染物，可减少进入大气的污染物数量。

2）控制排放和充分利用大气自净能力。气象条件不同，大气对污染物的容量便不同，排入同样数量的污染物，造成的污染物浓度便不同。对于风力大、通风好、对流强的地区和时段，大气扩散稀释能力强，可接受较多厂矿企业活动。逆温的地区和时段，大气扩散稀释能力弱，便不能接受较多的污染物，否则会造成严重大气污染。因此，应对不同地区、不同时段进行排放量的有效控制。

3）厂址选择、烟囱设计、城区与工业区规划等要合理，不要让排放大户过渡集中，不要造成重复叠加污染，形成局地严重污染事件发生。应该将这样的地方放在开阔、空气易流通、人口密度相对稀少的地方。

（4）城市环境污染综合防治

1）城市大气污染防治。主要是减少污染物排放量，改善能源结构，提高能源利用效率，治理烟尘及 SO_2 污染，酸雨和 SO_2 污染严重的城市要加强治理。特大城市要加强对汽车尾气的治理，控制氮氧化物（NO_x）的污染，防止出现光化学烟雾。

2）城市水污染防治。要与节约用水紧密结合，推行清污分流和废水资源化政策。重点抓好城市集中饮用水源地和主要功能区的保护，确保居民饮水安全。另外，禁止在洗涤剂中添加磷，污水处理厂采取除磷操作等措施使河流中磷的含量降低。

3）城市噪声污染控制。加强交通干线噪声防治，重点控制主要交通干线噪声；加强工业、施工和社会噪声管理，解决噪声扰民问题。此外，对城市中的电磁波污染等其他物理污染也应注意防治。

4）城市固体废弃物污染控制。大力开展废物综合利用，加快城市垃圾无害化集中处置场的建设，积极防治"白色污染"。重点加强对危险废物的管理和合理处置。

（5）农业污染的防治　采取综合措施控制农业面源污染，指导农民科学施用化肥、农药，积极推广测十配方施肥，推行秸秆述田，鼓励使用农家肥和新型有机肥；鼓励使用生物农药或高效、低毒、低残留农药，推广作物病虫草害综合防治和生物防治；鼓励农膜回收再利用。加强秸秆综合利用，发展生物质能源，推行秸秆气化工程、沼气工程、秸秆发电工程等，禁止在禁烧区内露天焚烧秸秆。

（6）自然、土地和森林保护　贯彻执行建立环境保护区的策略，并将湿地保护纳入国家宪法；提倡可持续发展农业，实施生态补偿机制，并使其在土地管理方面发挥积极作用，林业管理突破单纯追求产出，实现森林生态、社会和经济多方面的平衡，实际上也增加了林地的面积。绿化造林，使有更多植物吸收污染物，减轻大气污染程度，植树造林、退耕还林和生态重建是极为重要的。治理沙化耕地，控制水土流失，防风固沙，增加土壤蓄水能力，可以大大改善生态环境，减轻洪涝灾害的损失，而且随着经济林陆续进入成熟期，产生的直接经济效益和间接经济效益巨大。

5.2.2　节约能源与保护环境的关系

我国是典型的能源消费型大国，近些年以能源的高消耗和牺牲环境为代价，虽然在经济上有一定程度的发展，但也造成了严重的环境问题。因此，能源工业面临经济增长与环境保护的双重压力，保护环境和节约能源是密不可分的，搞好节能对于环境保护至关重要。实现节能意识普遍化、节能过程链条化、节能方式多元化，在环境保护中将起着关键性的作用。

在一次能源利用过程中，产生的大量 SO_2、NO_x、CO_2、CO、烟尘及多种芳烃化合物等污染物，对环境产生了严重影响。我国巨大的能源消费规模、以煤为主的能源消费结构引起的环境污染已不堪重负。1999 年全国排放烟尘量为 1 159 万 t，SO_2 排放量为 1 857 万 t，其中燃煤的排放量分别占70%和85%以上。我国的环境污染为典型的能源消费性污染。近年来，在我国大中型城市，随着城市交通所需能源的不断增长，车辆尾气排放也引起环境质量日趋恶化。

1999年对全国338个城市环境空气质量状况的统计结果表明，总悬浮颗粒物（TSP）是我国城市环境空气中的主要污染物。60%的城市TSP日均值超过国家二级标准，SO_2浓度年平均值超过国家二级标准的城市占统计城市的28.4%。

我国是世界上继北美和欧洲后的第三大酸雨污染区。目前全国酸雨区面积约占国土总面积的30%。据专家估算，全国每年因酸雨造成的直接经济损失约为当年GDP的1%~2%，其潜在的损失有可能在3%以上。

大规模的能源消费所产生的CO_2等温室气体对全球气候变化的潜在威胁，已经成为国际社会关注的焦点。由于我国大规模的能源消费和以煤炭为主的能源消费结构，目前每年CO_2排放量已占全球总排放量的13%以上，是仅次于美国的排放大国。我国的能源环境问题，已经成为国际能源环境问题的一个重要部分。

薪材的过度消耗使森林植被减少，造成大量水土流失。秸秆不能还田使土壤的有机质下降，影响农业增产。

（1）滥用能源是环境污染主因　能源在人类社会发展中扮演着极为重要的角色，人类一刻也离不开能源。但能源的消费也正在给人类带来众多的麻烦，占总量80%的化石能源的利用造成了日益严重的环境污染，不科学地滥用能源是造成环境恶化的主要原因。

在工业革命之前，能源的使用量及使用范围相对有限，加上当时科学技术和经济不发达，对环境的损害较小。但环境的恶化是一个积累的过程，只有通过较长时间的积累，才能明显察觉到它的变化，因此，不易引起人们的特别注意。近年来，随着工业的迅猛发展和人民生活水平的提高，能源的消耗量越来越大。由于能源的不合理开发和利用，致使环境污染也日趋严重。目前，全世界每年向大气中排放几十亿吨甚至几百亿吨的二氧化碳、二氧化硫、粉尘及其他有害气体，给人类生存环境带来了严重的损害。二氧化碳等导致的温室效应使全球逐渐变暖，气候异常，海平面上升，自然灾害增多；随着二氧化硫等排放量的增加，酸雨越来越严重，使生态遭到严重的破坏，致使农业减产，水质变坏，危害人们的日常生活；氯氟烃类化合物的排放使大气臭氧层遭到破坏，加之大量粉尘的排放，使癌症发病率增加，严重威胁人类健康。

目前发达国家仍然是世界上有限资源的主要消费者和二氧化碳等大量有害气体的主要排放者，其排放量占到了全球排放总量的3/4。我国的经济发展速度世界瞩目，但以煤炭为主的能源消费结构，也使我国面临着严峻的生态压力。能源消耗总量持续增长，是重点污染物排放总量增加的主要原因之一。在目前的技术发展水平下，要发展经济，必然要消耗资源、影响环境。

（2）节能是环保最有效的方式　人类社会和经济的发展永远离不开能源，要想减少能源消耗对环境带来的负面影响，最有效的办法之一就是走节能之路。

节能就是采取技术上可行、经济上合理以及环境与社会上可以接受的各种措施来更有效地利用能源，充分地发挥现有能源的作用。节能的范围很广，从能源生产到最终使用的全过程（包括开采、分配、输送、加工转换和终端消费等环节）减少损失和浪费，以及通过技术进步、合理有效利用、科学管理和结构优化等途径，提高能源利用率等，都属于节能范畴。

在生产和生活中，除了直接消耗能源以外，还必须占用和消耗各种物资。从广义上的节能概念来讲，节省物资也是节约能源。因此，节省任何一种人力、物力、财力和资源，都意味着节能。广义节能主要包括合理提高能源系统效率，合理节约各种经常性消耗物资，合理节约不必要的劳务量，合理节约人力和减少人口增长，合理节约资金占用量，合理节约国防军用、土地占用等其他各种需要所引起的能源消耗，合理提高单位企业设备的产量和劳务量，合理提高各种产品质量和劳务质量，合理降低成本费用和合理改变经济结构、产品方向和劳务方向等许多方面。

从节能的概念和范围可以很清晰地看到，节能是一个链条式的过程，其方式是多元化的，并有着丰富的内涵和外延。节约能源和节省物资都是从源头上保护环境。

（3）节能对环保的推动作用

1）节能意识普及化有利于环境保护。长期以来，人们对于节能的概念相对模糊。单独的个人都认为节能是企业的事，往往忽略自己在节能中所扮演的角色及节能对于环境保护的意义。在官方的一些政策文件中也是将企业的节能降耗放在首位，对其他方面及个人的约束相对较少，对节能与环境保护的关系阐释不是很清晰。事实上，将所有人浪费的能源和资源集中起来将是一笔巨大的财富，甚至远远超过工业设备与系统节约的能源和资源量。而这些能源和资源的节约将会花费每个人很少的代价，甚至不用花费任何代价而仅仅是节约意识的普及与提高。因此，如果在日常的生活中，能将节能的意识普及化，用平实的语言告诉人们节能是怎样一件事，包括哪些含义，倡导在日常的生活中节水、节电、节约粮食、节约各种物资，节约各种能源，杜绝浪费，本身就是对环境的极大保护。

2）节能过程链条化是环境保护的重要保证。从利用能源生产产品到消费者使用产品，再到使用后的废弃物处理，每个环节都存在着节能。从另一个角度看，消费需求刺激生产，不同的需求刺激不同的生产，这都决定了节能是一个链条式过程。企业在生产过程中要有效使用和节约能源，减少环境污染；销售者在销售的过程中也要注意节能环保；消费者在选择产品时要注意选择节能环保的，让那些浪费能源、污染环境的厂家彻底淡出我们的视线，在使用产品时要注意高效利用和节约能源。因而可以说，每个消费者都是节能与环保的主人。从生产到消费的全过程都存在节能，节约能源就是直接地保护环境，减轻环境的负担，这一点不难理解。在具体实践中，最重要的节能途径是从生产和生活的基础环节包括城市规划、建筑和产品设计等开始采取节能措施。科学的城市规划，可以提高城市建设效率，减少拆迁和管网重复建设，减少浪费；良好的城市交通网络设计，可以提高车辆通行效率，减少道路堵塞，减少油耗；先进的建筑设计和节能材料、节能设备、节能器具的应用，可以大大降低电力和水的消耗；合理的生产工艺和厂房布局设计，可以大大提高物流和能量流的效率；高耗能企业的能量梯级循环利用设计，可以实现能源的循环利用。这些基于生态设计的广义节能措施，效果大大优于强行节能办法。对节约能源的投入，恰恰是对环境保护投入的替代，是从源头减少污染的举措，也是对环境最为有效的保护。

3）节能方式多元化带动环保事业的发展。从广义的节能概念不难发现，节能有着多元化的方式。例如提高能源利用率，节约各种经常性消耗物质，合理组织分配和输送，提高劳动生产率，节约固定资产和流动资产占有量，提高产品质量，降低生产成本费用，优化产业结构和生产结构，加强能源科学管理，还包括开发新能源、开发新技术，小到居民生活用能的节约。可见，广义节能同每个行业、每个单位、每项工作和每个人都有着非常密切的关系。要全面有效地节能，就应该努力改善上述每个方面。

节能方式多元化的一个直接结果就是它牵动了整个社会的神经，它需要整个社会包括政府、企业、科研单位和个人的共同关注，是一场巨大的、任重而道远的事业。一个社会性的节能事业不仅是对整个人类经济可持续发展的深切关注，更是对环境保护的高度重视。节能理念深入人心的最大受益者就是环境，所以说，节能方式多元化会将节能事业深入到社会的每一个领域，每一个领域对节能的贡献，就是对环境保护的贡献，这不仅是一个意识层面的影响，而且是保护环境的行动。

5.3 我国的环境保护现状及发展动向

尽管我国大规模的工业化只有半个世纪的历史，但由于人口多、发展速度快以及过去一些政策上的问题，致使环境与资源问题十分突出，环境形势十分严峻。主要表现在：水土流失日趋严重，荒漠化土地面积不断扩大，森林面积锐减；天然植被遭到破坏，生物多样性受到严重破坏，生物物种加速灭绝，水污染和大气污染严重。

20世纪70年代初，在联合国人类环境会议的推动下，我国的环境保护开始起步。经过30多年的发展，已经建立了比较完整的污染防治和资源保护的法律体系和政策体系，环境投资逐步增长。但是，与发达国家相比，我国的环境保护政策体系还不完整。从政策内容来看，不少政策措施还建立在各级政府的传统计划和行政命令基础上，在相当多的地区，政府环境保护部门执法力度不够，无法保证各项政策得到实施，直接制约了环境质量的改善。目前，我国政府已作出了进一步加大环境保护的战略决策，以使我国在实现经济和社会快速、健康发展的同时，保持人与自然的和谐统一。

5.3.1 我国的环境保护现状

（1）水环境状况 水污染是指由于人们的生产和其他活动，使污染物或者能量进入水环境，导致其物理、化学、生物或者放射性等方面特性的改变，造成水质恶化，影响水体的有效利用，危害人体健康、生命安全或者破坏生态环境的现象。人类的活动使大量的工业、农业和生活废弃物排入水中，使水体受到污染。目前，全世界每年约有4 200多亿 m^3 的污水排入江河湖海，污染了5.5万亿 m^3 的淡水，这相当于全球径流总量的14%以上。我国水资源总量为2.8万亿 m^3，人均占有量只有2 220 m^3，仅为世界人均水平的1/4。

我国每年约有1/3的工业废水和90%以上的生活污水未经处理就排入水域，我国的地表水资源主要集中在七大水系——长江、黄河、松花江、辽河、珠江、海河和淮河。七大水系以海河和辽河流域污染最为严重。七大水系主要污染指标是石油类、生化需氧量、氨氮、高锰酸盐指数、挥发酚和汞等。在湖泊、水库方面，主要湖泊氮、磷污染较重，导致富营养化问题突出。全国大部分城市和地区地下水水质总体较好，局部受到一定程度的污染。部分地区污染较为严重，主要分布在人口密集和工业化程度较高的城市中心区，主要问题是地下水的硝酸盐、亚硝酸盐、氨氮、铁、锰、氯化物、硫酸盐等超标。全国有监测的1 200多条河流中，目前约850多条受到污染，90%以上的城市水域也遭到污染，致使许多河段鱼虾绝迹，符合国家一级和二级水质标准的河流仅占32.2%。污染正由浅层向深层发展，地下水和近海域海水也正在受到污染，我们能够饮用和使用的水正在减少。

（2）大气环境状况　我国实施的 GB 3095—1996《环境空气质量标准》，规定了 10 项污染物不允许超过浓度限值，这 10 项污染物为二氧化硫（SO_2）、总悬浮颗粒物（TSP）、可吸入颗粒物（PM10）、氮氧化物（NO_x）、二氧化氮（NO_2）、一氧化碳（CO）、臭氧（O_3）、铅（Pb）、苯并（a）芘（BaP）（指存在于可吸入颗粒物中的苯并［a］芘）、氟化物（F）。2012 年中国环境状况公报显示，地级以上城市环境空气质量达标（达到或优于二级标准）城市比例为 91.4%，与上年相比上升 2.4 个百分点。其中 11 个城市空气质量达到一级，超标（超过二级标准）城市比例为 8.6%。总悬浮颗粒物（TSP）或可吸入颗粒物（PM10）是影响城市空气质量的主要污染物，部分地区二氧化硫污染较重，少数大城市氮氧化物浓度较高。酸雨区范围和频率保持稳定，酸雨区面积约占国土面积的 30%。

我国是一个发展中国家，城市化正在加速发展，由于过去对环保认识不足，大气污染近几年又有进一步加重的趋势。具体地说，我国大气污染具有以下特点：

1）总悬浮颗粒物（TSP）和可吸入颗粒物（PM10）含量高。根据环境公报显示，我国城市空气质量恶化的趋势有所减缓，总悬浮颗粒物（TSP）和可吸入颗粒物（PM10）是影响城市空气质量的主要污染物，部分地区二氧化硫污染严重，少数大城市氮氧化物浓度较高。在调查的 341 个城市中，64% 的城市总悬浮颗粒物平均浓度超过国家空气质量二级标准，其中 101 个城市颗粒物平均浓度超过三级标准，占 29.2%。

2）含菌量大。由于城市人均绿地面积小，人口密集，大气中的细菌含量高。个别城市街道每立方米空气中含菌量达数十万个，商场每立方米空气中含菌量达数百万个。

3）煤烟型污染占重要地位。燃煤是形成我国大气污染的主要原因。我国能源结构中煤炭占 76.12%，工业能源结构中燃煤占 73.9%，在工业燃煤的设备中又以中小型为主。预测表明，我国国内生产总值每增加 1%，废气排放量增长 0.55%。

4）新兴城市和小城市大气污染也日益严重。由于前几年一些小城市和新兴城市，在追求经济增长速度的同时，没有把环境保护放在同等重要的地位。粗放经营的方式导致资源浪费，耗能过大，污染严重。尤其是二氧化硫和悬浮颗粒物严重超标，甚至出现了酸雨情况。

5）部分城市污染转型。随着城市机动车辆的迅猛增加，我国一些大城市的大气污染正在由煤烟型向汽车尾气型转变。有资料报道，我国多数大城市中，机动车排放造成的污染已占城市大气污染的 60% 以上。以上海和广州为例，上海机动车排放污染分担率 CO 为 86%，NO_x 为 56%；广州 CO 为 89%，NO_x 为 79%。以上数据表明，机动车排放污染已成为部分城市大气污染的主要来源。此外，我国城市大气污染还具有北方比南方严重，冬季重于夏季、且差距正在缩小，产煤区重于非产煤区，大城市污染最严重、特大城市次之、中等城市和小城市再次之的特点。

近几年来，我国城市空气质量总体上有所好转，但仍然有近 2/3 的城市的空气质量未能达到国家空气质量二级标准。空气中悬浮的颗粒物是影响城市空气质量的主要污染物，而北方城市颗粒物污染总体上较南方城市严重。颗粒物污染较重的城市主要分布在华北、西北、东北、中原以及四川东部、重庆市等地区。其中，有部分城市还存在较为严重的二氧化硫污染问题。南方地区则存在酸雨污染问题，且分布地域较为广泛。

（3）森林覆盖状况　多年以来，我国在保护森林和植树造林方面取得较为突出的成就。20 世纪 80 年代初开始，我国政府相继启动了"三北"防护林，长江中上游防护林、沿海防护林、平原绿化等一系列林业生态工程，发起了全民义务植树运动，开展了大规模植树造林和森林恢复行动。20 世纪末 21 世纪初，国家贯彻科学发展观的要求，走生产发展、生活富裕、生态文明之路，颁发了《中共中央国务院关于加快林业发展的决定》，确立了以生态建设为主的林业发展战略，进一步加大了生态建设力度。启动实施了天然林资源保护、退耕还林、三北及长江流域防护林、京津风沙源治理、野生动植物保护及自然保护区建设、速生丰产林建设等六大林业重点工程。适时调整生产关系，实行林权制度改革，进一步调动广大人民群众建设生态、发展林业的积极性。"十五"时期，全国共完成造林 4.8 亿亩，年均造林近 1 亿亩，全民义务植树 120 亿株，14.3 亿亩森林得到有效管护，累计减少森林资源消耗 4.3 亿 m^3。森林覆盖率由 16.55% 提高到 18.21%。实现了森林资源面积和蓄积双增长。荒漠化土地从 20 世纪末年均扩张 3436km^2 逆转为每年缩减 1283km^2，水土流失面积有所减少，局部地区的生物多样性有所增加。目前，我国人工林增长速度及其规模均高居世界第一位。根据我国实施可持续发展、建设绿色中国的长远规划，我国在 2010 年森林覆盖率已达到 20% 以上。

（4）沙漠化状况　我国是世界上受沙漠化危害最严重的国家之一。沙漠化土地主要分布于包括内蒙古、宁夏、甘肃、新疆、青海、西藏、陕西、山西、河北、吉林、辽宁、黑龙江等部分地区在内的北方干旱、半干旱地区和部分半湿润地区，尤以贺兰山以东的半干旱区分布更为集中。

尽管近些年来，我国在局部地区开展的风沙治理及生态建设取得了较为突出的成效，但整体恶化的趋势尚未得到有效遏制，目前我国沙漠化防治仍然面临着"局部治理，整体恶化"的严峻态势。土地退化、沙化面积仍在不断扩大。

我国第二次全国荒漠化、沙化土地监测结果显示，全国沙化土地总面积已超过 174 万 km^2，占全国土地面积的近两成，并且正在以每年约 3 400km^2 的速度扩张。目前，受沙漠化威胁的土地面积为 33.4 万 km^2，包括 393 万 hm^2 农田，493 万 hm^2 草场，涉及 212 个县、旗。根治的办法主要是采取生物措施，建设防护林体系。我国大约有 1.7 亿人口的生产、生活正在受到沙漠化的严重威胁，因沙漠化造成的直接经济损失每年超过 540 亿元人民币。

当前，我国将重点对北方地区的荒漠化问题，尤其是土地沙化问题进行集中治理。中长期目标则是，到 2030 年，在巩固前期治理成果的基础上，实现人进沙退；到 2050 年，争取使凡能治理的荒漠化土地都基本得到治理，实现经济、社会、生态协调发展。

（5）水土流失状况　我国是世界上水土流失最严重的国家之一。全国几乎每个省都有不同程度的水土流失，其分布之广，强度之大，危害之重，在全球屈指可数。我国水土流失的总体情况是：局部上有治理，总体上有扩大，治理赶不上破坏。目前，我国约有 1/3 的耕地受到水土流失的危害。每年流失的土壤总量达 50 多亿 t，相当于在全国的耕地上刮去 1cm 厚的地表土，所流失的土壤养分相当于 4 000 万 t 标准化肥，即全国一年生产的化肥中氮、磷、钾的含量。我国的农业耕垦历史悠久，大部分地区自然生态平衡遭到严重破坏，造成水土流失的主要原因是不合理的耕作方式和植被破坏。全国山地丘陵地区有坡耕地约 4 亿亩，其中梯田约占到 1 亿亩，而其余 3 亿亩坡地正遭受着不同程度水土流失的侵害。现有的森林覆盖率为 12%，有些地区不足 2%，水蚀、风蚀都很厉害。

从流失的程度来看，轻度流失面积为 186 万 km^2，中度流失面积 77.7 万 km^2，强度流失面积为 47.63 万 km^2，极强度流失面积 25.76 万 km^2，剧烈流失面积 29.95 万 km^2，其中中度以上流失面积占 50%。目前全国农耕地水土流失面积约 4 867 万 hm²，占耕地总面积的 38%，严重影响了农业生产，特别是粮食生产。水土流失是对我国土地资源造成破坏的最为常见的地质灾害和环境问题，其中以黄土高原地区的水土流失最为严重，造成的危害最大。

全国七大流域和内陆河流域都有不同程度的水土流失，黄河中上游的黄土高原区 60 万 km² 面积中，严重水土流失面积达 43 万 km²，可以说黄土高原是世界水土流失之最，黄土高原水土流失量 3 700t/(km²·a)，最严重的地区高达 5~6 万 t/(km²·a)，每年从黄土高原输入黄河三门峡以下的泥沙达 16 亿 t，其中 4 亿 t 淤积在下游河床，造成黄河下游河床每年淤高 10cm。目前，下游河床高出地面 3~10m，最高达 12m，成为有名的地上悬河。每年虽耗费大量财力和人力加高河堤，但河堤越加越险，后患无穷。

北方土石山区水土流失面积达 54 万 km²，年平均侵蚀模数为 1 130~1 750t/(km²·a)。东北三省和内蒙古部分旗盟的水土流失达 18.5 万 km²。其中黑土区虽属缓坡，但多为长坡（1 000~2 000m），雨量集中，雨强大，土壤也容易流失，土壤侵蚀模数每年达 6 000~10 000t/km²。内蒙古、新疆与东北西部的风蚀面积达 130 万 km²，沙漠与戈壁东西绵延万里，气候干旱。因风沙危害、土壤沙化、碱化，危及西北、东北及华北各省。

南方红壤丘陵区，同样也存在严重的水土流失问题。长江流域以南的红壤丘陵地区水土流失面积达 67.48 万 km²。这些地区，由于人多耕地少，山大坡陡，雨量充沛，特别是暴雨多，植被一旦遭到破坏，在高雨量的冲击下，很容易产生严重的水土流失，特别是有深厚花岗岩风化壳的红壤地区，严重者土壤侵蚀模数也在 1 000t/(km²·a) 以上，使土壤肥力下降，造成大幅度减产。仅长江上游 35.2 万 km² 水土流失区的土壤流失量就达 15.6 亿 t，年均侵蚀模数达 4 432t/km²。由于长江流失的泥沙颗粒粗，只有 1/3 细泥沙进入干流，2/3 的粗砂、石砾淤积在上游水库、支流和中小河道，给小河的防洪和水库灌溉、供水、发电带来很大危害。

（6）湿地状况　湿地是处于陆地生态系统和水生生态系统之间的过渡性自然综合体，被誉为"地球之肾""物种基因库"等，是自然界最富生物多样性的自然景观和人类最重要的生存环境。我国湿地是世界上各种湿地资源最丰富的国家之一，共拥有湿地 3 848 万 hm²，居亚洲第一位，世界第四位。在湿地公约中所规定的 31 种天然湿地和 9 种人工湿地在我国均有分布，我国还有世界上独一无二的青藏高原湿地。

由于湿地在经济和环保中的重要性日益凸显，加之民众的参与，湿地保护日益受到重视。我国政府在湿地保护和利用方面采取了一系列的措施，取得了巨大的成绩：我国建立的湿地自然保护区已有 353 处，其中 30 块湿地被列入湿地公约国际重要湿地名录，湿地保护区总面积达 5542×10⁷hm²，使 40% 的天然湿地和 33 种国家重点珍稀水禽得到了有效保护。从 1995 年开始历时 8 年完成了全国湿地资源调查，为制订规划、实施湿地保护工程和加强湿地保护管理提供了科学依据。20 世纪 80 年代我国开始颁布一系列环境保护法规，建立了水环境监测网点，为防止各种污染对湿地的破坏发挥了重要作用。我国于 1992 年加入《关于特别是作为水禽栖息地的国际重要湿地公约》，并将湿地保护与合理利用列入《中国 21 世纪议程》和《中国生物多样性保护行动计划》的优先发展领域。2000 年颁布实施的《中国湿地保护行动计划》，成为我国湿地保护与可持续利用的纲领性文件。2002 年组织开展了湿地保护战略研究。2003 年 10 月，由国家林业局牵头，国家发展与改革委员会、财政部、科学技术部、国土资源部、农业部、水利部、建设部、环保部、国家海洋局共 10 个相关部门共同编制的《全国湿地保护工程规划（2004—2030 年）》得到了国务院批准。该规划在 10 年内新建湿地保护区 333 个，使湿地自然保护区达到 643 处，保护面积占到天然湿地的 90% 以上。实施六类天然湿地恢复示范工程，恢复天然湿地 $1.50 \times 10^6 hm^2$，使国际重要湿地达到 80 处。2004 年 6 月国务院办公厅发出了《关于加强湿地保护管理工作的通知》（国发办〔2004〕50 号），指示国家林业局尽快会同有关部门编制 2005—2010 年全国湿地保护工程实施规划，明确建设目标任务和具体措施，把湿地保护纳入了各级政府重要议事日程。2005 年国务院批准了《全国湿地保护工程实施规划》，把湿地作为专门生态工程对待。我国湿地保护工作得到国际社会高度认可。2004 年湿地国际将世界上首个"全球湿地保护与合理利用杰出成就奖"授予我国。2005 年在《关于特别是作为水禽栖息地的国际重要湿地公约》第九届缔约国大会上中国首次当选湿地公约常务理事国，同时，中国科学家首次荣获国际拉姆萨尔湿地科学奖。

但是我们必须清醒地看到，我国的湿地保护形势仍很严峻。由于受经济利益的驱使，人们一度盲目开垦、围湖造田占用天然湿地，直接导致了天然湿地面积锐减，功能下降。据统计，近 40 多年来，沿海已累计丧失湿地 $2.19 \times 10^6 hm^2$，相当于全部沿海湿地的 50%。近 50 年来，因围垦减少的天然湖泊近 1000 个，其面积相当于五大淡水湖面积的总和。20 世纪 50~70 年代的围湖、围海造田，使长江中下游地区丧失湖泊面积 $1.3 \times 10^7 hm^2$。长江中游的大型湖泊洞庭湖已从 20 世纪 40 年代末期约 $4.3 \times 10^5 hm^2$，减少至目前约 $2.4 \times 10^5 hm^2$，水面缩小至 40%，蓄水量减少 34%。湖北省在 20 世纪 50 年代拥有天然湖泊 1 066 个，而到 90 年代只剩下 325 个，面积从 $8.528 \times 10^5 hm^2$ 降为 $2.73 \times 10^5 hm^2$，曾经是"千湖之省"的湖北已名不符实，湖泊调蓄功能下降，洪涝灾害加剧。我国最大的淡水湿地三江平原在过去的 50 年里湿地面积已从 $5.34 \times 10^6 hm^2$ 减少到 $1.97 \times 10^6 hm^2$，由于开荒面积约减少 $1.00 \times 10^6 hm^2$，平均每年减少 $2.00 \times 10^4 hm^2$ 左右，约有 78% 的天然沼泽湿地因此丧失。全国丧失海滨滩涂湿地 $2.19 \times 10^6 hm^2$，相当于沿海湿地总面积的 50%。

此外，我国在湿地管理方面并不够规范，缺乏法制保障，科研资金投入有待提高。目前已建立的各个湿地自然保护区管理机构，大部分缺乏科学规划和规章制度，缺少对湿地保护区功能的综合研究，其管理能力有限。此外，湿地保护资金来源主要靠政府的拨款，资金渠道单一，无法满足湿地保护与科研的需要。因此，我国湿地保护仍然任重而道远。

5.3.2　我国当前的环境保护发展动向

党中央、国务院高度重视环保工作，国务院发布了《关于落实科学发展观加强环境保护的决定》，召开了第六次全国环保大会，要做好新形势下的环保工作，关键是要加快实现"三个转变"：一是从重经济增长轻环境保护转变为保护环境与经济增长并重，把加强环境保护作为调整经济结构、转变经济增长方式的重要手段，在保护环境中求发展；二是从环境保护滞后于经济发展转变为环境保护和经济发展同步，做到不欠新账，多还旧账，改变先污染后治理、边治理边破坏的状况；三是从主要用行政办法保护环境转变为综合运用法律、经济、技术和必要的行政办法解决环境问题，自觉遵循经济规律和自然规律，提高环境保护工作水平。这是方向性、战略性、历史性的转变，标志着我国环保工作进入了以保护环境优化经济增长的新阶段，主要目标是建设环境友好型社会，主要任务是推进历史性转变，总体思路是全面推进重点突破，主要措施是抓落实、抓实干、抓细节、抓基层。

当前，我国环境形势仍然严峻，环保任务相当繁重，实现污染减排目标困难很大，不断发生的污染事件给群众生产生活带来了严重的影响。

思 考 题

5-1　简述我国环境污染产生的主要原因。

5-2　什么是环境污染？简述环境污染的类型及其产生原因。

5-3　环境问题产生的原因有哪两大类？

5-4　简述能源利用造成的环境污染形式。

5-5　简述我国环境污染现状及危害。

5-6　保护环境及防治污染的措施有哪些？

5-7　简述节约能源与保护环境的关系。

5-8　简述我国的环境保护现状。

5-9　谈谈你对如何做好环境保护工作的建议。

第6章 能源管理方法与新机制

6.1 能源管理概述

6.1.1 能源管理方法和内容

能源管理就是运用能源科学和经济科学的原理和方法，对能源资源的勘探、生产、分配、转换和消耗的各个环节进行能耗分析和节能技术管理的过程，以达到经济、合理并有效地开发和利用能源。对于国家来说，能源管理是整个能源工作的重要组成部分，包括能源政策、规划、计划、法规、制度等的制订、执行和检查，以及能源的布局、价格、贸易、管理体系等。国家能源管理水平的高低，将直接关系到能源工业的发展水平，从而直接关系到国民经济的发展水平。在目前能源需求增大而能源供求矛盾突出的情况下，如何把整个国家的、全局性的能源管理工作搞好，更是至关重要。就用能企业来说，如何合理利用有限的能源，提高能源利用效率，增收节支，以满足企业生产发展需要，也必须通过建立和健全能源管理的组织机构、制度、方法来达到。随着现代大工业的产生和发展，企业的组织形式经历着一个不断变化和发展的过程，企业管理工作成为制约生产越来越重要的因素之一。

能源管理是企业管理体系中的重要组成部分，它与企业的计划、生产、技术和设备等方面的管理都有着极为密切的关系。能源管理的好坏将直接影响企业管理，如果能源部门不能及时保质保量地供应能源，就会给企业计划、生产、质量等的管理环节带来许多困难，使企业的经济效益受到损失。同样，若企业管理不善，如企业的安全、生产管理不正常，事故不断发生，设备失修，其结果则是生产效率降低、单位产品能耗提高、能源利用率降低等。因此，能源管理与企业管理两者之间是相互依赖和相辅相成的。企业管理水平提高会促使能源管理水平提高；反过来，能源管理水平提高，也会促进企业管理水平的提高。

企业的能源管理与企业的物资管理及设备管理、技术管理、计划管理等专业管理既有联系，又有区别，它是企业管理中一项独立的系统性很强的业务管理，它有自己的管理目标和职责范围。能源在企业生产活动中只是为生产过程提供燃料、动力和原材料，其本身并不为社会提供最终产品。因此，企业能源消耗量的多少并不能完全直接地反映出能源利用的最终效益。企业能源管理的目标应该是力争用最少的能源生产出尽可能多的国家建设和人民生活所需要的物美价廉的产品，或者是用一定数量的能源生产出更多的优质产品。也就是说，企业能源管理的目标应着眼于整个企业乃至全社会的经济效益的提高，而不是单纯的节能。

能源管理是能源大系统工程的一个重要组成部分。能源管理的主要方法如下：

（1）能源全过程的管理　包括一次能源（煤炭、石油、天然气、水力资源、风力、海洋能、生物质能等）及二次能源（石油产品、焦炭、电力、蒸汽、化学反应热及一切载能物质）的资源勘查、开发开采、运输、转换、分配、储存到使用过程的管理。对各个阶段和各个具体环节进行全面管理，妥善保管和综合平衡，只有这样，才能保证能源生产与消费的各环节之间的协调发展。

（2）能源的职能管理　国家的能源职能管理包括能源方针、政策、规划、计划、标准、价格、法规等的制定和执行，以及负责能源管理机构的建立健全。企业的能源职能管理包括能源计划、生产、技术、设备、供应、资金、人员、计量、定额、核算、统计、节约等方面的工作，同时要建立和健全能源管理工作体系，从组织上、制度上、方法上保证能源管理工作的有效进行。

（3）能源的全员管理　人类的社会生产和生活都离不开能源，管理能源是所有人的事情。对用能企业来说，全体员工都是管好、用好能源的直接或间接参与者。要动员群众形成专业管理与群众管理相结合的管理网，共同管理好企业的能源。

（4）能源的全面管理　能源包括常规能源、新能源或一次能源、二次能源，以及自来水、氧气、压缩空气等间接能源或载能体。由于各种能源之间有着错综复杂的相互替代关系和不可分割的联系，因此必须注意横向联系，对能源领域进行全面管理，讲究综合效果和全社会经济效益。

企业能源管理的目的是：在满足企业能源需求的条件下，采用科学的方法和手段，合理有效地利用能源，以最少的花费和能耗，创造出更多符合社会需要的产品和产值。

企业能源管理的内容包括能源供应管理和能源节约管理两方面。

（1）能源供应管理　能源供应管理主要是保证供应并完成或超额完成生产任务所需的能源，是企业生产的基础管理，是确定企业生产是否能够正常进行的关键。能源供应管理包括以下几方面：

1）计划管理。能源计划管理就是把能源的供应、使用、节约等管理工作纳入计划的轨道，通过能源消费计划的制定、落实，使企业能源管理工作有计划、有步骤地进行。能源计划管理的内容通常包括：编制、贯彻、落实各种能源供应和使用计划，搞好能源产供销调度平衡，合理分配和使用各种能源，保证企业生产经营活动的正常进行；进行能源需求预测，编制企业能源消费及节约能源的长期规划；编制节能规划，制定节能措施，即企业根据能源使用、供应的情况，在对企业各项计划综合平衡的基础上，提出节能计划，并根据资金、物资、人力等情况，统筹安排好节能技术措施和设备更新改造项目，制定每一个措施和项目的实施计划；搞好能源消费统计；下达和落实能耗计划指标等。

2）供应管理。企业能源供应管理包括两个方面。一是保证外购能源及时、有计划地供应到本厂，包括能源的选择，与供应单位谈判和签订供货合同，搞好进货检验、能源的储存、计量、检验等；二是将这些外购能源和经过本厂转换的各种能源，按质按量向各个生产过程和环节供应。在分配和供应过程中，应按照各种能源的性质和各个方面对能源的不同要求，合理分配能源，提高能源利用的经济效益。

3）储存管理。企业使用的能源应保持适量的储备，以供企业内部调剂使用。对由远程运输获得能源的企业，应尽量避免因计划超产或偶然事故发生能源供应中断，储备工作要以企业的能源消费为依据，通过测算，确定合理的燃料储存量，并注意储存场地的设置，配备适当的设备，实行专门管理，尽量减少燃料在储存期间在数量和质量方面的损失。

4）分配管理。企业应按各部门的生产工艺对能源质量、品种和数量的要求，把能源分配给各个部门。在进行分配时，应考虑和研究各种能源相互替代的技术可能性和经济合理性，避免能源的浪费和降价使用。能源分配部门要切实观察和掌握各部门的消费状况，严格考核，节奖超罚，及时纠正分配方面的问题，在能源短缺时要合理安排生产，减少经济损失。

5）运输管理。企业要把各种能源安全经济地送到各个部门，并使能源的运输损失最小，为此必须考虑运输布局，缩短运距，充分发挥运输能力，提高运输效率，杜绝"跑、冒、滴、漏"。对电力线路，除减少输配电损失外，还要注意保证供电质量。对蒸汽和热水的输送，要特别注意保温，减少输送热损失。同时，要搞好管路、传送带、车辆等输送设备的维修保养和更新改造，提高运输效率。

6）消费管理。企业能源消费管理工作内容比较广泛，既包括能源消费情况的监督管理，如能源消耗的计量、消费情况的分析、能源消耗情况的汇报与统计报表的编制等，又包括加强和改进能源消费过程的管理，如合理组织生产、搞好设备的经济运行、实行科学用能、严格区分生产与非生产用能、减少浪费、提高能源利用率、降低产品单耗等。

（2）能源节约管理 能源节约管理的目的是在完成生产任务的条件下，减少能源浪费，提高能源利用率，降低单位产品能耗，或在等量能源供应的条件下生产更多的产品。它是企业管理向纵深发展的表现，能源节约管理将直接影响企业的经济效益，在能源供应紧张的今天，尤其重要显得。能源节约管理主要包括能源全面计量、能源统计分析、能源定额管理、能源节奖超罚、能源设备管理、企业能量平衡（数量管理）、节能技术措施管理、规章制度管理、节能宣传教育和技术培训、开展广义节能和系统节能等几方面。

1）能源全面计量。能源计量是管理工作的定量计算基础，是企业用能水平的标志，也是统计分析企业用能的统计数据的主要来源和手段。能源计量主要是使用仪表对能量使用量、消耗量进行定量的测定。企业应遵照《全国厂矿企业计量管理实施办法》和《企业能源计量器具配备管理通则》的要求，建立直属厂长和总工程师的计量管理机构，充实计量器具安装维修的技术机构，健全计量器具维修和定期检验制度，编制能源计量器具网络图和能源信息反馈网络图，做到统一抄表，"数"出一门，"量"出一家，按国家规定，达到应有的计量检测率和能源计量准确度。

2）能源统计分析。能源统计分析工作是能源管理中一项十分重要的基础工作。能源的统计分析就是把企业能耗按每日、月、季度和年度分类记录和统计，并记录同期产品的产量和质量、原材料消耗和生产成本等；通过投入和产出的对比分析，以宏观方法查明企业能源使用的情况。制定合理的、切实可行的能源统计指标体系是加强能源管理的必要手段，也是分析企业能耗状况，改善能源利用的重要依据。企业应遵照《中华人民共和国统计法》以及国家统计局和主管部门的有关规定，按照能源标准制定计算规则，搞好企业总能耗、产品综合能耗、产值能耗和其他能源数据的统计分析，按时完成规定的报表，并建立健全有关的统计台账，对统计资料定期进行分析，写出能源统计分析报告上报主管部门。

3）能源定额管理。能源定额管理是企业能源科学管理的中心环节。整顿企业能源管理，变"四无"为"五有"，即从耗能无计量、消耗无定额、节超无考核、管理无人抓，转变到管理有制度、进出有计量、消耗有定额、节超有奖罚、节能有措施。通过能耗定额的制定、修订和考核，实施严格的量管理，将节能工作与落实经济责任制牢牢地挂起钩来，逐步消除能源使用上长期存在的"吃大锅饭"的现象。

4）能源节奖超罚。按照能耗定额考核和实施节奖超罚，是企业能源科学管理的一项重要工作，是国家关于"能源包干、择优供应、超耗加价、节约受奖"经济政策的深入贯彻。

企业开展节能评比表彰，并按国家规定提取节能奖金，以及本着"多节多奖、少节少奖、不节不奖"的原则进行合理分配，从精神鼓励和物质奖励两方面调动广大职工的节能积极性，是推动企业节能工作不断深入发展的有效手段。在实行节能奖励的同时，坚持正面教育的前提下，必须严格执行"浪费能源要罚"的政策，制定明确的条例，对由于各种原因造成的能源损失和浪费，根据具体情节给予批评、扣发奖金或罚款，乃至必要的行政处分。

5）能源设备管理。企业耗能设备，如锅炉、工业窑炉、风机、水泵、电解槽、自备发电装置、电动机和供配电装置、各种化学反应装置及其他各种用能设备，都要进行管理。设备管理应从设计抓起，无论新建、改建、大修，都应符合节能要求。企业要重视审核设计文件中有关节能的主导思想、能耗水平、节能措施等内容。平时企业要加强重点用能设备的维修保养，其中加强对动能设备的管理尤为重要，这是因为动能设备是加工、转换能源集中的场所，能源损失数量大而集中。动能设备管理的内容大体上有：管好、用好动能设备，保证生产过程的正常进行；合理利用动能设备，解决动能设备"大马拉小车"的问题；对耗能高、浪费大的动能设备进行技术改造；制定动能设备管理和技术改造规划等。

6）企业能量平衡（数量管理）。能量平衡是对设备或企业的各种能源在工作和使用过程中，对输入能量和输出能量的平衡关系进行考查。它是企业节能工作的基础，对摸清企业能耗状况、挖掘节能潜力、提高能源利用率具有十分重要的意义。企业能量平衡的目的在于：① 掌握企业用能情况，包括能源构成的消耗情况，能量的有效利用情况，以及余热资源和回收情况；② 摸清企业的节能潜力，为制定节能规划和措施提供科学数据；③ 为制定能源消耗定额、能源利用指标及有关能源管理条例，提供精确数据；④ 通过企业能量平衡找出提高能量有效利用率的途径。可见，企业能量平衡是分析能量分布、流向、利用和损失的科学管理方法，也是进行能源科学管理的有效手段。

企业能量平衡应按主管部门的规定，根据实际需要定期进行生产装置或重点耗能设备改造，前后应进行对比性测试，根据企业能量平衡测试结果，改革生产工艺，改造技术装备，改进经营管理，为强化能源科学管理和提高能源科学技术水平奠定基础。

7）节能技术措施管理。节能是能源科学管理的一项重要内容，能源科学管理又是节能的重要途径。企业要达到节能的目的，必须采取一系列节能技术组织措施，尤其是要对一些落后的设备、工艺进行更新和改革。这些措施项目涉及企业的设备、技术、劳动、财务等各项专业管理，不仅仅是能源管理的内容。节能技术措施项目的管理包括三个方面的基本内容：一是确定节能项目，搞好技术经济分析和可行性研究；二是管好、用好节能技术项目的资金、物资；三是组织好节能项目的实施、验收，鉴定其经济效果。在这三项内容中，节能项目的技术经济论证和可行性研究尤为重要。

8）规章制度管理。企业能源规章制度是指企业对能源生产、加工、转换、分配、使用等活动中所制定的各种规则、章程、程序和办法的总称。它是企业全体职工共同遵守的规范和准则。这些规章制度主要包括各级管理责任制、能源供应管理制、定额管理制度、奖励制度等。企业能源管理规章制度的制定要围绕企业的节能方针、目标和任务的要求，按各个层次的实际要求，采取企业内部经济责任制的形式进行。

9）节能宣传教育和技术培训。企业应以"节能始于教育，终于教育"为指导思想，大力开展节能宣传教育和技术培训，深入宣传国家的能源方针、政策，提高广大职工对节能工作的认识，增强节能的紧迫感和责任感，把不断提高能源利用水平建立在职工高度政治思想觉悟和科学技术水平普遍提高的基础之上。

10）开展广义节能和系统节能。合理组织生产（经济运行），提高产品质量，减少废次品，提高成品收得率，减少原材料消耗及进行产业结构调整等，也就是说广义节能将直接或间接地影响能源消耗，应当予以重视。

总之，企业能源管理的主要任务如下：

1）搞好能源的供应和分配。要根据企业生产经营的需要，做好能源的采购、保管、分配工作，搞好各种能源产、供、销的调度平衡，保证按质、按量、按品种规格、按时满足生产经营的需要，保证企业生产经营不间断地进行。

2）搞好能源的消费管理，节约和合理使用能源。既要在保证产品产量、质量、品种的前提下，努力减少各种能源在生产过程中的消耗，又要在讲究综合经济效益的前提下，充分合理地利用余能，减少能源损失和浪费，提高能源利用效率。

3）配合设备管理和技术管理，管好、用好动能设备。要根据技术上先进、经济上合理的原则，正确选购动能设备，为企业提供优良的技术装备，保证动能设备处于良好的技术状态。

4）以提高企业综合经济效益为目标，以节能为重点，开展技术革新、设备更新、工艺改革和技术改造，搞好节能技术措施项目的管理，不断提高企业生产技术水平和装备水平。

5）加强能源科学管理的基础工作，完善能源计量测试手段，建立和健全能耗定额及各种能源管理规章制度，加强能源统计，搞好能源管理的技术培训等。

6.1.2 能源管理新机制

随着我国社会的快速发展，能源对于我国经济发展越来越重要。为了使能源得到更加合理的利用，人们对能源管理机制进行了不懈的探索。在经济发达的国家，各种节能新机制得到较快发展和应用。近年来，我国也在引进吸收国外先进管理机制的基础上，不断发展和逐步推广应用各种行之有效的能源管理新机制。下面概要介绍各种能源管理的新机制。

（1）固定资产投资项目节能评估和审查 根据国家的相关法律法规，对投资项目用能的科学性、合理性进行审查的方法，具有权威性，能够加强固定资产投资项目节能管理，促进科学合理利用能源，从源头上杜绝能源浪费，提高能源利用效率。

（2）清洁生产审核 按照一定的程序，针对生产和服务过程中存在的耗能高的环节，提出降低能耗和减少污染物排放的方法，进而达到节能降耗和减污增效的目的。

（3）企业能源审计 指根据国家相关法律规定，用能单位自己或委托从事能源审计的机构，对能源使用过程进行检测、核查、分析和评价的活动，是一种加强企业能源科学管理和节约能源的有效手段和方法，具有很强的监督与管理作用。

（4）合同能源管理 是一种新型的市场化节能机制。其实质就是以减少的能源费用来支付节能项目全部成本的节能业务方式。

（5）节能自愿协议 作为一种目前国际上应用最多的非强制性节能措施，节能自愿协议针对行政手段的不足可进行有效弥补。其具体内容根据本国国情而不同。

（6）能效标识管理 能效标识是表示用能产品能源效率等级等性能指标的一种信息标识，属于产品符合性标志的范畴。根据国家的相关法律法规，制定相应的实施方法，旨在加强节能管理，推动节能技术进步，提高能源效率。

（7）节能产品认证　指依据国家的相关法律规定，按照国际上通行的产品质量认证规定与程序，经中国节能产品认证机构确认并通过颁布认证证书和节能标志，证明某一产品符合相应标准和节能要求的活动。

（8）电力需求侧管理　是指通过采取有效的措施，使得电力用户改变原有的用电方式，提高用电效率，优化资源配置，改善和保护环境，以达到最小的电力服务成本，是促进电力工业与国民经济协调发展的一项系统工程。

（9）清洁发展机制　作为《京都议定书》中引入的灵活履约机制之一，其核心内容是允许发达国家和发展中国家进行项目级的减排量抵消额的转让与获得，在发展中国家实施温室气体减排项目。

6.2　节能评估和审查

6.2.1　节能评估和审查的背景及意义

能源是制约我国经济社会可持续、健康发展的重要因素。解决能源问题的根本出路是坚持"开发与节约并举、节约放在首位"的方针，大力推进节能降耗，提高能源利用效率。固定资产投资项目在社会建设和经济发展过程中占据重要地位，对能源资源消耗也占较高比例。固定资产投资项目节能评估和审查工作作为一项节能管理制度，对深入贯彻落实节约资源基本国策，严把能耗增长源头关，全面推进资源节约型、环境友好型社会建设具有重要的现实意义。固定资产投资项目包含了基建和技改投资项目。

固定资产投资项目节能管理，是指项目在决策、规划、设计和建造的前期，通过一系列合理用能方案和管理措施的实施，使项目建成后软硬件能为项目合理用能打下坚实的基础。

节能评估，是指（节能服务机构）根据节能法规、标准，对固定资产投资项目用能的科学性、合理性进行分析和评估，提出提高能源效率、降低能源消耗的对策和措施，并编制节能评估报告书、节能评估报告表（以下统称节能评估文件）或填写节能登记表的行为。它为项目决策提供科学依据。

节能审查，是节能主管部门依据国家和地方的合理用能标准、节能设计规范和相关规定，对固定资产投资项目节能文件进行审查，并形成审查意见，或对节能登记表进行登记备案的行为。

1. 相关法律法规政策的要求

1）《中华人民共和国节约能源法》明确指出：国家实行固定资产投资项目节能评估和审查制度。不符合强制性节能标准的项目，依法负责项目审批或者核准的机关不得批准或者核准建设；建设单位不得开工建设；已经建成的，不得投入生产、使用。

2）《国务院关于加强节能工作的决定》中明确要求：有关部门和地方人民政府对固定资产投资项目（含新建、改建、扩建项目）进行节能评估和审查。报送国家发改委审批、核准和报请国务院审批、核准的固定资产投资项目，可行性研究报告或项目申请报告必须包括节能分析篇（章），否则将不予受理。咨询评估单位的评估报告必须包括对节能分析篇（章）的评估意见。

3）《国家发展改革委关于加强固定资产投资项目节能评估和审查工作的通知》（发改投

资〔2006〕2787 号）明确提出：节能分析篇（章）应包括项目应遵循的合理用能标准及节能设计规范、建设项目能源消耗种类和数量分析、项目所在地能源供应状况分析、能耗指标、节能措施和节能效果分析等内容。

4）《国务院关于印发节能减排综合性工作方案的通知》（国发〔2007〕15 号）要求：建立健全项目节能评估审查和环境影响评价制度。加快建立项目节能评估和审查制度，组织编制《固定资产投资项目节能评估和审查指南》，加强对地方开展节能评估工作的指导和监督。

5）《国务院关于进一步加强节油节电工作的通知》（国发〔2008〕23 号）要求：强化固定资产投资项目节能评估和审查。按照《中华人民共和国节约能源法》的要求，尽快出台固定资产投资项目节能评估和审查条例，将节能评估审查作为项目审批、核准或开工建设的前置条件，未通过节能评估审查的，一律不得审批、核准或开工建设。

6）《建设部关于贯彻〈国务院关于加强节能工作的决定〉的实施意见》（建科〔2006〕231 号）中明确：建立新建建筑市场准入门槛制度。对超过 2 万 m² 的公共建筑和超过 20 万 m² 的居住建筑小区，实行建筑能耗核准制。

7）《固定资产投资项目节能评估和审查暂行办法》（国家发展和改革委 2010 年第 6 号令）中规定：固定资产投资项目节能评估文件及其审查意见、节能登记表及其登记备案意见，作为项目审批、核准或开工建设的前置性条件以及项目设计、施工和竣工验收的重要依据。未按本办法规定进行节能审查，或节能审查未获通过的固定资产投资项目，项目审批、核准机关不得审批、核准，建设单位不得开工建设，已经建成的不得投入生产、使用。

2. 节能评估的意义

节能评估工作是我国节能管理工作从早期的用能单位能源消耗管理，进一步追根溯源介入项目建设前期的新举措，是标本兼治、卡住源头的有力措施。

1）固定资产投资项目节能评估是一项节能管理制度。固定资产投资项目在社会建设和经济发展过程中占据重要地位。节能评估和审查对深入贯彻落实"节约资源"基本国策，严把能耗增长源头关，全面推进资源节约型、环境友好型社会建设，具有重要的现实意义。

2）节能评估是实现项目从源头控制能耗增长、增强用能合理性的重要手段。依据国家和地方相关节能强制性标准、规范及能源发展政策在固定资产投资项目审批、核准阶段进行用能科学性、合理性分析与评估，提出节能降耗措施，出具审查意见，可以直接从源头上避免用能不合理项目的开工建设，为项目决策提供科学依据。节能评估工作是我国节能管理工作从早期的用能单位能源消耗管理，进一步追根溯源介入项目建设前期的新举措，是标本兼治、卡住源头的有力措施。

3）节能评估是确保节能降耗目标实现、落实节能法规政策的制度有力支撑。开展固定资产投资项目节能评估和审查工作，建立相关制度和办法是促进"十一五"规划节能目标实现、落实《国务院关于加强节能工作的决定》《中华人民共和国节约能源法》等中央重要战略部署及法规政策中相关规定的重要保障。

4）节能评估是贯彻国务院投资体制改革精神、改进政府宏观调控方式的具体体现。在《国务院关于投资体制改革的决定》中，要求对投资项目从维护经济安全、合理开发利用资源、保护生态环境等方面重点进行核准把关，固定资产投资项目节能评估和审查制度是贯彻落实国务院投资体制改革精神、转变和改进政府宏观监督管理职能的具体体现。

5）节能评估是提高固定资产投资效益、促进经济增长方式转变的必要措施。节能评估工作使决策单位从项目的源头开始树立起合理用能的意识，建立节能的预案机制，并贯穿于项目建设的全过程。开展固定资产投资项目节能评估和审查，严把项目能源准入关，是提高固定资产投资项目能源利用效率、促进产业结构调整、能源结构优化的重要举措。

3. 节能评估工作的特点

1）坚持独立性和前置性。根据节能法要求，节能评估和审查要作为固定资产投资项目审批、核准和开工建设强制性的前置条件，即管理节能工作的部门负责组织实施节能评估和审查工作，节能评估未通过的，项目审批核准单位不予以审批核准，建设主管部门不允许开工建设。

2）实行节能评估分类管理和节能审查分级管理。固定资产投资项目根据年综合能耗量（或年耗能量）编制节能评估文件（节能评估报告书、节能评估报告表、节能登记表），并针对主要行业设置不同的标准。

根据投资体制改革的精神，按照项目审批、核准和备案权限，对节能评估文件审查进行分级管理。由国家发展改革委核报国务院审批或核准的项目以及由国家发展改革委审批或核准的项目，其节能审查由国家发展改革委负责；由地方人民政府发展改革部门审批、核准、备案或核报本级人民政府审批、核准的项目，其节能审查由地方人民政府发展改革部门负责。

3）项目节能验收与全过程监管。项目节能管理包括节能篇的编制、项目节能评估和对建设项目的节能监察。

6.2.2　节能评估的依据与方法

1. 节能评估依据

1）相关法律、法规、规划。

2）产业政策和准入条件。

3）工业类相关标准及规范。管理及设计方面的标准和规范，产品能耗定（限）额方面的标准，合理用能方面的标准，工业设备能效方面的标准。

4）建筑类相关标准及规范。

5）交通类相关标准及规范。

6）相关终端用能产品能效标准。

7）同行业国内先进水平以及国际先进水平。

2. 节能评估方法

固定资产投资项目节能评估方法主要有政策导向判断法、标准规范对照法、专家经验判断法、产品单耗对比法、单位面积指标法、能量平衡分析法、类比分析法。

1）政策导向判断法。根据国家及地方省市的能源发展政策及相关规划，结合项目所在地的自然条件及能源利用条件，对项目的用能方案进行分析评价。

2）标准规范对照法。对照项目应执行的节能标准和规范进行分析与评价，特别是强制性标准、规范及条款应严格执行。适用于项目的用能方案、建筑热工设计方案、设备选型、节能措施等评价。

项目的用能方案应满足相关标准规范的规定，项目的建筑设计、围护结构的热工指标、采暖及空调室内设计温度等应满足相关标准的规定，设备的选择应满足相关标准规范对性能系数及能效比的规定，应按照相关标准规范的规定采取适用的节能措施。

3）专家经验判断法。利用专家在专业方面的经验、知识和技能，通过直观经验分析的判断方法。适用于项目用能方案、技术方案、能耗计算中经验数据的取值、节能措施的评价。

根据项目所涉及的相关专业，组织相应的专家，对项目采取的用能方案是否合理可行、是否有利于提高能源利用效率进行分析评价；对能耗计算中经验数据的取值是否合理可靠进行分析判断；对项目拟选用节能措施是否适用及可行进行分析评价。

4）产品单耗对比法。根据项目能耗情况，通过项目单位产品的能耗指标与规定的项目能耗准入标准、国际国内同行业先进水平进行对比分析。适用于工业项目工艺方案的选择、节能措施的效果及能耗计算评价。如不能满足规定的能耗准入标准，应全面分析产品生产的用能过程，找出存在的主要问题并提出改进建议。

5）单位面积指标法。民用建筑项目可以根据不同的使用功能分别计算单位面积的能耗指标，并与类似项目的能耗指标进行对比，如差异较大，则说明拟建项目的方案设计或用能系统等存在问题。然后可根据分品种的单位面积能耗指标进行详细分析，找出用能系统存在的问题并提出改进建议。

6）能量平衡分析法。能量平衡是以拟建项目为对象的能量平衡，包括各种能量的收入与支出的平衡，消耗与有效利用及损失之间的数量平衡。

能量平衡分析就是根据项目能量平衡的结果，对项目用能情况进行全面、系统的分析，以便明确项目能量利用效率，能量损失的大小、分布与损失发生的原因，以利于确定节能目标，寻找切实可行的节能措施。

7）类比分析法。针对建设项目的特点，类比正在运行的同类企业的能源消耗状况，进行能源消耗分析并提出节能降耗措施。适用于能耗计算中经验数据的取值、节能措施的评价。

上述评估方法为节能评估通用的主要方法，可根据项目特点选择使用。在具体的用能方案评估、能耗数据确定、节能措施评价方面，还可以根据需要选用其他评估方法。如能建立较为准确适用的物理模型和数学模型，可选择物理模型法和数学模型法进行评估或计算。

6.2.3 节能评估报告的主要内容与编制

固定资产投资项目节能评估报告书，应包括下列内容（可根据实际情况选择）：
1）评估依据，包括有关法律、法规、标准、规范等。
2）项目概况，包括项目工艺技术及用能方案。
3）项目所在地能源资源条件及其供应状况。
4）项目能源消耗品种和数量。
5）采用的工艺技术、设备及附属设施的节能设计分析。
6）能源管理措施。
7）合理用能评价，包括能耗指标和能效水平，节能效果及经济性分析。
8）结论和建议。
固定资产投资项目节能评估报告书内容要求：

（1）评估依据　包括有关法律、法规、标准、规范等。

1）相关法律、法规、规划。

2）产业政策和准入条件。

3）工业类相关标准及规范。

4）管理及设计方面的标准和规范，包括产品能耗定（限）额方面的标准、合理用能方面的标准以及工业设备能效方面的标准。

5）建筑类相关标准及规范。

6）交通类相关标准及规范。

7）相关终端用能产品能效标准。

8）同行业国内先进水平以及国际先进水平。

（2）项目概况　包括项目工艺技术及用能方案。

1）建设单位基本情况，包括建设单位名称、性质、单位地址、邮政编码、法人代表、项目联系人、联系电话及传真。

2）建设项目基本情况：① 项目名称。应与可行性研究报告、项目申请报告名称一致。② 建设地点。即本项目建设地址位置及范围。③ 项目性质。包括新建、改扩建、技术改造。④ 项目类型。包括公共建筑（办公、商业、旅游、科教文卫、体育、通信建筑以及交通运输用房等，并注明公共建筑的甲、乙类别）、居住建筑、工业（行业）和基础设施等。⑤ 建设规模及内容。包括规划建设用地性质、总用地面积、总建筑面积、主要使用功能、设计标准、生产/服务能力等。⑥ 主要工艺技术及用能方案。包括项目采用的主要工艺技术方案以及各主要用能系统方案。对改扩建、技术改造项目，概述原工程用能情况及与本项目的关系。

3）项目总投资及其分项构成，拟申请政府投资额。

4）建设项目主要技术经济指标：① 各功能分项建筑面积，地上、地下部分分别列出；② 每层层高、面积、反映不同功能的主要技术经济指标；③ 绿地总面积、容积率、建筑密度；④ 工业和基础项目应表述其生产能力或提供的服务能力等技术经济指标；⑤ 其他内容。

5）项目原则性进度计划。

（3）项目所在地能源资源条件及其供应状况。

1）当地能源资源条件（包括可再生能源）以及供应状况。

2）本项目能源品种的选用原则，即分配得当、各得所需、温度对口、梯级利用。

在能源资源分配上应该实现"分配得当、各得所需"，根据不同用户，在不同时段，对于不同能源的不同需求，进行合理妥当的资源配置，可以实现能源利用效率和能源设备利用效能的最优化。在能源利用上，根据能源的品位，依照热力学第二定律的原则实现"温度对口、梯级利用"，尽力扩大对于能量温度的利用范围，将高品位能源满足高端需求，将低品位能源满足低端需求。

（4）项目能源消耗品种和数量　项目建成后正常运行状态下，由外部供应的项目能源消耗品种和数量。

1）项目能源耗能种类、来源及年总消耗量，见表6-1。属于改扩建、技术改造的项目，应列出原工程能源耗能种类、来源及年消耗量。

2）单项工程能源耗能种类及年消耗量，见表 6-2。

表 6-1　项目能源消耗种类、来源及年总消耗量

序　号	能源品种	来源方式	单　位	折标系数	实　物　量	当量值/t 标准煤
合计					

表 6-2　单项工程分品种年能源消耗量及合计能源消耗量

序号	单项工程	能源品种（实物量）									合计当量值/t 标准煤
		运输	工艺	给水排水	暖通	照明	电气	动力	炊事	其他	

3）民用建筑各功能分项年能源消耗种类、数量。

4）工业项目能源转换和分配情况。能源加工转换、储存、分配及利用情况，也可以通过能源平衡表或能源网络图/流向图说明，能源平衡表参照 GB/T 28751—2012《企业能量平衡表编制办法》编制。

（5）采用的工艺技术、设备及附属设施的节能设计分析。

1）总图及运输：① 简述建设场地现状特点和周边环境情况，根据总平面布置图，阐述总图及运输的节能措施，分析本工程总体布局方案、交通组织中的节能设计。根据功能分区的特点，运输物质种类、数量，合理组织交通，包括人流路线、物流运输路线、运输方式、运输距离等。② 运输消耗的能源种类及能源消耗量估算，分析项目运输能效水平。③ 如属改扩建工程，应简述原有工程情况及与本项目的关系。

2）工艺：① 简述主要工艺技术，主要设计参数、规模、年产量。分析工艺技术的节能设计，包括工艺生产总体布置、工艺流程及原理、技术方案的选择，分析工艺采取的节能措施。② 专业化协作原则。例如，装置设备负荷率低于规定值；单件小批量生产，铸件、锻件、热处理件、表面处理件；少量焊接件等应外协生产。③ 新工艺、新材料、新技术、节能设备的选择；拟采用的节水、节电、节材综合节能措施，例如废水、废气、废热的利用、资源综合利用、可再生能源的利用等及节能效果预测。④ 简述对土建、公用工程等专业的节能设计要求。⑤ 通过简述或用能源平衡表或能源流向示意图表示工艺中能源加工、转换、储存和利用情况，明确工艺主要耗能设备，分析工艺能效水平（与国内外先进水平、同行业水平及地方能耗准入标准相比）。⑥ 如属改扩建工程，应简述原有工艺情况及与本项目的关系。说明主要生产用能工艺、主要耗能设备的参数及数量、年能源消耗情况及存在的问题等。

3）建筑。简述建筑工程规模（总用地面积、总建筑面积、总投资、容纳人数、总住户数等）及设计标准（工程等级、设计使用年限、工程耐火等级以及装修标准等）。

分析项目建筑节能设计包括：① 建筑布局，包括朝向、日照环境、自然通风、自然照明等；② 建筑结构，包括建筑物围护结构（外墙、外窗、屋面等处）的保温、隔热、遮阳的原则做法；③ 可再生能源利用与建筑一体化设计原则措施；④ 玻璃幕墙的使用情况及其

节能措施；⑤ 简述对公用工程等专业的节能设计要求；⑥ 如属改扩建工程、技术改造工程，应简述原有建筑情况及与本项目的关系。

4）给水排水：① 当地水源供应状况，雨水、污水排放条件及可利用可再生能源条件。② 简述项目给水排水设计参数，年总耗水量、耗热水量；主要耗能设备，包括生活或工艺用给水和热水等系统的设备和水泵的配置情况。③ 如属改扩建工程、技术改造工程，应简述原有工程给水排水工程情况及与本项目的关系。

通过简述生活或工艺给水、热水系统、雨污水排放系统及选用的给水加压、热水加热、水处理等主要系统及设备配置，给水、热水系统调节方式，对工艺热水、生活热水的耗热量估算（人均、单位面积或单位产品的耗水量、生活热水（包括饮用热水、游泳池等及工艺热水耗热量），给水排水系统能耗估算（可根据工程性质预测荷率变化规律，估算耗能设备能耗），分析项目给水排水节能设计要点和能效水平。

5）暖通：① 通过简述项目采暖热源和空调冷、热源的选择，采暖、通风与空调系统形式及主要供热、制冷设备，系统调节控制方式，项目暖通专业采取的节能措施（包括可再生能源利用情况、自然冷源利用等），分析项目暖通节能设计情况，见表6-3、表6-4。② 如属改扩建、技术改造工程，说明原有工程的暖通工程情况及与本项目的关系。

表6-3　项目采暖热源和空调冷、热源的选择

建 筑 名 称	建筑面积/ m²	设计热负荷/kW		空调设计 冷负荷/kW	备　注
		采暖	空调		

表6-4　采暖空调年总供热量、供冷量及能源消耗量估算表

供热量/ (GJ/a)	供冷量/ (GJ/a)	能 源 耗 量					
		耗电量/ (MWh/a)	燃气量/ (10⁴ m³/a)	燃油量/ (t/a)	燃煤量/ (t/a)	市政热水热量/ (GJ/a)	市政蒸气耗量/ (t/a)

6）动力：① 简述动力站房热源、冷源的选择及其参数，动力站的主要内容、性质、位置要求、面积，系统设置及主要设备，供应范围及方式，管网布置方式，能源计量与监测措施，分析动力专业节能设计；② 估算动力站房的年能源消耗量及分品种能源消耗量（电力、燃煤、燃气、燃油、热力等）的估算，分析项目动力能效水平，见表6-5；③ 如属改扩建、技术改造工程，说明原有工程的动力工程情况及与本项目的关系。

表6-5　主要耗能设备容量表

编　号	设 备 名 称	主要技术参数	效率 η(%)	性能系数 COP	单　位	数　量	备　注

7）电气：① 简述负荷性质及对电源的要求，如属改扩建、技术改造工程，说明原有工程的电气工程情况及与本项目关系；② 简述变、配电站拟设数量和位置，变压器容量和数量，分析变、配电系统的节电设计及采取的措施；③ 简述主要功能区照明设计值及应对功率密度值，光源、镇流器、灯具选择原则，照明控制方式，分析照明节点设计；④ 简述电气设备的运行方式，分析节电设计及采取的措施；⑤ 估算项目耗电量，分析项目用电能效水平。

（6）能源管理措施。

1）建立能源管理体系。

2）聘任能源管理人员。

3）配备能源计量器具。

（7）合理用能评价　包括节能效果及经济性分析。

1）能耗指标：① 综合能源消耗总量、单位产品单项能源消耗量、单位产品综合能源消耗量（t标准煤）、主要生产工艺/工序能耗；② 单位建筑面积单项能源消耗量和单位建筑面积综合能源消耗量，见表6-6；③ 项目产值综合能耗（t标准煤/万元产值）；④ 单位产品投资能耗。

表 6-6　项目能耗指标汇总表

能耗指标名称	单项能源消耗						综合能耗/t标准煤	备　注
	电力/(MW·h)	天然气/$10^4 m^3$	热力/GJ	原煤/t	汽油/t	其他		
单位建筑面积能耗								
万元产值能耗								
单位产品投资能耗								
生产工艺(工序)能耗								

2）能耗指标分析：① 单位建筑面积能耗、单位产品能耗、主要生产工艺/工序能耗、万元产值能耗等，见表6-7；② 与国际、国内水平对比分析，明确设计指标是否达到同行业先进水平或国际先进水平，是否符合国家、地方能耗准入标准的规定。

表 6-7　能耗指标对比表

能　耗　指　标	国内先进水平	国际先进水平	能耗准入标准	备　注
项目综合能耗(标准煤)/t				
单位建筑面积能耗/(kg/m^2)				
单位产品能耗/(kg/单位产品)				
工(艺)工序能耗/[t/工(艺)序]				
万元投资能耗/(t/万元)				

3）节能效果及经济性分析：① 简要分析在合理用能方面存在的主要障碍；② 分析在满足技术政策、设计标准、规范等方面采取的节能降耗措施的节能效果及经济性。

（8）结论和建议。

1）节能评估结论。

2）建议。

6.3　清洁生产审核

6.3.1　清洁生产的概念及意义

进入 20 世纪 80 年代以后，随着工业的发展，全球性的环境污染和生态破坏越来越严重，能源和资源的短缺也日益困扰着人们。在经历了几十年的末端处理之后，以美国为首的一些发达国家重新审视了他们的环境保护历程，发现虽然它们在大气污染控制、水污染控制以及固体和有害废物处置方面均已取得了显著进展，无论是空气质量还是水环境质量均要比 20 年前好得多，但仍有许多环境问题令人望而生畏，包括全球气候变暖和臭氧层破坏，重金属和农药等污染物在环境介质间转移等。人们逐渐认识到，仅依靠开发更有效的污染控制技术所能实现的环境改善是有限的，关心产品和生产过程中对环境的影响，依靠改进生产工艺和加强管理等措施来消除污染可能更为有效，于是清洁生产战略应运而生。

1. 清洁生产的概念

清洁生产（Cleaner Production）在不同的发展阶段或者不同的国家有不同的叫法，例如废物减量化、污染预防等，但其基本内涵是一致的，即对产品和产品的生产过程采用预防污染的策略来减少污染物的产生和排放。

清洁生产是人们思想和观念的一种转变，是环境保护战略由被动反应向主动行动的一种转变。联合国环境规划署在总结了各国开展的污染预防活动，并加以分析后，提出了清洁生产的定义为：

"清洁生产是一种新的创造性的思想，该思想将整体预防的环境战略持续应用于生产过程、产品和服务中，以增加生态效率和减少人类及环境的风险。

对生产过程，要求节约原材料和能源，淘汰有毒原材料，减降所有废弃物的数量和毒性。

对产品，要求减少从原材料提炼到产品最终处置的全生命周期的不利影响。

对服务，要求将环境因素纳入设计和所提供的服务中。

《中华人民共和国清洁生产促进法》第二条规定，所谓清洁生产，是指不断采取改进设计、使用清洁的能源和原料、采用先进的工艺技术与设备、改善管理、综合利用等措施，从源头削减污染，提高资源利用效率，减少或者避免生产、服务和产品使用过程中污染物的产生和排放，以减轻或者消除对人类健康和环境的危害。通俗地讲，清洁生产不是把注意力放在末端，而是将节能减排的压力消解在生产全过程。

清洁生产的方法就是清洁生产审核，即通过审核发现排污部位、排污原因，并筛选消除或减少污染物的措施。

清洁生产的目标是：① 通过资源的综合利用，短缺资源的代用，二次能源的利用，以及节能、降耗、节水，合理利用自然资源，减缓资源的耗竭；② 减少废物和污染物的排放，促进工业产品的生产、消耗过程与环境相容，降低工业活动对人类和环境的风险。简而言之，就是节能、降耗、减污、增效。

2. 清洁生产的内容

1）使用清洁的能源。包括采用各种方法对常规的能源采取清洁利用的方法，对沼气等再生能源的利用，以及新能源的开发以及各种节能技术的开发利用。

2）使用清洁的生产过程。尽量少用和不用有毒有害的原料；采用无毒、无害的中间产品；选用少废、无废工艺和高效设备；尽量减少生产过程中的各种危险性因素（如高温、高压、低温、低压、易燃、易爆、强噪声、强振动等）；采用可靠和简单的生产操作和控制方法；对物料进行内部循环利用；完善生产管理，不断提高科学管理水平。

3）使用清洁的产品。产品设计应考虑节约原材料和能源、少用昂贵和稀缺的原料；产品在使用过程中以及使用后不含危害人体健康和破坏生态环境的因素；产品的包装合理；产品使用后易于回收、重复使用和再生；使用寿命和使用功能合理。

从上述清洁生产的含义可以看出，清洁生产包含了生产者、消费者、全社会对于生产、服务和消费的希望：

1）清洁生产是从资源节约和环境保护两个方面对工业产品生产从设计开始，到产品使用后直至最终处置，给予了全过程的考虑和要求。

2）清洁生产不仅对生产，而且对服务也要求考虑对环境的影响。

3）清洁生产对工业废弃物实行费用有效的源削减，一改传统的不顾费用有效或单一末端控制办法。

4）清洁生产可提高企业的生产效率和经济效益，与末端处理相比，成为受到企业欢迎的新事物。

5）清洁生产着眼于全球环境的彻底保护，为全人类共建一个洁净的地球带来了希望。

3. 实行清洁生产的意义

人类社会的发展改变了人类自身。但人和自然的关系永远是一对矛盾的统一体。人类利用自然的赐予加速了文明的进程，但这种发展却使人们付出了高昂的代价。自然平衡的破坏严重制约了这种"发展"，甚至影响到人类自身的生存。工业发展是人类社会发展和进步的重要标志，同时也是破坏自然、摧毁自然的主要力量，在最大利润的驱使下，资源的过度消耗、环境状况的恶化以及生态平衡的破坏出现在全球各个角落。工业发展走到了十字路口，人们重新审视已走过的历程，认识到需合理利用资源，建立新的生产方式和消费方式。清洁生产是工业可持续发展的必然选择。

1）实行清洁生产是可持续发展战略的要求。1992 年在巴西里约热内卢召开的联合国环境与发展大会是世界各国对环境和发展问题的一次联合行动。会议通过了《21 世纪议程》，制定了可持续发展的重大行动计划，可持续发展已取得各国的共识。《21 世纪议程》将清洁生产看做是实现持续发展的关键因素，号召工业提高能效，开发更清洁的技术，更新、替代对环境有害的产品和原材料，实现环境和资源的保护和有效管理。

2）实行清洁生产是控制环境污染的有效手段。自 1972 年斯德哥尔摩联合国人类环境会议以后，虽然国际社会为保护人类生存的环境作出了很大努力，但环境污染和自然环境恶化的趋势并未能得到有效控制，与此同时，气候变化、臭氧层破坏、有毒有害废物越境转移、海洋污染、生物多样性损失和生态环境恶化等全球性环境问题的加剧，对人类的生存和发展构成了严重的威胁。

造成全球环境问题的原因是多方面的，其中重要的一方面是几十年来以被动反应为主的环境管理体系存在严重缺陷，无论是发达国家还是发展中国家，均走着"先污染，后治理"这一人们为之付出沉重代价的道路。

　　清洁生产的核心目标是节能、降耗、减污、增效。作为一种全新的发展战略，清洁生产改变了过去被动的、滞后的污染控制手段，强调在污染产生之前予以削减，即在产品及其生产过程并在服务中减少污染物的产生和对环境的不利影响。这种方式不仅可以减少末端治理的负担，而且有效避免了末端治理的弊端，是控制环境污染的有效手段。这一主动行动，经近几年国内外的许多实践证明，具有效率高、可带来经济效益、容易为企业接受等特点。

　　3）实行清洁生产可大大降低末端处理的负担。末端处理是目前国内外控制污染的最重要手段，对保护环境起着极为重要的作用，如果没有它，今天的地球可能早已面目全非。但人们也因此付出了高昂的代价。据美国环保局统计，1990 年美国用于三废处理的费用高达1200 亿美元，占 GNP 的 2.8%，成为国家的一个严重负担。

　　清洁生产可以减少甚至在某些情形下消除污染物的产生。这样，不仅可以减少末端处理设施的建设投资，而且可以减少日常运转费用。

　　4）实行清洁生产可提高企业的市场竞争力。清洁生产可以促使企业提高管理水平，节能、降耗、减污，从而降低生产成本，提高经济效益。同时，清洁生产还可以树立企业形象，促使公众对其产品的支持。

　　清洁生产对于企业实现经济、社会和环境效益的统一，提高市场竞争力也具有重要意义。一方面，清洁生产是一个系统工程，通过工艺改造、设备更新、废弃物回收利用等途径，可以降低生产成本，提高企业的综合效益；另一方面，它也强调提高企业的管理水平，提高管理人员、工程技术人员、操作工人等在经济观念、环境意识、参与管理意识、技术水平、职业道德等方面的素质。同时，清洁生产还可有效改善操作工人的劳动环境和操作条件，减轻生产过程对员工健康的影响。

4. 如何进行清洁生产

　　目前，不论是发达国家还是发展中国家都在研究如何推进本国清洁生产。从政府的角度出发，推行清洁生产有以下几个方面的工作要做：

　　1）制定特殊的政策以鼓励企业推行清洁生产。

　　2）完善现有的环境法律和政策以克服障碍。

　　3）进行产业和行业结构调整。

　　4）安排各种活动，提高公众的清洁生产意识。

　　5）支持工业示范项目。

　　6）为工业部门提供技术支持。

　　7）把清洁生产纳入各级学校教育之中。

　　清洁生产的基本要求是"从我做起、从现在做起"，每个企业都存在着许多清洁生产机会。从企业层面来说，实行清洁生产有以下几方面的工作要做：

　　1）进行企业清洁生产审核。

　　2）开发长期的企业清洁生产战略计划。

　　3）对职工进行清洁生产的教育和培训。

　　4）进行产品全生命周期分析。

　　5）进行产品生态设计。

　　6）研究清洁生产的替代技术。

　　进行企业清洁生产审核是推行企业清洁生产的关键和核心。

6.3.2 清洁生产审核的原理

1. 清洁生产审核的依据

为了推动清洁生产工作，国家有关部门先后出台了《中华人民共和国清洁生产促进法》《中华人民共和国清洁生产审核暂行办法》等法律法规，以及《关于印发重点企业清洁生产审核程序的规定的通知》，使清洁生产由一个抽象的概念转变成一个量化的、可操作的、具体的工作。通过清洁生产标准规定的定量和定性指标，一个企业可以与国际同行进行比较，从而找到努力的方向。

《国家环境保护"十一五"规划》中提出，要大力推动产业结构优化升级，促进清洁生产，发展循环经济，从源头减少污染，推进建设环境友好型社会。这就要求相关部门要加快制定重点行业清洁生产标准、评价指标体系和强制性清洁生产审核技术指南，建立推进清洁生产实施的技术支撑体系，还要进一步推动企业积极实施清洁生产方案。同时，"双超双有"企业（污染物排放超过国家和地方标准或总量控制指标的企业、使用有毒有害原料或者排放有毒物质的企业）要依法实行强制性清洁生产审核。

清洁生产审核是实施清洁生产的前提和基础，也是评价各项环保措施实施效果的工具。我国的清洁生产审核分为自愿性清洁生产审核和强制性清洁生产审核。污染物排放达到国家或者地方排放标准的企业，可以自愿组织实施清洁生产审核，提出进一步节约资源、削减污染物排放量的目标。国家鼓励企业自愿开展清洁生产审核，而"双超双有"企业应当实施强制性清洁生产审核。

2. 清洁生产审核原理

清洁生产审核的对象是企业，其目的有两个，一是判定出企业中不符合清洁生产的地方和做法，二是提出方案解决这些问题，从而实现清洁生产。通过清洁生产审核，对企业生产全过程的重点（或优先）环节、工序产生的污染进行定量监测，找出高物耗、高能耗、高污染的原因，然后有的放矢地提出对策、制定方案，减少和防止污染物的产生。

企业清洁生产审核是对企业现在的和计划进行的工业生产实行预防污染的分析和评估，是企业实行清洁生产的重要前提，也是企业实施清洁生产的关键和核心。

在实行预防污染分析和评估的过程中，通过减少能源、水和原材料使用，消除或减少产品和生产过程中有毒物质的使用，减少各种废弃物及其毒性排放方案的制定与实施，达到以下目标：

1）核对有关单元操作、原材料、产品、用水、能源和废弃物的资料。

2）确定废弃物的来源、数量以及类型，确定废弃物削减的目标，制定经济有效的削减废弃物产生的对策。

3）提高企业对由削减废弃物获得效益的认识和知识。

4）判定企业效率低的瓶颈部位和管理不善的地方。

5）提高企业经济效益和产品质量。

清洁生产审核的总体思路可以用一句话来介绍，即判明废弃物的产生部位，分析废弃物的产生原因，提出方案减少或消除废弃物。图6-1所示为清洁生产审核的思路框图。

1）废弃物在哪里产生？通过现场调查和物料平衡找出废弃物的产生部位并确定产生量。这里的"废弃物"包括各种废物和排放物。

2）为什么会产生废弃物？一个生产过程一般可以用图6-2简单地表示出来。

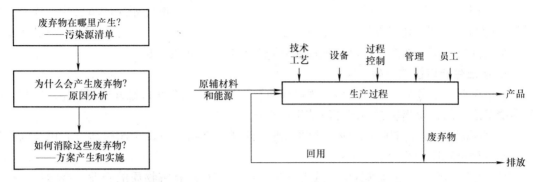

图6-1　清洁生产审核思路框图　　　　　图6-2　生产过程框图

从上述生产过程框图可以看出，对废弃物的产生原因分析要针对八个方面进行：

① 原辅材料和能源。原材料和辅助材料本身所具有的特性，例如毒性、难降解性等，在一定程度上决定了产品及其生产过程对环境的危害程度，因而选择对环境无害的原辅材料是清洁生产所要考虑的重要方面。同样，作为动力基础的能源，也是每个企业所必需的，有些能源（例如煤、油等的燃烧过程本身）在使用过程中直接产生废弃物，而有些则间接产生废弃物（例如一般电的使用本身不产生废弃物，但火电、水电和核电的生产过程均会产生一定的废弃物），因而节约能源、使用二次能源和清洁能源也将有利于减少污染物的产生。

② 技术工艺。生产过程的技术工艺水平基本上决定了废弃物的产生量和状态，先进而有效的技术可以提高原材料的利用效率，从而减少废弃物的产生，结合技术改造预防污染是实现清洁生产的一条重要途径。

③ 设备。设备作为技术工艺的具体体现在生产过程中也具有重要作用，设备的适用性及其维护、保养等情况均会影响到废弃物的产生。

④ 过程控制。过程控制对许多生产过程是极为重要的，例如化工、炼油及其他类似的生产过程，反应参数是否处于受控状态并达到优化水平（或工艺要求），对产品的利率和优质品的得率具有直接的影响，因而也就影响到废弃物的产生量。

⑤ 产品。产品的要求决定了生产过程，产品性能、种类和结构等的变化往往要求生产过程作相应的改变和调整，因而也会影响到废弃物的产生；另外，产品的包装、体积等也会对生产过程及其废弃物的产生造成影响。

⑥ 废弃物。废弃物本身所具有的特性和所处的状态直接关系到它是否可现场再用和循环使用。只有当其离开生产过程时才称其为废弃物，否则仍为生产过程中的有用材料和物质。

⑦ 管理。加强管理是企业发展的永恒主题，任何管理上的松懈均会严重影响到废弃物的产生。

⑧ 员工。任何生产过程，无论自动化程度多高，从广义上讲，均需要人的参与，所以员工素质的提高及积极性的激励也是有效控制生产过程和废弃物产生的重要因素。

当然，以上八个方面的划分并不是绝对的，虽然各有侧重点，但在许多情况下存在着相互交叉和渗透的情况。例如，一套大型设备可能就决定了技术工艺水平，过程控制不仅与仪器、仪表有关系，还与管理及员工有很大的联系等。对废弃物产生原因分析唯一的目的就是为了不漏过任何一个清洁生产机会。对于每一个废弃物产生源都要从以上八个方面进行原因分析，这并不是说每个废弃物产生源都存在八个方面的原因，而可能是其中的一个或几个。

3）如何消除这些废弃物？针对每一个废弃物产生原因，设计相应的清洁生产方案，包括无/低费方案和中/高费方案，方案可以是一个、几个甚至十几个，通过实施这些清洁生产方案来消除这些废弃物产生原因，从而达到减少废弃物产生的目的。

3. 清洁生产审核的类型

清洁生产审核分为自愿性审核和强制性审核。国家鼓励企业自愿开展清洁生产审核。有下列情况之一的，应当实施强制性清洁生产审核：

1）污染物排放超过国家和地方排放标准，或者污染物排放总量超过地方人民政府核定的排放总量控制指标的污染严重企业。

2）使用有毒有害原料进行生产或者在生产中排放有毒有害物质的企业。有毒有害原料或者物质主要指 GB 12268—2012《危险货物品名表》《危险化学品名录》《国家危险废物名录》和《剧毒化学品目录》中的剧毒、强腐蚀性、强刺激性、放射性（不包括核电设施和军工核设施）、致癌、致畸等物质。

6.3.3 清洁生产审核的步骤及特点

1. 清洁生产审核的步骤

根据上述清洁生产审核的思路，整个审计过程可分解为具有可操作性的 7 个步骤，或者称为清洁生产审核的 7 个阶段。

阶段 1：筹划和组织。主要是进行宣传、发动和准备工作。

阶段 2：预评估。主要是选择审计重点和设置清洁生产目标。

阶段 3：评估。主要是建立审计重点的物料平衡，并进行废弃物产生原因分析。

阶段 4：方案产生和筛选。主要是针对废弃物产生原因，产生相应的方案并进行筛选，编制企业清洁生产中期审计报告。

阶段 5：可行性分析。主要是对阶段 4 筛选出的中/高费清洁生产方案进行可行性分析，从而确定出可实施的清洁生产方案。

阶段 6：方案实施。实施方案并分析、跟踪验证方案的实施效果。

阶段 7：持续清洁生产。制定计划、措施在企业中持续推行清洁生产，最后编制企业清洁生产审核报告。

这 7 个阶段的具体活动及产出如图 6-3 所示。

2. 清洁生产审核的特点

进行企业清洁生产审核是推行清洁生产的一项重要措施，它从一个企业的角度出发，通过一套完整的程序来达到预防污染的目的，具备如下特点：

1）具备鲜明的目的性。清洁生产审核特别强调节能、降耗、减污，并与现代企业的管理要求相一致，具有鲜明的目的性。

2）具有系统性。清洁生产审核以生产过程为主体，考虑对其产生影响的各个方面，从原材料投入到产品改进，从技术革新到加强管理等，设计了一套发现问题、解决问题、持续实施的系统而完整的方法学。

3）突出预防性。清洁生产审核的目标就是减少废弃物的产生，从源头削减污染，从而达到预防污染的目的，这个思想贯穿在整个审计过程的始终。

活动　　　　　　　　　　　　　　　　　　　产出

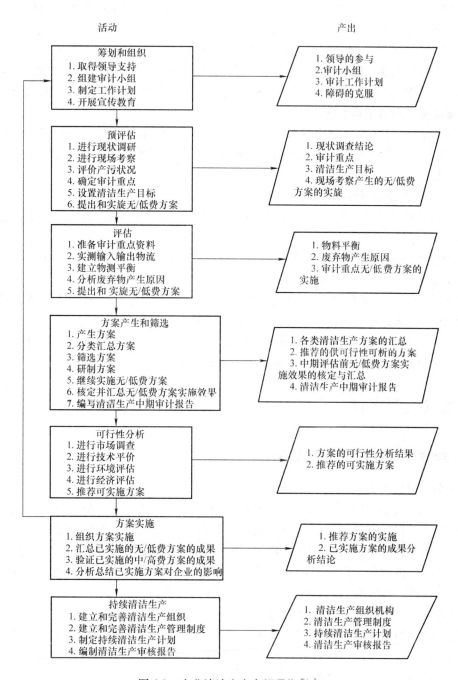

图 6 3　企业清洁生产审核工作程序

4）符合经济性。污染物一经产生需要花费很高的代价去收集、处理和处置它，使其无害化，这也是末端处理费用使许多企业难以承担的原因。而清洁生产审核倡导在污染物之前就予以削减，不仅可减轻末端处理的负担，同时污染物在其成为污染物之前就是有用的原材料，养活了产生就相当于增加了产品的产量和生产效率。事实上，国内外许多经过清洁生产审核的企业都证明了清洁生产审核可以给企业带来经济效益。

5）强调持续性。清洁生产审核十分强调持续性，无论是审计重点的选择还是方案的滚动实施，均体现了从点到面、逐步改善的持续性原则。

6）注重可操作性。清洁生产审核的每一个步骤均能与企业的实际情况相结合，在审计程序上是规范的，即不漏过任何一个清洁生产机会；而在方案实施上则是灵活的，即当企业的经济条件有限时，可先实施一些无/低费方案，以积累资金，逐步实施中/高费方案。

3. 清洁生产审核的操作要点

企业清洁生产审核是一项系统而细致的工作，在整个审计过程中应注重充分发动全体员工的参与积极性，解放思想、克服障碍、严格按审计程序办事，以取得清洁生产的实际成效并巩固下来。

1）充分发动群众献计献策。

2）贯彻边审计、边实施、边见效的方针，在审计的每个阶段都应注意实施已成熟的无/低费清洁生产方案，成熟一个实施一个。

3）对已实施的方案要进行核查和评估，并纳入企业的环境管理体系，以巩固成果。

4）对审计结论，要以定量数据为依据。

5）在第 4 阶段方案产生和筛选完成后，要编写中期审计报告，对前四个阶段的工作进行总结和评估，从而发现问题、找出差距，以便在后期工作中进行改进。

6）在审计结束前，对筛选出来还未实施的可行方案，应制定详细的实施计划，并建立持续清洁生产机制，最终编制完整的清洁生产审核报告。

6.4 企业能源审计

6.4.1 能源审计的背景及发展概况

1. 能源审计的背景

（1）国家有关能源管理法律法规和政策　随着社会和经济的不断发展，人类越来越严峻地面临着"人口、资源与环境"三大问题。解决能源问题的根本途径之一，便是推进和深化节能工作。但由于人们对节能工作的作用、性质认识不一，节能工作没有得到应有的重视，致使节能工作的深入开展受到很大影响。因此，加强节能工作的法制建设，使节能纳入法制管理的轨道，有序地、高效地进行调节，是非常重要的。

在国务院《节约能源管理暂行条例》十几年实施经验的基础上，1998 年 1 月 1 日《中华人民共和国节约能源法》正式颁布实施，该法明确规定节约能源是我国发展经济的一项长远战略方针，各级人民政府应加强节能管理工作，合理调整产业结构，优化资源配置，推动节能技术进步，逐步提高能源利用效率，促进国民经济向节能型发展。根据《中华人民共和国节约能源法》的规定，原国家经贸委制定并发布了《重点用能单位节能管理办法》《中国节能产品认证管理办法》等配套的节能管理法规，部分省（市）、区也相继出台了一些地方性节能管理的法规、政策及实施细则。

为了便于节能工作的科学管理，国家标准化行政主管部门还制定了 GB/T 17166—1997《企业能源审计技术通则》、GB/T 15316—2009《节能监测技术通则》、GB/T 15587—2008《工业企业能源管理导则》等一系列方法、标准，河南省标准化管理部门又专门制定了《企业能源审计方法》地方标准，进一步规范了政府节能管理部门对企业能源利用情况的监督管理。

（2）企业能源审计产生的背景　在我国经济体制和企业经营机制改革不断深化的情况下，如何运用科学合理的手段和方法，依法对企业的能源利用状况进行有效的监督管理，促使企业从粗放型管理向集约型管理即资源节约型和资源效率型转变，即通过技术进步、制度创新、管理水平的提高来推动企业节能管理工作，是摆在我国节能管理工作人员面前的一个重要课题。

企业能源审计这种科学的能源管理方法，在欧美已实行了多年。在1982年的中国—欧洲经济共同体节能技术学习班上，企业能源审计这一名词首次介绍到中国便引起了我国政府节能管理部门的重视，原国家经贸委组织全国各省、市、自治区的有关节能管理人员举办了企业能源审计培训班，并确定河南、山东两省作为我国的首批企业能源审计试点省。国家标准化管理部门相应地发布了《企业能源审计技术通则》的工作标准。国内一些著名的专家学者也相继出版了一些企业能源审计的论著，有效地促进了企业能源审计工作的开展，对加强企业能源量化管理、完善标准、强化考核，都发挥了很大作用。

2. 能源审计国内外发展概况

20世纪70年代的能源危机引发了西方国家对节能的重视，在严峻的能源形势与沉重的能源费用负担面前，出现了"要把能源像管理钞票一样管理起来的认识，对能源使用的合理性要进行审计"的思想。在这种背景下，西方国家提出了"能源审计"的概念和方法。以英国和日本为代表的国家，由于其自身的地理特点及资源情况，在提高能源利用效率和节能方面开展了大量的工作，并取得了明显的成效。英国利用能源审计调查行业和企业能源利用状况，为政府制定能源政策提供技术依据。日本对企业开展了节能诊断，通过国家节能中心派出专家，免费对企业的用能设备进行节能诊断，以促进企业的能源利用效率的提高。西方工业国家由于生产手段先进、管理现代化，用能设备自控化程度较高，其能源审计的特点是：充分利用信息化技术，通过网络等先进的通信手段对企业的相关资料进行"后台式"的审计。

在我国，早在1982~1985年原国家经贸委就组织了企业能源审计试点工作。同时，联合国亚太经社会（ESCAP）、联合国开发计划署（UNDP）、欧盟（EC）等国际组织在我国举办过企业能源审计的培训班。1989年，我国向亚洲开发银行（ADB）申请的"工业节能"技术援助项目，对造纸、纺织、化工、炼油、水泥五个行业的相关企业进行了企业能源审计并初步建立了一套定量的企业能源审计方法，随着后来贷款项目扩展到钢铁、有色、交通行业，先后有三十多个企业进行过能源审计工作。1996年国家技术监督局发布了三项有关企业能源审计的国家标准，1997年颁布了国家标准GB/T 17166—1997《企业能源审计技术通则》，这是目前国内唯一的能源审计专项标准，是开展能源审计工作的技术依据。2000年6月，原国家经贸委资源司会同国家能源基金会组织了不同形式的企业能源审计研究与试点，并开展了相关方法和理论的研究。

2006年9月7日，国家发改委等五部委联合印发《千家企业节能行动实施方案》的通知，通知明确要求"各企业要按照国家标准GB/T 17166—1997《企业能源审计技术通则》的要求，开展能源审计，完成审计报告；通过能源审计，分析现状，查找问题，挖掘潜力，提出切实可行的节能措施。在此基础上，编制企业节能规划，并认真加以实施"。随后，国家发改委办公厅下发了《企业能源审计报告审核指南》，对能源审计所必须涵盖的主要内容和审核流程进行了明确的规定，从而规范了审计工作的开展。

根据通知要求，全国1008家年耗标准煤18万t以上的企业从2006年10月起相继开展了企业能源审计工作，2007年5月起，国家发改委环资司委托有关单位，对千家企业能源审计报告进行了评议和汇总分析，通过审计，使企业清晰系统地认识到自身用能的现状。通过对企业主要能耗指标与国际、国内行业先进水平、平均水平的对比，使企业看到了差距，明确了节能方向，分析了节能潜力，对企业今后节能工作的开展具有重要的指导作用，推动了企业节能工作的深入发展，落实了节能技改项目，增强了企业完成节能目标的信心。这种政府与企业共同参与的模式是建设节约型和谐社会的具体体现。

开展千家企业节能行动，突出抓好高耗能行业中高耗能企业的节能工作，强化政府对重点耗能企业节能的监督管理，促进企业加快节能技术改造，加强节能管理，提高能源利用效率，对提高企业经济效益，缓解经济社会发展面临的能源和环境约束，确保实现"十一五"规划目标和全面建成小康社会目标，具有十分重要的意义。开展企业能源审计和编制节能规划是"千家企业节能行动"的一项重要内容，也是千家企业节能行动的基础和保证。

在千家企业能源审计的带动下，各级地方节能主管部门将企业能源审计的范围逐步扩展到了20 000多家重点用能单位，目前，全国范围内的企业能源审计工作已大规模地开展起来。

3. 企业能源审计在国内的发展

通过千家企业能源审计工作及后续重点用能企业审计工作的开展，使能源审计这一科学的管理方法在国内用能企业得到了普及，与国内原有的能源管理方法得到了一定的结合，通过对千家企业能源审计报告的汇总分析，目前国内存在着具有代表性的三种审计思路：

1）以设备的监测为主要依据，侧重于对用能设备的效率和物流、能流、能源财务的追踪和分析。

2）以企业能量平衡为基础，计算分析企业的能量有效利用率，对能源流程中各环节的收入和支出的平衡分析与评价。

3）以企业能源的投入产出分析为主线，分析能源消耗的过程，研究评价产品或服务的单位产出的能源密度指标（单位产品能耗指标）。其特点主要体现在：① 企业能源审计首先要做企业范围的能源统计计量分析，进一步能源审计才是对企业局部用能设备、用能系统、动力站房、空调与采暖系统的能源诊断研究。目前开展的企业能源审计工作首先要求做好第一部分工作。② 审计工作的技术核心，是对研究对象的能源消费投入产出分析，主要研究指标是国际通用的产品或服务的单位产出的能源密度。③ 研究对象的设定具有灵活性，可以根据审计目的确定边界。④ 研究对象的能源审计成果具有可综合性和可拆分性，审计范围大到一个地区一个行业，小到一个装置、设备。⑤ 能源审计的实施是采用管理者、专家、软件结合的合作模式。第一步的统计计量分析可以使用简单的"黑箱原理"，仅仅基于统计计量结果，这是管理者自己就能够做到的。对"黑箱"内部研究分析，对统计计量结果的原因分析与判断，对系统整体优化的分析，对用能合理性分析并寻求节能机会，都需要充分发挥行业专家和企业专家的作用。软件越完善，专家所作的资料性工作则越少。⑥ 模块化的结构和投入产出分析，对于能源转换企业，转换单元能源投入的产出就是二次能源，可用能源效率作指标；对于能源使用单元这种投入的产出指标就是单耗。⑦ 有利于计算机技术与专家实践经验的最佳结合。

总体来说，企业能源审计工作，通过千家企业的实践及目前开展的相关工作，在我国得到了节能主管部门和用能企业的认可，结合我国能源消费的现状，使这一方法具有了我国特色，更全面、实际地反映出我国用能企业能源消费的特点。通过有关学者的研究及更多企业的实际应用，结合高效信息化工具的运用，使我国的能源审计方法既具有中国特色的同时也能更好地与国际接轨，在能效对标、能源管理体系建设等工作中都能够得到运用。

6.4.2　能源审计的定义及类型

1. 能源审计的定义

按照国家标准 GB/T 17166—1997《企业能源审计技术通则》，能源审计是审计单位依据国家有关的节能法规和标准，对企业和其他用能单位能源利用的物理过程和财务过程进行检验、核查、分析和评价。

能源审计是一种能源科学管理和服务的方法，是为政府节能主管部门及用能企业提供一种有效的评价方法与模式，其主要内容是按照审计类别的不同对用能单位能源使用的效率、消耗水平和能源利用效果的客观考察。

能源审计是一种专业性的审计活动，具有监管、公正与服务的职能。是对企业用能状况进行考察与审核的管理手段，通过审计可以了解企业能源消费的过程和能源利用的效率、存在的问题，从而帮助企业寻找节能技术改造方向，确定节能方案，加强能源管理，降低生产成本，最终提高产品市场竞争力。同时，通过能源审计可以帮助政府节能主管部门加强对企业用能的监督与管理。能源审计的结果也是企业制定节能规划、编制企业能源审计报告的基础依据。

1）能源审计的目的：① 完成国家、省、市节能主管部门制定的能源审计任务；② 为政府加强能源管理，提高能源利用效率，促进经济增长方式转变，持续发展经济，保护环境，落实科学发展观，提高真实可靠的决策依据；③ 通过对生产现状的调查、资料核查和必要的测试，分析能源利用状况，确认其利用水平，查找存在的问题和漏洞，分析对比，挖掘节能潜力，提出切实可行的节能措施和建议；④ 促进企业节能降耗增效，提高企业的综合素质和市场竞争力，完成"十一五"总体节能目标，实现可持续发展的战略要求；⑤ 运用科学的方法和合理的手段，对企业能源利用状况进行有效的监督和服务，通过技术进步，制度创新，改善管理，推动企业节能降耗工作，使企业提高能效水平从粗放管理型向资源节约型转变。

2）能源审计的好处：① 由于能源审计是按一套预定的程序来进行的，所以有利于节能管理向经常化和科学化转变；② 有利于促进微型计算机在能源管理中的应用，减少企业能源管理的日常工作量；③ 通过能源审计，可以计算出不同层次的能耗指标，有利于对企业的能源使用情况进行有效的监督和合理的考核；④ 国家的能源方针、政策、法令、标准是进行能源审计的基本依据，通过能源审计可以了解其贯彻情况与实施的效果。

3）能源审计的作用：企业能源审计是一种加强企业能源科学管理和节约能源的有效手段和方法，具有很强的监督与管理作用。通常审计活动分为财务审计、效益审计和管理审计。能源审计是资源节约和综合利用的专业性审计活动，属于管理审计的范畴。政府通过能源审计，可以准确合理地分析评价本地区和企业的能源利用状况及水平，以实现对企业能源消耗情况的监督管理，保证国家能源的合理配置使用，提高能源利用效率，节约能源，保护环境，促进经济持续地发展。企业通过能源审计可以使企业的生产组织者、管理者、使用者及时分析掌握企业能源管理水平及用能状况，排查问题和薄弱环节，挖掘节能潜力，寻找节能方向，降低能源消耗和生产成本，提高经济效益。从这个意义上来说，企业能源审计方法适用于国家对企业用能的监督与管理，也适用于企业内部进行能源管理与监督。

企业能源审计是一套集企业能源核算系统、合理用能的评价体系和企业能源利用状况审核考察机制为一体的科学方法，它科学规范地对用能单位能源利用状况进行定量分析，对企业能源利用效率、消耗水平、能源经济与环境效果进行审计、监测、诊断和评价，从而寻求节能潜力与机会。归纳起来，企业能源审计有三个作用：① 更好地贯彻落实国家的能源政策、法规和标准；② 对企业能源消费起监督和考核作用；③ 对企业能源生产与进行能源管理起指导作用。

2. 企业能源审计的类型

根据对企业能源审计的不同要求，可将能源审计分为三种类型：初步能源审计、重点能源审计、详细能源审计。能源审计的一般程序如图6-4所示，释义如下：

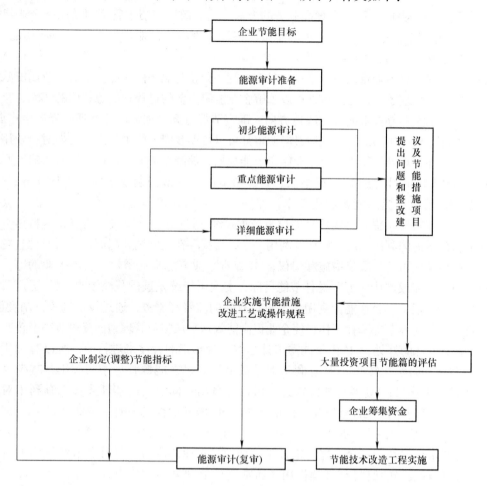

图6-4 能源审计的一般程序

（1）初步能源审计 这种审计的要求比较简单，只是通过对现场和现有历史统计资料的了解，对能源使用情况和生产工艺过程作一般性的调查，所花费的时间也比较短，一般为1~2天。其主要工作包括两个方面，一是对企业能源管理状况的审计，二是对企业能源统计数据的审计分析。通过对企业能源管理状况的审计，可以了解企业能源管理的现状，查找能源跑冒、滴、漏和管理上的薄弱环节。通过对能源统计数据的审计分析，重点是主要耗能设备与系统的能耗指标分析（如锅炉、压缩空气、工业窑炉、空气调节或热力系统等），若发现数据不合理，还需进行必要的测试，取得较为可靠的基本数据，便于进一步分析查找设备运转中的问题，提出改进措施。初步能源审计可以找出明显的节能潜力以及在短期内就可以提高能源效率的简单措施，这是十分有效的。

（2）重点能源审计　通过初步能源审计，发现企业的某一方面或系统存在着明显的能源浪费现象，可以进一步对该方面或系统进行封闭的测试计算和审计分析，查找出具体的浪费原因，提出具体的节能技改项目和措施，并对其进行定量的经济技术评价分析。

（3）详细能源审计　在初步能源审计之后，要对企业用能系统进行更加深入全面的分析与评价，就要进行详细的能源审计。这就需要更加全面地采集企业的用能数据，必要时还需进行用能设备的测试工作，以补充一些缺少计量的重要数据，进行企业的能量平衡、物料平衡分析，对重点用能设备或系统进行节能分析，寻找可以节能的项目，提出节能技改方案，并对方案进行经济技术评价和环境效益评估；对重大固定资产投资项目（或节能技改项目）要通过能源审计编制节能篇；对企业的综合利用项目和热电联产项目，进行详细的能源和原材料审计，可以更加准确地核实企业的综合利用水平或热电联产水平，提出相应的整改措施，从而为政府节能主管部门的决策提供科学的依据，使企业能够正确合理地享受国家的优惠政策。

无论开展上述哪种类型的能源审计，均要求能源审计小组应由懂财会、经济管理、工程技术等方面的人员组成，否则能源审计的作用不可能充分发挥出来。

企业能源审计的确定一般分为三种：

（1）政府监管能源审计　国家或地方节能主管部门对重点用能单位的能源使用情况进行监管，开展企业能源审计。

国家或地方节能主管部门发布需要进行能源审计的企业名单，规定审计内容与期限，进行能源审计；同时，也可以对企业的主要工艺及重点用能设备进行专项能源审计。政府通过能源审计对用能大户实行监管，使之合理使用能源，节约能源，保护环境，以保持经济的持续发展。

（2）企业自主能源审计　企业自愿依据国家节能法规和国家能源管理标准所开展的企业能源审计活动。

企业为了取得国家节能政策的优惠或取得国际组织（金融机构）的贷款，自愿进行能源审计，评估节能成果，接受监察。企业实行科学用能管理能够节约能源、降低成本、增加经济效益、提高自身的竞争能力。企业节约能源能够减少排放、保护环境、提高企业的社会形象。

（3）受委托的能源审计　在千家企业能源审计工作中，有近一半的审计工作是由第三方审计机构完成的，其总体质量较高。由规范的第三方机构开展此项工作，可以保证审计方案、采用数据、审计结果更为科学化，更加真实可信，提出的建议先进性强，更加全面。目前，一些地方节能主管部门相继制定了一些地方性的管理办法，通过公开选聘、专家评议的方式，对第三方审计机构进行规范。

上述三种形式，无论是哪一种，一旦确定之后，能源审计监测部门便应按照能源审计工作的方法、标准，制定出具体的工作方案和时间安排，明确审计的目标和具体内容，提前

（一般为 10 天）通知被审计单位。

6.4.3 能源审计的依据、内容及方法

1. 能源审计的法律及技术依据

法律法规：

1）《中华人民共和国节约能源法》。

2）《重点用能单位节能管理办法》。

3）地方节能主管部门的相关管理办法。

技术标准：

1）GB/T 17166—1997《企业能源审计技术通则》。

2）GB/T 15316—2009《节能监测技术通则》。

3）GB/T 2588—2000《设备热效率计算通则》。

4）GB/T 2589—2008《综合能耗计算通则》。

5）GB/T 6422—2009《企业能耗计量与测试导则》。

6）GB/T 13234—2009《企业节能量计算方法》。

7）GB/T 15587—2008《工业企业能源管理导则》。

8）GB/T 17167—2006《用能单位能源计量器具配备和管理通则》。

9）GB/T 3486—1993《评价企业合理用热技术导则》。

10）GB/T 3485—1998《评价企业合理用电技术导则》。

11）GB/T 7119—1993《评价企业合理用水技术通则》。

12）（GB/T 16614—1996）《企业能量平衡统计方法》。

13）（GB/T 16615—2012）《企业能量平衡表编制方法》。

2. 企业能源审计的内容

一般来说，对一个企业进行能源审计需要对该企业的能源管理状况（即管理机构、管理人员素质、管理制度以及制度落实情况等）、生产投入产出过程和设备运行状况等进行全面的审查，对各种能源的购入和使用情况进行详细的审计。这就要求对企业的能源计量、监（检）测系统和统计状况进行必要的审查；要对主要耗能设备的效率和系统的能源利用状况进行必要的测试分析，同时要对企业的照明、采暖通风、工艺流程、厂房建筑结构、以及设备的使用和操作人员的素质予以专门的审查；要利用历年统计数据、现场调查了解结果及测试所得的数据，按照相应的标准和方法计算出一些评价企业能源利用水平的技术经济指标（如产品能源单耗、综合能耗、主要设备的能源利用效率或耗能指标等）。对各种调查、统计、测试和计算结果进行综合分析、评价、查找出节能潜力，提出切实可行的改进措施和节能技术改造项目，并作出财务和经济评价。具体审计内容如下：

（1）调查了解企业概况

1）企业名称、地址、隶属关系、性质、经济规模与构成、企业生产活动的历史、发展和现状，在地区和行业中的地位。

2）企业主要生产线、生产能力、主要产品及其产量。

3）企业能源供应及消耗概况，能否满足当前生产和发展的要求。

4）企业近年来实施了哪些节能措施项目、节约效果与经济效益如何。

5）能源管理机构及人员状况，包括节能负责人与联系方式。

6）企业能源管理制度、能源使用规定、耗能设备运行检修管理制度、能源使用考核制度、对节能措施的检查制度，各种岗位责任制度及执行情况。

7）企业主要生产工艺（或工序、生产线）简介。

（2）企业能源计量与统计情况

1）企业用能系统及用能设备的能源计量仪表器具的配备情况、仪表的合格率、受检率等。

2）企业购入能源计量情况。购入、外销、库存能源财务数字与计量数据的核查，确定企业在购入、外销、库存环节的损失，填写概念能源平衡表。

3）由企业能源转换环节的能源平衡计算能源转换单耗，确定企业的终端能源消费，构建企业能源转换的投入产出平衡表并计算投入产出系数。

4）企业能源分配使用计量情况。输送与分配过程的能源计量情况，按车间或基层单位计算出能源计量率。自上而下终端消费数据与自下而上终端消费数据核对，确定企业内部输送与分配过程的能源损失与公共部门能源消费的合计。

5）构建综合能源平衡表，评价企业能源计量管理，计算相应指标。

6）填报国家统计部门要求的报表和能源审计要求报表，根据以上报表构建时数据的完善或缺失程度，评价企业能源统计制度与管理水平。多数情况下需要作出估计和间接取数，但是必须作出专门的说明。

（3）主要用能设备运行效率监测分析

1）本行业专家进行现场勘察，确定需要重点监测的环节与设备，作出专家经验判断。

2）已有国家节能监测标准的用能设备的节能监测状况（节能监测国家标准规划目录为：通则、供能质量、工业锅炉、煤气发生炉、火焰加热炉、火焰热处理炉、工业电热设备、工业热处理电炉、泵类机组及液体输送系统、空压机组与压风系统、热力输送系统、供配电系统、制冷与空调系统、空气分离设备、内燃机拖动设备、电动加工与电动工艺设备、电解电镀生产设备、电焊设备、用气设备、活塞式单级制冷机组及其功能系统、风机机组与管网系统、蒸汽加热设备）。

3）已经有地方节能监测标准的用能设备的检测状况（地方中心与企业负责收集资料）。

4）节能检测标准化规划中的行业专用耗能设备与耗能工艺，按照相应的安装、运行、检修、出厂试验获得的能源利用效率状况。

5）与相应标准、规范、定额的差距分析。

（4）企业能耗指标计算

1）企业能源供销状况。

2）企业能源消耗情况。

① 企业能源购销及库存变化数据。

② 企业净能源消费量。

③ 各种能源折算系数。

④ 企业内部能源转换的投入产出数据。

⑤ 产品生产系统能源消耗及产出数据。

⑥ 辅助生产系统能源消耗数据。

⑦ 各种能源损耗数据。

（5）重点工艺能耗指标计算与单位产品能耗指标计算分析

1）企业审计期内生产的主要产品名称、单位产量，辅助生产用能及能源损耗分摊到产品能耗中的分摊办法。

2）企业产品种类划分。

3）不同产品种类划分情况下的产品能耗量的划分办法。

4）根据企业产品种类划分情况，将多种产品折为单一产品或者车间代表产品计量值的方法、折算系数以及折算依据；多种产品折成标准产品产量的方法、折算系数及折算依据。

（6）产值能耗指标与能源成本指标计算分析

1）企业审计期内各种购入能源的价值、能源总费用及其构成。

2）产品的单位能源成本，企业全部产品的能源总费用。

3）企业审计期内的总产值、增加值、利润，单位总产值综合能耗与单位工业增加值能耗。

4）产品构成变化对产品能源成本的影响。

（7）节能效果与考核指标计算分析

1）企业能源审计期内或能源审计其上一年度实施的节能措施介绍。

2）上述节能措施包括：① 改进能源管理、改进生产组织、调整生产能力运行方式等；② 调整产品结构，增加产品附加价值，承揽工业性加工；③ 改进生产过程原料、燃料、材料品质，改善能源结构。

（8）影响能源消耗变化的因素分析 包括对生产能力变化、产品结构变化、环境标准变化、能源供应形势与价格变化、气候因素变化（采暖与空调用能变化）等因素的分析。

（9）节能技术改进项目的经济效益评价 根据企业能源审计期内或能源审计期上一年度实施的需要进行固定资产投资、或技术改造投资的节能项目描述，节能措施介绍，节能资金利用情况及其经济效益。

（10）对企业合理用能的意见与建议

1）对合理调整能源结构方面的意见与建议。

2）对合理调整产品结构方面的意见与建议。

3）对合理调整生产工艺流程、工艺技术装备方面的意见与建议。

4）对热能的合理利用与预热预冷的回收利用方面的意见与建议。

5）对合理利用电能、充分利用国家峰谷电价差政策方面的意见与建议。

6）对外购能源和耗能工质的合理性评估以及与自产的效果比较方面的意见与建议。

（11）企业能源审计的范围 企业能源审计以企业资源消耗为对象，以企业经济活动全过程为范围。企业在产品的生产过程中，除了直接消耗燃料动力和耗能工质等能源外，还必须使用人力资源和消耗原材料、辅助材料、包装物、备品备件以及使用各种设备和厂房。而原材料、设备和厂房等也都是需要能源才能生产出来，所以对它们的使用也是在间接地消耗能源，因此，一个企业的全部能源消耗既包括能源的直接消耗，也包括能源的间接消耗，我们把它称之为全能耗（或资源）。企业全能耗的分类如图6-5所示。

从整个社会来看，无论一、二次能源和耗能工质，还是原材料、设备和厂房，所消耗的能源都是来自一次能源，因此，分析企业和产品的能源利用情况，应以全能耗（或资源）为基础。凡是减少直接能耗的称为直接节能，凡是降低原材料消耗和充分发挥设备、厂房使用效率的，便称之为间接节能。因此，对某个企业的能源审计，为了全面地评价分析其能源利用效果和最大限度地查找节约潜力，应包括能源和原材料审计。

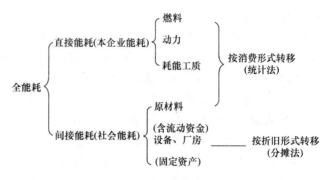

图6-5　企业全能耗的分类

3. 企业能源审计方法和分析方法

（1）企业能源审计方法　企业能源审计方法的基本思路就是根据能量守恒、质量守恒的原理，运用系统工程的理论，对企业生产经营过程中的投入产出情况进行全方位的封闭审计，定量分析每个因素（或环节）影响企业能耗、物耗水平的程度，从而排查出存在的浪费问题和节能潜力，并分析问题产生的原因，有针对性地提出整改措施，做到有的放矢。

企业能源审计的基本方法是调查研究和分析比较，在开展能源审计工作时，要特别注意分析各种数据的来龙去脉，进行能量平衡和物料平衡分析，主要是运用现场检查、数据审核、案例调查以及盘存查帐等手段、必要的测试，对企业的能源利用状况进行统计分析，包括企业基本情况调查、生产与管理现场调查、数据搜集与审核汇总、典型系统与设备的运行状况调查、能源与物料的盘存查帐等几项内容；同时，审计单位与被审计方保持密切的交流与沟通是开展好审计工作的基础条件。

鉴于能源审计的基础是统计，而统计的基础是计量，因此，在能源审计中，要特别注意以下两个方面：首先要了解企业内部机构设置和生产工艺流程，熟悉企业内部经济责任制（有的企业称之为经济效益考核办法）以及责任制的具体落实情况，只有这样才能摸清企业的管理状况（如机构、人员、职能、制度、办法、指标等）和能源流程，为下一步的能源审计分析打下基础；其次要详细了解被审计企业的计量和统计状况，确定计量仪表的准确程度和统计数据的真实程度。

具体能源审计的依据如下：

1）对企业能源管理的审计按照GB/T 15587—2008《工业企业能源管理导则》的有关规定进行。

2）企业能源计量及统计状况的审计按照GB/T 6422—2009《用能设备能量测试导则》、GB/T 16614—1996《企业能量平衡统计方法》和GB/T 17167—2006《用能单位能源计量器具配备和管理通则》的有关规定进行。

3）对用能设备运行次序的计算分析按照GB/T 2588—2000《设备热效率计算通则》的有关规定计算。

4）对企业能源消费指标的计算分析按照GB/T 16615—2012《企业能量平衡表编制方法》的有关规定进行。

5）对产品综合能源消耗和产值指标的计算分析按照GB/T 2589—2008《综合能耗计算通则》的有关规定进行。

6）对能源成本指标的计算分析按相关规定进行

（2）企业能源审计的分析方法　对企业进行能源审计的目的在于通过对企业各种能耗

指标的计算分析，查找节能潜力，提出合理化建议，提高企业的经济效益。因此，能源审计查找问题、提出整改建议主要从以下三个方面着手：

1）管理途径。是指合理组织生产经营、合理分配能源和物资以及合理的管理制度等。

① 杜绝"跑、冒、滴、漏"。目的在于督促职工从小处做起，树立良好的节能意识，从根本上杜绝浪费（如制定严格的能源消耗定额、加强生产现场的巡察管理等）。

② 合理分配使用能源。是指将各种不同品种、质量的能源、资源，分配至最合适的用途。

③ 节约各种物资消耗量，减少间接能耗。

④ 提高产品产量和运输效率，实现规模效益。

⑤ 提高产品质量和运输质量。产品质量的好坏，包括产品合格率和品级率两个指标。合格率高，能源和原材料的利用率就高；产品品级率高，其使用寿命延长，可提高产品的使用效果；提高运输质量，能够降低装运损失，相应地节约能源。

⑥ 节约资金占有量。能源、原材料、半成品的超定额储备，设备、厂房超过实际需要，都是对国家能源资源的浪费。

⑦ 合理组织生产，提高能源利用率。诸如各工序之间的生产能力和设备利用程度不平衡、供能与用能环节不协调以及设备大马拉小车、低负荷生产等都是造成能源浪费的主要因素。

⑧ 加强管理，提高原材料进厂质量（如严格化验，无条件化验的企业应委托专业部门化验；强化计量，减少亏吨和损耗，合理扣水扣杂）。

⑨ 对新上基建和技改工程项目必须严把节能关，做好"节能篇"论证，严禁选用淘汰落后的高耗能设备和工艺。

2）技术途径。通过技术管理，实现节能目标。主要有以下六个方面：

① 淘汰或改造落后的耗能设备，如更新改造高耗能的变压器、锅炉等。

② 改进落后的工艺。

③ 改进和提高操作技能，加强职工业务技能培训。

④ 对余热余能的回收利用，如冷凝水封闭回收技术等。

⑤ 能量的分级利用，如热电联产、热电冷联产、多效蒸发器连轧连铸等。

⑥ 加强管网和设备的保温、保冷等。

3）结构调整途径。通过对产品、产业结构的调整，合理配置资源，是一条行之有效的节能途径。

① 产业结构的调整。合理调整区域内一、二、三产业结构，达到合理用能的目的。

② 产品结构的调整。淘汰落后的高耗能产品，提升产品的档次。

③ 企业组织结构和技术结构的调整。

6.4.4 能源审计的步骤及审计报告编写

审计小组进入企业后，召开企业主管负责人及相关单位负责人参加能源审计工作动员会，明确能源审计的目的、意义、内容以及企业应提供的资料和应配合的人员，便于企业配合审计组做好能源审计工作，落实企业能源审计工作方案。

企业能源审计工作方案应包括以下内容：

1）审计期。一般以一个年度为基期，对比期可选 1~3 个年度。

2）审计工作时间。根据审计的目标和内容而定，一般为 10~15 天。

3）审计工作内容和范围。根据政府部门的要求或企业的需要而定。

4）要求配合的人员。一般需要企业主管负责人、业务熟练的统计和会计各1人、熟悉工艺设备的人员1名。

5）要求提供的资料。企业各种能源管理制度，经济责任制，历年能源、原材料消耗统计资料，各生产岗位、工序生产运行记录，生产统计报表，门卫出入登记台账等。

6）所要检查的账簿、账表及有关原始凭证等。

7）审计工作的依据和标准等。

1. 企业能源审计的步骤

（1）前期准备　成立审计领导小组和工作小组，明确人员分工，明确能源审计工作的目标与具体内容，编制审计任务建议书。审计工作小组人员由参与审计单位和企业共同组成，并实施小组人员具体分工负责。

（2）现场初步调查　通过公司管理机构相关部门的介绍，初步了解企业能源管理系统、能源计量系统、能源购销系统、能源转换输送和利用系统、主要生产系统的基本情况。

（3）编制审计技术方案　根据考察的情况，编写审计技术方案，方案包括划分系统确定调查数据的种类，制定设备和装置的测试方案。

（4）收集有关数据和资料　对审计企业相关人员进行集中培训，分配数据收集工作，主要收集能源管理资料、能源统计表、各分系统和主要耗能设备的数据资料、生产数据资料、技改项目等有关数据资料。

（5）现场调查分析　通过对集团具有代表性的企业的检查、盘点、查账等方法、手段，核算分析收集的各种数据，必要时与企业共同重新核对。

（6）现场测试　根据需要选择必要的相关设备和装置进行现场测试。

（7）系统分析评价　依据调查核实后的数据资料，经过整理计算得出各种能耗性能指标，并对照有关标准和规定进行分析评价，指出企业能源利用水平与先进水平的差距和造成的原因，提出可行的改造措施。

（8）编写能源审计报告　依据调查核实后的数据资料，经过整理计算得出各种能耗性能指标，并对照有关标准和规定进行分析评价，指出企业能源利用水平与先进水平的差距和造成的原因，得出能源审计结论，提出可行的改进措施和建议。

2. 企业能源审计报告编制大纲

企业能源审计报告分摘要和正文两部分。

（1）企业能源审计报告摘要　企业能源审计报告的摘要放在正文之前，字数应在2000字以内。摘要包括以下内容的简要说明：

1）企业能源审计的主要任务和内容。

2）企业能源消费结构（审计期内）。

3）各种能耗指标。

4）能源成本与能源利用效益评价。

5）节能技术项目的技术经济评价与环境影响。

6）存在的问题及节能潜力分析。

7）审计结论和建议。

（2）企业能源审计报告正文　正文除了上述摘要（1）所列内容要详细说明外，还需要

详细说明以下内容:

1) 企业概况,包括企业简况、企业主要产品及其生产工艺、企业在同行业中所处地位。

2) 企业能源管理系统(三级管理),包括企业能源管理规章制度、人员培训以及能源管理工程师配置等。

3) 企业用能分析,包括企业能源消费总量及构成、企业能源网络图、企业能量平衡表、企业能流图、企业能源消费结构及财务报告、企业能源管理信息概况。企业能源消费实物平衡表见表6-8。

表6-8 企业能源消费实物平衡表

企业名称: 报告日期: 年 月

序号	项 目	企业报告期购入能源及消耗量				企业能源转换生产			工艺过程产出能源		
1	能源品种	电力	原煤	轻油	自来水	深井水	循环水	蒸汽	可燃气体	热水	化学反应
2	计量单位	kW·h	t	t	kt	kt	kt	kt			
3	企业期初库存										
4	企业期内购入										
5	企业期内输出										
6	企业期末库存										
7	期内企业净消费量										
8	折算标准煤系数										
9	净消费标准煤量										
10											
11	能源转换生产系统:										
12	深井水生产										
13	循环水生产										
14	锅炉房蒸汽生产										
15	转换实物消耗总计										
16	终端消费总计实物量										
17	产品生产系统能源消费										
18											
19	生产系统耗能总计										
20											
21	辅助生产系统										
22	损耗										

企业综合能耗: (EZZ) 第9行全部数据之和

4) 物料平衡,包括重点耗能设备运行评价、企业产品能耗分析、节能潜力分析、能源价格调查与财务评价。

5) 节能规划,包括节能技术改造项目评价,工艺特点、先进性及节能量计算,技术经济评价,环保(减排温室气体)效益,资金筹措。

6) 总结,包括企业能源审计意见、存在的问题和建议。

7) 附件,包括企业能源审计通知书、企业能源审计方案、企业能源审计人员名单、审计单位及其负责人签章。

(3) 企业能源审计报告编写说明 在审计报告前面附企业能源审计结果简表和企业节

能技改规划项目表。

1）企业能源审计结果简表（表 6-9）。

表 6-9　企业能源审计结果简表

企业名称：　　　　　　　　　　　　　　　　　　　　　　　　审计期：　　年

指　　标		单　　位	数　　量
企业总产值（可比价）		万元	
企业工业增加值（可比价）		万元	
企业能源消费总量	等价值	t 标准煤	
	当量值	t 标准煤	
企业电力消费总量		GWh	
企业单位产值能耗	等价值（标准煤）	t/万元	
	当量值（标准煤）	t/万元	
企业单位工业增加值能耗	等价值（标准煤）	t/万元	
	当量值（标准煤）	t/万元	
企业节能量	等价值	t 标准煤	
企业节电量		$\times 10^8 kW \cdot h$	
减排气体量	CO_2	t	
	SO_2	t	
企业节能率	等价值（%）		

填表人/日期　　　　　　　　审核人/日期　　　　　　　　负责人（签名）/日期

① 工业增加值 = 工业总产值 - 工业中间投入 + 本期应交增值税（生产法）

工业增加值用以 2005 年不变价计算的可比价，例如

$$2009 \text{ 年可比价工业增加值} = \frac{2009 \text{ 年现价工业增加值}}{K_{9/5}}$$

式中，$K_{9/5}$ 为以 2005 年为基期的 2009 年工业品价格指数。

$$K_{9/5} = K_{6/5} K_{7/6} K_{8/7} K_{9/8}$$

式中，$K_{6/5}$、$K_{7/6}$、$K_{8/7}$、$K_{9/8}$ 分别表示 2006、2007、2008 和 2009 年同比工业品出厂价格指数。

② 减排气体量一项，一般企业只填写减排 CO_2 量，电厂还要填写减排 SO_2 一项，并核查是否装了除硫装置及效果。

2）企业节能技改规划项目表（表 6-10）。

表 6-10　企业节能技改规划项目表

企业名称　　　　　　　　　　　　　　　　　　　　　　　　规划期：　　年

序　号	项目名称	工艺特点	节能潜力	投　资	收　益	报告期节能量	备　注
1							
2							
合计							

填表人/日期　　　　　　　　审核人/日期　　　　　　　　负责人（签名）/日期

企业节能技改规划项目表填写的节能项目必须是在规划期内要实施的项目，表内数据要准

确、可信、可监测。所列项目要详细说明工艺特点及先进性，节能潜力，投资总额；进行技术经济评估，给出项目收益、节能量、温室气体减排量；说明工程资金筹措、工程进度等。

（4）企业能源审计报告验收　企业能源审计报告与节能规划为一体，应包括的基本内容如下：

1）企业概况。

① 产品、基本工艺、重点耗能设备配置。

② 产值、利税与工业增加值。

2）企业用能概况。

① 能源消费总量、结构，电力消耗量。

② 能源成本及占总成本比例。

3）企业能源管理。

① 企业三级能源管理结构及人员配置。

② 能源管理规章、制度，节能奖励办法与人员培训。

③ 能源统计体系、测量仪表配置使用系统与统计报告制度。

4）企业能量平衡表。

5）企业能源网络图。

6）企业产品能耗、产值能耗及工业增加值能耗计算及其结果。

7）节能量、节电量、余热余能回收量计算与节能潜力分析。

8）节能技术改造方案，技术经济评价与环境影响分析。

9）能源审计结论与节能规划报告。

10）企业能源审计报告编写的文字资料评价。

6.5　合同能源管理

6.5.1　合同能源管理的产生及概念

1. 合同能源管理产生的背景

随着人类生产力的高度发展，能源消耗的日益增加，由此带来的地区环境和全球环境急剧变化，其中，由温室效应引起的全球气候变暖成为国际社会关注的热点。温室气体的排放主要来源于人类大量的迅速增长的矿物能源——煤、石油、天然气的消耗。各国在发展经济的同时，如何节约和充分利用矿物能源成为首先考虑的问题。作为高耗能企业，能源成本已经占到企业总成本相当大的比例，如何降低能耗费用，如何开源节流，也已成为各个企业积极探索的问题之一。

为了解决这些问题，从20世纪70年代中期以来，一种基于市场运作的、全新的节能项目投资机制"合同能源管理"在市场经济发达的西方国家中逐步发展起来，而基于合同能源管理这种节能投资新机制运作的、以盈利为直接目的的专业化的"节能服务公司"（英文是 Energy Service Company，简称 ESCO，国内也称为 Energy Management Company，简称 EM-CO）发展十分迅速，尤其是在美国、加拿大，ESCO 已发展成为新兴的节能产业。合同能源管理这种市场节能新机制的出现和基于合同能源管理机制运作的 ESCO 的繁荣发展，带动和促进了美国、加拿大等国家全社会节能项目的快速和普遍实施。

1997 年，合同能源管理模式登陆中国。为推动合同能源管理这一新机制在中国的发展，原国家经济贸易委员会代表中国政府与世界银行（WB）和全球环境基金（GEF）共同组织实施了大型国际合作项目——世界银行全球环境基金中国节能促进项目。该项目旨在引进合同能源管理的节能机制，提高中国能源利用效率，减少温室气体排放，保护全球环境和地区环境，同时促进中国节能机制转换。该项目一期于 1998 年 12 月开始实施，主要内容是在北京、辽宁、山东支持组建 3 个示范性的节能服务公司（ESCO）和国家级的节能信息传播中心。到 2006 年 6 月，3 家示范节能服务公司累计为 405 家能耗企业实施了 475 个项目，投资总额 13.3 亿元人民币，共获得净收益 4.2 亿元人民币，内部收益率都在 30% 以上，能耗企业的净收益是示范公司的 8 ~ 10 倍。项目一期示范的节能新机制获得很好的效果，即以盈利为目的的 3 家示范 ESCO 运用合同能源管理模式运作节能技改项目，很受用能企业的欢迎；所实施的节能技改项目 99% 以上成功，获得了较大的节能效果、温室气体 CO_2 减排效果和其他环境效益。

通过不断的试点、推广，合同能源管理在我国得到了较快的发展，国内的节能服务公司（ESCO）到 2008 年 5 月也已发展到了 150 余家。2003 年 11 月，国家发改委与世界银行共同决定启动中国节能项目二期。项目二期的目标是：在全国推广节能新机制，促进 ESCO 产业化发展的进程，尽快形成中国的节能产业，达到在项目二期实施的 7 年间，获得 3533 万 t 标准煤的（项目寿命期）累计节能量，2 342 万 t 煤的（项目寿命期）累计 CO_2 减排量的目标。在项目二期结束时，将在我国形成持续发展的 ESCO 产业，期望这一产业的发展将进一步促我国提高能源效率，减少温室气体的排放。

2. 合同能源管理的概念及实质

合同能源管理（英文是 Energy Performance Contracting，简称 EPC，也有资料译为 Energy Management Contract，简称 EMC）是一种基于市场运作的全新的节能新机制。合同能源管理不是推销产品或技术，而是推销一种减少能源成本的财务管理方法。ESCO 的经营机制是一种节能投资服务管理，客户见到节能效益后，ESCO 才与客户一起共同分享节能成果，取得双赢的效果。

合同能源管理是 ESCO 通过与客户签订节能服务合同，为客户提供包括能源审计、项目设计、项目融资、设备采购、工程施工、设备安装调试、人员培训、节能量确认和保证等一整套节能服务，并从客户进行节能改造后获得的节能效益中收回投资和取得利润的一种商业运作模式。

ESCO 服务的客户不需要承担节能实施的资金、技术及风险，并且可以更快地降低能源成本，获得实施节能后带来的收益，并可以获取 ESCO 提供的设备。

可见，合同能源管理机制的实质，是一种以减少的能源费用来支付节能项目全部成本的节能投资方式。这种节能投资方式允许用户使用未来的节能收益为工厂和设备升级，降低目前的运行成本，提高能源利用效率。

3. 合同能源管理项目的特点

（1）节能更专业　ESCO 自带仪器设备提供能源诊断、改善方案评估、工程设计、工程施工、监造管理、资金与财务计划等全面性服务，全面负责能源管理；项目施工无需企业操心，ESCO 为企业完成"交钥匙工程"；项目实施后，设备保养和维护不用企业操心，ESCO

将负责到底，直至合同期满，将高效节能设备无偿移交于企业。

（2）技术更先进　ESCO背后有国内外最新、最先进的节能技术和产品作支持，并且专门用于节能促进项目。

（3）节能有保证　基于对自己投入的高效设备与节能技术的充分认识和信任，ESCO可以向用户承诺节能量，保证客户得到服务后，可以马上实现能源成本下降。

（4）节能效率高　项目的节能率一般在10%~40%，最高可达50%。由于目前ESCO不多，而市场可供节能改造的项目不少，因此，近年的ESCO可选择优先做一些节能率高的项目。

（5）客户零投资　节能项目审计、设计、融资、采购、施工监测等均由ESCO负责，不需要客户企业额外投资，便可得到ESCO的服务和先进的节能设备及系统。企业付给ESCO的报酬是节能效益中的一部分，是节省出的费用，因此企业没有额外的花费，相反还能获得节能收益，改善企业现金流量。

（6）客户零风险　客户无须投资大笔资金即可导入节能产品及技术，得到专业化服务；项目实施后，只有在企业产生了节能效益后，企业才会将节能效益的一部分支付给ESCO，因此，企业不存在项目技术成熟、项目设计施工安排、项目节能成败等技术与资金的风险，风险全由ESCO承担，企业可直接获得降低能源消耗成本的效益。

（7）投资回收短　项目投资额较大，投资回收期短，从已经实施的项目来看，回收期平均为1~3年。

（8）改善现金流　客户借助ESCO实施节能服务，可以改善现金流量，把有限的资金投资在其他更优先的投资领域。

（9）提升竞争力　客户实施节能改进，节约能源，减少能源成本支出，改善环境品质，建立绿色企业形象，增强市场竞争优势。客户借助ESCO实施节能服务，可以获得专业节能资讯和能源管理经验，提升管理人员素质，促进内部管理科学化。

4. 合同能源管理的业务范围

EPC业务范围包括能源的买卖、供应、管理，节能改造工程的实施，节能绩效保证合同的统包承揽、耗能设施的运转维护与管理、节约能源诊断与顾问咨询等。

ESCO提供能源用户能源审计诊断评估、改善方案规划、改善工程设计、工程施工、监理，到资金筹集的财务计划及投资回收保证等全面性服务；采用适当的方法或程序验证评价节能效益，为能源用户提供节能绩效保证，再以项目自偿方式由节约的能源费用偿还节能改造工程所需的投资费用。

ESCO是实现节约能源，提供"能源利用效率全方位改善服务"的一种业务，针对商业大楼及耗能企业的照明、空调、耗能设备等实施节能诊断，同时提供新型节能高效设备，提供具体的节能系统方案，其服务费用由节约下来的能源费用分摊，为"节能绩效保证合同"业务最大的特征。此外，节能效益所省下的费用也用来作为节能项目的投资回收。

6.5.2　合同能源管理的运作模式及优势

1. 合同能源管理的运作模式

节能服务公司是一种基于合同能源管理机制运作的、以盈利为直接目的的专业化公司。ESCO与愿意进行节能改造的用户签订节能服务合同，为用户的节能项目进行投资或融资，向用户提供能源效率审计、节能项目设计、原材料和设备采购、施工、监测、培训、运行管理等一条龙服务，并通过与用户分享项目实施后产生的节能效益来盈利和滚动发展。

按照合同能源管理模式运作节能项目，在节能改造之后，客户企业原先单纯用于支付能源费用的资金，可同时支付新的能源费用和 ESCO 的费用，如图 6-6 所示。合同期后，客户享有全部的节能效益，会产生正的现金流。

客户企业与节能服务公司按照合同能源管理模式实施节能项目，可能会有很多原因，但通常是出于以下三个考虑：投资效益、运作效益和转嫁风险效益。

从 ESCO 的业务运作方式可以看出，ESCO是市场经济下的节能服务商业化实体，在市场竞争中谋求生存和发展，与我国传统的节能项目运

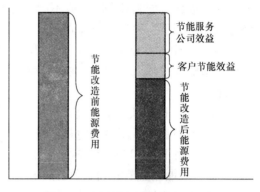

图 6-6　合同能源管理模式项目节能改造后效益分配示意图

作模式有根本性的区别。与传统的节能项目运作模式相比，采用合同能源管理方式实施节能项目具有以下优点：通过把实施节能项目的风险和负担转嫁给 ESCO，帮助克服由于实施项目的可能风险所造成的企业对实施节能项目的保留态度；通过把节能项目开发的主要负担转嫁给 ESCO，帮助企业克服节能项目经济效益不明显、占用企业精力太多的担心和疑虑；ESCO 通过同类项目的开发和大量"复制"来提高其节能项目运作能力，降低节能项目的实施成本，并且节能项目的投资出自节能项目本身产生的节能效益，从而减轻了企业实施节能项目的融资压力。

2. ESCO 节能服务的形式

节能服务公司在开展合同能源管理业务时，根据自身的优势，会采用不同形式的服务。

（1）技术依托型　以某种节能技术和节能产品为基础发展起来的节能服务公司，节能技术和节能产品是公司的核心竞争力，通过节能技术和节能产品的优势开拓市场，逐步完成资本的原始积累，并不断寻求新的融资渠道，获得更大的市场份额。此类 ESCO 大多拥有自主知识产权，实施节能项目的技术风险可控，项目收益较高；目标市场定位明确，有利于在某一特定行业形成竞争力。但要保持技术不断创新，又能很好地解决融资障碍。

（2）资金依托型　充裕的资金是此类节能服务公司进入市场的明显优势，他们的经营特征是以市场需求为导向，利用资金优势整合节能技术和节能产品实施节能项目。这种类型的 ESCO 不拘泥于专一的节能技术和产品，具有相当大的机动灵活性，市场跨度大，辐射能力强，能够实施多种行业、多种技术类型的项目。但要加强在选择节能技术、节能产品和运作节能项目方面的风险控制能力。

（3）市场依托型　此类节能服务公司拥有特定行业的客户资源优势，以所掌控的客户资源整合相应的节能技术和节能产品来实施节能项目。因此，开发市场的成本较低，由于与客户的深度认知，使得来自客户端的风险较小，有利于建立长期合作关系，并获得客户对节能项目的直接融资。但需要很好地选择技术合作伙伴，有效地控制技术风险。

3. 节能服务合同的基本类型

节能服务合同中最重要的部分涉及：如何确定能耗基准线，如何计算和监测节能量，怎

样向 ESCO 付款等条款，在合同中清楚地陈述上述有关内容并让客户理解（这一点是极为重要的）。而根据客户企业和 ESCO 各自所承担的责任，以及客户企业向 ESCO 付款方式的不同，又可以将节能服务合同分成不同的类型。随着合同能源管理机制在我国的不断发展，已经发展出了如下三种类型的合同。

（1）节能效益分享型　这种类型的合同规定由 ESCO 负责项目融资，合同规定节能指标和确认节能量（或节能率），在项目期内客户和 ESCO 双方分享节能效益的比例。其主要特点如下：

1）ESCO 提供项目的资金。

2）ESCO 提供项目的全过程服务。

3）在合同期内 ESCO 与客户按照合同约定的比例分享节能效益。

4）合同期满后节能效益和节能项目所有权归客户所有。

例如，在 5 年项目合同期内，客户和 ESCO 双方分别分享节能效益的 20% 和 80%，ESCO 必须确保在项目合同期内收回其项目成本以及利润。此外，在合同期内双方分享节能效益的比例可以变化。例如，在合同期的头 2 年里，ESCO 分享 100% 的节能效益，合同期的后 3 年里客户和 ESCO 双方各分享 50% 的节能效益。

（2）节能量保证型　在这种类型的合同里，可由 ESCO 提供项目融资，也可由客户自行融资，ESCO 提供全过程服务，ESCO 保证客户的能源费用将减少一定的百分比。其主要特点如下：

1）客户提供项目资金。

2）ESCO 提供项目的全过程服务并保证节能效果。

3）按合同规定，客户向 ESCO 支付服务费和 ESCO 所投入的资金。

4）如果在合同期项目没有达到承诺的节能量或节能效益，ESCO 赔付按合同约定向客户补偿未达到的节能效益。

例如，ESCO 保证客户锅炉的燃料费减少 10%，而所有附加的节能效益全归 ESCO 享受。

（3）能源费用托管型　在这类型合同中，由 ESCO 负责管理客户企业整个能源系统的运行和维护工作，承包能源费用。合同规定能源服务质量及其确认方法，不达标时，ESCO 按合同给予补偿。其主要特点如下：

1）客户委托 ESCO 进行能源系统的运行管理和节能改造，并按照合同约定支付能源托管费用。

2）ESCO 通过节能技术改造提高能源效率，从而降低能源费用，并按照合同约定拥有全部或者部分节省的能源费用。

3）ESCO 的经济效益来自能源费用的节约，客户的经济效益来自能源费用（承包额）的减少。

从目前情况看，大部分合同是上述三种方式之一或某几种方式的结合。对每一种付款方式都可以作适当变通，以适应不同耗能企业的具体情况和节能项目的特殊要求。但是，无论采用哪种付款方式，建议均应坚持以下原则：

1）ESCO 和客户双方都必须充分理解合同的各项条款。

2）合同对 ESCO 和客户双方来说都是公平的，以维持双方良好的业务关系。

3）合同应鼓励 ESCO 和客户双方致力于追求可能的最大节能量，并确保节能设备在整个合同期内连续而良好地运行。

4. ESCO 为客户实施节能项目的优势

由于 ESCO 运用基于市场的"合同能源管理"模式运作节能项目，所以，与任何按传统机制运营的节能服务企业相比，ESCO 具有以下独特的优势：

（1）节能项目的全过程服务　ESCO 的服务是从对客户进行能源审计开始，然后进行节能项目的方案选择、可行性研究与改造工程设计，拟用设备、材料的选型并用自己的资金进行采购，设备安装与调试，客户操作人员培训与操作规程制定，合同期内所改造的设备的维修、管理，直至系统节能量检测。这种系统化的专业服务是任何其他企业无法比拟的。

（2）节能技术信息广泛、畅通　ESCO 是专业化的节能服务企业，各种节能新技术、新设备会源源不断通过 EPC 这种节能新机制投向市场。ESCO 为了自身业务的发展需要，同时为了增强自身的市场竞争力，也会广泛收集、掌握并运用节能新技术和新设备的信息，并自行进行研究和开发，以保证为客户提供最先进适用的节能技术和产品，从而保证 ESCO 本身及客户的节能收益。

（3）承担节能技改项目的风险　在节能效益分享模式下，ESCO 与客户签订的是保证节能量（节能效益）的服务合同，并以分享节能项目实施后获得的节能效益收回项目投资，这就意味着 ESCO 为客户承担了节能项目的技术风险和后续的经济风险。实践证明，客户企业对这种机制十分欢迎，尤其对由设备供应商和节能技术持有者组建的 ESCO 更加有利，可以更快地扩大产品的市场占有率。

（4）降低节能技改项目实施的成本　ESCO 的这个优势主要来源于两个方面，一方面是专业公司，各种信息掌握较多，可节省前期准备费用，选购质优价廉的设备、材料，节约采购费用，同时，由于项目运作经验丰富，有助于节省施工费用；另一方面，由于同一类型项目可以打捆实施，实现批量采购，从而降低了项目的成本。

6.5.3　节能服务公司的业务程序

1. 节能服务公司业务的服务内容

节能服务公司通过与客户签订的节能服务合同，为客户提供节能服务。ESCO 是一种比较特殊的企业，其特殊性在于它销售的不是某一种具体的产品或技术，而是一系列的节能"服务"，也就是为客户提供节能项目，这种项目的实质是 ESCO 向客户企业销售节能量。ESCO 的业务活动主要包括以下一条龙的服务内容：

（1）能源审计（节能诊断）　ESCO 针对客户的具体情况，对各种企业目前的购进和消耗能源的情况、各项节能设备和措施进行评价；测定企业当前用能量，并对各种可供选择的节能措施的节能量进行预测。

（2）节能项目设计　根据能源审计的结果，ESCO 向客户提出如何利用成熟的节能技术/节能产品来提高能源利用效率、降低能源消耗成本的方案和建议；如果客户有意向接受 ES-CO 提出的方案和建议，ESCO 就为客户进行具体的节能项目设计。

（3）节能服务合同的谈判与签署　ESCO 与客户协商，就准备实施的节能项目签订节能服务合同。在某些情况下，如果客户不同意与 ESCO 签订节能合同，ESCO 将向客户收取能源审计和节能项目设计等前期费用。

（4）节能项目融资　ESCO 向客户的节能项目投资或提供融资服务，ESCO 用于节能项目的资金来源可能是 ESCO 的自有资金、银行商业贷款或者其他融资渠道，以帮助企业克服节能项目的融资困难。

（5）原材料和设备采购、施工、安装及调试　由 ESCO 负责节能项目的原材料和设备采购，以及施工、安装和调试工作，实行"交钥匙工程"。

（6）运行、保养和维护　ESCO 为客户培训设备运行人员，并负责所安装的设备/系统的保养和维护。

（7）节能效益保证　ESCO 为客户提供节能项目的节能量保证，并与客户共同监测和确认节能项目在项目合同期内的节能效果。

（8）ESCO 与客户分享节能效益　在项目合同期内，ESCO 对与项目有关的投入（包括土建、原材料、设备、技术等）拥有所有权，并与客户分享项目产生的节能效益。在 ESCO 的项目资金、运行成本、所承担的风险及合理的利润得到补偿之后（合同期结束），设备的所有权一般将转让给客户。客户最终将获得高能效设备和节约能源成本，并享受全部节能效益。

ESCO 与客户就节能项目的具体实施达成的契约关系称之为节能服务合同。ESCO 的这种经营方式称之为合同能源管理。由此看出，ESCO 是市场经济下的节能服务商业化实体，在市场竞争中谋求生存和发展，与我国目前从属于地方政府，具有部分政府职能的节能服务中心有根本性的区别。

2. ESCO 业务的基本程序

ESCO 业务活动的基本程序是：为客户设计开发一个技术上可行、经济上合理的节能项目，通过双方协商，ESCO 与客户就该项目的实施签订一个节能服务合同，并履行合同中规定的义务，保证项目在合同期内实现所承诺的节能量，同时，享受合同中规定的权利，在合同期内收回用于该项目的资金并获得合理的利润。

合同能源管理项目开发过程，大致分为商务谈判和合同实施两大部分。商务谈判的主要步骤为：

1）初始与客户接触。ESCO 与客户进行初步接触，就客户的业务、所使用的耗能设备类型、所采用的生产工艺等基本情况进行交流，以确定客户重点关心的能源问题；向客户介绍 ESCO 的基本情况、业务运作模式及其对客户潜在的利益等；向客户强调指出具有节能潜力的领域；解释合同化节能服务的有关问题，确定 ESCO 可以介入的项目。

2）初步审计。ESCO 通过客户的安排，对客户拥有的耗能设备及其运行情况进行检测，将设备的额定参数、设备数量、运行状况及操作等记录在案。尤其要留意客户没有提到、但可能具有重大节能潜力的环节。

3）审核能源成本数据，估算节能量。采用客户保留的能耗历史记录以及其他历史记录，计算潜在的节能量。有经验的 ESCO 项目经理可以参照类似的节能项目来进行这一项工作。

4）提交初步的节能项目建议书。基于上述工作，ESCO 起草并向客户提交一份节能项目建议书，描述所建议的节能项目的概况和估算的节能量。与客户一起审查项目建议书，并回答客户提出的关于拟议中的节能项目的各种问题。

5）客户承诺并签署节能项目意向书。确定客户是否愿意继续该节能项目的开发工作。到目前为止，客户无任何费用支出，也不承担任何义务。ESCO 将开展上述工作中发生的所有费用支出，计入公司的成本支出。现在客户必须决定是否要继续该节能项目的开发工作，否则 ESCO 的工作将无法继续下去。ESCO 必须就拟定协议中的节能服务合同条款向客户作出解释，保证客户完全清楚他们的权利和义务。通常情况下，如果详尽的能耗调研确实证明了项目建议书中估算的节能量，则应要求客户签署一份节能项目意向书，以使他们明确认可这一项目。

6）详尽的能耗调研。包括 ESCO 对客户的用能设备或生产工艺进行详细的审查，以及对拟议中的项目的预期节能量进行更为精确的分析计算。另外，ESCO 应与节能设备供应商取得联系，了解项目中拟选用的节能设备的价格。必须在确定"基准年"的基础上，确定一个度量该项目节能量的"基准线"。

7）合同准备。经与客户协商，就拟议中的节能项目实施准备一份节能服务合同。合同内容应包括：规定的项目节能量，ESCO 和客户双方的责任，节能量的计算以及如何测量节能量等。同时，ESCO 方面要准备一份包括项目工作进度表在内的项目工作计划。

8）项目被接受或拒绝。如果客户对拟定的节能服务合同条款无异议，并且同意由 ESCO 来实施该节能项目，则双方正式签订节能服务合同，合同的开发工作到此结束。在这一情况下，ESCO 将把详尽的能耗调研过程中的费用支出，计入到该项目的总成本中。如果客户无法与 ESCO 就合同条款达成一致，或者由于其他原因而最终放弃该项目，而详尽的能耗调研工作确实证明了项目建议书中的预期节能量，那么 ESCO 方面在准备详尽的能耗调研过程中的费用支出，应由客户方面支付。

9）签订合同。节能服务合同由 ESCO 与客户双方的法人代表签订。ESCO 和客户双方的律师都应该参与节能服务合同条款的商定和合同文书的准备。

上述节能服务项目开发商务谈判的工作步骤仅为指南性质。对于具体的项目，其工作程序可根据实际情况加以调整。ESCO 通过谈判，获得一项节能服务项目合同后，随后的工作就是具体实施该项目合同。ESCO 实施节能服务合同的一般工作程序如下：

1）对耗能设备进行监测。在某些情况下，需对要改造的耗能设备进行必要的监测工作，以建立节能项目的能耗"基准线"。这一监测工作必须在更换现有耗能设备之前进行。

2）工程设计。ESCO 组织进行节能项目所需要的工程设计工作。并非所有的节能项目都需要有这一步骤，例如照明改造项目。

3）建设/安装。ESCO 按照与客户双方协商一致的工作进度表，建设项目和安装合同中规定的节能设备，确保对工程质量的控制，并对所安装的设备做详细记录。

4）项目验收。ESCO 要确保所有设备按预期目标运行，培训操作人员对新设备进行操作，向客户提交记载所做设备变更的参考资料，并提供有关新设备的详细资料。

5）监测节能量。根据合同中规定的监测类型，完成需要进行的节能量监测工作。监测工作要求可能是间隔的，也可能是一次性的，或者是连续性的，它是确定节能量是否达到合同规定极其重要的环节之一。

6）项目维护及培训。ESCO 按照合同的条款，在项目合同期内，向客户提供所安装设备的维护服务。此外，建议 ESCO 与客户保持密切联系，以便对所安装设备可能出现的问题进行快速诊断和处理，同时，继续优化和改进所安装设备的运行性能，以提高项目的节能量及其效益。ESCO 还应对客户的技术人员进行适当的培训，以便于合同期满后，项目设备仍旧能够正常地运行，从而保证能够持续地、无衰减地取得节能项目应产生的节能效益。

7）分享项目产出的节能效益或者以约定方式收回项目资金。ESCO自身可能没有能力完成上述全部的服务，但是，作为专业化的节能服务公司，ESCO可以通过整合各类外部资源，达到合同规定的节能量。ESCO可能会涉及以下类型的机构，如图6-7所示。

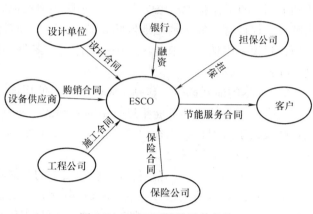

图6-7　ESCO可能涉及的机构

3. 合同能源管理业务的特点

ESCO是市场经济下的节能服务商业化实体，在市场竞争中谋求生存和发展，与我国从属于地方政府的节能服务中心有根本性的区别。ESCO所开展的业务具有以下特点：

（1）商业性　ESCO是商业化运作的公司，以合同能源管理机制实施节能项目来实现盈利的目的。

（2）整合性　EPC业务不是一般意义上的推销产品、设备或技术，而是通过合同能源管理机制为客户提供集成化的节能服务和完整的节能解决方案，为客户实施"交钥匙工程"；ESCO不是金融机构，但可以为客户的节能项目提供资金；ESCO不一定是节能技术所有者或节能设备制造商，但可以为客户选择提供先进、成熟的节能技术和设备；ESCO也不一定自身拥有实施节能项目的工程能力，但可以向客户保证项目的工程质量。对于客户来说，ESCO的最大价值在于：可以为客户实施节能项目，提供经过优选的各种资源集成的工程设施及其良好的运行服务，以实现与客户约定的节能量或节能效益。

（3）多赢性　EPC业务的一大特点是，一个该类项目的成功实施将使介入项目的各方包括ESCO、客户、节能设备制造商和银行等都能从中分享到相应的收益，从而形成多赢的局面。对于分享型的合同能源管理业务，ESCO可在项目合同期内分享大部分节能效益，以此来收回其投资并获得合理的利润；客户在项目合同期内分享部分节能效益，在合同期结束后获得该项目的全部节能效益及ESCO投资的节能设备的所有权，此外，还获得节能技术和设备建设和运行的宝贵经验；节能设备制造商销售了其产品，收回了货款，银行可连本带息地收回对该项目的贷款等。正是由于多赢性，使得EPC具有持续发展的潜力。

（4）风险性　ESCO通常对客户的节能项目进行投资，并向客户承诺节能项目的节能效益，因此，ESCO承担了节能项目的大多数风险。可以说，EPC业务是一项高风险业务。EPC业务的成败关键在于对节能项目的各种风险的分析和管理。

6.5.4　合同能源管理机制的奖励政策

为了解决ESCO的融资障碍，我国各级政府部门都出台了相应政策，以促进节能减排工作发展。北京设立了专项资金，加强政策引导，推动循环经济的发展，建设节约型城市。云南省政府办公厅下发《云南省人民政府办公厅关于印发云南省节能监察办法等12个节能降耗文件的通知》，黑龙江省设立节能专项资金，天津市及长沙市、宁波市等制定了《节能专项资金使用管理办法》，广东省、四川省、上海市、河北省等要求在财政预算中安排一定资金，支持节能减排重点工程。

财政部、国家发展改革委关于印发《合同能源管理项目财政奖励资金管理暂行办法》的通知（财建［2010］249 号），发改委会同财政部对符合财政奖励资金申请条件的节能服务公司实行审核备案、动态管理制度，公告符合条件的节能服务公司名单及业务范围，并综合考虑各地节能潜力、合同能源管理项目实施情况、资金需求以及中央财政预算规模等因素，每年将财政奖励资金切块分到各地，由各地节能主管部门会同财政部对符合条件的合同能源管理项目根据节能量给予奖励。发改委将会同财政部组织对各地合同能源管理项目执行情况和资金落实情况进行监督检查。

《合同能源管理项目财政奖励资金管理暂行办法》支持的主要是节能效益分享型合同能源管理。财政奖励资金用于支持采用合同能源管理方式实施的工业、建筑、交通等领域以及公共机构节能改造项目。申请财政奖励资金的合同能源管理项目须符合下述条件：

1）节能服务公司投资 70% 以上，并在合同中约定节能效益分享方式。

2）单个项目年节能量（指节能能力）在 10 000t 标准煤以下、100t 标准煤以上（含），其中工业项目年节能量在 500t 标准煤以上（含）。

3）用能计量装置齐备，具备完善的能源统计和管理制度，节能量可计量、可监测、可核查。

合同能源管理项目完工后，节能服务公司向项目所在地省级财政部门、节能主管部门提出财政奖励资金申请。具体申报格式及要求由地方确定。省级节能主管部门会同财政部门组织对申报项目和合同进行审核，并确认项目年节能量。财政部门对合同能源管理项目按年节能量和规定标准给予一次性奖励，奖励资金由中央财政和省级财政共同负担，其中，中央财政奖励标准为每吨标准煤 240 元，省级财政奖励标准不低于每吨标准煤 60 元。有条件的地方，可视情况适当提高奖励标准。奖励资金主要用于合同能源管理项目及节能服务产业发展相关支出。

6.5.5　合同能源管理机制在我国的推广前景

我国是世界上第二大能源消费国，同时也是能源效率低、能源浪费最严重的国家之一。典型案例研究和市场调查分析表明，大量技术上可行、经济上合理的节能项目，完全可以通过商业性的以盈利为目的的 ESCO 来实施。

过去，我国的节能工作主要是通过政府节能主管部门、各级节能服务机构和企业节能管理部门三位一体的能源管理机制运作。这一节能体系在原来的计划经济体制下，发挥了重要的作用并取得了显著的节能成就。但是，随着我国经济体制面向市场的转变，原有的节能管理体制和社会的节能机制，已不适应变化的形势，也必须随之转变。

在新形势下，企业的自主权扩大，节能已由原来的国家投资转变为企业的自主行为，节能的阻力主要表现为节能投资的市场障碍。由于大多数节能项目的规模和经济效益在企业经营中并不占重要地位，加上节能技术引入的成本及其投资风险，多数企业领导往往把主要注意力放在扩大生产和增加产品的市场份额上，通常并不把节能放在主要地位，从而使大量的节能项目难以实施。

为进一步推动我国的节能工作，当前最为迫切的任务是引导和促进节能机制面向市场的过渡和转变，借鉴、学习和引进市场经济国家先进的节能投资新机制，以克服目前我国存在的节能投资障碍，加快我国为数众多的技术上可行、经济上合理的节能项目的普遍实施。从较成熟的市场经济国家的节能事业发展的经验来看，合同能源管理这种节能新机制比较适合我国的情况，我国已有的节能机构和潜在的投资者，完全可以结合我国的实际情况，对节能项目进行投资并从中获得盈利和发展。

EPC 在我国的运营实践表明，基于市场的合同能源管理机制适合我国国情，不仅颇受广大耗能企业的欢迎，其他节能服务机构、能源企业、节能设备生产与销售企业、节能技术研发机构也非常欢迎，同时也引起不少投资机构的兴趣。从他们的运营实践分析，EPC 成功的原因除了我国存在着巨大的节能潜力和广阔的节能市场之外，还有合同能源管理机制的因素，这方面更加重要。

在我国引进和推广合同能源管理具有十分重大的意义。原国家经贸委于 2000 年 6 月 30 日发布《关于进一步推广合同能源管理机制的通告》，随之涌现出许多新兴和潜在的 ESCO。一方面，通过专业化的 ESCO 按照合同能源管理方式为客户企业实施节能改造项目，不仅可以帮助众多企业克服在实施节能项目时所遇到的障碍，包括项目融资障碍、节能新技术与新产品信息不对称障碍等，还可帮助企业全部承担或者部分分担项目的技术风险、经济风险和管理风险等。另一方面，ESCO 帮助客户企业克服这些障碍，可以加速各类具有良好节能效益和经济效益的项目的广泛实施；更重要的是，基于市场运作的 ESCO 会千方百计寻找客户实施节能项目，努力开发节能新技术和节能投资市场，从而使自身不断发展壮大，终将在我国形成一个基于市场的节能服务产业大军。

合同能源管理机制引进国内以后，大大促进了国内节能企业的发展，很多节能企业由单纯的制造节能设备，转变为节能投资，在促进节能减排发展的同时，也加快了节能企业本身的快速成长，更有很多企业将发展重点放在合同能源管理上，使得合同能源管理在引入我国后逐渐适应了我国的能源环境，在运营上一步步走向完善和合理。在国家主导下或市场模式下发展起来的一批专业的节能服务公司，在运用合同能源管理上都已趋于成熟。推广合同能源管理将有力地推动我国节能环保事业，加快建立资源节约型、环境友好型社会的步伐。合同能源管理模式必将在节能减排中发挥更大作用。

6.6 其他能源管理新机制

随着我国经济体制由计划经济向市场经济的转变，节能工作的市场机制也逐渐增多。在经济发达的国家，各种节能机制得到较快发展。近年来，我国也逐步推广节能自愿协议、能效标识管理、节能产品认证、电力需求侧管理和清洁发展等行之有效的节能新机制。

6.6.1 节能自愿协议

1. 节能自愿协议的由来

世界大多数国家注重节能始于 20 世纪 70 年代石油危机期间，各国政府制定了各种政策和措施来提高能源效率，降低能源消耗，这些政策、措施绝大部分可纳入强制性范畴。20世纪 80 年代，欧美等市场经济国家认识到，不同利益主体对于市场经济信号的响应远比对政府政策与法规的响应要快得多、有效得多。因此，在允许的情况下，他们都尽量地采用非强制措施。这样的做法与市场经济的基本准则是一致的。一些国家相继解除了对于能源价格的管制，使得能源价格由市场的供求关系来决定。同时，全球气候变暖引起了世界各国对能源与环保关系的进一步重视。这由1987年联合国发布《关于环境与发展问题的报告》和1992年里约热内卢气候变化框架会议可见一斑。1998年通过的《京都议定书》，由欧盟、美国、日本等发达国家纷纷承诺减排一定量的温室气体，而节能则被看做减排的重要措施之一。所以，自20世纪末以来，发达国家主要从减排的角度来考虑节能。在此期间，以工业行业（企业）自愿承诺与政府签订节能减排协议这一新的政策模式逐步形成、发展起来，并取得了良好的效果。

从世界各国政府能源管理的发展历程来看，大体经过了强制性政策、非强制性政策、自愿协议（强制性政策＋非强制性政策）三个阶段。各国的自愿协议名称不同、组织各异，但其本质都是由政府倡导，工业行业（企业）自愿作出在节约能源、提高能效、减排温室气体、改善环境方面的承诺，并与政府签订协议，在实现过程中由第三方进行评估审计，并公之于众，这样不仅实现了节能环保目标，而且使行业（企业）提升了生产、管理及技术水平，降低了成本，增加了效益，更在公众和国际上树立了良好的信誉和形象。

在当前形势下，我国工业企业（行业）节能面临着诸多新问题：政府机构改革、政府职能转变使得原来的节能管理体系已基本不复存在，计划经济体制下建立的节能优惠奖励政策大部分已不再适用，能源价格持续上涨，工业企业重组及与国际资本的结合，加入WTO给我国工业带来的机遇和挑战，环境保护对能源利用提出了越来越高的要求等。

在社会主义市场经济体制下，国家及地方政府为推动和引导节能工作的深入发展，则必须要研究探索新的节能管理模式和运行机制，实现由原来的行政命令向指导性政策、激励措施等非强制性政策的过渡。

自愿协议是政府与经济部门之间达成的协议，在政府的支持下，按照预期的目标而进行的自愿行动，这种行动是参加者在其自身利益的驱动下自愿进行的。也可把自愿协议定义为在法律规定之外企业自愿承担保护环境或节能的义务。自愿协议可分为以下几种类型：

1）经磋商达成协议型自愿协议。这类自愿协议是指工业界与政府部门就特定的目标达成的协议。谈判时双方有一个约束条件，即如果协议没有达成，政府将会采用某种其他的政策措施来限制企业。

2）公众自愿参与型自愿协议。在这类自愿协议中，协议制定者规定了一系列需要企业完全满足的条件，企业根据自身条件选择是参与还是不参与。

2. 节能自愿协议的概念和准则

节能自愿协议（Voluntary Agreement of Energy Conservation，缩写为VA），是指为达到节能减排目标、提高能源利用效率，政府（或授权机构）与用能单位（企业）或行业组织签订协议的一种节能管理活动。在协议中，企业主动承诺达到的节能或环保目标，政府则提供相应的支持和激励措施。自愿协议好似国际上常用的一种非强制性节能措施，它可以有效地弥补行政、法律手段（强制性节能措施）的不足。

根据国际上的经验，节能自愿协议应具备以下"七条黄金准则"：

1）确保这些经协商达成的协议是建立在更深层次的节能挖潜的基础上。

2）制定清晰、明确的目标和实现这些目标的具体时间表。

3）确保政府长期提供政策和项目方面的支持，帮助工业部门提高能效。

4）将重点放在大的高耗能行业，因为这些部门节能效果显著。

5）建立明确的资源协议项目监督指导方针。

6）通过测定产品单耗，评估节能效果。

7）要有独立的审核程序。

与强制性节能措施相比，节能自愿协议至少有以下三个好处：

1）灵活性大。从宏观上看，自愿协议实施形式灵活，不同的国家和地区可灵活设计实施方案及形式，甚至连自愿协议的名称都不出现，协议内容、配套政策等亦有很大空间。对企业而言，只需承诺达到某个节能或减排目标即可，实现目标的方法和路径完全可以自主选择，政府几乎不予干涉。

2）成本低。与出台行政性政策、制订法律与法规相比，政府通过自愿协议可以用更低的费用更快地实现刚性的节能和环保目标。

3）兼顾节能和环保。20世纪90年代，在国际社会减排二氧化碳的磋商还没有明确结果时，许多欧洲国家就将自愿协议作为减排二氧化碳的国家政策。目前，欧美的自愿协议多数就是针对减排温室气体而设计的。

作为一种全新的节能机制，自愿协议实现了一箭双雕：对政府而言，可以实现国家节约能源的宏观目标，尽可能避免国家能源危机；对企业而言，提升了生产、管理、技术水平，可以节能降耗，降低成本，增加效益，提高企业及其产品的竞争力，并树立良好的企业形象。

2003年4月22日，山东省前经贸委分别与济南钢铁集团总公司、莱芜钢铁集团有限公司签署了节能自愿协议，这是我国第一批自愿协议，它拉开了自愿协议登陆我国的序幕。2005年，山东烟台有16家单位签署了自愿协议，承诺每年节能2.1万t标准煤。目前，已有多个省份的企业签署了节能自愿协议。

3. 企业节能潜力评估方法

对加入协议的企业进行节能潜力评估，是实施自愿协议的重要环节之一。通过潜力评估，协议各参与方可以了解企业目前的能源消费情况、节能措施实施情况等信息。这些信息是各参与方磋商设定具有挑战性且可实现的节能目标时必需的。完成了节能潜力评估后，企业才可以进一步制定节能目标及节能计划。

节能潜力的评估一般是指企业能源审计、技术评估、能耗基准设立，或几方面的综合评估。

技术评估包括评价企业现有的工艺技术和在自愿协议期间能实施的更加节能的技术。技术评估是把整个行业的各种技术设备进行整理归类，进而计算出节能潜力，估算出进行设备更新所需的投资。该方法比较适合对整个行业的评估。

能源基准设立是一个过程，通过它可以把企业和整个行业的能源指标与常用标准和基准进行比较。基准代表了"标准的"或"最优的"指标。基准有两个重要特性：第一，基准与企业规模无关，它适用于不同规模和产量的企业。例如，在分析企业的各工序能耗时，就可采用"单位产品能耗"为基准量，而在分析整个行业时就可采用"具体产品单位耗能"为基准量。以钢铁行业为例，分析整个钢铁行业时可以采用每吨热轧钢产品或每吨板材钢产品的单位能耗作为基准量。第二，基准的适用范围广，因为需要利用它弥补相似企业在产量上的差异。

在设立基准值时，首先必须了解全部工艺流程（工序），以确定主要工序，然后再根据企业各工序的相关信息，分别计算出各个选定工序基准值，最后再通过一系列运算得出整个企业基准值。基准值计算过程可以借助专门软件来完成。设立基准值有四个主要步骤：

1）了解生产工艺。设立基准值首先必须要了解生产工艺流程，包括得到各种主要中间产品及最终产品的所有生产途径、工艺过程和主要能耗工序。这对于设立基准值是非常关键的。

2）确立需纳入考虑范围的工序。了解了生产工艺流程以后，就需要确定哪些工序是应纳入考虑范围之内的，哪些工序不应纳入。高耗能的工序一般为考虑对象，而低耗能的工序可以不考虑，尤其是那些相对较难获得准确评估数据的工序一般不考虑。需要注意的是，那些可以相互替代的工序应同等对待，即要考虑时都得考虑，不考虑时都不考虑。建立这样的划分范围，可以比较公正地对各企业进行评估，同时也可以确保所采集的数据大部分是高耗能工序的能源数据。

3）计算工序能耗。确定了需要考虑的各工序后，将各工序的能耗除以该工序的产品产量就可得到各工序的单位产品能耗。

4）确定基准值。最后这步工作是确定各工序的基准值，可采用两种方法，一种是整理、分析企业现有的数据，再根据这些数据确定出基准值；另一种是假设一个具备所有最佳工艺技术的工厂，将该工厂的各工序用能作为基准值。

4. 节能自愿协议的目标设定方法

目标设定是自愿协议中十分重要的环节之一。目标（值）为加入协议的各方提供了一个在自愿协议实施期间需要达到的量化值。目标的类型有很多种，需要根据企业实际情况确定目标类型。设定目标的重要前提是，协议各方都必须充分了解企业的能效潜力，充分了解政府在帮助企业实施节能技术和节能措施过程中所能给予的支持政策。

（1）目标类型　在自愿协议中，目标设定有三种基本类型，即绝对目标、能耗目标和经济目标。

1）绝对目标。绝对目标是指在自愿协议实施期间，设定一个必须要达到能耗标（或二氧化碳标，或温室气体排放标）。例如，某钢铁厂 1995 年能源消耗为 2.8Mt 标准煤，那么，2000 年设定将能源消耗降为 2.2Mt 标准煤。这个目标就是绝对目标。

绝对目标的优点是，它能给出一个明确的能源使用减少量或排放减少量，很适合于核定污染物减排的情况。其缺点是，这种类型的目标与产品产量或生产的变化没有关系。

2）能耗目标。能耗目标的基础是计算企业的单位能耗（EI）或（和）能效指数（EEI），然后再根据企业实际情况或政府要求设定目标。例如，某钢铁厂在过去 5 年里，能耗从 1.2tce/t 钢下降到 0.9tce/t 钢，平均每年能耗降低为 5.6%。根据这样的变化趋势以及企业目前的节能潜力，可以将每年的能耗降幅提高到 6.5%。按此推算，假设协议期为 5年，则能耗目标即为 0.64tce/t 钢。

只要计算出企业的 EI，根据历年来的变化趋势或基准，就可以设定出目标。EI 对一些产品相对简单的企业（如只生产某一种产品）来说是最有用的。对于生产多种产品的企业，最好使用 EEI。因为 EEI 可以把不同生产工序的能耗综合为一个指标。

3）经济目标。与前两种目标相比，经济目标考虑到了提高能效所需的成本，通常用单位节能量的成本来表示，也可以用投资回收期来表示，投资回收期是指用节约的能源成本回收投资所需的时间。这种目标适用于实施投资回收期不到 5 年的项目。内部回报率（IRR）也常作为经济目标，即要达到某个 IRR 值。

总之，参与自愿协议的企业需要依据自己产品的特点、行业能耗统计方法等，参考国际先进水平，选择适合的目标类型。

（2）目标设定方法　通过企业能效潜力的评估，计算出企业当前的总生产用能和各工序用能、EEI 等，加之企业历年的能耗降低值、企业的节能计划等信息，共同作为设定企业节能自愿协议目标的依据。目标设定的关键步骤为选择目标类型（绝对、能耗、经济）、选择基年（参考年）和目标年（考察年）、评价设定目标。

1）选择目标类型。为与国际目标类型设定相一致，可采用基于企业能效指数（EEI）的能耗目标。能效指数考虑到了企业产量的变化、产品种类的变化。另外，国内企业通用的指标为节能率（ECR），也可以作为一种辅助指标。

2）选择基年和目标年。目标年是指协议结束并进行最终评估的年份。基年是一个基准参考年，该年相应的数据（指标）是评估目标年各项指标完成情况的参考标准，对比后可判断目标年是否完成了预期的指标。

3）评价背景信息并设立目标。企业将向协议各参与方提供相关信息，包括近三年企业能耗总量、企业各生产工序耗能量、各工序节能潜力、能效指数等。协议各方将根据这些信息以及政府为帮助企业实现自愿协议目标提供的支持政策，共同磋商确定企业的节能目标。

5. 节能自愿协议的签订程序和实施过程

节能自愿协议的签订程序如图 6-8 所示，实施过程如图 6-9 所示。

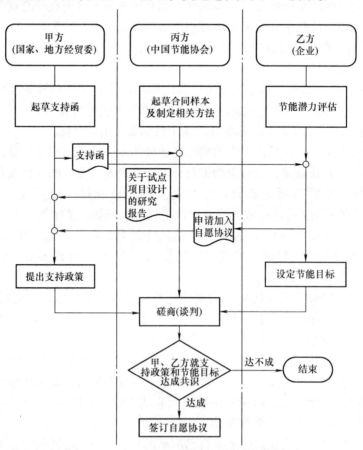

图 6-8　节能自愿协议签订程序

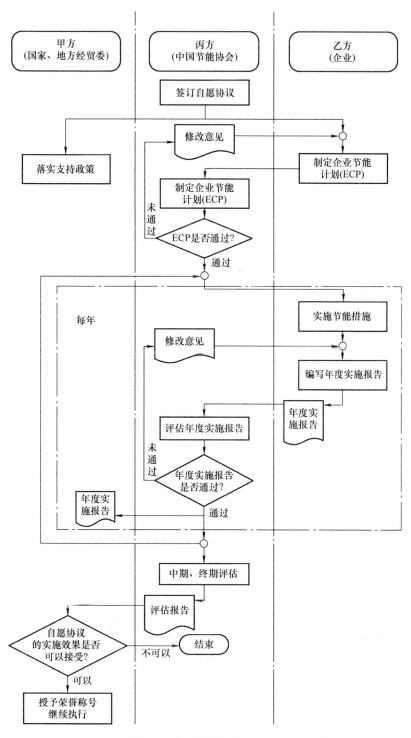

图 6-9　自愿协议的实施过程

6.6.2　能效标准与能效标识

能效标准与能效标识制度是确定能源节约与浪费的尺度，是政府对节能实行管理和调控的有力措施，也是衡量用能单位是否达到节能目标的准则。能效标准、标识制度的有效实施，对减缓电器、工业设备等能源消耗增长势头，减少国家对能源供应基础设施的投资，改善消费者福利，引导市场转换、加强市场竞争和扩大贸易，减少环境污染和温室气体排放等方面，具有明显的经济和社会效益。

1. 能效标准的概念及类型

能效标准是指规定产品能源性能的程序或法规。它是在不降低用能产品其他特性如性能、质量、安全、整体价格的前提下，对其能源性能作出具体的要求。能源性能的制定应遵循技术可行、经济合理、既有利于消费者又不损坏生产商的利益的原则。根据各国节能工作的特点和需要，能效标准中包含的主要内容有能效（能耗）限定值、能效分级指标、节能评价值指标。能效标准在不同的国家推行的方法也不同，有的国家把执行能效标准作为一项强制性的要求，而一些国家则是作为一项志愿性的协议，即作为一个节能项目，由政府部门与产品制造商签订能效目标的协议。实施能效标准的产品对象目前主要是家用电器产品、照明产品和部分办公及商用耗能产品。

能效标准依据其规定内容的不同可分为四类：指令性标准、最低能源性能标准、平均能效标准和能效分级标准。

1）指令性标准。指令性标准一般明确要求在所有新产品上增加一个特殊的性能或安装（拆除）一个独特的装置。确定指令性标准的符合性是最简单的，仅需要对产品进行检测即可。

2）最低能源性能标准。最低能源性能标准规定了用能产品的最低能效（或最大能耗）指标，也称为能效限定值指标，要求制造商在一个确定日期以后生产的所有产品都必须达到标准的规定，否则禁止该产品在市场上销售。最低能源性能标准是最常见的一种能效标准，它对用能产品的能源性能有明确的要求，但并不对产品本身的技术规格或设计细节提出要求，允许创新和具有竞争性的设计，其标准符合性要由实验室测试决定。

3）平均能效标准。平均能效标准规定了一类产品的平均能效，它允许各个制造商为每款产品选择适当的能效水平，只要其全部产品按销量加权计算出的平均能效水平达到或超过标准规定的平均值要求即可。提高平均能效水平可通过增加新技术所占比例而不需要完全淘汰旧技术来实现，因此平均能效标准在实现提高产品能效目标方面赋予制造商更多的灵活性和创新性。

4）能效分级标准。能效分级标准对用能产品能源效率的规定采用了分等分级指标，其指标一般包括能效限定值、目标能效限定值、节能评价值以及能效等级指标中的几个或全部。中国、韩国的能效标准都属于能效分级标准，所不同的是，韩国的能效标准中规定的是能效限定值和目标能效限定值，而中国的能效标准是世界上包含内容最多的标准，包含的基本指标是能效限定值和节能评价值，部分标准中还包含了目标能效限定值和（或）能效等级指标。

此外，能效标准按照实施准备时间及指标水平的不同也可分为现状标准和超前标准。现状标准一般从颁布到实施只有半年或者最多一年的时间，标准中规定的限定值一般低于近期市场上产品的平均能效水平；超前标准的实施准备期比较长，一般为 3~5 年，标准中规定的能效限定目标值通常高于目前市场上的平均能效水平，有时甚至高于目前市场上的最高能效水平。需要说明，国际上并没有超前标准这一提法，超前标准的概念主要是为适应我国能效标准向国际能效标准接轨的发展趋势而提出的。

2. 我国能效标准发展过程及趋势

我国能效标准的研究与制订工作起始于 20 世纪 80 年代中期，经历了 20 世纪 80 年代的起步、90 年代的稳步发展以及 21 世纪的全面提升等 3 个发展阶段。在国家节能管理部门和标准化管理部门的领导与支持下，以及美国能源基金会等国际机构和国内外专家的帮助与指导下，取得了长足的进步。

（1）起步阶段　自 20 世纪 70 年代末我国实施改革开放政策以来，国民经济开始迅速发展，人民生活水平和质量不断提高，家用电器的拥有量和民用耗电量也随之快速增长。1981 年，为组织开展节能和能效标准化技术工作，原国家标准局成立了全国能源基础与管理标准化技术委员会，专门负责节能和能效领域及能源基础和管理方面的国家标准制修订工作。20 世纪 80 年代中末期，全国能源基础与管理标准化技术委员会组织有关单位和专家制订了第一批共 9 项家用电器能效标准，包括 GB 12021.1《家用和类似用途电器电耗（效率）限定值及测试方法　编制通则》及家用电冰箱、房间空气调节器、家用电动洗衣机、彩色及黑白电视接收机、自动电饭锅、收录音机、电风扇、电熨斗等 8 个家用电器的专项能效标准。这批国家标准于 1989 年 12 月 25 日由原国家质量技术监督局批准发布，1990 年 12 月 1 日正式实施。

首批能效标准的制订主要针对家用电器，标准中规定了各种家用电器的电耗或效率限定值以及电耗（效率）指标的测试方法，其主要目的是为了限制和淘汰当时情况下比较落后的高能耗的家电，属于现状标准。首批能效标准的实施对提高我国家用电器的能源效率发挥了积极作用。但由于当时条件所限，标准分析以根据产品市场分布应用概率统计法为主，对标准的技术经济性分析不够，能效指标规定的不是很科学，再加上社会各方面对标准的认识还不到位，对标准的重视程度也不够，因而这批能效标准的实施没有达到理想的效果。

（2）稳步发展阶段　20 世纪 90 年代以来，国外能效标准的制订与实施活动逐渐深入开展，能效标准的分析研究手段随之进一步完善，标准的实施成效也不断涌现，这些先例为我国能效标准的研究提供了许多可供借鉴的经验。而且，随着科学技术的不断进步，我国家用电器的研制、生产水平也有了很大提高，为进一步提高能源利用效率、促进节能创造了技术条件。尤其是 1998 年 1 月 1 日《中华人民共和国节约能源法》的颁布实施，政府对节能管理工作的力度逐渐加强，节能和能效标准化工作被纳入法制化管理轨道，既为我国全面修订和逐步制定能效标准带来了机遇，也为能效标准的研制提出了更高的要求和目标。

从 1995 年起，中国标准化研究院（原中国标准研究中心）、全国能源基础与管理标准化技术委员会经国家质量技术监督局批准，在政府有关部门的领导下，与美国环保局、美国能源基金会、国际节能研究所以及美国劳伦斯·伯克利国家实验室等相关国际组织机构进行了广泛的交流与合作，在国情分析的基础上借鉴国外先进分析方法，陆续开始组织首批能效标准的修订和部分新的家用电器和照明产品能效标准的制订工作。从此，我国能效标准的研究工作进入了一个稳步发展的阶段。

在这一阶段先后完成了家用电冰箱和房间空调器两个家用电器能效标准的修订、管型荧光灯镇流器、单端荧光灯、中小型三相异步电动机和空气压缩机等 4 个产品能效标准的制定。能效标准涉及的产品范围已由家用电器逐步扩展到部分照明电器和工业耗能设备。

1998 年，我国正式开始实施保证标识制度，即节能产品认证制度，为了配合我国节能产品认证工作的开展并为其提供技术依据，新完成的能效标准在技术内容方面除提高产品（电耗）能效限定值指标要求之外，还增加了节能评价值指标。其中，能耗（能效）限定值是强制性实施的，目的是淘汰市场中低效劣质的用能产品；节能评价值是推荐性指标，作为企业的一个节能目标，鼓励企业开发和生产高能效产品。此外，标准中还明确了各种产品的分类、能效（能耗）指标参数、能效指标的测试方法以及产品的检验规则等。指标的确定以及标准实施的成本效益采用了国际上比较先进的工程、经济分析方法，为能效限定值指标和节能评价值指标的确定提供了科学、合理的理论依据。新标准的实施对提高家电产品的能效水平起到了积极的促进作用，据1999年对电冰箱的调查显示，我国主要电冰箱产品的能耗量比1997年降低了9%。

（3）全面提升阶段 随着21世纪的到来，我国必须要加强节能工作。为了指导和推动节能工作的深入开展，原国家经贸委制定并发布了《能源节约与资源综合利用"十五"规划》，制定和完善主要用能产品能效标准已列入国家有关节能主管部门"十五"期间要重点抓好的工作之一。政府的高度重视和有力推动为我国能效标准的飞跃发展揭开了新的篇章。

进入全面提升阶段的能效标准工作除产品范围有大幅扩展外，技术内容方面也有所变化，部分标准中在原有的能效限定值指标和节能评价值指标外规定了有关能源效率等级和超前能效限定值等指标。2005年3月1日，国家发改委和国家质检总局联合发布的《能源效率标识管理办法》已正式施行，能效标准成为企业确定其产品能效等级的唯一依据。另外，能效标准的分析更多地借鉴了国际先进经验，为政府部门制定配套政策提供了有力的数据支持。

这一时期能效标准在研究和制定过程中越来越多考虑到与国际接轨。由于我国现行的能效标准都属于现状标准，能效指标通常以目前大多数制造商正在生产的产品的能效水平为参考，与绝大多数发达国家普遍采用的能效标准设定水平相比明显偏低，为此，中国标准化研究院在能效标准研究中积极引入了"超前标准"的概念，超前标准要求的能效水平一般要比产品现有能效水平高15%~25%，是一个制造商必须"踮起脚尖"才能够得着的目标，但它同时也给制造商相对较长的准备时间（如3年左右），这样，超前标准通过为制造商设定一个需要努力才能达到的中期目标，促进了耗能产品或设备在能源利用效率方面的不断更新换代。近年来，节能降耗作为我国技术开发和技术改造的重点，在企业技术创新和新产品开发中加大了支持力度，很多节能技术取得了重大突破并在相关行业得到推广，使得针对用能产品制定更高水平的能效标准成为可能。目前，我国已开始进行有关超前标准的研究工作，针对部分家用电器试行的超前性能效标准正在制定过程中，在工业产品领域应用超前性能效标准也在进行前期的技术准备工作。

3. 能源效率标识的概念

为加强节能管理，推动节能技术进步，提高能源效率，依据《中华人民共和国节约能源法》《中华人民共和国产品质量法》《中华人民共和国认证认可条例》，国家发改委和国家质检总局联合制定并发布了《能源效率标识管理办法》，自2005年3月1日起施行。同时实施的还有《中华人民共和国实行能源效率标识的产品目录（第一批）》《中国能源效率标识基本样式》《家用电冰箱能源效率标识实施规则》和《房间空气调节器能源效率标识实施规则》。其中统一的能效标准和实施规则是：家用电冰箱——GB 12021.2—2008《家用电冰箱耗电量限定值及能源效率等级》；房间空气调节器——GB 12021.3—2010《房间空气调节器能效限定值及能效等级》。

国家首先对家用电器等使用面广、耗能量大的用能产品实行能源效率标识管理。这类产品主要是指那些与社会生产和人民生活息息相关，在生产和生活中使用面广，在使用过程中要消耗大量能源，其产品的能耗对用能单位和个人的能源消耗量具有直接影响的用能产品，如锅炉、风机、水泵、车船、家用电器等产品。

能源效率标识（energy efficiency labels，简称能效标识），是指表示用能产品能源效率等级等性能指标的一种信息标识，属于产品符合性标志的范畴。国家对节能潜力大、使用面广的用能产品实行统一的能源效率标识制度。由国务院管理节能工作的部门会同国务院产品质量监督部门制定并公布《中华人民共和国实行能源效率标识的产品目录》（以下简称《目录》），确定统一适用的产品能效标准、实施规则、能源效率标识样式和规格。凡列入《目录》的产品，应当在产品或者产品最小包装的明显部位标注统一的能源效率标识，并在产品说明书中说明。列入《目录》的产品的生产者或进口商应当在使用能源效率标识后，向国家质量监督检验检疫总局和国家发展和改革委员会授权的机构备案能源效率标识及相关信息。

国家发展改革委和国家认监委制定和公布适用产品的统一的能源效率标识样式和规格如图 6-10 所示。

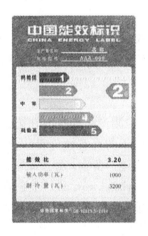

图 6-10 能效标识的标准样式（左）和制冷家电的样式（右）

能源效率标识的名称为"中国能效标识"（英文名称为 China Energy Label），包括以下基本内容：

1）生产者名称或者简称。

2）产品规格型号。

3）能源效率等级。

4）能源消耗量。

5）执行的能源效率国家标准编号。

能源效率标识按产品耗能的程度由低到高依次分成 5 级：

1 级——产品达到国际先进水平，最节电。

2 级——比较节电。

3 级——产品的能源效率为市场的平均水平。

4 级——产品能源效率低于市场平均水平。

5 级——耗能高，是市场准入指标，低于该等级要求的产品不允许生产和销售。

能源效率标识是附在产品上的信息标签，属于比较标识，为消费者提供有关产品的规格型号、能效等级、能源消耗量、执行的能效标准编号等方面的信息，这些信息易被消费者理解。实行能源效率标识制度的目的，是为消费者的购买决策提供必要的信息，使消费者能够对不同品牌产品的能耗性能进行比较，引导和帮助消费者选择高效节能产品，从而影响用能产品的设计和市场销售，促进产品能效的提高和节能技术进步。

属于中国能效标识的产品及其依据的能效标准产品名称/标准名称如下：

1）家用电冰箱/GB 12021.2—2008《家用电冰箱耗电量限定值及能源效率等级》。

2）房间空调器/GB 12021.3—2010《房间空气调节器能效限定值及能源效率等级》。

3）电动洗衣机/GB 12021.4—2004 电动洗衣机能耗限定值及能源效率等级》。

4）单元式空调机/GB 19576—2004《单元式空气调节机能效限定值及能源效率等级》。

5）自镇流荧光灯/GB 19044—2003《普通照明用自镇流荧光灯能效限定值及能效等级》

6）高压钠灯/GB 19573—2004《高压钠灯能效限定值及能效等级》。

7）中小型三相异步电动机/GB 18613—2012《中小型三相异步电动机能效限定值及能效等级》。

8）冷水机组/GB 19577—2004《冷水机组能效限定值及能源效率等级》。

9）家用燃气快速热水器和燃气采暖热水炉/GB 20665—2006《家用燃气快速热水器和燃气采暖热水炉能效限定值及能效等级》。

4. 能效标识的实施框架

能效标识的实施框架如图6-11所示。企业自行检测产品能效（在第三方或者自己的实验室），自行印制使用能效标识（企业应对所用能效标识的真实性负责），企业应按照产品型号提交备案材料到中国标准化研究院能效标识管理中心逐一备案，经备案审核合格后进行存档并给出备案号，同时在能效标识专业网站（www.energylabel.gov.cn）上公告。在能效标识实施的过程中，政府应加强实施监督管理，提高企业对能效的意识，引导消费者购买节能产品。

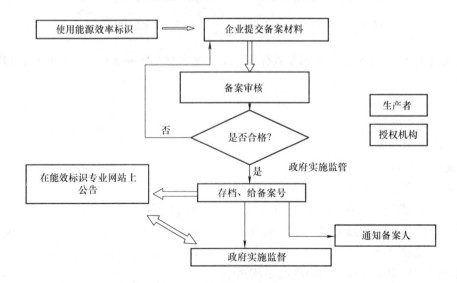

图 6-11　能效标识的实施框架

5. 国外实施能效标识的经验与启示

合理使用和节约能源、全面提高各种耗能产品和设备，尤其是工业耗能产品的能效水平成为当务之急。而主要手段和有效途径就是要全面加强能效标准的制定和贯彻实施的工作，这已被国外的成功经验所验证。世界上许多国家陆续从 20 世纪 70 年代末、80 年代初开始开展各种各样的能效标准的研究与实施活动，而且基本上都是由政府亲自主持并进行推动，用以促进本国、本地区的节能和提高能效、改善环境。不仅美国、欧盟、北美一些国家和日本等发达国家取得了成功的经验，亚洲和太平洋地区的许多发展中国家也都在开展这方面的工作，并取得了可喜的成果。借鉴先进发达国家在实施能效标识方面的经验，对我国节能工作的启示：

1）能效标识制度有效拉动了高效产品市场需求。最有效的节能途径就是使消费者购买高效产品。而能效标识制度恰好发挥了这个作用，不仅使消费者的能源费用支出在减少，而且还促使生产者开发、生产更高效产品。

2）制定和实施能效标识制度抓住了节能工作的源头，因此能够取得非常显著的节能效果。随着市场经济的发展，政府职能不断转变，现在我国的节能管理工作已逐步由注重生产工艺过程、企业整体节能状况转移到控制源头耗能设备的节能新模式，以期取得更好的节能效果。

3）加强宣传是有效实施能效标识制度的重要保障。增加消费者对能效标识的认知和辨识水平，使消费者主动购买效率高的产品，也促使生产者积极主动加入到能效标识行动之中。

4）建立完善而强有力的监督体系是确保能效标识制度顺利实施的关键环节。世界上大多数国家和地区都采用制造商自我声明的模式实施能效标识制度。各国家和地区纷纷建立了较为完善的监督体系。一般包括以下一种措施或几种措施组合：要求制造商对产品进行测试；要求企业向特定机构注册或报告产品的能效特性；建立数据库，跟踪能效信息并公之于众；通过接受投诉，识别"高度质疑"的产品；建立制造商互相监督的机制；设立由公共财政支持的国家检查－测试项目；对实施效果进行定期评估。考虑到我国市场诚信体系尚处在不断地完善阶段和企业（行业）的自律、自组织能力较弱的现实，以及我国能效意识总体偏低的特点，加强能效标识备案核验管理的能力建设，培育新型的社会监督机制，特别是强化政府对小企业的监督检查力度，对保障能效标识顺利实施具有十分重要的作用。

5）建立相应的激励优惠政策是促进能效标识制度顺利实施的重要手段。国外针对生产和使用高效节能产品的企业和消费者制定和实施了相应的激励政策，如对企业实施减免税政策、向消费者提供购买补贴、将高效产品纳入政府采购计划等。这些都为企业不断开发节能技术、消费者购买高效优质产品提供了动力，促使用能产品能源效率的持续提高。

6. 能效对标工作实施方案及改进措施

能效水平对标活动是指企业为提高能效水平，与同行业先进企业能效指标进行对比分析，确定标杆，通过管理和技术措施，达到标杆或更高能效水平的实践活动。在本单位开展能效水平对标活动，能够促进企业节能工作上水平、上台阶，提高能源利用效率，增强企业竞争力。尤其是当前全球金融危机影响加剧，在企业开展能效对标活动，不仅能降低运营成本，而且能提高市场竞争力，这对其未来发展具有十分重要的意义。

（1）指导思想　以科学发展观为指导，以企业为主体，以节能增效为目的，以技术进步和强化管理为支撑，规范制度，优化环境，突出重点，狠抓落实，全面提高企业能源利用效率，确保对标活动取得实效，促进全单位节能工作迈上新台阶、实现新突破。

（2）工作目标　通过开展能耗水平对标活动，促使企业经济能源效率（能源费用占总收入比例）指标、物理能源效率（单位面积能耗）指标双下降，部分企业能耗大幅度下降，部分企业能耗水平达到同行业国内领先水平，行业能效整体水平大幅度提高。

（3）工作原则

1）企业主体原则。能效对标主要是针对企业的能源利用活动，技术性强，内容复杂。

2）先进性原则。标杆的选择、确定和对标的组织要坚持高标准、严要求，必须充分体现先进水平要求。

3）突出重点原则。能效对标体系要突出用电节能、用水节能、用油节能，针对重点环节对标挖潜，提升节能能力。

4）注重实效原则。对标要实事求是，符合企业本身的实际，不拘泥于形式，通过开展对标活动，切实提高企业的能源利用水平。

（4）实施步骤　能效水平对标活动主要包括以下六个阶段：

1）现状分析、数据调查阶段。例如，某企业从 2010 年 1 月起，各班组进行对自身能源利用状况进行深入分析，在此基础上开展能源审计报告、编制中长期节能计划。

2）选定标杆、启动对标活动阶段。根据确定的能效水平对标活动内容，在技术支撑单位的指导与帮助下，初步选取若干个潜在标杆单位；组织人员对潜在标杆单位进行研究分析，并结合单位自身实际，选定 2~3 个标杆单位，制定对标指标目标值。

3）制定方案、数据分析阶段。通过与标杆单位开展交流、互联网等收集有关资料，总结标杆单位在指标管理上先进的管理方法、措施手段及最佳实践；结合自身实际全面比较分析，真正认清标杆企业产生优绩效的过程，制定出切实可行的对标指标改进方案和实施进度计划。

4）对标实践、实施阶段。企业根据改进方案和实施进度计划，将改进企业指标的措施和对标指标目标值分解落实到每一层级的管理人员和员工身上，体现对标活动的全过程性和全面性。在对标实践过程中，要修订完善规章制度，强化能源计量器具配备、加强用能设备监测和管理，根据对标工作需要，落实节能技术改造措施。

5）巩固提高阶段。不断地深入和完善能效水平对标活动的计划，优化对标指标，滚动式地、更高层次地调整对标指标，使能效水平对标活动深入持久地开展下去。

（5）工作要求

1）加强组织领导。各班组、办公室负责人要加强对能效对标工作的组织，及时向领导报送有关情况。引导企业把对标活动与建立能源管理体系紧密结合起来，全面提高企业能源管理水平。

2）强化企业能效对标管理。企业要明确能效水平对标活动组织机构及其职责，制定对标阶段性目标，及时提出阶段性的改进要求；定期召开能效水平对标活动工作例会，通报工作进展情况，总结经验，分析问题，提出改进措施。

3）加快节能技术进步。企业要以开展能效对标活动为契机，围绕对标活动中发现的问题，加快节能技术创新和技术改造步伐，运用科技手段挖掘节能潜力，改进能源利用方式，提高能源利用效率。

4）提高服务水平。有关技术支撑机构要发挥专业技术和信息优势，加强能效对标方法、对标工具和最佳节能实践的研究，从管理和技术角度为企业提供节能降耗的努力方向和标准，及时为企业提供必要的对标活动信息服务。

（6）能效对标分析工作改进措施

1）开展重点耗能企业能效对标活动，是引导重点耗能企业节能、促进企业在节能降耗中上水平、上台阶的重大举措，对推动千家企业节能行动的深入实施，明显提高企业能源利用效率、经济效益和竞争力，缓解经济社会发展面临的能源约束和环境约束，确保实现 1 亿 t 标准煤的千家企业节能行动目标和国家节能目标，具有十分重要的意义。

2）企业能效对标工作的实施内容总体可概括为确定一个目标、建立两个数据库、建设三个体系。

① 确定一个目标，即企业能效对标活动的开展要紧紧围绕企业节能目标，全面开展能效对标工作，将企业节能目标落实到企业各项能源管理工作中。

② 建立两个数据库，即建立指标数据库和最佳节能实践库。

③ 建设三个体系，一是建设能效对标指标体系、二是建立能效对标评价体系、三是建立能效对标管理控制体系。

3）企业能效对标工作的实施分为六个步骤或阶段：现状分析阶段、选定标杆阶段、对标比较阶段、最佳实践阶段、指标评价阶段、持续改进阶段。企业应按照能效对标工作的实施内容，分阶段开展能效对标工作，明确各阶段的工作目标、主要工作任务和有关要求，确保对标工作循序渐进地进行；要求真务实，力戒形式主义，力求实效。

6.6.3　节能产品认证

1. 节能产品认证的现状

我国于 1998 年 11 月依据《中华人民共和国节约能源法》建立了中国节能产品认证制度，成立了中国节能产品认证管理委员会和中国节能产品认证中心（China Certification Center for Energy Conservation Product，简称 CECP），颁布了《中国节能产品认证管理办法》和节能产品认证标志，以及《中国节能产品认证管理委员会章程》作为节能产品认证制度实施的法律依据，正式启动了中国的节能产品认证工作。2002 年，依据国家认证认可监督管理条例的有关规定和业务发展需要，认证中心更名为中标认证中心。

认证企业产量占行业中产量的比例是衡量节能产品认证制度是否发挥市场导向作用，以及企业对节能认证制度认可程度的一个非常重要的指标。从 1999 年 4 月开始，第一个产品——家用电冰箱的节能认证至今，节能认证产品已涉及家用电器、照明器具、办公设备、机电产品、电力设备、建筑产品等 54 大类，605 家企业的一万多个产品获得了中国节能、节水产品认证证书。此外，节能产品认证还纳入了中国名牌产品、国家免检产品的评选加分条件之中。推行节能产品认证和"节"字标识，不仅能够引导和激励企业开发和生产更多优质的节能产品，提高市场竞争力，有效促进绿色消费，减少能源消耗对人类生存环境造成的不利影响，而且还能规范我国的节能产品市场，为消费者提供可靠的信息，保护消费者的利益。同时，中国节能产品认证标志也是我国开展政府节能采购的产品选购依据。

十年多来，节能产品认证的开展和推广工作取得了长足的发展。节能产品认证制度的实施，以及节能产品的推广和普及，为中国带来了良好的经济、社会和环境效益。自 1999 年开展认证至 2005 年的 6 年间，仅节能电冰箱产品一项就累计为全社会节约能源 11.7 亿 kW·h,节省能源费用支出 6.7 亿元。按世界银行提供的排放系数计算，减少二氧化碳排放 39.6 万 t 标准煤。节能产品认证也成为推动节能技术进步的源泉和动力，以家用电冰箱为例，在 1999 年 3 月实施节能产品认证以前，我国的家用电冰箱只有为数不多的几个型号能达到欧盟能效标识的 A 级（世界最优秀的家电产品能效水平），到 2001 年底，达到欧盟 A 级能耗水平的节能认证产品已占获证产品总数的 25.58%。很多生产企业以节能评价指标为新产品的设计开发基准，普遍提高了我国家电产品的能效水平。此外，我国在节能产品认证方面还积极开展国际合作，进行国际间节能产品认证标志的协调互认，这一做法将有利于打破国际贸易技术壁垒、帮助我国产品更好地进入国际市场。

2. 节能产品认证的概念和特点

《中国节能产品认证管理办法》规定：所谓节能产品，是指符合与该种产品有关的质量、安全等方面的标准要求，在社会使用中与同类产品或完成相同功能的产品相比，它的效率或能耗指标相当于国际先进水平或达到接近国际水平的国内先进水平。

根据国家标准 GB/T 15320—2001《节能产品评价导则》中规定，节能产品分为直接节能产品、间接节能产品、新能源和可再生能源节能产品 3 大类。直接节能产品是指直接消耗能源来实现某种特定功能或完成服务的节能产品，例如冰箱、空调、电动机、发动机、汽轮机、燃气轮机、工业锅炉、发电机、变压器、工业窑炉、风机、泵类、压缩机以及各类加热设备等。间接节能产品是指在使用过程中自身不消耗能源或少消耗能源，但能促使运用该产品的系统或设施降低能耗的节能产品，例如绝热材料、换热设备、余热锅炉、热泵、疏水阀、调速装置、远红外涂料、电力省电装置、保温绝热材料、能源监控有关的仪器仪表等。新能源和可再生能源节能产品是指在完成相同功能条件下，能替代常规能源的新能源和可再生能源利用的节能产品，例如太阳能、风能、潮汐能、地热能、核能及生物能利用装置等。

《中国节能产品认证管理办法》指出：节能产品认证（以下简称认证），是指由用能产品的生产者、销售者提出申请，依据国家相关的标准和技术要求，按照节能产品质量认证规定和程序，经中国节能产品认证机构确认并通过颁布节能产品认证证书和节能标志，证明某一产品为节能产品的活动。节能产品认证工作接受国家质量技术监督局的监督和指导，认证的具体工作由中国节能产品认证中心负责组织实施。

中国节能产品认证机构由中国节能产品认证管理委员会和中国节能产品认证中心两部分组成。管理委员会由国家经济贸易委员会、国家发展计划委员会科学技术部等有关部门和单位的领导和专家组成。CECP 是管理委员会领导下负责组织、管理和实施节能产品认证的第三方认证机构，行政挂靠于国家质量技术监督局中国标准研究中心。

从认证的实施过程来看，节能产品认证具有以下基本特点：

1）自愿性认证。《中华人民共和国节约能源法》第二十条指出：用能产品的生产者、销售者，可以根据自愿原则，按照国家有关节能产品认证的规定，向经国务院认证认可监督管理部门认可的从事节能产品认证的机构提出节能产品认证申请；经认证合格后，取得节能产品认证证书，可以在用能产品或者其包装物上使用节能产品认证标志。生产用能产品的单位和个人，不得使用伪造的节能产品认证标志或者冒用节能产品认证标志。按照《中国节能产品认证管理办法》的有关规定，我国节能产品认证实施的是自愿性产品认证。但政府采购的政策导向作用将自愿性节能产品认证工作变相地变为强制性认证。

2）认证定位高端。节能产品认证的目的是引导节能技术进步，因此有别于自愿性的产品合格认证，针对的是高效节能产品市场，在确定认证依据时，是针对市场上 10% ~ 20% 的高端产品来确定相应的认证标准。换句话说，只有 10% ~ 20% 的产品才能达到相应的节能产品认证要求，并不是所有的合格产品都能达到要求。并且，这部分产品主要来源于行业中少数的龙头骨干企业。

3）认证模式严格。我国节能产品认证采用国际上通行的"工厂条件检查 + 产品检验 + 认证后监督检查和检验"的认证模式，是认证模式中最为严格的一种形式。在工厂条件检查符合要求的情况下，中国节能产品认证中心将对申请认证的产品进行随机抽样，并委托指定的权威检验机构对产品的主要性能和产品的效率、能耗指标进行检验。中国节能产品认证中心按规定程序对检查和检验结果进行综合评定，符合要求者颁发认证证书并允许使用节能标志，并定期和不定期地对工厂条件和产品进行监督检查和检验。

4）认证标志醒目、寓意深刻。中国节能产品认证标志如图 6-12 所示，由"energy"的第一个字母"e"构成一个圆形图案，中间包含了一个变形的汉字"节"，寓意为节能。缺口的外圆又构成"CHINA"的第一个字母"C"，"节"的上半部简化成一段古长城的形状，与下半部构成一个烽火台的图案一起象征着中国。"节"的下半部又是"能"的汉语拼音第一个字母"N"。整个图案中包含了中英文，以利于和国际接轨。整体图案为蓝色，象征着人类通过节能活动还天空和海洋于蓝色。该标志在使用中可根据产品尺寸按比例缩小或放大。

图 6-12　中国节能产品认证标志

这是由中国节能产品认证中心（CECP）专门认证节能产品的标志，其认证范围是节能、节水和环保产品，现在已经受理家用电冰箱、微波炉、电热水器、电饭煲、水嘴、坐便器、电视机、电力省电装置等多种电器节能认证。我国节能产品认证是一种保证标识（标志），属于产品质量认证范畴，表示用能产品达到了规定的能效标准或技术要求，但并不能表示达到的程度，通常针对能效排在前 20% 左右的产品，类似于美国的能源之星。

从认证的依据来看，节能产品认证具有以下基本特点：

1）节能产品认证有国家法律保障和政策的支持。《中华人民共和国节约能源法》《中华人民共和国清洁生产促进法》等有关节能法律、法规对节能产品认证做出了明确规定，为节能产品认证提供了有力的法律保障。2004 年 4 月，国务院下发了《国务院办公厅关于开展资源节约活动的通知》（国办发【2004】30 号文），就明确指示扩大节能产品认证范围、建立强制性能效标识制度、把好市场准入关作为一项具体措施来推进全社会的节能工作。2004 年 12 月，财政部、国家发展和改革委员会联合下发《节能产品政府采购实施意见》（财库【2004】185 号文），将节能产品认证列入了《节能产品政府采购清单》。另外，节能产品认证还纳入中国名牌产品、国家免检产品的评选条件。

2）节能产品认证有国家能效标准作技术依据。能效标准是指在不降低产品其他特性如性能、质量、安全和整体价格的前提下，对用能产品的能源效率做出的具体要求。我国早在1989 年就发布的第一批能效标准，即 GB/T 12021 系列标准，规定了产品的能效指标及节能限定值和测试方法，涉及家用电冰箱、电风扇、电视机等八类用能产品。1998 年《中华人民共和国节约能源法》颁布，国家对节能工作高度重视，能效指标从产品标准当中分离出来，建立起与实施《中华人民共和国节约能源法》相配套的独立的能效标准体系，能效标准将作为国家强制性标准予以发布和实施，能效标准规定了产品的能效指标、限定值、节能产品认证评价值及检测方法。

随着我国家用电器节电技术水平的提高，1989 年版的标准正在逐一进行修订。1999 年原国家质量技术监督局批准发布了 GB 12021.2—1999《家用电冰箱能耗限定值及节能评价值》（已作废）第一个强制性能效标准，节能产品认证拉开序幕，以后又陆续发布了房间空气调节器等 9 项国家能效标准，这些标准是开展国家节能产品认证工作的主要技术依据。

对于国家尚未出台能效标准，但产品量大面广，节能潜力大，急需开展节能产品认证工作的，由中国节能产品认证管理委员会牵头组织全国技术专家、学者及制造商等相关方，共同制定认证技术要求，确定该产品的能标指标及节能评价值。目前管委会已发布了十余项认证技术要求，基本满足了国家对节能产品认证工作的需求。

3）节能产品认证是以产品能效指标/效率为核心的特色认证。节能产品认证作为第三方产品质量认证的一种，目前采用"工厂质量保证能力 + 产品实物质量检验 + 获证后监督"的认证模式。有效地开展工厂质量保证能力的审查、充分体现节能产品认证特点，是科学实施节能产品认证制度的关键所在。以产品能耗指标/效率为核心，以开发/设计、采购、生产和进货检验、过程检验、最终检验为两条基本审查路线，突出关键/特殊生产过程和关键检验环节，对影响产品能耗指标/效率的关键零部件和材料的一致性进行现场确认，是当前节能产品认证审查的基本原则。

3. 节能产品认证的基本条件和程序

我国目前对于获得认证的节能产品采用了国际上最严格的认证模式，不仅要对产品进行测试，更要通过对生产该产品的生产企业进行现场检查，确定其具备相适应的生产能力、质量管理能力、产品检测手段和能力，更重要的是每年都要对上述两方面进行检查，从而保证生产企业能始终生产符合节能要求的产品，也保证了消费者选择节能产品时应该享受到的好处。目前国家认监委已经批准了一些认证机构从事节能产品的自愿认证工作，如中标认证中心、中国质量认证中心，认证技术规范采用的是国家标准的相关要求和补充技术要求。根据《中国节能产品认证管理办法》的相关规定，中华人民共和国境内企业和境外企业及其代理商（以下简称企业）均可向中国节能产品认证管理委员会（以下简称管理委员会）自愿申请节能产品认证。

按照《中国节能产品认证管理办法》的有关规定，申请节能产品认证的基本条件如下：

1）中华人民共和国境内企业应持有工商行政主管部门颁发的《企业法人营业执照》，境外企业应持有有关机构的登记注册证明。

2）生产企业的质量体系符合国家质量管理和质量保证标准及补充要求，或者外国申请人所在国等同采用 ISO9000 系列标准及补充要求。

3）产品属国家颁布的可开展节能产品认证的产品目录范围。

4）产品符合国家颁布的节能产品认证用标准或技术要求。

5）产品应注册（具有生产许可证），质量稳定，能正常批量生产，有足够的供货能力，具备售前、售后的优良服务和备品备件的保证供应，并能提供相应的证明材料。

节能产品认证实施流程包括申请、受理、工厂条件检查、产品抽样检验、评定与注册、年度监督检查和检验等。中标认证中心（CECP）的认证程序按以下步骤展开认证：

1）申请。申请节能产品认证的国内企业，应按管理委员会确定的认证范围和产品目录提出书面申请，按规定格式填写节能产品认证申请书，并按程序将申请书和需要的有关资料提交给认证中心；境外企业或代理商均可向管理委员会或认证中心申请，其申请书及材料应有中英文对照。有关材料包括：

① 营业执照副本或登记注册证明文件的复印件（如申请方与受审核方不同，亦应提供申请方的证明材料）。

② 产品注册商标证明。

③ 产品生产许可证复印件（有要求时）。

④ 产品质量稳定并具备批量生产能力的证明材料（如批量生产鉴定材料）。

⑤ 产品标准（指产品明示标准，如执行国家标准则不必提供）。

⑥ 产品电工安全认证证书复印件或安全检验报告（列入国家安全认证强制监督管理的产品目录）。

⑦ 产品性能检验报告以及受控关键零部件性能检验报告。

⑧ 制造厂质量手册。

同时可提交下列资料以供参考：质量体系认证证书复印件（若已获得认证）、产品质量认证证书复印件（若已获得认证）、实验室认可情况资料。

2）受理。申请方提交的申请书和相关材料齐备后，认证中心将于10个工作日内完成对申请书及相关材料的审查工作，对符合要求的发出受理节能产品认证申请通知书，给予认证项目编号。对申请书和相关材料尚不充分的，认证中心将与申请方联系，通知其在规定的30天内补充有关材料或进行相应整改，必要时发出申请材料补充通知书，直至申请书和相关材料符合要求为止。若申请方未能按要求在30天内补充/完善所需的材料并未作任何解释和说明，则认为申请方撤销本次申请。对不符合节能产品认证申请条件和要求的，认证中心向申请方发出不受理节能产品认证申请通知书并说明理由。

随同受理节能产品认证申请通知书，认证中心还将发出节能产品认证合同书（一式两份），确定认证范围（产品名称、受审核方/制造厂、产品商标）、工厂审核及产品抽样完成日期、认证付费要求和时机、双方责任和义务等内容，同时通知企业认证费用预算。如申请方对合同内容及认证费用预算无异议，应在认证中心实施工厂审核前完成认证合同书的签订工作。合同书有效期为4年，如果认证范围（包括认证产品类型、制造厂等）没有变更，每次扩大认证时不再另签合同书。

3）工厂条件检查。认证中心组织检查组，按程序对申请企业的质量体系进行现场检查。检查组应在规定时间内提交《企业质量体系审核报告》。现场质量体系审核实施包括：审核组按照审核计划，依据GB/T 19002—1994《质量体系生产、安装和服务的质量保证模式》、CCEC/T03-2000《节能产品认证质量体系要求》及申请方提交的质量体系文件，对受审核方进行现场质量体系审核。质量体系审核的程序和要求与第三方质量体系认证审核相同，审核的基本原则是：以产品能耗指标/效率为核心、以开发/设计—采购—生产和进货检验—过程检验—最终检验为两条基本审核路线、突出关键/特殊生产过程和关键检验环节、对影响产品能耗指标/效率的关键零部件和材料进行现场确认、对受审核方的试验室条件以及资源配置情况进行现场确认。现场审核中，如发现不合格项，由审核组提出《不合格报告》，企业应在规定的期限内进行整改（一般一个月，最长不超过三个月）并提交《纠正措施报告》及证明材料。审核组长负责对《纠正措施报告》及证明材料进行验证确认，必要时，对重点问题可进行现场验证。现场审核中，如发现严重不合格项，审核组可作出终止审核的决定，并提交终止现场审核通知单。受审核方可在半年内提出复审申请。

4）产品抽样检验。对需要进行检验的产品，由认证中心指定的人员（或委托的检验机构）负责对申请认证的产品进行随机抽样和封样，由企业将封存的产品送指定的认证检验机构进行检验。必须在现场检验时，由检验机构派人到现场检验。例如，由 CECP 检验机构协调部依据《节能产品认证技术要求》及企业申报情况，确定具体抽样范围和数量，与企业协商确定后，发出产品抽样通知书；由检验机构协调部指定审核组或其他工作人员负责抽样、封样，并在抽样单上盖章签字，由申请方负责将样品送达 CECP 指定的检验机构。检验机构向 CECP 出具两份产品检验报告，CECP 负责将其中一份报告转交给申请方。

5）评定与注册。认证中心将企业申请材料、质量体系审核报告、产品检验报告等进行汇总整理，然后提交给由中心成员、相关专家工作组的专家和管理委员会部分委员组成的认证评定组，评定组撰写综合评审意见，报中心主任审批。中心主任批准认证合格的产品，颁发认证证书，并准许使用节能标志。认证中心负责将通过认证的产品及其生产企业名单报送国家经贸委和国家质检总局备案，并向社会发布公告、进行宣传。对未通过认证的产品，由认证中心向企业发出认证不合格通知书，说明不合格原因。

4. 节能产品认证证书与节能标志管理

根据《中国节能产品认证管理办法》的相关规定，通过认证的企业，在公告发布后两个月内，到认证中心签订节能标志使用合同，领取认证证书。认证证书由国家质检总局、认证认可管理委员会印制并统一编号。认证证书和节能标志使用有效期为 4 年。有效期满，愿继续认证的企业应在有效期满前 3 个月重新提出认证申请，由认证中心按照认证程序进行，并可区别情况简化部分评审内容。不重新认证的企业不得继续使用认证证书和节能标志，或向认证中心申请注销认证证书。通过认证的企业，允许在认证的产品、包装、说明书、合格证及广告宣传中使用节能标志。未参与认证或没有通过认证的企业的分厂、联营厂和附属厂均不得使用认证证书和节能标志。

应注意的是，不得将某一产品的认证证书作为整个甲方获得某种认证的证明，并加以宣传，从而产生误导作用；可在获证产品外观、产品铭牌、产品包装、产品说明书、出厂合格证等上使用节能标志；可在工程投标、产品销售过程中，向顾客出示节能产品认证证书；不得在非认证产品上使用节能标志。

为保证节能产品认证证书和节能标志的正确使用，维护认证证书和节能标志的权威性、认证企业的利益以及消费者的合法权益，依据《节能产品认证证书和节能标志使用管理办法》，在认证证书有效期内，CECP 每年至少对获证企业进行一次年度监督检查，并对认证证书有效性进行确认。CECP 依据监督检查和有效性确认结果，对企业认证证书的使用作出维持、更换、暂停、恢复、撤销或注销的决定，并对撤销或注销认证证书的申请方及其产品予以公布。对年度监督检查合格的获证企业，CECP 将作出维持认证的决定，向企业发出维持使用认证证书和节能标志通知书。

特殊情况下（如认证产品出现严重质量问题、顾客投诉等），CECP 有权增加监督检查的频次。在认证证书有效期内，出现下列情况之一时，认证证书持有者应当重新换证：

1）使用新的商标名称。

2）认证证书持有者变更。

3）产品型号、规格变更，经确认仍能满足有关标准和技术要求。

出现上述情况，认证证书持有者应及时向 CECP 提出换证申请，换发新证书，并收回原证书。如不再进行换证，认证证书持有者可直接提出注销认证证书申请。对未作任何申请，而继续使用认证证书和节能标志，情节严重者，CECP 可作出撤销认证证书的处理，并责令停止使用节能标志。

此外，出现下列情况之一时，由 CECP 责令认证证书持有者暂停使用认证证书和节能标志，并向企业发出暂停使用认证证书和节能标志通知书：

1）监督检查时，发现通过认证的产品及其生产现状不符合认证要求。

2）通过认证的产品在销售和使用过程中达不到认证时所规定的要求。

3）用户和消费者对通过认证的产品提出严重质量问题，并经查实的。

4）认证证书或节能标志的使用不符合规定要求。

认证证书持有者接到暂停使用认证证书和节能标志的通知后应立即执行，在规定时间内采取整改措施。整改措施和方案应报 CECP 办公室，整改完成后向 CECP 办公室及时报送整改结果，同时提出审核或检验申请，CECP 根据情况派员审核或检验。符合要求后，由 CECP 办公室发出恢复使用认证证书和节能标志通知书。其间发生的审核费和检验费由企业承担。

出现下列情况之一时，由 CECP 撤销认证证书，责令停止使用节能标志，并向企业发出撤销认证证书和停止使用节能标志通知书：

1）经监督检查判定为不合格产品且整改期满后仍不能达到认证要求的。

2）通过认证的产品质量严重下降，或出现重大质量问题，且造成严重后果的。

3）转让认证证书、节能标志或违反有关规定、损害节能标志的信誉。

4）拒绝按规定缴纳年金。

5）没有正当理由而拒绝监督检查。

被撤销认证证书的企业，自接到通知之日起一年后，CECP 方可受理其节能产品认证申请。

出现下列情况之一时，由 CECP 注销认证证书，责令停止使用节能标志，并向企业发出注销认证证书和停止使用节能标志通知书：

1）由于认证用标准或技术要求的内容发生较大变化，证书持有者认为达不到变化后的要求，不再申请节能产品认证。

2）在认证证书有效期届满时，证书持有者不再向 CECP 提出重新认证的申请。

3）认证证书持有者不再生产获证产品，提出注销申请。

当节能产品认证证书被暂停、撤销或注销后，企业应立即停止涉及认证内容的有关宣传、停止使用节能标志。在认证证书被撤销或注销的情况下，还应按 CECP 要求交回有关认证文件（包括认证证书）。

5. 我国节能产品认证面临的机遇与挑战

从国际形势来看，节能产品认证存在以下发展趋势：

1）节能产品认证正逐步成为国际贸易中的绿色壁垒。目前，美国、欧盟各国、澳大利亚以及日本等经济发达国家都在本国建立和实施了节能产品认证和（或）能效标识制度，其目的不仅在于引导消费者选择高能效产品，而且在于保护国内的高能效产品。例如，我国的家电产品要进入澳大利亚市场，首先必须申请注册澳大利亚的能效标识。所以，能效标识已成为一种国际贸易的绿色壁垒，应引起我们的高度重视。了解国外节能产品认证的进展，提出并实施相应的对策措施是我国加入 WTO 后保护国内产业发展应采取的一个重要手段。

2）国际产品认证标志的协调互认是产品认证发展的国际大趋势。目前，国际上已经出现了专门为统一各国产品标准、实现产品认证协调互认的组织机构。国际产品认证标志之间的协调互认，可以提高产品认证机构的总体技术水平，促进国际间的交流与合作，有利于产品进入国际市场。

3）节能认证在规范市场、促进节能产品市场转型中的作用正越来越被各国高度重视。从节能产品认证工作自身看，尽管我国节能产品认证工作获得了较快的发展，但节能认证产品的种类还较少、节能认证企业数也不太多，还不能在社会上形成规模优势。节能产品认证标志的知名度还有待于进一步提高。

从生产流通领域看，销售人员普遍缺乏节能认证产品的相关知识，销售现场也缺乏供销售人员、消费者参考的宣传资料，节能认证信息不能及时准确地传递给消费者，不利于节能认证产品的推广，现场营销宣传体系、销售人员的培训网络等都期待尽快建立和完善。

为此，一方面，我们要采取切实可行的战略措施迎接各种挑战，促进我国节能产品认证工作的快速健康发展，充分发挥节能产品认证在促进市场转型中的作用；另一方面，要加强国际协调互认的研究工作，在进一步巩固和扩大前期研究成果的基础上，充分利用与国外一些同类节能产品认证机构之间已经建立起来的良好合作关系，进一步探讨研究中国节能产品认证标志与其他国际同类标志之间协调互认的可能性，消除国际贸易中的绿色壁垒，为我国产品更好地进入国际市场创造条件。

6.6.4 电力需求侧管理

1. 电力需求侧管理的发展现状

需求侧管理的英文是 Demand Side Management，缩写为 DSM。电力需求侧管理是指对用电一方实施的管理。这种管理是国家通过政策措施引导用户高峰时少用电，低谷时多用电，提高供电效率、优化用电方式的办法。这样可以在完成同样用电功能的情况下减少电量消耗和电力需求，从而缓解缺电压力，降低供电成本和用电成本，使供电和用电双方得到实惠，达到节约能源和保护环境的长远目的。从我国近年来的电力持续负荷统计来看，全国 95% 以上的高峰负荷年累计持续时间只有几十个小时，采用增加调峰发电装机的方法来满足这部分高峰负荷很不经济。如果采用需求侧管理的方法削减这部分高峰负荷，则可以缓解电力供需紧张的压力。

电力需求侧管理于 20 世纪 90 年代初传入我国。在政府的倡导下，电力公司及电力用户做了大量工作。例如，采用拉大峰谷电价，实行可中断负荷电价等措施，引导用户调整生产运行方式，采用冰蓄冷空调、蓄热式电锅炉等。同时，还采取一些激励政策及措施，推广节能灯、变频调速电动机及水泵、高效变压器等节能设备。

电力需求侧管理是指通过优化用电方式，移峰填谷，提高终端用电效率和发、供电效率，达到科学用电、合理用电、均衡用电和节约用电的目的，是实现科学发展的新理念和新的管理模式，是建设资源节约型社会的战略之举和系统工程，是节约能源、保护环境的客观要求。电力需求侧管理是一项促进电力工业与环境、经济、社会协调发展的系统工程，是合理配置能源资源、节省能源、缓解电力供需紧张形式的有效手段，是牢固树立和认真实践科学发展观的重要内容，是能源发展的长远大计。

国内外经验都充分说明，电源建设与需求侧管理同等重要。如果说电源建设是第一资源的话，那么需求侧管理就是在开发第二资源，而且潜力很大。所以，加强需求侧管理有利于节约能源，有利于环境保护，有利于引导全社会科学用电。在全面建设小康社会进程中，应坚持开发与节约并重、电源建设与需求侧管理并举，应当把全面加强电力需求侧管理放在首位。

展望未来，电力需求侧的前景广阔。到 2020 年，全国通过实施 DSM 可节省 1 亿 kW 的装机容量，超过 5 个三峡的装机容量，可节省 8 千到 1 万亿元的投资，年节约用电量 2 200 亿 kW·h，将极大地缓解国民经济和社会发展对资源与环境的压力。到 2020 年，河北省通过实施 DSM 可节省 500 万 kW 的装机容量，可节约 400 亿元电力投资，年节约用电量 110 亿 kW·h，节煤 450 万 t，减排二氧化碳 1 000 万 t，将为全省经济、社会、环境协调发展作出重大贡献。随着航天技术的不断发展，人类开发利用太空能源的梦想一定会变成现实，DSM 也将为人类的生存和发展作出更大的贡献！

2. 电力需求侧管理相关要求

（1）定义　电力需求侧管理是指在政府法规和政策的支持下，采取有效的激励和引导措施以及适宜的运作方式，通过发电公司、电网公司、能源服务公司、社会中介组织、产品供应商、电力用户等共同协力，提高终端用电效率和改变用电方式，在满足同样用电功能的同时减少电量消耗和电力需求，达到节约资源和保护环境，实现社会效益最好、各方受益最大、能源服务成本最低所进行的管理活动。

（2）目标　DSM 的目标主要集中在电力和电量的改变上，一方面，采取措施降低电网的峰荷时段的电力需求或增加电网的低谷时段的电力需求，以较少的新增装机容量达到系统的电力供需平衡；另一方面，采取措施节省或增加电力系统的发电量，在满足同样的能源服务的同时节约了社会总资源的耗费。从经济学的角度看，DSM 的目标就是将有限的电力资源最有效地加以利用，使社会效益最大化。在 DSM 的规划实施过程中，不同地区的电网公司还有一些具体目标，如供电总成本最小、购电费用最小等。

（3）对象　DSM 的对象主要指电力用户的终端用能设备，以及与用电环境条件有关的设施。具体包括以下六个方面：

1）用户终端的主要用电设备，如照明系统、空调系统、电动机系统、电热、电化学、冷藏、热水器等。

2）可与电能相互替代的用能设备，如以燃气、燃油、燃煤、太阳能、沼气等作为动力的替代设备。

3）与电能利用有关的余热回收设备，如热泵、热管、余热和余压发电设备等。

4）与用电有关的蓄能设备，如蒸汽蓄热器、热水蓄热器、电动汽车蓄电池等。

5）自备发电厂，如自备背压式、抽汽式热电厂，以及燃气轮机电厂、柴油机电厂等。

6）与用电有关的环境设施，如建筑物的保温、自然采光和自然采暖及遮阳等。

用电领域极为广阔，用电工艺多种多样，在确定具体的管理对象时一定要精心选择。尤其是节能项目一般要求投产快，要逐年连续实施，一定要有可采用的先进技术和设备作为实施需求侧管理措施必要的技术条件。

（4）资源　DSM的资源主要指终端用电设备节约的电量和节约的高峰电力需求。具体包括：

1）提高照明、空调、电动机及系统、电热、冷藏、电化学等设备用电效率所节约的电力和电量。

2）蓄冷、蓄热、蓄电等改变用电方式所转移的电力。

3）能源替代、余能回收所减少和节约的电力和电量。

4）合同约定可中断负荷所转移或节约的电力和电量。

5）建筑物保温等改善用电环境所节约的电力和电量。

6）用户改变消费行为减少或转移用电所节约的电力和电量。

7）自备电厂参与调度后电网减供的电力和电量。

用户通过改造现有设备或改变用电习惯所获得的资源称为可改造的资源。而用户新购买的设备如果仍然是低效或普通效率的设备，这样新增加的可改造的资源称为可能丧失的资源。需求侧管理要注重可改造的资源的挖掘，更要重视可能丧失的资源的流失。

（5）特点　DSM具有如下特点：

1）DSM适合市场经济运作机制。主要应用于终端用电领域。它遵守法制原则，鼓励资源竞争，讲求成本效益，提倡经济、优质、高效的能源服务，最终目的是建立一个以市场驱动为主的能效市场。

2）节能节电具有量大面广和极度分散的特点。只有采取多方参与的社会行动，才能聚沙成塔、汇流成川；它的个案效益有限，而规模效益显著，且一方节能便可多方受益。节能节电是一种具有公益性的社会行为，需要发挥政府的主导作用，创造一个有利于DSM的实施环境。

3）DSM立足于长效和长远社会可持续发展的目标。要高度重视能效管理体制和节电运作机制的建设以及制订支持它们可操作的法规和政策，适度地干预能效市场，克服市场障碍，切实把节能落实到终端，转化为节电资源，才能起到需求侧资源替代供应侧资源的作用。

4）用户是节能节电的主要贡献者。要采取约束机制和激励机制相结合、以鼓励为主的节能节电政策，在节电又省钱的基础上引导用户自愿参与DSM。让用户明白，DSM与传统的节能管理不同，提高用电效率不等于抑制用电需求，节电不等于限电，能源服务不等于能源管制，克服用户参与DSM的心理障碍，激发电力用户参与DSM活动的主动性和积极性，才能使节能节电走向日常运作的轨道。

（6）内容　DSM的内容可概括为以下几个方面：

1）提高能效。通过一系列措施鼓励用户使用高效用电设备替代低效用电设备及改变用电习惯，在获得同样用电效果的情况下减少电力需求和电量消耗。

2）负荷管理。负荷管理又可称为负荷整形。通过技术和经济措施激励用户调整其负荷曲线形状，有效地降低电力峰荷需求或增加电力低谷需求，提高了电力系统的供电负荷率，从而提高了供电企业的生产效益和供电可靠性。

3）能源替代及余能回收。在成本效益分析的基础上，如果用户的设备采取其他的能源形式比使用电能效益更好，则更换或新购使用其他能源形式的设备，这样减少使用的电力和电能也可看做需求侧管理的重要内容。用户通过余能回收来发电就可以减少从电力系统取用的电力和电量。

4）分布式电源。用户出于可靠、经济和因地制宜考虑，装有各种自备电源，如电池储能逆变不间断电源（UPS）、柴油发电机、太阳能发电系统、风力发电、联合循环发电、自备热电站等。将用户自备电源直接或间接纳入电力系统的统一调度，也可达到减少系统的电力和电量的目的。

5）新用电服务项目。电力公司为提高能源利用效率而开展的一些宣传、咨询活动，如能源审计、节电咨询、宣传、教育等。

根据不同地区的特点，需求侧管理的工作重点可以不同。在新建电厂造价昂贵、峰期供电紧张、负荷峰谷差较大的地区，通常把节约电力置于首要地位；在发电燃料比较昂贵、环境约束比较苛刻的地区，更重视节约电量。

3. 电力需求侧管理的实施手段

为了完成综合资源规划，实施需求侧管理，必须采取多种手段。这些手段以先进的技术设备为基础，以经济效益为中心，以法制为保障，以政策为先导，采用市场经济运作方式，讲究贡献和效益。概括起来主要有技术手段、经济手段、引导手段、行政手段四种。

（1）技术手段　技术手段是针对具体的管理对象，以及生产工艺和生活习惯的用电特点，采用当前技术成熟的先进节电技术和管理技术及其相适应的设备，来提高终端用电效率或改变用电方式。改变用户用电方式和提高终端用电效率所采取的技术手段各不相同。

1）改变用户用电方式。改变用户用电方式的技术手段主要包括：

① 直接负荷控制。直接负荷控制是在电网峰荷时段，系统调度人员通过负荷控制装置控制用户终端用电的一种方法。直接负荷控制多用于工业的用电控制，以停电损失最小为原则进行排序控制。

② 时间控制器和需求限制器。利用时间控制器和需求限制器等自控装置实现负荷的间歇和循环控制，是对电网错峰比较理想的控制方式。

③ 低谷和季节性用电设备。增添低谷用电设备，在夏季尖峰的电网可适当增加冬季用电设备，在冬季尖峰的电网可适当增加夏季用电设备。在日负荷低谷时段，投入电气锅炉或蓄热装置采用电气保温，在冬季后夜可投入电暖气或电气采暖空调等进行填谷。

④ 蓄能装置。在电网日负荷低谷时段投入电气蓄能装置进行填谷，如电气蓄热器、电动汽车蓄电池和各种可随机安排的充电装置等。

⑤ 蓄冷蓄热装置。采用蓄冷蓄热技术是移峰填谷最为有效的手段，在电网负荷低谷时段通过蓄冷蓄热将能量储存起来，在负荷高峰时段释放出来转换利用，达到移峰填谷的目的。

2）提高终端用电效率。用户通过采用先进节能技术和高效设备来实现。主要包括：

① 高效照明系统。选择高效节能照明器具替代传统低效的照明器具，使用先进的控制技术以提高照明用电效率和照明质量。

② 电动机系统。电动机系统包括调速（或调压）控制传动装置—电动机—被拖动机械（泵、风机和空压机等机械）三大部分。电动机与被驱动设备很好地匹配，使其运行在负载的高效区域，采用高效拖动机械，应用各种调速技术等，都可实现电动机系统的节电运行。

③ 高效变压器及其配电系统。S11 系列油浸变压器，SC10 系列干式变压器，以及非晶合金配电变压器是目前推广的高效变压器。

④ 高效电加热技术。远红外加热，微波加热，中、高频感应加热等技术。

⑤ 高效节能家用电器。包括高效家用空调器、变频空调器、节能型电冰箱、节能型电热水器、热泵热水器、节能型洗衣机、高效电炊具等。

（2）经济手段　DSM 的经济手段是指各种电价、直接经济激励和需求侧竞价等措施，通过这些措施刺激和鼓励用户改变消费行为和用电方式，安装并使用高效设备，减少电量消耗和电力需求。电价是由供应侧制定的，属于控制性经济手段，用户被动响应；直接经济激励和需求侧竞价属于激励性经济手段，需求侧竞价加入了竞争，用户主动响应，积极利用这些措施的用户在为社会做出增益贡献的同时也降低了自己的生产成本，甚至获得了一些效益。

1）各种电价结构。电价是影响面大和敏感性强的一种很有效而且便于操作的经济激励手段，但它的制定程序比较复杂，调整难度较大。主要是制定一个适合市场机制的合理的电价制度，使它既能激发电网公司实施需求侧管理的积极性，又能激励用户主动参与需求侧管理活动。国内外实施通行的电价结构有容量电价、峰谷电价、分时电价、季节性电价、可中断负荷电价等。

2）直接激励措施。直接激励措施有：

① 折让鼓励。折让鼓励给予购置特定高效节电产品的用户、推销商或生产商适当比例的折让，注重发挥推销商参与节电活动的特殊作用，以吸引更多的用户参与需求侧管理活动，并促使制造厂家推出更好的新型节电产品。

② 借贷优惠鼓励。借贷优惠鼓励是非常通行的一个市场工具。它是向购置高效节电设备的用户，尤其是初始投资较高的那些用户提供低息或零息贷款，以减少它们参加需求侧管理项目在资金短缺方面存在的障碍。

③ 节电设备租赁鼓励。节电设备租赁鼓励是把节电设备租借给用户，以节电效益逐步偿还租金的办法来鼓励用户节电。

④ 节电奖励。节电奖励是对第二、三产业用户提出准备实施或已经实施且行之有效的优秀节电方案给予用户节电奖励，借以树立节电榜样以激发更多用户提高效率的热情。节电奖励是在对多个节电竞选方案进行可行性和实施效果的审计和评估后确定的。

3）需求侧竞价。需求侧竞价是在电力市场环境下出现的一种竞争性更强的激励性措施。用户采取措施获得的可减电力和电量在电力交易所采用招标、拍卖、期货等市场交易手段卖出"负瓦数"，获得一定的经济回报，并保证了电力市场运营的高效性和电力系统运行的稳定性。

（3）引导手段　引导是对用户进行消费引导的一种有效的、不可缺少的市场手段。相同的经济激励和同样的收益，用户可能出现不同的反应，关键在于引导。通过引导使用户愿意接受 DSM 的措施，知道如何用最少的资金获得最大的节能效果，更重要的是在使用电能的全过程中自觉挖掘节能的潜力。

主要的引导手段有节能知识宣传、信息发布、免费能源审计、技术推广示范、政府示范等。主要的方式有两种，一种是利用各种媒介把信息传递给用户，如电视、广播、报刊、展览、广告、画册、读物、信箱等；另一种是与用户直接接触提供各种能源服务，如培训、研讨、诊断、审计等。经验证明，引导手段的时效长、成本低、活力强。关键是选准引导方向和建立起引导信誉。

（4）行政手段　需求侧管理的行政手段是指政府及其有关职能部门，通过法律、标准、政策、制度等规范电力消费和市场行为，推动节能增效、避免浪费、保护环境的管理活动。

政府运用行政手段宏观调控，保障市场健康运转，具有权威性、指导性和强制性。例如，将综合资源规划和需求侧管理纳入国家能源战略，出台行政法规，制定经济政策，推行能效标准标识及合同能源管理、清洁发展机制，激励、扶持节能技术，建立有效的能效管理组织体系等均是有效的行政手段。调整企业作息时间和休息日是一种简单有效的调节用电高峰的办法，应在不牺牲人们生活舒适度的情况下谨慎、优化地使用这一手段。

4. DSM 规划及实施的流程框架

本规划流程以电网公司作为 DSM 实施主体。其中：

第一步，确定电网公司 DSM 规划的目标。其参考依据是：① 电网公司的外部运行环境；② 用户的要求和利益；③ 电网公司自身的总体特性和供电服务任务。

根据电网公司的自身特点及政府的要求，在满足电力用户的供电质量要求下，确定 DSM 的规划目标。目标主要包括规划期节约的电力和电量、节约的电力运营费和电力设施建设费。

第二步，情景分析。在数据收集、文献调查及专家咨询的基础上，就电网公司拟定的 DSM 规划组合方案所面临的形势进行情景分析，主要涉及：① 影响成本效益的外部关键因素以及 DSM 方案的可能影响，其中法规是重要因素，关系到 DSM 规划的费用是否计入成本，成本回收机制以及激励政策等；② 与设计 DSM 规划相关的内部因素；③ 影响规划成败的关键因素；④ 现状分析，包括已规划及已实施的 DSM 的经验总结；⑤ 其他电网公司实施的 DSM 项目的效果评估；⑥ 初步确定 DSM 方案组合。

第三步，方案评选。根据情景分析、电网公司的 DSM 目标和已有的准则，将可选的 DSM 方案排出优先序列，以便筛选。

第四步，对评选出的优先者，给予详细的分析，包括如下方面：① 确定方案的主要内容；② 市场划分，明确关键的市场目标；③ 有关的最终用途及技术方案评估；④ 估计市场潜力和市场渗透率；⑤ 成本、效益及影响评价；⑥ 制定市场实施策略。

这些分析过程所需要的资料则取自内部及外部信息资源，例如市场调查、电价设计、负荷调查、竞争分析、盈利性分析、效益/成本分析等。详细分析的目的在于论证哪个方案最具吸引力。

第五步，实施及监督。制定实施方案，根据最优方案进行现场实施，并跟踪监督和效果评估。根据实施效果调整电网公司的 DSM 目标，重新进行有关项目组合和实施规模的调整。

以上 DSM 规划与实施流程框架既可用于个别的 DSM 方案分析，也适用于成套 DSM 规划。

6.6.5　清洁发展机制

1. 清洁发展机制的由来

《世界气象组织声明》说，今天的地球正在经历近 2000 年来最热的时期，自工业革命以来，全球温度上升了 0.85℃。20 世纪 90 年代是有史以来最热的 10 年。有温度记录以来最热的 10 个年份中有 9 个出现在 1995 年以后。历史上最热的 5 年分别是 1998，2001，2002，2003 和 2004 年。而政府间气候变化委员会认为，如果当前趋势持续下去，到 21 世纪末，全球气温将会达到过去200万年中的最高点，人类将面临巨大的灾难。

人类社会生产生活引起的温室气体排放是导致全球变暖的主要原因，大面积的森林砍伐和草原破坏等土地利用变化加剧了全球气候变暖的进程。气候变化问题自20世纪80年代提出以来，已成为继WTO之后，国际社会广泛关注的热点问题。1992年5月9日联合国政府间谈判委员会就气候变化问题在纽约达成了《联合国气候变化框架公约》（以下简称《公约》），以全面控制导致全球气候变暖的二氧化碳等温室气体排放、应对全球气候变暖给人类经济和社会带来不利影响的国际公约。为有效促进温室气体减排，公约第三次缔约方会议于1997年在日本京都通过了《京都议定书》，为《公约》附件一所列缔约方（主要是发达国家）规定了有法律约束力的量化减排指标。按照规定，附件一缔约方应个别或共同确保其温室气体排放总量在2008年至2012年的承诺期内比1990年水平至少减少5.2%。议定书还根据各国历史排放情况，在附件B中规定了每个国家的排放指标。

为推进这项工作的进展，京都议定书第6、12和17条分别确定了联合履行（Joint Implementation，简称JI）、清洁发展机制（Clean Development Mechanism，简称CDM）和国际排放权交易（International Emissions Trading，简称IET）三种帮助发达国家实现减排目标的灵活机制。上述三种机制中，与发展中国家密切相关的是清洁发展机制。

2. 清洁发展机制的基本含义

清洁发展机制就是签署，《京都议定书》的发达国家通过向发展中国家提供资金和技术，帮助发展中国家实现可持续发展，同时发达国家通过从发展中国家购买"经核证的减排量（CERs）"以履行《京都议定书》规定的减排义务，以此实现双赢。

由于在发达国家开展温室气体减排的成本远高于在发展中国家实施减排项目的成本，因而从经济上考虑，CDM项目对发达国家实施减排具有相当的吸引，同样为发展中国家开发CDM项目创作了条件。

3. CDM将带来巨大商机

根据《京都议定书》，至2012年全球温室气体排放至少需减少50亿tCO_2当量，其中50%（至少25亿t）须依赖于"碳市交易"（主要是CDM下的交易）。我国CERs目前的交易价格为每吨7～10欧元。从减排潜力与投资规模来看，中国、印度以及巴西等发展中国家将有可能成为投资CDM项目最具有吸引力的国家。如果我国企业积极争取，至少有1/3～1/2的CDM交易将来自中国，也就是说我们面对将是巨大的商机。因而，我们的企业应充分把握机遇，切勿坐失良机。

4. 开发CDM项目的法律资格

在国家层面上，无论是发达国家还是发展中国家，参加CDM合作都是基于自愿基础上的合作，都必须建立负责管理CDM的国家机构。对于发展中国家而言，必须作为《京都议定书》的缔约方才能够参加CDM项目合作。我国已经于2002年8月核准《京都议定书》，于2005年2月16日正式生效后，我国就是该议定书的缔约方，因此有资格成为CDM的参与方。

在项目层面上，任何有助于温室气体减排、回收或吸收的技术，都可以作为CDM项目的技术。

在国际法方面，CDM规则制订了一些标准，作为合格的CDM项目的要求。主要包含以下方面：第一，项目相对于基准而言必须能够产生温室气体减排量；第二，项目须经参与项目的缔约方政府批准；第三，项目所采用的建立基准线的方法和监测的方法应是经过批准的方法；第四，项目须经过环境影响评价，并且如果会带来其他环境问题，应提出解决这些环境问题的办法；第五，项目基准线的建立应基于以项目为基础并考虑以保守和透明的方式建立基准线，建立基准线时应该充分考虑国家和行业的政策和规划，还应该选择合理的边界并充分考虑项目可能产生的温室气体"泄漏"问题。

在我国，一个 CDM 项目的开发，需要满足《清洁发展机制项目运行管理办法》的要求，具体如下：第一，项目必须符合中国的法律法规和可持续发展战略、政策，以及国民经济和社会发展规划的总体要求；第二，实施清洁发展机制项目不能使中国承担《公约》和《京都议定书》规定之外的任何新的义务；第三，项目应该带来技术转让，这种技术可以是我国没有的，也可以是我国有，但是商业化程度较低、难以商业化或难以与常规技术竞争的；第四，项目要能够带来资金，这种资金应该由发达国家的政府或企业提供，如果是由发达国家政府提供的公共资金，这种资金应该是发达国家官方发展援助以外的资金；第五，在主体资格上，中方合作者应该是中国境内的中资、中资控股企业。

CDM 将包括以下方面的潜在项目。

1）改善终端能源利用效率。

2）改善供应方能源效率。

3）可再生能源。

4）替代燃料。

5）农业（甲烷和氧化亚氮减排项目）。

6）工业过程（水泥生产等减排二氧化碳项目，减排氢氟碳化物、全氧化碳或六氟化硫的项目）。

7）碳汇项目（仅适用于造林和再造林项目）。

由此可见，我国有巨大的 CDM 项目开发空间，而且处于可持续发展的考虑，我们政府也正在全力推进 CDM 项目开发。如果项目能够有效产生温室气体减排，并找到合适的方法学，那么开发一个 CDM 项目也并非难事。

5. CDM 的主要管理机构

CDM 的国际管理机构是议定书缔约方会议（COP/MOP）和 CDM 执行理事会（EB），COP/MOP 是 CDM 项目运作的最高权力机构，它通过指导 EB 工作来管理 CDM。EB 是 CDM 项目的主要管理机构。EB 授权其指定的经营实体（DOE）对需要申报的 CDM 项目进行审定，符合要求的由其向 EB 提请注册。在项目运营期，由 DOE 对项目所产生的实际减排量进行核实和核证，再由其提请 EB 签发经核证的减排量。

我国的 CDM 管理机构为国家气候变化对策协调小组下设立国家清洁发展机制项目审核理事会，其下设一个国家清洁发展机制项目管理机构。国家气候变化对策协调小组为清洁发展机制重大政策的审议和协调机构。CDM 项目开发商向国家发改委申请项目许可后，由国家发改委委托有关机构，对申请项目组织专家评审；评审合格的，交项目审核理事审核；通过审核的项目，由国家发改委会同科技部和外交部办理批准手续。

6. CDM 项目申请与审批程序

1）申请。在中国境内申请清洁发展机制项目的实施机构，应当向国家发展和改革委员会提出申请，有关部门和地方政府可以组织企业提出申请，并提交清洁发展机制项目设计文件等相关支持文件。

2）初评。国家发展和改革委员会委托有关机构对申请项目组织专家评审，并将专家审评合格的项目提交项目审核理事会。

3）审核。项目审核理事会对受理申请的项目进行审核，并将通过审核的项目告知国家发展和改革委员会。

4）批准。国家发展和改革委员会会同科学技术部和外交部共同批准项目，并由国家发展和改革委员会出具相关的政府批准文件，同时将结果通知项目实施机构。

5）评估。实施机构邀请经营实体对项目设计文件进行独立评估。

6）登记。将经营实体评估合格的项目报清洁发展机制执行理事会登记注册。

7）报告。实施机构在接到清洁发展机制执行理事会批准通知后，在10天内向国家发展和改革委员会报告执行理事会的批准状况。具体工程建设项目的审批程序和审批权限，按国家有关规定办理。

7. CDM 项目的实施、监督与核查程序

1）报告。实施机构按照有关规定，负责向国家发展和改革委员会、经营实体提交项目实施和监测报告。

2）监督。为保证清洁发展机制项目实施的质量，国家发展和改革委员会对清洁发展机制项目的实施进行管理和监督。

3）核证。经营实体对清洁发展机制项目产生的减排量进行核实和证明，将核证的温室气体减排量及其他有关情况向清洁发展机制执行理事会报告。

4）签发。经清洁发展机制执行理事会批准签发后，进行核证的温室气体减排量的登记和转让，并通知参加清洁发展机制项目合作的参与方。

5）登记。国家发展和改革委员会或受其委托机构将经清洁发展机制执行理事会登记注册的清洁发展机制项目产生的核证的温室气体减排量登记。

图 6-13 所示为中国 CDM 项目开发和实施的基本流程。

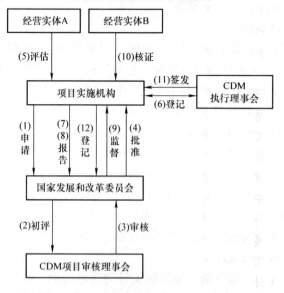

图 6-13　中国 CDM 项目开发和实施的基本流程

8. CDM 项目风险及其控制

因为 CDM 项目的特殊性,在各个主要阶段均存在特有的风险。在项目开发阶段,主要风险是方法学可能被拒绝(可能需要修改方法或者导致项目流产),项目未能获得参与国批准或未能在 EB 注册(虽然一般 CERs 的交易都以项目注册为先决条件,协议双方均不承担法律责任,但从成本角度而言,一旦注册失败,CDM 项目参与方已经付出了一定成本);在运行阶段,主要风险是发生在监测和核实过程中(可能发生的情形有按监测计划进行监测,但项目实际产生的 CERs 未达到预定的量,或者经 DOE 核证的减排量比预计的要少,导致整个项目经济可行性降低);在整个交易期内,主要风险是 CER 价格波动;此外,还有交付风险(与通常项目不同的是,CDM 项目的产品是 CER,一旦交付出现问题就很难找得到替代品)。只要在项目识别阶段,对项目进行充分评估,以上所提及的各类风险都可以得到有效控制。

从法律的角度,风险控制的决定因素是交易结构,交易结构设置的一个原则就是把风险分配给最有能力控制该风险的一方。CDM 的交易结构取决于 CDM 项目的性质,参与者的数量,以及项目融资模式。由于多数 CDM 项目面临的一个困境是,开发或建设 CDM 项目需要立即投入资金,但买方往往要求把价款的支付与 CER 的交付挂钩。显然,两个需要之间存在矛盾。因而,对项目进行充分评估,设计项目融资方式和交易结构就变得相当重要,这就需要专业的中介机构为项目提供支持。

思 考 题

6-1 什么是能源管理?能源管理方法有哪些?

6-2 企业能源管理的目的和目标是什么?

6-3 企业能源管理的内容包括哪些方面?

6-4 企业能源管理的主要任务是什么?

6-5 能源管理新机制有哪些?

6-6 什么是节能评估?简述节能评估的意义。

6-7 什么是节能审查?

6-8 简述节能评估的依据与方法。

6-9 简述节能评估报告的主要内容。

6-10 如何开展节能评估工作?

6-11 简述清洁生产的概念及目标。

6-12 开展清洁生产工作有何重要意义?

6-13 企业应如何实施清洁生产?

6-14 简述清洁生产审核的依据和思路。

6-15 企业生产过程中,应从哪八个方面来考虑降低废弃物产生?

6-16 清洁生产审核分为哪两类?哪些企业必须开展强制性审核?

6-17 企业应如何开展清洁生产审核工作?

6-18 企业能源审计工作的三种代表性审计思路是什么?

6-19 什么是能源审计?能源审计的目的和作用是什么?

6-20 能源审计的类型包括哪些?企业能源审计有哪三种?

6-21 企业能源审计的具体步骤是什么？

6-22 企业能源审计报告摘要和正文包括哪些内容？

6-23 应如何开展企业能源审计工作？

6-24 什么是合同能源管理？合同能源管理的特点是什么？

6-25 简述合同能源管理的运作模式及其各自优势。

6-26 节能服务公司（ESCO）的服务内容包括哪些？

6-27 节能服务公司（ESCO）开展合同能源管理项目的基本程度是什么？

6-28 申请财政奖励资金的合同能源管理项目需符合哪些基本条件？

6-29 简述节能自愿协议的概念和准则与节能自愿协议的签订程序及其实施过程。

6-30 简述能效标准的概念及类型。

6-31 什么是能源效率标识？包括哪些基本信息？其耗能级别是如何划分的？

6-32 能效水平对标活动主要包括哪六个阶段？

6-33 什么是节能产品认证？简述节能产品认证的基本条件和程序。

6-34 节能产品认证实施流程包括哪些步骤？

6-35 简述电力需求侧管理（DSM）的内容、特点及实施手段。

6-36 简述清洁发展机制（CDM）的基本含义。

6-37 如何进行 CDM 项目的申请与审批？

参 考 文 献

[1] 黄素逸，高伟. 能源概论 [M]. 北京：高等教育出版社，2004.

[2] 谭忠富，侯建朝，姜海洋，等. 关于我国能源可持续利用的评价指-标体系研究 [J]. 电力技术经济，2007，19（2）：7-13.

[3] 徐锭明. 我国能源工业现状和能源政策 [J]. 中国电力，2004，37（9）：1-4.

[4] 王庆一. 中国的能源效率与国际比较 [J]. 节能与环保，2003（8）：5-7.

[5] 朱跃中，郁聪，周伏秋，等. 当前我国能源消费形势分析 [J]. 中国能源，2004，26（7）：13-15.

[6] 王妍，李京文. 我国煤炭消费现状与未来煤炭需求预测 [J]. 中国人口·资源与环境，2008，18（3）：152-155.

[7] 陈秀芝，石彤阳. "十五"期间我国石油市场运行状况 [J]. 中国能源，2006（6）：22-24.

[8] 张抗，魏永佩. 我国天然气资源特点与市场开拓对策 [J]. 国际石油经济，2002，10（2）：28-29.

[9] 彭程，钱纲粮. 21世纪中国水电发展前景展望 [J]. 水电发展战略，2006，32（2）：6-10.

[10] 林宗虎. 论未来的中国能源 [J]. 自然杂志，2001，23（3）：125-130.

[11] 汤学忠. 热能转换与利用 [M]. 北京：冶金工业出版社，2002.

[12] 黄素逸. 能源与节能技术 [M]. 北京：中国电力出版社，2004.

[13] 沈维道，蒋智敏，童均耕. 工程热力学 [M]. 3版. 北京：高等教育出版社，2002.

[14] 陈黟，吴味隆. 热工学 [M]. 3版. 北京：高等教育出版社，2004.

[15] 杨世铭，陶文铨. 传热学 [M]. 3版. 北京：高等教育出版社，2002.

[16] 张永照，陈听宽，黄祥新. 工业锅炉 [M]. 北京：机械工业出版社，1981.

[17] 容銮恩. 电站锅炉原理 [M]. 北京：中国电力出版社，2002.

[18] 李飞鹏. 内燃机构造与原理 [M]. 北京：中国铁道出版社，2003.

[19] 翦天聪. 汽轮机原理 [M]. 北京：中国电力出版社，1992.

[20] 崔海亭，杨锋. 蓄热技术及其应用 [M]. 北京：化学工业出版社，2004.

[21] 郭茶秀，魏新利. 热能存储技术与应用 [M]. 北京：化学工业出版社，2005.

[22] 樊栓狮，梁德青，杨向阳. 储能材料与技术 [M]. 北京：化学工业出版社，2004.

[23] 崔海亭，袁修干，侯新宾. 蓄热技术的研究进展与应用 [J]. 化工进展，2002，21（1）：23-55.

[24] 张正国，文磊. 复合相变储热材料的研究与发展 [J]. 化工进展，2003，22（4）：462-465.

[25] 罗运俊，何梓年，王长贵. 太阳能利用技术 [M]. 北京：化学工业出版社，2005.

[26] 何梓年，朱宁，刘芳，等. 太阳能吸收式空调及供热系统的设计和性能 [J]. 太阳能学报，2001，22（1）：6-11.

[27] 方贵银，徐锡斌. 蓄冷空调新型相变蓄能材料热性能研究 [J]. 真空与低温，2002，8（3）：140-143.

[28] 梅祖彦. 抽水蓄能发电技术 [M]. 北京：机械工业出版社，2000.

[29] 倪守强，李兴华. 我国能源现状及可持续利用对策 [J]. 工业安全与环保，2004，30（7）：1-3.

[30] 刘征福. 建立能源利用效率评价指标体系的研究 [J]. 能源与环境，2007（2）：2-4.

[31] 王式惠. 能源管理技术基础 [M]. 北京：中国经济出版社，1989.

[32] 姚强，等. 洁净煤技术 [M]. 北京：化学工业出版社，2005.

[33] 吴占松，马润田，赵满成，等. 煤炭清洁有效利用技术 [M]. 北京：化学工业出版社，2007.

[34] 谷天野. 煤炭洁净加工与高效利用 [J]. 洁净煤技术，2006，12（4）：88-90.

[35] 任守政. 洁净煤技术与矿区大气污染防治 [M]. 北京：煤炭工业出版社，1998.

[36] 葛岭梅. 洁净煤技术概论 [M]. 北京：煤炭工业出版社，1997.

[37] 章名耀，等. 洁净煤发电技术及工程应用 [M]. 北京：化学工业出版社，2010.

[38] 刘建清，姚润生. 清洁煤有效转化综合利用展望 [J]. 煤化工，2003 (5)：9-11.

[39] 刘涛. 关于煤基多联产发展的问题与建议 [J]. 煤炭工程. 2006 (7)：67-69.

[40] 罗洁. 煤的热电气多联产技术分析 [J]. 湖南电力，2007 (1)：60-62.

[41] 杨伏生. 煤化工梯级多联产新材料技术 [J]. 现代化工，2006，26 (9)：25-29.

[42] 王敦曾，等. 选煤新技术的研究与应用 [M]. 北京：煤炭工业出版社，1997.

[43] 郐美俊. 洗煤生产中存在的问题及改进措施 [J]. 煤化工，2004 (6)：37-41.

[44] 赵尽忠. 我国选煤机械装备应用现状与前景 [J]. 矿业快报，2007，2 (2)：8-10.

[45] 陈建. 煤化学研究进展综述 [J]. 山东化工，2005 (6)：23-25.

[46] 王金玲，高惠民. 水煤浆技术研究现状 [J]. 煤炭加工与综合利用，2005 (3)：28-31.

[47] 徐瑞龙，郁剑敏. 水煤浆技术与应用 [J]. 上海节能，2005 (1)：35-38.

[48] 苗酒金，危师让. 超临界火电技术及其发展 [J]. 热力发电，2002 (5)：2-5.

[49] 张德祥. 煤化工工艺学 [M]. 北京：煤炭工业出版社，1999.

[50] 陈文敏，梁大明. 煤炭加工利用知识问答 [M]. 北京：化学工业出版社，2006.

[51] 刘堂礼. 超临界和超超临界技术及其发展 [J]. 广东电力，2007 (1)：19-22.

[52] 高子瑜，徐雪元，姚丹花. 1 000 MW 超超临界锅炉塔式锅炉设计特点 [J]. 锅炉技术，2006 (1)：1-5.

[53] 姜殿香. 大型增压循环流化床联合循环技术特点及发展趋势 [J]. 锅炉制造，2007 (1)：28-29.

[54] 佐双吉. 燃料电池——新型的清洁煤发电技术 [J]. 内蒙古电力技术，2002，20 (5)：14-16.

[55] 邬国英，杨基和. 石油化工概论 [M]. 北京：中国石化出版社，2000.

[56] 苏健民. 化工和石油化工概论 [M]. 北京：中国石化出版社，2000.

[57] 贾文瑞，等. 21 世纪中国能源、环境与石油工业发展 [M]. 北京：石油工业出版社，2002.

[58] 林世雄. 石油炼制工程 [M]. 3 版. 北京：石油工业出版社. 2000.

[59] 石油化工产业结构调整研究组. 我国石化产品结构调整的目标及建议 [J]. 石油化工动态，1999 (2)：13-18.

[60] 钱伯章，朱建芳. 炼油化工节能技术的新进展 [J]. 节能，2006 (7)：3-6.

[61] 姚国欣. 国外炼油技术新进展及其启示 [J]. 当代石油石化，2005，13 (3)：18-25.

[62] 黄军军，方梦祥，王勤辉，等. 天然气利用技术及其应用 [J]. 能源工程，2004 (1)：24-27.

[63] 黄福堂，沈殿成，宗瑞. 国内外天然气利用技术发展概况 [J]. 国外油田工程，2000 (12)：28-31.

[64] 周凤起. 冷热电三联供天然气利用新方向 [J]. 建设科技，2006 (17)：33-35.

[65] 郝春山. 天然气开发利用技术 [M]. 北京：石油工业出版社，2000.

[66] 贺永德. 天然气应用技术手册 [M]. 北京：化学工业出版社，2010.

[67] 马昌文，徐元辉. 先进核动力反应堆 [M]. 北京：原子能出版社，2001.

[68] 方勇耕. 发电厂动力部分 [M]. 北京：中国水利水电出版社，2004.

[69] 李宗纲. 节能技术 [M]. 北京：兵器工业出版社，1991.

[70] 郑健超. 电力前沿技术的现状和前景 [J]. 中国电力，1999 (10)：9-14.

[71] 顾年华，尤丽霞，吴育华. 21 世纪我国新能源开发展望 [J]. 中国能源，2002 (1)：37-38.

[72] 罗运俊，李元哲，赵承龙. 太阳能热水器原理、制造与施工 [M]. 北京：化学工业出版社，2005.

[73] 任家生. 太阳能的利用与发展 [J]. 电子器件，1996，19 (4)：292-297.

[74] 张希良. 风能开发利用 [M]. 北京：化学工业出版社，2005.

[75] 李振邦. 展望 21 世纪风能的利用与发展 [J]. 运筹与管理，2002，11 (06)：124-129.

[76] 贺丽琴. 风能利用现状分析 [J]. 清洁能源，2007 (11)：17-18.

[77] 林宗虎. 风能及其利用 [J]. 自然杂志，2008，3 (6)：309-314.

[78] 姚向君，田宜水．生物质能资源清洁转化利用技术［M］．北京：化学工业出版社，2005．

[79] 袁振宏，吴创之，马隆龙．生物质能利用原理与技术［M］．北京：化学工业出版社，2005．

[80] 钱伯章．新型汽车代用燃料的开发和应用前景（上）［J］．能源技术，2003，24（6）：235-240．

[81] 王莉．生物能源的发展现状及发展前景［J］．化工文摘，2009（2）：48-50．

[82] 戎茜．生物能源的研究和利用现状［J］．生物学通报，2006，41（12）：24-25．

[83] 马栩泉．核能开发与应用［M］．北京：化学工业出版社，2005．

[84] 赵仁恺，张伟星．中国核能技术的回顾与展望［J］．国土资源，2002（9）：4-9．

[85] 刘时彬．地热资源及其开发利用和保护［M］．北京：化学工业出版社，2005．

[86] 汪集暘，马伟斌，龚宇烈．地热利用技术［M］．北京：化学工业出版社，2005．

[87] 王健敏，叶衍华，彭国荣．地源热泵的地热能利用方式与工程运用［J］．制冷，2002，21（2）：30-32．

[88] 褚同金．海洋能资源开发利用［M］．北京：化学工业出版社，2005．

[89] 周善元．21世纪的新能源——海洋能［J］．江西能源，2002（1）：38-41．

[90] 毛宗强．氢能——21世纪的绿色能源［M］．北京：化学工业出版社，2005．

[91] 孙艳，苏伟，周理．氢燃料［M］．北京：化学工业出版社，2005．

[92] 林才顺，魏浩杰．氢能利用与制氢储氢技术研究现状［J］．节能与环保，2010（2）：42-43．

[93] 邵栋．氢能源——二十一世纪的新能源［J］．安徽科技，2010（1）：55-56．

[94] 周善元．21世纪的新能源——天然气水合物［J］．江西能源，2002（2）：44-46．

[95] 张金华，魏伟，王红岩．天然气水合物研究进展与开发技术概述［J］．天然气技术，2009（2）：67-80．

[96] 王鲜先，韦玉良．我国城市大气污染及其防治对策［J］．内蒙古环境保护，2006（18）：28-30．

[97] 姜罡承．我国城市大气污染及其防治对策［J］．许昌师专学报，1999（18）：27-28．

[98] 李志明，张芳芳．环境监测是环境保护的基础［J］．甘肃科技纵横，2008（1）：41．

[99] 薛志成．水体污染及其防治对策［J］．内蒙古水利，2001（3）：54-55．

[100] 贺香云．土壤污染及其防治［J］．土肥科技，2007（8）：35．

[101] 王丹．环境生物技术与环境保护［J］．安徽农学通报，2007，13（3）：46-48．

[102] 王慧怡，李长胜，张秀梅．浅谈室内环境污染的危害与防治［J］．辽宁城乡环境科技，2002（6）：9-10．

[103] 饶钦泽．室内环境污染及净化［J］．上海轻工业，2002（6）：26-27．

[104] 赵明霞，王翔，郭翠花．关于我国环保现状的思考［J］．发展，2008（12）：93-94．

[105] 田雁．浅谈我国环保现状［J］．才智，2008（20）：251．

[106] 贾荧．我国的环保现状及对策［J］．经营与管理，2001（6）：28-29．

[107] 黄成．我国城市大气污染现状及防治对策［J］．科技信息，2008（21）：477．

[108] 田卫堂，胡维银，李军，等．我国水土流失现状和防治对策分析［J］．水土保持研究，2008，15（4）：204-206．

[109] 北京市发展与改革委员会．节能管理与新机制篇［M］．北京：中国环境科学出版社，2008．

[110] 史兆宪．能源与节能管理基础（下）［M］．北京：中国标准出版社，2010．

[111] 国家环境保护局．企业清洁生产审核手册［M］．北京：中国环境科学出版社，1996．

[112] 国家环境保护总局科技标准司．清洁生产审计培训教材［M］．北京：中国环境科学出版社，2001．

[113] 孟昭利．企业能源审计方法［M］．2版．北京：清华大学出版社，2007．

[114] 李爱仙，肖寒．我国能效标准的发展、存在问题与政策建议［J］．电器，2004（8）：52-53．

[115] 王文革．我国能效标准和标识制度的现状、问题与对策［J］．中国地质大学学报，2007，7（2）：7-12．

[116] 王若虹．我国节能产品认证现状及面临的机遇与挑战［J］．中国能源，2004，26（12）：11-14．

[117] 刘才丰，李铁男．中国节能产品认证制度及其实施状况［J］．中国能源，2001（11）：6-9．

[118] 杨志荣，劳德容．需求方管理（DSM）及其应用［M］．北京：中国电力出版社，1996．

[119] 中国21世纪议程管理中心，清华大学．清洁发展机制［M］．北京：社会科学文献出版社，2005．